S 10

Betonböden für Produktions- und Lagerhallen

VLB-Meldung

G. Lohmeyer, K. Ebeling:
Betonböden für Produktions- und Lagerhallen.
Planung, Bemessung, Ausführung
2. überarb. Auflage
Düsseldorf: Verlag Bau+Technik GmbH, 2008

ISBN 978-3-7640-0505-4

Gesamtproduktion: Verlag Bau+Technik GmbH,
Postfach 12 01 10, 40601 Düsseldorf,
www.verlagbt.de

G. Lohmeyer ▪ K. Ebeling

Betonböden für Produktions- und Lagerhallen

Planung, Bemessung, Ausführung

Inhaltsverzeichnis

Vorwort

Die Anforderungen an Produktions- und Lagerhallen des Industrie- und Wirtschaftsbaus haben sich im Laufe der letzten Jahrzehnte stark gewandelt. Produktionsvorgänge und Lagerungsabläufe wurden erheblich verändert. Damit ergeben sich für alle Flächen, auf denen die Produktionen und Lagerungen ablaufen, andere Beanspruchungen.

Architekten und Ingenieure müssen sich bei der Planung einer Halle darüber im Klaren sein, dass der Hallenfußboden das meistens am stärksten beanspruchte Bauteil des Bauwerks ist. Beim Versagen eines Hallenfußbodens ergeben sich zwar keine Probleme für die Standsicherheit des Bauwerks, aber sehr wohl können enorme Probleme beim Betriebsablauf in der Halle entstehen, die schlimmstenfalls die Produktion zum Stillstand bringen. Die beim Versagen eines Hallenfußbodens entstehenden Probleme sind größer als z.B. beim Undichtwerden des Daches. Den negativen Auswirkungen, die sich bei Unterbrechungen und Störungen des Betriebsablaufs ergeben können, muss schon bei der Planung entsprochen werden. Daher sind Hallenfußböden gründlicher zu planen, als es häufig geschieht. Allerdings setzt dies Kenntnisse der einwirkenden Beanspruchungen voraus. Hierzu sind vonseiten der Bauherrschaft umfangreiche Informationen zu leisten.

Ein Hallenfußboden wird auf wirtschaftliche Weise durch eine Betonbodenplatte gebildet, die auf einem tragfähigen Unterbau liegt. Diese Betonbodenplatte bildet mit dem tragenden Unterbau den Betonboden. Ob ein zusätzlicher Belag auf die Betonbodenplatte aufzubringen ist, hängt von den Anforderungen der Nutzung ab.

Betonböden für Produktions- und Lagerhallen sowie die dazugehörigen Freiflächen erfahren während ihrer Nutzung häufig rollende, schleifende und stoßende Belastungen. Außer diesen und anderen mechanischen Einwirkungen können auch chemische Angriffe eine Rolle spielen.

Damit sowohl von den Planenden als auch von den Ausführenden die anspruchsvolle und häufig unterschätzte Aufgabe zur Herstellung eines Betonbodens sinnvoll gelöst werden kann, enthält das vorliegende Buch entsprechende Grundlagen und Hinweise für Planung und Ausführung. Dabei wird versucht, die recht komplexen Zusammenhänge möglichst einfach und praxisgerecht darzustellen. Auf wissenschaftliche Tiefe wird bewusst verzichtet. Hierzu wird auf andere Werke hingewiesen, die auch Grundlagen für die vorliegende Arbeit lieferten. Neuere Erkenntnisse aus Wissenschaft und Forschung haben Eingang gefunden.

In der vollständig überarbeiteten Auflage des Buches wurden zwei Alternativen für den Bau von Betonbodenplatten deutlich herausgestellt, zwischen denen zu entscheiden ist:

- rissarme („rissfreie“) Betonbodenplatten mit Fugen
- fugenlose Betonbodenplatten mit Rissen begrenzter Breite

Eine dritte Alternative wäre der Bau von Betonbodenplatten mit Spannlitzen, die ohne Fugen in großen Flächen und ohne Risse herzustellen sind.

Die Nachweise für diese alternativen Bauweisen sind ausführlich dargestellt und an Beispielen erläutert. Bei den Nachweisen wird von elastisch gebetteten Platten ausgegangen, bei denen ungünstige Laststellungen auch mehrerer Nachbarlasten durch die Auswertung von Einflusslinien erfasst werden.

Die dargestellten Konstruktions- und Nachweisverfahren sind Empfehlungen der Autoren. So weit wie möglich wird auf den entsprechenden Regelwerken aufgebaut. Neben den in diesem Fachbuch dargestellten Vorschlägen gibt es auch andere Hinweise und Empfehlungen, z.B. im Merkblatt vom Deutschen Beton- und Bautechnik-Verein „Industrieböden aus Beton für Frei- und Hallenflächen" [R30.1].

Jeder Planer und Ausführende hat für sein Bauprojekt zu entscheiden, ob die in diesem Fachbuch dargestellten Konstruktions- und Bemessungsverfahren für den jeweils vorliegenden Fall angewendet werden können. Der Vergleich zwischen den im Merkblatt [R30.1] angegebenen Plattendicken mit den hiernach zu ermittelnden Plattendicken zeigt, dass hiermit wirtschaftlichere Betonböden herzustellen sind, die nichts an Gebrauchstauglichkeit und Dauerhaftigkeit einbüßen.

In den letzten Jahren wurden Spezialverfahren entwickelt und werden auch künftig neue Verfahren erprobt, die von den üblichen Konstruktionen und Ausführungsarten abweichen. Es ist nicht Ziel dieses Buches, alle Spezialverfahren darzustellen. Vielmehr ist es Sinn dieses Fachbuches, eine Hilfestellung für Planung, Bemessung und Ausführung von jenen Betonböden zu geben, die inzwischen zum üblichen Baugeschehen gehören und sich bewährt haben.

Teil I dieses Buches behandelt die Planung von Betonböden in Abhängigkeit von der Nutzung. Hierbei werden die Konstruktionsarten und die Anforderungen dargestellt (Kapitel 1 bis 6).

Teil II behandelt die Bemessung unbewehrter und bewehrter Betonböden, abhängig von den Einwirkungen durch Last- und Verformungsbeanspruchungen (Kapitel 7 bis 8).

Teil III befasst sich mit der Ausführung von Betonböden, einschließlich der Unterkonstruktion, der Herstellung von Fugen und der Durchführung von Qualitätssicherungsmaßnahmen (Kapitel 9 bis 15).

Das vorliegende Buch soll eine Arbeitshilfe bei Planung, Bemessung und Ausführung für eine sachgerechte und wirtschaftliche Herstellung von Betonböden sein. Das Buch fasst die Erfahrungen zusammen, die während jahrzehntelanger Beratungstätigkeit zur Herstellung von Betonböden gesammelt werden konnten.

Den vielen Kollegen aus Wissenschaft und Praxis sei an dieser Stelle für zahlreiche Anregungen, Hinweise und Verbesserungsvorschläge gedankt. Ebenso danken wir dem Verlag für die Bereitschaft zur Veröffentlichung dieses Buches.

September 2008

Gottfried C.O. Lohmeyer und Karsten Ebeling

1 Planungsgrundlagen

1.1 Nutzung des Betonbodens

Voraussetzung für jede Planung von Betonböden ist zunächst eine möglichst genaue Abklärung der vorgesehenen Nutzung des Betonbodens, da sich daraus die spätere Beanspruchung ergibt. Es ist Aufgabe des Objektplaners, gemeinsam mit dem Tragwerksplaner eine Grundlagenermittlung durchzuführen. Das heißt: Es sind die Voraussetzungen zur Lösung der Bauaufgabe zu ermitteln. Hierzu sind allgemeine Angaben des Bauherrn wie „geringe Belastungen“ oder „intensive Beanspruchung“ nicht ausreichend. Jeder Betrieb hat seine spezifischen Aufgaben zu erfüllen, die sich auf die Betriebsabläufe auswirken. Je nach Betriebsstruktur können sich in einer Halle innerhalb eines Tages so viele Lastwechsel ergeben wie in einer anderen Halle im ganzen Monat. Dies wirkt sich auf die Dauerhaftigkeit des Betonbodens aus. Hilfreich kann es sein, Erfahrungen aus dem bisherigen Betrieb auszuwerten, sofern derartige Erfahrungen vorliegen. Im Kapitel 3 „Nutzung von Betonböden“ wird hierauf näher eingegangen.

1.2 Gebrauchstauglichkeit und Dauerhaftigkeit des Betonbodens

Vom Auftraggeber ist anzugeben, für welche Nutzungsdauer die Betonbodenplatte auszulegen ist. Im allgemeinen Hochbau wird von einem gewöhnlichen Zeitraum von 50 Jahren ausgegangen. Bei Lager- und Produktionshallen können sich Bauherren gegebenenfalls wesentlich kürzere Zeiten vorstellen, z.B. 20 Jahre, da sich in dieser Zeit ohnehin die Nutzungsanforderungen ändern werden. Obwohl es sich bei Betonböden im Allgemeinen nicht um Tragwerke in Sinne von DIN 1055-100 „Einwirkungen auf Tragwerke“ handelt, können dennoch die in dieser Norm genannten Festlegungen als sinnvolle Hinweise für Betonböden gelten:

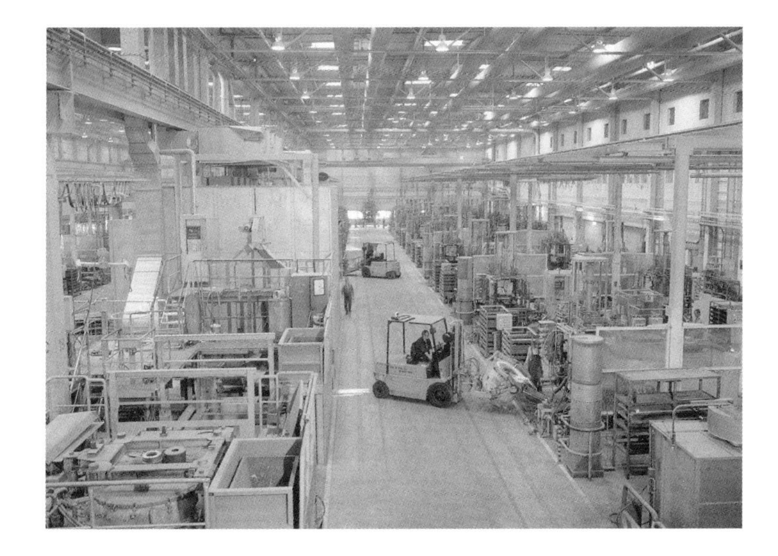

Bild 1.1:
Beispiel für die Nutzung eines Betonbodens als Produktionshalle
[Foto: MEV]

Bild 1.2:
Beispiel für die Nutzung eines Betonbodens als Lagerhalle [Foto: MEV]

„Ein Tragwerk muss so bemessen werden, dass seine Tragfähigkeit, Gebrauchstauglichkeit und Dauerhaftigkeit während der vorgesehenen Nutzungsdauer den vorstehenden Bedingungen genügen. Die genannten Anforderungen müssen durch die Wahl geeigneter Baustoffe, einer zutreffenden Bemessung und einer zweckmäßigen baulichen Durchbildung sowie die Festlegung von Überwachungsverfahren für den Entwurf, die Ausführung und die Nutzung des jeweiligen Gesamtbauwerks erreicht werden."

Die Dauerhaftigkeit ist die Fähigkeit des Tragwerks und seiner Teile, sowohl die Tragfähigkeit als auch die Gebrauchstauglichkeit während der gesamten Nutzungsdauer sicherzustellen. Weiter heißt es:

„Das Tragwerk ist zu bemessen, dass zeitabhängige Eigenschaftsveränderungen die Dauerhaftigkeit und das Verhalten des Tragwerks während der geplanten Nutzungsdauer nicht unvorhergesehen beeinträchtigen."

„Die folgenden, untereinander in Beziehung stehenden Merkmale müssen beachtet werden, um ein angemessen dauerhaftes Tragwerk sicherzustellen:

- *vorgesehene und mögliche Nutzung des Tragwerks,*
- *erforderliche Leistungskriterien,*
- *erwartete Umwelteinflüsse,*
- *Zusammensetzung, Eigenschaften und das Verhalten der Baustoffe,*
- *Beschaffenheit des Baugrunds,*
- *Wahl des Tragsystems,*
- *Form von Bauteilen sowie die Durchbildung des Tragwerks,*
- *Qualität der Bauausführung und die Überwachungsintensität,*

– *besondere Schutzmaßnahmen,*

– *Instandhaltung während der vorgesehenen Nutzungsdauer".*

Noch einmal der Hinweis: Betonböden sind keine Tragwerke im Sinne der Normen, wenn sie von den anderen Bauteilen durch Raumfugen (Bewegungsfugen) getrennt sind, wie es die Standardbauweise vorsieht. Dennoch sind die vorstehenden Angaben der DIN 1055-100 bei der Planung von Betonböden durchaus beachtenswert.

1.3 Vorhandener Untergrund

Die Tragfähigkeit des Untergrunds muss bekannt sein bzw. im Rahmen der Planung geklärt werden. Zur Aufnahme der späteren Beanspruchungen muss eine ausreichende Tragfähigkeit des Untergrunds gegeben sein oder erforderlichenfalls geschaffen werden. Durch den vorhandenen Untergrund wird die Gesamtplanung stark beeinflusst. Daher ist vor Planungsbeginn eine Baugrundbeurteilung erforderlich. Für die Baugrund- und Untergrunderkundung ist ein Erd- und Grundbauinstitut (Geotechnik) einzuschalten. Durch Untersuchungen muss geklärt werden, ob und inwieweit der vorhandene Baugrund geeignet ist oder ausgetauscht werden muss, und wenn ja, in welcher Tiefe. Hierbei ist festzulegen, ob eine Tragschicht notwendig ist und welche Anforderungen diese zu erfüllen hat.

1.4 Konstruktionsart des Betonbodens

Die Grundkonstruktion eines Betonbodens ergibt sich im Wesentlichen aus drei Teilen:

- Untergrund
- Tragschicht
- Betonbodenplatte

Die Wahl der Tragschicht in Art und Dicke ist abhängig von der Beschaffenheit des Untergrundes, bezogen auf die Beanspruchung des Betonbodens. Die Betonbodenplatte ist durch den Tragwerksplaner zu bemessen. Die auftretenden Beanspruchungen sind Voraussetzung für eine Bemessung. Hierauf wird in Kapitel 4 näher eingegangen.

Die Vorschriften und Regelwerke, die einer Bemessung oder erforderlichen Nachweisen zugrunde gelegt werden können, sind in Kapitel 2 genannt. Die Bemessung wird im Teil II dieses Buches in den Kapiteln 7 und 8 im Einzelnen dargestellt.

Grundlage für Planung und Bemessung von Betonbodenplatten sind die Festigkeits- und Formänderungseigenschaften des Betons gemäß DIN 1045-1 (Tafel 1.1).

1.5 Planungskonzept

Vom Planer ist ein Planungskonzept zu erstellen. In diesem Planungskonzept sind alle Anforderungen zu berücksichtigen, die sich aus den Vorgaben des Bauherrn für die spätere Nutzung ergeben. Vor Festlegung der erforderlichen technischen Maßnahmen bietet

Tafel 1.1: Festigkeits- und Formänderungseigenschaften von Beton [nach DIN 1045-1; Tab. 9]

Kenngrößen	Festigkeitsklassen			Erläuterung
	C25/30	C30/37	C35/45	
f_{ck} [N/mm²]	25	30	35	Zylinderdruckfestigkeit
$f_{ck,cube}$ [N/mm²]	30	37	45	Würfeldruckfestigkeit
f_{ctm} [N/mm²]	2,6	2,9	3,2	mittlere Zugfestigkeit
$f_{ctk;0,05}$ [N/mm²]	1,8	2,0	2,2	5 %-Quantil der Zugfestigkeit
$f_{ctk;0,95}$ [N/mm²]	3,3	3,8	4,2	95 %-Quantil der Zugfestigkeit
E_{c0m} [N/mm²]	30500	31900	33300	Elastizitätsmodul als Tangentenmodul
E_{cm} [N/mm²]	26700	28300	29900	Elastizitätsmodul als Sekantenmodul
$\varepsilon_{ct0m,u} = f_{ctm} / E_{c0m}$ [‰]	≈ 0,09			mittlere Bruchdehnung bei zentrischer Zugbeanspruchung
$\varepsilon_{ctm,u} = f_{ctm} / E_{cm}$ [‰]	≈ 0,10			

das Planungskonzept dem Bauherrn und dem Nutzer die Möglichkeit, eventuelle Änderungswünsche vorzubringen, die dann eingearbeitet werden können.

Schon bei der Festlegung des Planungskonzepts kann es erforderlich werden, dem Bauherrn und/oder dem Nutzer klarzumachen, dass nicht alle Wünsche in der praktischen Umsetzung erfüllbar sind. Unter anderem gehören zu den nicht erfüllbaren oder nicht vollständig erfüllbaren Anforderungen folgende Beispiele:

- fugenlose Betonflächen oder Betonflächen mit sehr großen Fugenabständen, die dauerhaft vollständig rissfrei bleiben sollen;
- Ebenheitsanforderungen, die über die in Normen festgelegten Anforderungen hinausgehen, ohne Einsatz besonderer Techniken oder nachträgliche Schleif- oder Spachtelarbeiten;
- völlig gleichfarbige Betonoberflächen ohne spätere Beschichtungen.

Den Nutzern von Hallen muss klar sein, dass ein Betonboden nicht alle Beanspruchungen problemlos ertragen kann. So werden beispielsweise die Beanspruchungen durch Fahrzeuge mit Stahlrädern, durch Kettenfahrzeuge, Stapelboxen mit Stahlfüßen oder durch Staplergabeln bei Stößen und Schleifbewegungen stets Spuren hinterlassen. Bei direkter Beanspruchung der Betonoberfläche durch Stahl wird stets der Stahl als Sieger hervorgehen. Auch wenn mit einem Betonboden nicht alle Wünsche erfüllbar sind und konstruktionsbedingt Grenzen gesetzt werden, so muss auch dem kritischsten Nutzer klar sein, dass ein Betonboden dennoch die optimale Lösung bietet.

2 Regelwerke für Betonböden

2.1 Zuordnung der Betonböden

Betonbodenplatten sind im Standardfall keine tragenden oder aussteifenden Bauteile im Sinne von DIN 1045-1 [N1] und DIN EN 206-1 [N4].

Begründung:

- Betonbodenplatten liegen auf einem tragfähigen Untergrund und auf einer durchgehenden Tragschicht, sie wirken z.B. als elastisch gebettete Platten,
- Betonbodenplatten tragen keine anderen Bauteile und steifen weder andere Bauteile noch das ganze Bauwerk aus, sie sind von anderen Bauteilen durch Randfugen getrennt.

Betonbodenplatten sind auch keine Tragwerke im Sinne von DIN 1055 „Einwirkungen auf Tragwerke" [N10]. Daher müssen die Anforderungen dieser Normen nicht erfüllt werden. Dies bedeutet jedoch nicht, dass Betonbodenplatten nicht zu bemessen wären. Im Gegenteil: Betonbodenplatten *müssen* für die auftretenden Beanspruchungen bemessen und mit besonderer Sachkunde geplant werden. Im Allgemeinen ist ein Sonderfachmann hinzuzuziehen.

Tragende und/oder aussteifende Betonbodenplatten, die an der Tragfähigkeit und Standsicherheit der Halle oder seiner Konstruktionsteile beteiligt sind, müssen selbstverständlich nach DIN 1045 bemessen werden. Dieses gilt insbesondere auch für Hochregale, die die Dachkonstruktion tragen oder die über 7,50 m hoch sind. In derartigen Fällen müssen die Betonbodenplatten in allen ihren Teilen den Anforderungen der DIN 1045 und der zugehörigen Normen entsprechen.

2.2 Normen für Betonböden

Für den Bau von Betonböden für Produktions- und Lagerhallen sowie für Freiflächen existieren keine gesonderten Normen, die speziell für diesen Bereich des Bauens anzuwenden sind. Das bedeutet jedoch nicht, dass man sich beim Bau von Betonböden im völlig regelfreien Bereich befindet. Es ist durchaus erforderlich, einige DIN-Normen und Vorschriften oder Vertragsbedingungen des Stahlbetonbaus und/oder des Betonstraßenbaus als Grundlage für Planung und Ausführung hinzuzuziehen. Hierfür steht eine Fülle von Regelwerken zur Verfügung ([N1] bis [N61] und [R1] bis [R52]). Zur Anwendung werden mindestens jene Normen und Regelwerke kommen, die sich auf die einzusetzenden Baustoffe beziehen sowie jene Normen der VOB, die die Vergabe- und Vertragsordnung für Bauleistungen betreffen.

Das bedeutet: DIN 1045 mit den zugehörigen Normen *müssen* nicht angewendet werden, sie *sollten* jedoch hinzugezogen werden. Es ist dringend zu empfehlen, diese Normen als Vertragsbestandteil zu vereinbaren.

Auf nachfolgende Aussagen in DIN 1045-1 sei besonders hingewiesen:

1) Gemäß DIN 1045-1 Abschnitt 5.4.1 umfassen die Nachweise der Gebrauchstauglichkeit die Begrenzungen der Spannungen, Rissbreiten und Verformungen. Der Grenzzustand der Gebrauchstauglichkeit wird erreicht, wenn nachfolgende Bedingungen nicht mehr erfüllt werden:
   - die vorgegebenen Anforderungen an die Nutzung eines Bauteils werden nicht mehr eingehalten
   - eine dauerhafte Tragfähigkeit ist nicht mehr sichergestellt.
2) Die Norm verlangt, dass die Anforderungen hinsichtlich Dauerhaftigkeit während der vorgesehenen Nutzungsdauer angemessen erfüllt werden (DIN 1045-1 Abschnitte 6.1 und 6.2). Dieses betrifft eine dauerhafte Tragfähigkeit, die Einhaltung der Gebrauchstauglichkeit ohne wesentlichen Verlust der Nutzungseigenschaften sowie die der Nutzungsfähigkeit mit angemessenem Instandhaltungsaufwand.

   Weiterhin gehört dazu die Einhaltung der Anforderungen an die Sicherstellung der Dauerhaftigkeit, an den Beton bezüglich Zusammensetzung und Eigenschaften, der Bauausführung gemäß DIN 1045-3 sowie die Anwendung der konstruktiven Regeln nach DIN EN 206-1 und DIN 1045-2.
3) Bedeutsame Einflüsse infolge Kriechen und Schwinden des Betons sind in ihren Auswirkungen als zeitliche Einflüsse auf die Beanspruchung eines Bauteils zu berücksichtigen (DIN 1045-1 Abschnitt 7.1).
4) Die Zugfestigkeit des Betons darf in unbewehrten Bauteilen für die Tragfähigkeit berücksichtigt werden. Voraussetzung dafür ist der Nachweis, dass die Tragfähigkeit des unbewehrten Bauteils bei Rissbildung nicht ausfällt (DIN 1045-1 Abschnitt 10.3.7).
5) Eine Rissbildung ist in Bauteilen, die auf Zug beansprucht werden, nahezu unvermeidbar. Daher ist bei zugbeanspruchten Bauteilen die Rissbreite auf ein Maß zu begrenzen, dass die ordnungsgemäße Bauteilnutzung sowie die Dauerhaftigkeit als Folge von Rissen einschließlich seinem Erscheinungsbild nicht beeinträchtigt (DIN 1045-1 Abschnitt 11.2.1).

Die Folgerungen hieraus sind dem Kapitel 4 „Konstruktionsarten und Anforderungen" vorangestellt.

2.3 Richtlinien und Merkblätter für Betonböden

In Kapitel 16 sind Normen, Richtlinien, Merkblätter und andere Regelwerke zusammengestellt, die für Betonböden in Produktions- und Lagerhallen sowie Freiflächen angewendet werden können [N1] bis [N61] und [R1] bis [R52].

Die DAfStb-Richtlinie „Stahlfaserbeton" war beim Abschluss der Arbeiten für das Manuskript dieses Buches noch in Bearbeitung. Daher konnten zum Stahlfaserbeton noch keine Angaben für die Festlegung von Leistungsklassen und für erforderliche Abmessungen von Betonbodenplatten aus Stahlfaserbeton gemacht werden, die einem Regelwerk entsprechen. Hinweise enthalten jedoch Kapitel 4.6.3 und 8.3.

Begrüßenswert ist es, dass ein Merkblatt vom Deutschen Beton- und Bautechnik-Verein erarbeitet wurde, das Leitlinien zusammenfasst, die sich in der Praxis bewährt haben. Es ist dies das DBV-Merkblatt „Industrieböden aus Beton für Frei- und Hallenflächen" Fassung November 2004 [R30.1].

3 Nutzungen, Einwirkungen, Beanspruchungen

3.1 Nutzung von Betonböden

Betonböden für Hallen- und Freiflächen des Industrie- und Wirtschaftsbaus werden auf vielfältige Weise genutzt. Die jeweilige Nutzungsart der Flächen ergibt die entsprechenden Beanspruchungen der Betonböden. Auch wenn der Titel des Buches die Hallen- und Freiflächen für Produktions- und Lagerhallen besonders herausstellt, so ergeben sich daraus keineswegs die alleinigen Nutzanwendungen für Betonböden. Es gehören alle Fußbodenkonstruktionen des Industrie- und Wirtschaftsbaus dazu, nicht jedoch öffentliche Verkehrsflächen.

Einige Beispiele können die Vielfalt unterschiedlicher Nutzungen verdeutlichen, die bei der Stahl-, Kunststoff-, Glas-, Papier- oder Textilherstellung und deren Weiterverarbeitung oder Lagerung entstehen. Sie erstrecken sich von leichter und feiner bis schwerer und grober Nutzung der Fußbodenflächen.

Hallenbeispiele sind unter anderem:

- Produktionshallen
- Montagehallen
- Wartungshallen
- Lagerhallen
- Hochregallager
- Verteil- und Logistikzentren
- Ausstellungshallen
- Baumärkte
- Markt- und Messehallen
- Flugzeughallen

Beispiele für Freiflächen sind unter anderem:

- Zu- und Abfahrten im Bereich des Grundstücks
- Zu- und Auslieferbereiche vor Hallen
- Lagerflächen im Freien
- Containerflächen
- Ausstellungsflächen
- Parkflächen für Kunden oder Bedienstete
- Waschanlagen

Die Nutzung der Betonböden wirkt sich auf die Beanspruchung der Flächen aus. Hieraus entstehen verschiedene Einflüsse, die im Einzelfall abzuklären sind. Häufig sind die Betonböden durch Verkehr beansprucht. Einige wesentliche Einflussgrößen sind in Bild 3.1 zusammengestellt.

Wenn ein Betonboden dauerhaft nutzungsfähig zu sein hat und den auftretenden Beanspruchungen standhalten soll, muss er für die zu erwartende Nutzung ausgerüstet sein. Hierfür ist eine gründliche Planung erforderlich, für die der Auftraggeber die Vorgaben zu liefern hat.

Falls die spätere Nutzung einer Halle nicht bekannt ist, da z.B. ein Investor die Ansprüche des künftigen Betreibers nicht kennt, käme ein Multifunktionsboden infrage. Ein solcher Multifunktionsboden stellt einen Kompromiss für Nutzbarkeit, Beanspruchung und Wirtschaftlichkeit dar. Er kann üblichen Standard-Beanspruchungen standhalten und ist für normale Nutzung geeignet (siehe Kapitel 6.1).

Nachfolgend wird ein Vorschlag gemacht, die vorgesehene Nutzung von Betonböden in Nutzungsbereiche einzuteilen, damit alle Beteiligten von gleichen Vorstellungen ausgehen (Tafel 3.1). Hierbei werden für den Nutzungsbereich A geringere Anforderungen und für den Nutzungsbereich C höhere Anforderungen an das Vermeiden von Rissen gegenüber dem allgemeinen Nutzungsbereich B gestellt.

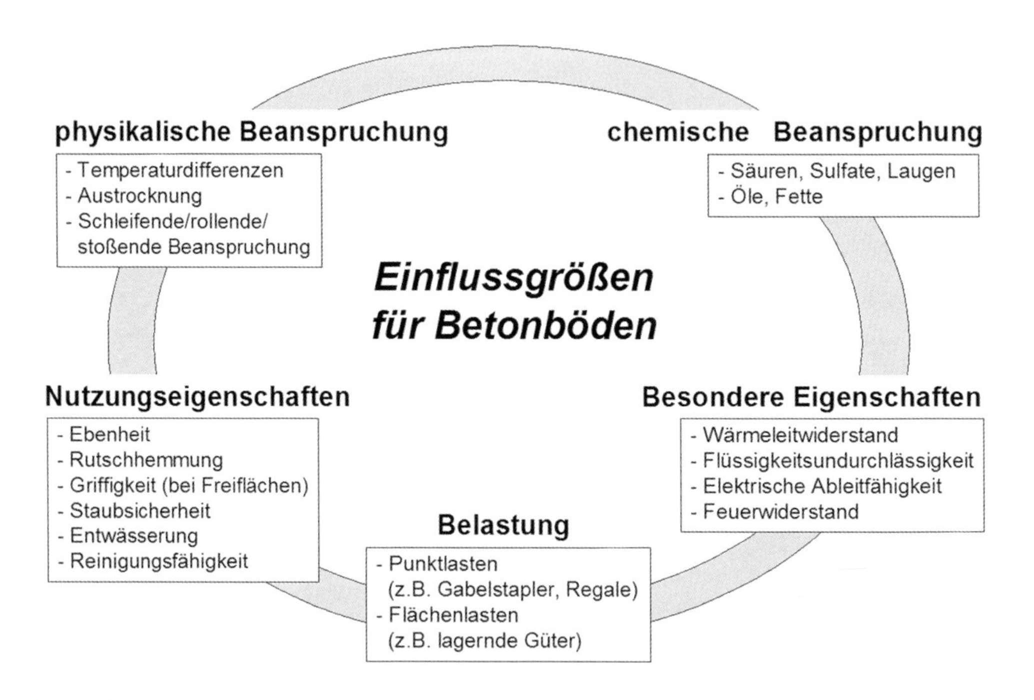

Bild 3.1: Einflussgrößen für Betonböden

Tafel 3.1: Nutzungsbereiche für Betonböden [Vorschlag Lohmeyer/Ebeling, in Anlehnung an R30.1]

Nutzungsbereich	Anforderungen an die Rissvermeidung	Beispiele
A	gering	Lagerhallen für unempfindliche Schüttgüter, grobe Metall- und Holzverarbeitung, Stahlbaubetriebe, landwirtschaftliche Gerätehallen
B	mittel	feine Metall- und Holzverarbeitung, Kunststoff- und Gummiindustrie, Lagerhallen, Logistikzentren, Kfz-Reparaturbetriebe
C	hoch	Ausstellungs- und Verkaufsräume, Papier- und Textilverarbeitung, feinmechanische Betriebe, Lebensmittelbereiche, Hochregallager

Auf diese Nutzungsbereiche wird bei der Festlegung der erforderlichen Plattendicken (siehe Kapitel 4) zurückgegriffen.

Sollte die spätere Nutzung und Beanspruchung einer Halle nicht bekannt sein, da für die geplante Halle erst noch ein Nutzer gefunden werden muss, sollte man die Planung auf einen „Multifunktionsboden" abstellen. Kapitel 6.1 behandelt diese Multifunktionsböden.

Verkehrsflächen im öffentlichen Bereich, die nach den Regeln des allgemeinen Straßenbaues zu planen und auszuführen sind, werden nicht behandelt. Hierfür werden besondere Einbauverfahren eingesetzt. Für diese Flächen gelten „Zusätzliche Technische Vertragsbedingungen und Richtlinien" ZTV, herausgegeben vom Bundesministerium für Verkehr, Bau- und Wohnungswesen durch die Bundesanstalt für Straßenwesen. Dennoch werden Erfahrungen und Anregungen des Straßenbaus für den Bau von Betonböden im Industrie- und Wirtschaftsbau genutzt.

3.2 Einwirkungen auf Betonböden und Beanspruchungen

So unterschiedlich die Nutzung der Betonböden ist, so verschieden sind auch die auf Betonbodenplatten einwirkenden Beanspruchungen. Die Einwirkungen und Beanspruchungen ergeben sich im Wesentlichen aus den Einflussgrößen, die in Bild 3.1 zusammengestellt sind:

- Einwirkungen durch punktförmig oder flächig wirkende Lasten,
- mechanische Beanspruchungen, schleifend, rollend, stoßend,
- physikalische Beanspruchungen, wie Temperaturen oder Schwinden,
- chemische Beanspruchungen durch Säuren, Laugen, Öle, Fette.

Betonbodenplatten können den vorgenannten Einwirkungen und anderen Beanspruchungen gut widerstehen. Konstruktion und Beton müssen jedoch auf die einwirkenden Beanspruchungen abgestimmt sein. Schon bei Beginn der Planung des Bauwerks ist zu klären, welche Beanspruchungen bei der späteren Nutzung entstehen werden. Hierbei muss der Auftraggeber bzw. der Nutzer der Halle mitwirken.

Beim Planen, Bemessen und Ausführen müssen alle Maßnahmen darauf abzielen, Fehler zu vermeiden, die zu Mängeln führen können. Nachstehend werden einige bei Betonböden auftretende Mängel genannt:

- Risse, z.B. bei hohen Zug- oder Biegezugbeanspruchungen durch Nachgiebigkeit des Unterbaus, durch Überlastung, durch zu große Formänderungen;
- Oberflächenzerstörungen, z.B. durch ungeeignete Betonzusammensetzung bei starker Stoß- oder Abriebbeanspruchung;
- Unebenheiten oder falsches Gefälle, z.B. durch unzureichende Anforderungen an die Ausführung oder schlechte Ausführungsqualität.

Für die Festlegung der Konstruktion von Betonböden sind meistens punktförmig wirkende Einzellasten maßgebend. Diese Einzellasten erzeugen Biegebeanspruchungen, denen die Gesamtkonstruktion gewachsen sein muss. Je höher die punktförmig wirkenden Einzellasten sind, umso tragfähiger müssen Betonbodenplatte, Tragschicht und Untergrund sein.

Wichtiger Hinweis:
Große Einzellasten, insbesondere Lasten über 100 kN (entspricht 10 t), belasten sehr stark den Unterbau. Bei ungenügendem Unterbau können trotz Lastverteilung durch die Betonbodenplatte größere Verformungen auftreten. Um späteren Beeinträchtigungen bei der späteren Nutzung vorzubeugen, ist eine genaue Erkundung der Tragfähigkeit des Untergrunds durch ein Institut für Erd- und Grundbau erforderlich.

3.3 Lastbeanspruchungen

Damit eine einwandfreie Wahl der Konstruktion erfolgen kann, werden nachstehend die bei Betonböden häufig auftretenden Lasten genannt, die für den jeweiligen Einzelfall festzulegen sind.

3.3.1 Beanspruchungen durch Fahrzeuge

Radlasten von Fahrzeugen und Gabelstaplern werden durch Kontaktdruck zwischen Reifen und Betonoberfläche in die Betonbodenplatte übertragen. Aus diesem Kontaktdruck ergibt sich die Beanspruchung der Betonbodenplatte. Beim Fahren entstehen je nach Laststellung in ein und demselben Querschnitt der Betonbodenplatte wechselnde Biegedruck- und Biegezugspannungen. Dies ist bei üblichen Deckenkonstruktionen des Hochbaus nicht der Fall.

Bild 3.2:
Fahrbetrieb durch Gabelstapler
[Foto: ISVP Lohmeyer + Ebeling]

Bild 3.3:
Gabelstapler bei Sortierarbeiten
[Werkfoto: GORLO Industrieboden GmbH & Co. KG]

Bild 3.4:
Schwerlaststapler
[Foto: ISVP
Lohmeyer + Ebeling]

Luftreifen erzeugen einen Kontaktdruck, der dem Innendruck der Reifen entspricht. Da der Reifendruck in der Regel maximal 10 bar betragen kann, beträgt dementsprechend der Kontaktdruck maximal 1,0 N/mm^2. (Vergleich: Bei einem PWK mit einem Reifendruck 3 bar beträgt der Kontaktdruck 0,3 N/mm^2).

Vollreifen aus Gummi können Kontaktdrücke bis zu maximal 1,5 MPa (dies entspricht 1,5 N/mm^2) bewirken. Diese Reifen haben bei gleicher Belastung eine kleinere Aufstandsfläche. Die Beanspruchung der Betonbodenplatte ist dadurch entsprechend größer.

Sonderreifen, z.B. aus speziellen Kunststoffen wie Elastomer, können mit Kontaktdrücken bis zu 7 N/mm^2 arbeiten. Bei Einwirkung derart großer Kontaktdrücke sind besondere Maßnahmen erforderlich, die einer gesonderten Bemessung bedürfen. So kann z.B. ein Kantenschutz für Fugen unumgänglich sein.

Fahrzeuge mit Zwillingsreifen (nebeneinander angeordnete Räder) verursachen eine um 10 bis 30 % geringere Beanspruchung der Betonbodenplatte gegenüber Einzelreifen, wenn die Last über die Zwillingsreifen abgetragen wird.

Fahrzeuge mit Tandemachsen (hintereinander angeordnete Räder) führen zu einer Erhöhung der Beanspruchung bis zu 20 % gegenüber Einzelachsen mit jeweils gleicher Last. Die Lasteinwirkungsbereiche der Tandemachsen überlagern sich.

Übliche Fahrzeuge

Radlasten für übliche Fahrzeugarten sind in den folgenden Tafeln 3.2 bis 3.4 als charakteristische Lasten Q_k angegeben. Um die Bemessungslasten Q_d zu erhalten, sind die charakteristischen Lasten mit einem Teilsicherheitsbeiwert γ_Q und einer Lastwechselzahl φ_n zu multiplizieren. Im Allgemeinen genügt für Teilsicherheitsbeiwert und Lastwechselzahl ein Gesamtfaktor von $\gamma_Q \cdot \varphi_n = 1{,}6$. Damit ergibt sich die Bemessungslast Q_d für übliche Fälle:

$$Q_d = 1{,}6 \cdot Q_k \qquad \text{(Gl. 3.1)}$$

Bei intensivem Fahrverkehr auftretende sehr häufige Lastwechsel sind genauer zu erfassen (siehe Kapitel 7.5).

Hubmaststapler und ähnliche Stapler mit einer zulässigen Gesamtlast $\leq$ 25 kN sind nach den Auslegungen zu DIN 1055-3 in die Kategorie G1 für Gabelstapler einzustufen, bis vom Normenausschuss anders entschieden wird.

Die tatsächlich auftretenden Lasten sind im Einzelfall zu klären.

Die ungünstigste Laststellung ergibt sich, wenn beide Räder des Gabelstaplers nebeneinander am Plattenrand stehen. Die Fugeneinteilung sollte so erfolgen, dass Fugen nicht entlang der Regale im Fahrbereich verlaufen.

Die Radlasten werden als Einzellast wirkend angenommen und auf eine Aufstandsfläche von 20 cm x 20 cm verteilt. Daraus ergibt sich der Kontaktdruck des Rades auf der Betonbodenplatte. Die maßgebenden Lastflächen für Gabelstapler sind Bild 3.5 zu entnehmen. Bild 3.6 enthält die Lastflächen für lotrechte Nutzlasten bei Flächen mit Lkw-Verkehr entsprechend den Brückenklassen nach DIN 1072 [N11].

Tafel 3.2: Gabelstapler. Charakteristische Werte für lotrechte Verkehrslasten bei Betrieb aus Gegengewichtsstaplern für zulässige Gesamtlast > 25 kN bzw. Gesamtgewicht > 2,5 t (nach DIN 1055-3, [N10])

Gabelstapler Kategorie	zulässige Gesamtlast [kN]	Nenntragfähigkeit [kN]	Achslast [kN]	Radlast Q_k auf 20 x 20 cm [kN]	Lastflächen Radabstand [m]	Lastflächen Länge L [m]	Lastflächen Breite b [m]
G1	31	10	26	13	0,85	2,60	1.00
G2	46	15	40	20	0,95	3,00	1,10
G3	69	25	63	32	1,00	3,30	1,20
G4	100	40	90	45	1,20	4,00	1,40
G5	150	60	140	70	1,50	4,60	1,90
G6	190	80	170	85	1,80	5,10	2,30

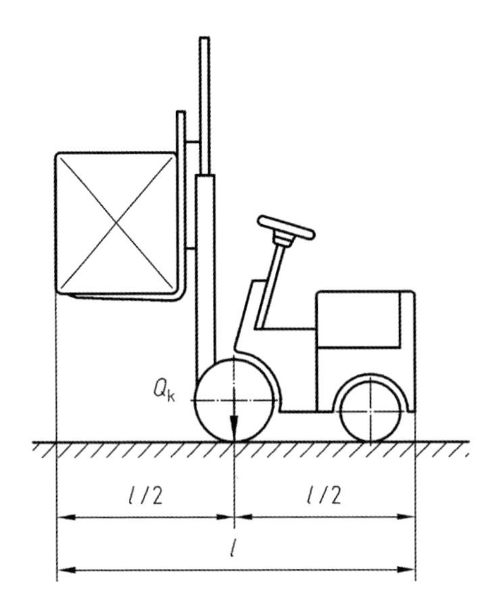

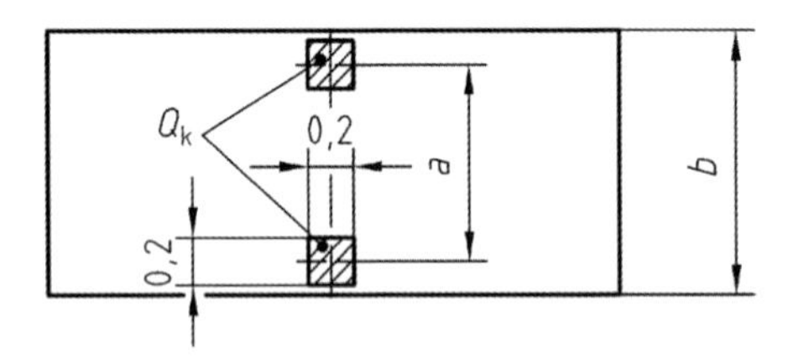

Bild 3.5:
Darstellung der Lastflächen für Gabelstapler (nach DIN 1055-3, [N10])

Tafel 3.3: Lastkraftwagen. Charakteristische Werte für lotrechte Verkehrslasten bei Flächen mit Lkw-Verkehr entsprechend den Brückenklassen (nach DIN 1072, [N11])

<table>
<tr><th rowspan="2">Bezeichnung</th><th rowspan="2">Fahrzeugart</th><th rowspan="2">Gesamtlast
[kN]</th><th colspan="3">Achslast</th><th rowspan="2">max. Radlast Q_k
[kN]</th><th rowspan="2">Aufstandsfläche bei einzelner Achse
[cm²]</th><th rowspan="2">Radabstand
[m]</th><th rowspan="2">Achsabstand
[m]</th><th rowspan="2">Lastfläche b
[m]</th><th rowspan="2">Flächenlast q_k
[kN/m²]</th></tr>
<tr><th>vorn</th><th>Mitte</th><th>hinten
[kN]</th></tr>
<tr><td rowspan="2">Schwerlastwagen</td><td>SLW 60</td><td>600</td><td>200</td><td>200</td><td>200</td><td>100</td><td>20 · 60</td><td rowspan="5">2,00</td><td rowspan="2">1,50</td><td rowspan="5">6,0 · 3,0</td><td rowspan="5">entfällt</td></tr>
<tr><td>SLW 30</td><td>300</td><td>100</td><td>100</td><td>100</td><td>65</td><td>20 · 46</td></tr>
<tr><td rowspan="3">Lastkraftwagen</td><td>LKW 16</td><td>160</td><td>60</td><td>–</td><td>110</td><td>55</td><td>20 · 40</td><td rowspan="3">3,00</td></tr>
<tr><td>LKW 12</td><td>120</td><td>40</td><td>–</td><td>110</td><td>55</td><td>20 · 40</td></tr>
<tr><td>LKW 9</td><td>90</td><td>30</td><td>–</td><td>90</td><td>45</td><td>20 · 30</td></tr>
</table>

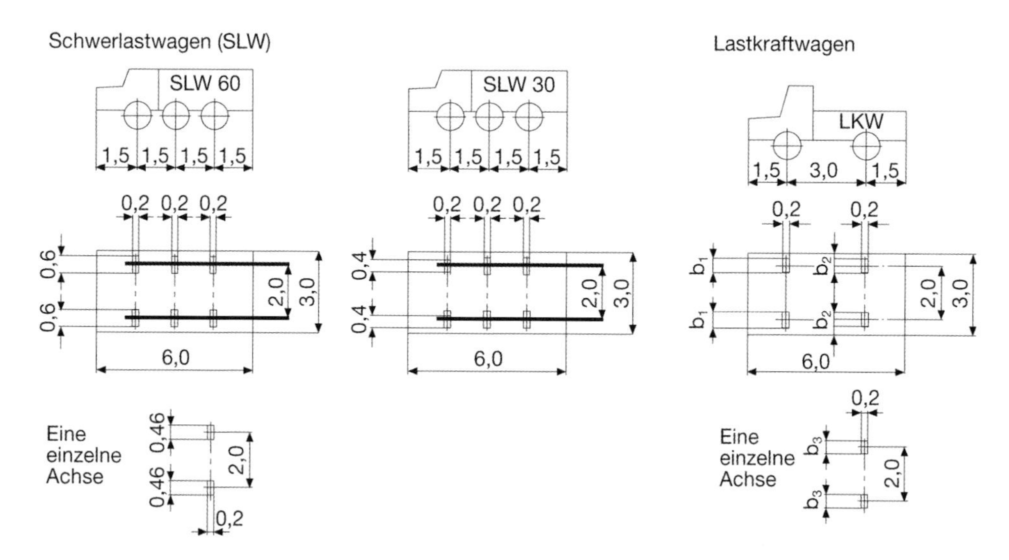

Bild 3.6:
Darstellung der Lastflächen für Schwerlastwagen und Lastkraftwagen (nach DIN 1072, [N11])

Tafel 3.4: Fahrzeuge. Charakteristische Werte für lotrechte Verkehrslasten bei Flächen mit Fahrzeugverkehr für zulässige Gesamtlasten ≤ 25 kN bzw. Gesamtgewicht ≤ 2,5 t (nach DIN 1055-3, [N10])

Fahrzeugverkehr Kategorie	Nutzung	Beispiele	Achslast [kN]	Radlast Q_k auf 20 x 20 cm [kN]	Radabstand [m]	Flächenlast q_k [kN/m^2]
F1	Verkehrs- und Parkflächen für leichte Fahrzeuge	Park-flächen einschl. Fahrgassen	20	10	1,80	entfällt
F2			20	10	1,80	
F3		Zufahrtsflächen	20	10	1,80	

Aufstandslasten von Hubschraubern für Hubschrauberlandeplätze sind Tafel 3.5 zu entnehmen.

Tafel 3.5: Hubschrauber. Charakteristische Werte für lotrechte Verkehrslasten bei Flächen für Hubschrauberladeplätze (nach DIN 1055-3, [N10])

Hubschrauber-Kategorie	zulässiges Abfluggewicht [t]	Hubschrauber-Regellast Q_k [kN]	Seitenlängen einer quadratischen Aufstandsfläche [cm]
K1	3	30	20
K2	6	60	30
K3	12	120	30

Andere Fahrzeuge

In Produktions- und Lagerhallen werden noch eine Vielzahl anderer Förderfahrzeuge eingesetzt, z.B.:

- Spezialstapler: Schubmaststapler, Schmalgangstapler, Hochregalstapler, Drehkabinenstapler
- Hubwagen: Hubwagen für Handbetrieb, Nieder- oder Hochhubwagen
- Kommissionierer
- Schlepper

Für Fahrzeuge, die sich nicht in die nachstehenden Lasttabellen einordnen lassen, sind die Radlasten mit ihren Aufstandsflächen dem jeweils zugehörigen technischen Datenblatt zu entnehmen.

Alle Radlasten werden als Einzellasten wirkend angenommen, jedoch verteilt über die Aufstandsfläche des Rades. Bei den Gabelstaplern und bei Fahrzeugen mit einer maximalen Gesamtlast von 25 kN kann mit Aufstandsflächen von 20 cm x 20 cm gerechnet werden (siehe Tafeln 3.2 und 3.4). Bei anderen Fahrzeugen sind die Aufstandsflächen in den zugehörigen Tabellen angegeben (siehe Tafeln 3.3 und 3.5).

Bei Betonbodenplatten dürfen punktförmig wirkende Lasten nicht flächig verteilt angenommen werden. Mit Flächenlasten darf nur dann gerechnet werden, wenn die Lasten tatsächlich flächig wirken.

Begründung:
Bei Betonbodenplatten, die vollflächig gelagert sind, ist die Situation eine andere als z.B. bei frei gespannten Geschossdecken. Flächenlasten auf Betonbodenplatten ergeben keine Biegebeanspruchungen, da die Lasten durch Druckübertragung direkt in den Unterbau eingetragen werden. Bei konzentriert einwirkenden Lasten wird sich die Betonplatte unter diesen Lasten verformen, wodurch eine Biegebeanspruchung entsteht. Die Gesamtbeanspruchung ist bei Berücksichtigung der Biegung größer als dies bei Annahme einer flächig verteilten Last der Fall wäre.

Die bei den Fahrzeugen angegebenen Lastflächen in Länge L und Breite b geben an, über welche Flächenausdehnung sich das jeweilige Fahrzeug erstreckt. In diesem Bereich können keine anderen Lasten wirken. Keineswegs darf die Fahrzeuglast über diese Lastfläche als gleichmäßig verteilt angenommen werden.

3.3.2 Beanspruchungen durch Lagergüter

Insbesondere in Lagerhallen ist mit Lasten aus den lagernden Gütern zu rechnen. Hier ist zu klären, in welcher Form diese Güter gelagert werden. Entsprechend der Musterbauordnung werden Hallen bei Lagerhöhen von mehr als 7,50 m über Oberkante Betonbodenplatte den Hochregallagern zugeordnet. Für diese Hochregale und die darunter liegenden Betonbodenplatten sind Tragfähigkeitsnachweise zu erbringen, wenn dies im entsprechenden Bundesland in der eingeführten „Liste der Technischen Baubestimmungen" gefordert wird.

Flächig wirkende Lasten

Eine flächige Lagerung, z.B. von Schüttgütern, erzeugt keine Biegebeanspruchung, die bei der Bemessung der Betonbodenplatte zu berücksichtigen wäre. Diese flächigen Lasten wirken jedoch zusätzlich zu den vorgenannten Radlasten, denn Transport und Lagerung können nicht unabhängig von wirkenden Radlasten erfolgen, es sei denn, es würde eine Kranbahn eingesetzt. Voraussetzung ist auch bei flächig wirkenden Lasten eine einwandfreie Unterkonstruktion, die bei Belastung nicht nachgibt.

Langfristig wirkende Flächenlasten können jedoch die Verkürzungen aus Schwinden und Temperaturdifferenzen behindern. Hierdurch entstehen Zugspannungen in der Betonbodenplatte. Wenn bei langfristig wirkenden Lasten gleichzeitig große Fugenabstände in der Betonbodenplatte gewählt werden sollen, wird stets eine Gleitschicht zwischen Tragschicht und Betonbodenplatte erforderlich sein (siehe Kapitel 4.2.6).

Regallasten

Anders ist die Situation bei Gütern, die in Regalen gelagert werden. Die auftretenden Lasten können sehr groß sein, insbesondere bei der Lagerung schwerer Güter oder bei Hochregallagern. In Sonderfällen, z.B. bei Hochregallagern, hat das Regalsystem auch die Dachkonstruktion zu tragen. Diese Konstruktionen bedürfen einer speziellen Abklärung der gesamten Tragkonstruktion.

Stützenlasten aus Hochregallagern können die Größenordnung von 250 kN (dies entspricht 25 t) erreichen. Bei kleinen Fußplatten entstehen sehr große Kontaktdrücke unter den Regalfüßen. Kontaktdrücke über 4 N/mm^2 erfordern eine genaue Bemessung. Kontaktdrücke über 7 N/mm^2 müssen vermieden werden. Erforderlichenfalls sind die Lastübertragungsflächen unter den Regalfüßen zu vergrößern oder es ist ein gesonderter Nachweis, z.B. gegen Durchstanzen, erforderlich (siehe auch Bemessungsbeispiele in Kapitel 8).

Für die Planung sind die maximal entstehenden Stützenlasten vom Regalbauer anzugeben, ebenso die Anordnung der Regalfüße und die Größe der Fußplatten. Daraus ergibt sich die Kontaktpressung unter den Regalfüßen. Häufig sind die Fußplatten der Regalfüße sehr klein, wodurch unnötig hohe Kontaktpressungen entstehen. In diesem Fall sind die Aufstandsflächen zu vergrößern. Die Betonbodenplatte ist für die maximalen Regallasten zu bemessen, wobei die nahebei einwirkenden Radlasten der Stapler in ungünstigster Laststellung zu berücksichtigen sind. Um die Bemessungslasten G_d zu erhalten, sind die charakteristischen Lasten G_k mit einem Teilsicherheitsbeiwert γ_G zu multiplizieren. Im Allgemeinen genügt für Teilsicherheitsbeiwert $\gamma_G = 1{,}2$. Damit ergibt sich die Bemessungslast G_d für Regallasten:

$$G_d = 1{,}2 \cdot G_k \qquad \text{(Gl. 3.2)}$$

Die Fugeneinteilung in der Betonbodenplatte ist so zu planen, dass Regalstützen möglichst nur im mittleren Plattenbereich angeordnet werden, damit Regallasten nicht für den Plattenrand anzusetzen sind.

Lasten aus Paletten, Stapelboxen oder Containern

Die Lasten von Paletten, Stapelboxen oder Containern können sehr groß und die Abstellflächen sehr klein sein. Häufig erfolgt eine Stapelung übereinander. Bei Groß-Containern können Punktlasten bis zu 250 kN entstehen. Stapelboxen oder Container mit Stahlfüßen können eine Kontaktpressung erzeugen, die die Betontragfähigkeit überschreiten kann. Außerdem ist beim Transportieren und Absetzen mit sehr hohen mechanischen Beanspruchungen zu rechnen. Füße aus Winkelprofilen, wie sie bei Stapelboxen angewendet werden, sind nicht betonverträglich. Bei harten Stößen von Stahl auf Beton muss Beton versagen. Kontaktdrücke über 4 N/mm^2 erfordern auch hierbei eine Bemessung für diese Beanspruchung, Kontaktdrücke über 7 N/mm^2 müssen vermieden werden. Um dies zu erreichen, sind die Lastübertragungsflächen zu vergrößern. Hierauf ist der Nutzer einer Halle schon bei der Planung hinzuweisen.

Hohe Betondruckfestigkeiten und Oberflächenfestigkeiten sind erforderlich. Eine Zuordnung in die Expositionsklasse XM3 ist in diesen Fällen unabdingbar.

3.3.3 Beanspruchungen durch Maschinen

In Produktionshallen sind Maschinen und Werkbänke erforderlich, die den Betonboden belasten, wenn sie direkt auf der Betonbodenplatte stehen. Häufig besteht der Wunsch, die erforderlichen Maschinen ohne gesonderte Gründung direkt auf die Betonbodenplatte zustellen, damit bei Änderungen der Produktion genügend Flexibilität durch Umstellen der Maschinen gegeben ist. Dies kann geschehen, wenn die Lasten und Erschütterungen durch die Maschinen nicht zu groß sind und die Bemessung des Betonbodens darauf abgestellt werden kann.

Bei schweren Maschinen und/oder Maschinen mit starken Schwingungen sind gesonderte Maschinenfundamente erforderlich. Diese Maschinenfundamente sollten stets von der Betonbodenplatte durch Raumfugen getrennt sein. Sie sind gesondert zu gründen. Bei sehr großen Lasten und Schwingungen ist eine genauere Erkundung der Tragfähigkeit des Untergrunds bis in tiefere Schichten durch ein Erd- und Grundbauinstitut erforderlich.

Hinweis:
Bei sehr großen Lasten ist eine genauere Erkundung der Tragfähigkeit des Untergrunds

durch ein Erd- und Grundbauinstitut erforderlich, um späteren Setzungen oder Beeinträchtigungen des Betriebs vorzubeugen.

3.3.4 Bemessungslasten

Die in den vorstehenden Tafeln 3.3 bis 3.6 für Fahrzeuge genannten Lasten sind so genannte charakteristische Lasten Q_k. Für die Bemessung von Konstruktionen sind jedoch die so genannten Bemessungslasten Q_d maßgebend. Um die Bemessungslasten Q_d zu erhalten, sind die charakteristischen Lasten Q_k mit zugehörigen Sicherheitsbeiwerten γ zu versehen. Dabei wird unterschieden nach γ_G für ständige Lasten G_k und γ_Q für veränderliche Lasten Q_k. Bei Radlasten ist außerdem die Anzahl der Lastwechsel zu berücksichtigen. Dies geschieht durch eine Lastwechselzahl φ_n (anstelle einer Stoßzahl bzw. eines Schwingbeiwerts), denn viele Lastwechsel stellen eine zusätzliche Beanspruchung dar, z.B. insbesondere bei regem Gabelstaplerverkehr.

Die Sicherheitsbeiwerte und Lastwechselzahlen sind im Kapitel 7.2 „Einwirkungen für Bemessung und Nachweise" im Einzelnen aufgeführt. Für die überschlägige Planung genügt es zunächst, mit den Angaben zu arbeiten, die in den Tafeln der Kapitel 4.5 und 4.6 für unbewehrte und bewehrte Betonbodenplatten zusammengestellt sind.

Die Bemessungslasten Q_d sind auf die Aufstandsfläche zu beziehen. Daraus ergeben sich die maßgebenden Kontaktpressungen q. Bei Luftreifen bleiben die Kontaktpressungen q stets unter 1,0 N/mm^2. Bei anderen Bereifungen, z.B. Vollgummi oder Elastikreifen, sind die Aufstandsflächen kleiner und damit die Kontaktpressungen entsprechend größer. Durch Lastkonzentrationen bei sehr harten Reifen entstehen wesentlich größere Beanspruchungen bei sonst gleichen Radlasten. Auch bei kleinen Förderfahrzeugen (z.B. Handhubwagen) können die Kontaktpressungen durch kleine Räder mit harten Reifen erheblich sein.

3.4 Mechanische Beanspruchungen

Die Oberflächen von Betonbodenplatten werden auf verschiedene Weise beansprucht. In DIN 1045 „Tragwerke aus Beton, Stahlbeton und Spannbeton" heißt es ganz allgemein zur Sicherstellung der Dauerhaftigkeit:

„Die Anforderung nach einem angemessen dauerhaften Tragwerk ist erfüllt, wenn dieses während der vorgesehenen Nutzungsdauer seine Funktion hinsichtlich der Tragfähigkeit und der Gebrauchstauglichkeit ohne wesentlichen Verlust der Nutzungseigenschaften bei einem angemessenen Instandhaltungsaufwand erfüllt. Eine angemessene Dauerhaftigkeit des Tragwerks gilt als sichergestellt, wenn ... die Anforderungen an die Zusammensetzung und die Eigenschaften des Betons nach DIN EN 206-1 und DIN 1045-2 und an die Bauausführung nach DIN 1045-3 erfüllt sind."

„Jedes Bauteil ist in Abhängigkeit von den Umgebungsbedingungen, denen es direkt ausgesetzt ist, ... zu klassifizieren. Die Umgebungsbedingungen, denen es ausgesetzt ist, sind dann als Kombination der zugeordneten Expositionsklassen anzugeben."

Die mechanische Beanspruchung der Oberfläche erfolgt meist kombiniert schleifend, rollend und stoßend oder schlagend. Unabhängig davon sind hinsichtlich der mechanischen Beanspruchungen infolge der Nutzung des Betonbodens nur Einstufungen nach DIN 1045 möglich. Diese Einstufungen können in Abhängigkeit von der Nutzung vereinfachend in drei Bereiche erfolgen, sofern es die Verschleißbeanspruchung betrifft. Beispiele für die Zuordnung in die Beanspruchungsbereiche 1 bis 3 mit den Expositionsklassen XM1, XM2 und XM3 zeigt Tafel 3.6.

In Tafel 3.6 wurden mechanische Beanspruchungen durch stahlrollenbereifte Fahrzeuge oder Kettenfahrzeuge bewusst nicht aufgenommen. Diese Beanspruchungen und auch stoßende Beanspruchungen durch Stahlteile, z.B. beim Abstellen von Containern oder Stapelboxen mit Stahlfüßen, übersteigen die Beanspruchbarkeit des Betons. Hier ist mit Beeinträchtigungen der Betonoberfläche zu rechnen. Beton kann die Härte von Stahl nicht erreichen. In derartigen Fällen sind Sonderlösungen erforderlich und/oder der Planer muss den Bauherrn bzw. Nutzer informieren, dass bei derartigen Beanspruchungen keine Dauerlösung erwartet werden kann.

Tafel 3.6: Betonbodenplatten bei Verschleißbeanspruchung; Beispiele für die Zuordnung in Beanspruchungsbereiche je nach Beanspruchungsart [1)]
(Vorschlag Lohmeyer/Ebeling, in Anlehnung an DIN 1045-1)

Beanspruchungsbereich	Expositionsklasse	Beanspruchungsklasse	Beanspruchungsart	Beispiele
1	XM1	mäßige Verschleißbeanspruchung	leichte bis mittelschwere Produktion; Fußgängerbetrieb; geringer Fahrverkehr mit luftbereiften Fahrzeugen (Radlast $Q_d \leq 40$ kN, Reifendruck ≤ 6 bar)	Ausstellungs- und Verkaufsräume, Kunststoff-, Gummi- und Holzindustrie, Papier- und Textilverarbeitung, feinmechanische Betriebe, Wäschereien, Färbereien
2	XM2	starke Verschleißbeanspruchung	Fahrverkehr mit luft- und vollgummibereiften Gabelstaplern (Radlast $Q_d \leq 80$ kN, Reifendruck > 6 bar, Vollgummireifen $p \leq 2$ N/mm^2)	Produktionshallen, Lagerhallen, Logistikzentren, Wartungshallen, Kfz-Reparaturbetriebe
3	XM3	sehr starke Verschleißbeanspruchung	Fahrverkehr mit polyamid- oder elastomer-bereiften Gabelstaplern (Radlast $Q_d > 80$ kN); schleifende und schlagende Beanspruchungen	Stahlindustrie, Metallverarbeitung, Stahlbaubetriebe, Lkw-Reparaturbetriebe, sehr stark frequentierte Verkehrsflächen

[1)] Beispiele für die Betonzusammensetzung von Betonbodenplatten bei Verschleißbeanspruchung siehe Tafel 3.7

3.4.1 Widerstand gegen Verschleißbeanspruchung

Bei einer Nutzung mit ausgeprägter Verschleißbeanspruchung kann für die Wahl des erforderlichen Betons allein der Widerstand gegen diese Verschleißbeanspruchung maßgebend sein.

Hartstoffe können den Widerstand der Betonoberfläche gegen rollende, stoßende oder schlagende Beanspruchung erhöhen. Beton kann insgesamt mit harter Gesteinskörnung hergestellt werden, z.B. mit quarzitischem Gestein oder mit Hartsteinsplitt. Es können aber auch Hartstoffe auf die Oberfläche gebracht werden, wie dies bei Hartstoffschichten oder Hartstoffeinstreuungen der Fall ist. In Tafel 3.7 ist die Größe des Abriebs angegeben. Der Abrieb wird entsprechend DIN 52108 nach Böhme geprüft und gemessen in cm^3 je 50 cm^2.

Der Verschleißwiderstand des Betons ist abhängig von den Verschleißwiderständen des Zementsteins und der Gesteinskörnung. Zu bedenken ist hierbei, dass jeder Abrieb bei Verschleißbeanspruchung zu einer Staubentwicklung in der Halle führen kann. Schon dies könnte ein Grund sein, Betonoberflächen mit einem geringen Abrieb zu wählen. Eine Verringerung des Abriebs bedeutet, dass der entsprechende Beton eine bestimmte Oberflächenfestigkeit haben muss. Hieraus kann sich eine höhere Forderung an die Betonfestigkeitsklasse ergeben als aus der Größe der Lastbeanspruchung. In Tafel 3.7 ist die erforderliche Betonfestigkeitsklasse mit dem entsprechenden Wasserzementwert w/z angegeben.

DIN 1045 erfordert für die Expositionsklasse XM3 als besondere Anforderung den Einsatz von Hartstoffen nach DIN 1100. Das bedeutet, der Einsatz von Hartstoffen kann entweder als Hartstoffeinstreuung oder als Hartstoffschicht erfolgen. DIN 1045 verlangt hierfür die Mindestdruckfestigkeitsklasse C35/45. Im DBV-Merkblatt [R30.1, Tabelle 1] wird für diese Art der Beanspruchung in Kombination mit einer Hartstoffschicht die Druckfestigkeitsklasse C30/37 angegeben.

In bestimmten Fällen (z.B. Expositionsklasse XM3) kommen nur Hartstoffschichten nach DIN 18560-7 mit Hartstoffen nach DIN 1100 infrage. Geringere Abriebmengen als 7 cm^3 je 50 cm^2 können jedoch auch mit Hartstoffen der Hartstoffgruppe A (Naturstein) kaum erreicht werden. Für höhere Anforderungen sind besondere Hartstoffe erforderlich:

- als Sonderfall Hartstoffgruppe M (Metalle) mit einer Abriebmenge $\leq$ 3 cm^3 je 50 cm^2,
- als besonderer Ausnahmefall Hartstoffgruppe KS (Elektrokorund und Siliziumcarbid) mit einer Abriebmenge $\leq$ 1,5 cm^3 je 50 cm^2.

Tafel 3.8 gibt den Abrieb durch Schleifen für verschiedene Gesteinsgruppen nach DIN 52100 an, gemessen als Verlust in cm^3 je 50 cm^2 bei der Prüfung nach DIN 52108.

Bestimmte Anforderungen an den Widerstand gegen Verschleiß oder Oberflächenabrieb der Gesteinskörnungen werden in DIN 1045 nicht gestellt. Entsprechende Anforderungen an Gesteinskörnungen sind jedoch in DIN EN 12620 „Gesteinskörnungen für Beton" geregelt.

Tafel 3.7: Betonbodenplatten bei Verschleißbeanspruchung. Beispiele für die Betonzusammensetzung, abhängig vom Beanspruchungsbereich [Vorschlag Lohmeyer/Ebeling, in Anlehnung an DIN 1045]

Beanspruchungsbereich [1]	Expositionsklasse	Festigkeitsklasse [2]	Abrieb nach DIN 52108 [cm^3 je 50 cm^2]	w/z-Wert [3]	Zementgehalt z [kg/m^3]	Mehlkorngehalt f [kg/m^3]	Kornzusammensetzung und Art der Gesteinskörnung
1	XM1	C25/30 [4] C30/37 [5]	≤ 12	$\leq 0{,}55$ $\leq 0{,}50$	≥ 300 ≤ 360		Kornzusammensetzung A/B 32 mögl. aus quarzitischem Gestein o.Ä.; ggf. Oberfläche mit Hartstoffeinstreuung [6]
2	XM2	C30/37 [5]	≤ 9	$\leq 0{,}46$	≥ 320 ≤ 360	$f \leq 400$ bei $z \leq 300$, $f \leq 430$ bei $z \geq 350$	Korngruppen 0/2 und 2/8 aus quarzitischem Gestein o.Ä. [7], Korngruppe 11/22 aus Hartsteinsplitt; ggf. Oberfläche mit Hartstoffeinstreuung [6]
3	XM3	C30/37	≤ 7	$\leq 0{,}42$	≥ 320 ≤ 360		Kornzusammensetzung A/B 32, Oberfläche mit Hartstoffschicht nach DIN 18560-7 [8]
		C35/45					Kornzusammensetzung A/B 32, Oberfläche mit Hartstoffeinstreuung [6]

1) Beispiele für die Beanspruchungsart: siehe Tafel 3.6.
2) Hinweis: Für tragende oder aussteifende Betonbodenplatten ohne Hartstoffschichten sind bei entsprechenden Einwirkungen in die Expositionsklassen XM1, XM, XM3 [N1] einzuordnen.
3) Der w/z-Wert kann durch Fließmittel eingehalten oder nachträglich durch Vakuumbehandlung erzeugt werden. Vakuumbeton mit Verringerung des Wasserzementwerts bei starker Verschleißbeanspruchung: siehe Kapitel 5.2.3.
4) Verschleißschicht erforderlich, z.B. Hartstoffeinstreuung (siehe Kapitel 6.3.1).
5) Bei Flächen im Freien als LP-Beton für Expositionsklasse XF4.
6) Hartstoffeinstreuungen entsprechen nicht DIN 18560, können aber zweckmäßig sein, bedürfen jedoch einer besonderen Vereinbarung mit dem Auftraggeber (siehe Kapitel 6.3.1).
7) Gesteinskörnungen mäßig raue Oberfläche, gedrungene Gestalt, Gesteinskorngemisch möglichst grobkörnig (DIN 1045-2, Tab. F.2.2)
8) Hartstoffschichten bei sehr starker Verschleißbeanspruchung: siehe Kapitel 6.3.2

Tafel 3.8: Widerstand gegen Abrieb und Zertrümmerung von Splitt und Kies (nach DIN 52100 [N58], bzw. TL Gestein-StB 04 [R17])

Gestein/Gesteinsgruppe	Rohdichte ρ_R [t/m³]	Abrieb durch Schleifen (Verlust) [cm³/50 cm²]	Schlag-zertrümmerungs-wert SZ_{SP} (8/12,5)
Basalt, Melaphyr	2,85 ... 3,05	5 ... 8,5	SZ_{22}
Diabas	2,75 ... 2,95	5 ... 8	
Diorit, Gabbro	2,70 ... 3,00	5 ... 8	
Basaltlava	2,40 ... 2,85	12 ... 15	
Granit, Syenit	2,60 ... 2,80	5 ... 8	SZ_{26}
Gneis, Granulith,	2,65 ... 3,10	4 ... 10	
Amphibolit,	2,65 ... 3,10	6 ... 12	
Serpentinit	2,65 ... 3,10	8 ... 18	
Grauwacke, Quarzit, quarzit. Sandsteine	2,60 ... 2,75	7 ... 8	
Kies, gebrochen	2,60 ... 2,75	–	
Kalkstein, Dolomitstein	2,65 ... 2,85	15 ... 40	SZ_{32}
Kies, rund	2,55 ... 2,75	–	SZ_{35}

3.4.2 Widerstand gegen Schlagbeanspruchung

Der Schlagzertrümmerungswert der Gesteinskörnung zeigt den Widerstand verschiedener Gesteinsarten gegen Schlagbeanspruchung. Für Beton oder für Gesteinskörnungen im Beton werden weder in DIN 1045 noch in den Straßenbau-Vorschriften bestimmte Anforderungen an den Widerstand gegen Schlagbeanspruchung gestellt. Anders ist es für Schichten ohne Bindemittel, z.B. für Frostschutzschichten oder Tragschichten im öffentlichen Straßenbau. Hierfür sind die gesteinsbezogenen Anforderungen an den Widerstand gegen Zertrümmerung nach in TL Gestein-StB 04 gemäß Tafel 3.8 einzuhalten.

Die Widerstandsfähigkeit von Beton gegen Schlagbeanspruchung ist dann größer, wenn der Beton nicht zu spröde ist. Harte Stoffe erhöhen zwar die Widerstandsfähigkeit gegen Abrieb, sind jedoch meistens gegen Schlagbeanspruchung weniger geeignet. Zur Erhöhung der Widerstandsfähigkeit gegen Roll-, Stoß- und Schlagbeanspruchung sind „zähe“ Stoffe erforderlich.

Tafel 3.8 gibt Schlagzertrümmerungswerte entsprechend den Technischen Lieferbedingungen für Gesteinskörnungen im Straßenbau TL Gestein-StB 04 an. Diese Werte verdeutlichen die Unterschiede. Die Eignung gegen Schlagbeanspruchung ist umso größer, je kleiner der Schlagzertrümmerungswert ist. Gesteine mit einem Schlagzertrümmerungswert von SZ_{22} sind besser gegen Schlagbeanspruchung geeignet als Gesteine mit Werten von SZ_{26}. Bei Kalkstein und Dolomitstein sind entsprechend TL Gestein-StB 04 nur SZ-Werte bis maximal 28 M.-% zulässig.

Erforderlichenfalls sind entsprechende Werte vertraglich zu vereinbaren, z.B. Schlagzertrümmerungswert $\leq SZ_{22}$. Dies empfiehlt sich jedoch nur bei sehr stark schlagend beanspruchten Flächen.

3.4.3 Widerstand gegen Polieren grober Gesteinskörnungen

Der Widerstand gegen Polieren von groben Gesteinskörnungen, die in Betonbodenplatten verwendet werden, kann als PSV-Wert gemäß DIN EN 1097-8 bestimmt werden. (PSV = polished stone value). Der Widerstand gegen Polieren (glattschleifen) ist umso größer, je größer die Zahl als PSV-Index angegeben wird. PSV_{50} ist widerstandsfähiger als PSV_{44}.

Im öffentlichen Straßenbau soll der PSV-Wert für Gesteinskörnungen bei Fahrbahndecken aus Beton gemäß TL Gestein-StB 04 bei gering beanspruchten Flächen $\geq PSV_{44}$ betragen, in den stärker beanspruchten Bauklassen (z.B. Autobahnen) $\geq PSV_{50}$. Diese Forderung kann auf Betonbodenplatten im Freien übertragen werden, wenn hohe Geschwindigkeiten gefahren werden und Bremskräfte eine wesentliche Rolle spielen. Dies bedarf allerdings einer besonderen vertraglichen Vereinbarung. Bei besonderen Beanspruchungen, z.B. Waschbeton, wird für gebrochene Gesteinskörnung in TL Beton-StB [16] der Wert PSV_{53} gefordert.

3.5 Beanspruchungen durch Temperaturdifferenzen

Betonböden im Freien erfahren besondere Temperaturbeanspruchungen, da die Betonplatte den jahreszeitlichen und täglichen Temperaturschwankungen an der Oberfläche ausgesetzt ist. Aber auch Betonböden in Hallen sind nicht frei von Temperaturbeanspruchungen. Dies gilt für das Beheizen beim Beginn einer Arbeitsperiode oder beim Abkühlen während der Betriebspausen. Große Fenster- und Toröffnungen ermöglichen eine starke Sonneneinstrahlung auf die Betonoberfläche. Nicht zu vernachlässigen ist der Bauzustand, insbesondere wenn die Hallenkonstruktion zurzeit des Betonbodeneinbaues noch nicht fertig gestellt ist. In diesem Fall kann die Beanspruchung der Betonplatte wie bei Betonböden im Freien sein.

Ein gleichmäßiges Abkühlen führt zum Verkürzen der Betonplatten, die vorhandenen Fugen werden sich hierbei öffnen. Dieser Verkürzung wird jedoch die Reibungskraft zwischen Betonplatte und Untergrund entgegenwirken. Daher muss die Reibungskraft besonders bei Platten mit großen Fugenabständen durch das Anordnen von Gleitschichten unter den Betonplatten vermindert werden.

Das gleichmäßige Erwärmen einer Betonplatte, wie es z.B. beim langsamen Aufheizen einer Halle erfolgt, ist unbedeutend und kann im Allgemeinen unberücksichtigt bleiben. Beim Erwärmen möchte sich die Betonplatte ausdehnen. Wenn diese Ausdehnung behindert wird, entstehen Betondruckspannungen. Die Betonplatte kann diese Druckspannungen ohne weiteres aufnehmen. Für die Sicherung angrenzender Bauteile (z.B. Wände oder Schächte) sind Raumfugen mit weicher Fugeneinlage anzuordnen (s. Kapitel 4.4.6).

Die Temperaturdehnzahl des Betons $\alpha_{c,T}$ kann angenommen werden mit:

$\alpha_{c,T} = 10 \cdot 10^{-6}\ K^{-1}$ (Gl. 3.3)

Als etwas besser vorstellbarer Wert ergibt sich daraus folgende Längenänderung ΔL:

ΔL = 1 mm je 10 m Länge bei 10 Kelvin Temperaturänderung (Gl. 3.4)

Diese Längenänderung sollte Betonbodenplatten ermöglicht werden, um auf diese Weise Zwängungen zu verhindern. Daher sind entsprechende Randfugen als Bewegungsfugen erforderlich.

Das ungleichmäßige Abkühlen oder Erwärmen einer Betonbodenplatte kann wesentlich ungünstiger als eine gleichmäßige Temperaturänderung sein. Diese Vorgänge können zu Verwölbungen der Betonbodenplatte führen. Für das Entstehen ungleichmäßiger Temperaturverhältnisse innerhalb der Plattendicke sind drei Ursachen entscheidend:

- Wärmeentwicklung beim Erhärten des Betons mit anschließendem Abkühlen,
- Erwärmen durch Sonneneinstrahlung,
- Abkühlen durch Wind und/oder Nachtkälte.

3.5.1 Wärmeentwicklung und Abkühlen beim Erhärten des Betons

Eine starke Wärmeentwicklung des Betons beim Erhärten kann durch eine entsprechende Betonzusammensetzung, das zu frühe Abkühlen des erhärtenden Betons durch geeignete Nachbehandlung bei der Ausführung gemildert werden.

Beim Erhärten des Betons wird Wärme entwickelt; es entsteht infolge der chemischen Reaktion des Zements mit dem Wasser die so genannte Hydratationswärme. Sie ist umso größer, je mehr Zement verwendet wird und je höher die Zementfestigkeitsklasse ist. Die Temperatur wird etwa 12 bis 36 Stunden nach der Herstellung des Betons den Höchstwert erreichen.

Das Erwärmen ist bei üblichen Bauteildicken in der Regel nicht sehr bedeutsam, wohl aber das nachfolgende Abkühlen, da es an der Oberfläche intensiver erfolgt als in tieferen Bereichen der Betonplatte. Schnelles Abkühlen durch Wind innerhalb der genannten Zeitspanne ist besonders kritisch. Es entstehen durch große Temperaturdifferenzen hohe Temperaturspannungen, die sehr leicht die bis dahin noch geringe Zugfestigkeit des Betons erreichen. Risse sind die Folge. Temperaturdifferenzen zwischen dem Kern und der Oberfläche des Betons von mehr als 15 Kelvin führen im erhärtenden, jungen Beton zu Rissen [L34]. Diese Risse werden zwar zunächst nicht die gesamte Plattendicke erfassen, da nur im oberen Bereich Zugspannungen herrschen, sie werden aber oft durch das nachfolgende Schwinden des Betons aufgeweitet und vertieft.

3.5.2 Erwärmen durch Sonneneinstrahlung

Temperaturdifferenzen, die sich ungleichmäßig über die Dicke der Betonbodenplatten verteilen, sind wesentlich kritischer als gleichmäßige Abkühlungen oder Erwärmungen. Hierbei kann es zu Verwölbungen der Betonbodenplatten kommen. Diese Verwölbungen bewirken zusätzliche Biegebeanspruchungen in den Betonbodenplatten.

Betonbodenplatten im Freien sind der Sonneneinstrahlung ausgesetzt, wobei eine Erwärmung der Oberseite stattfindet. Dies kann ggf. aber auch bei Betonbodenplatten in Hallen mit großen Fenstern geschehen.

Bei Sonneneinstrahlung und Windstille kann es aufgrund der Wärmeleitfähigkeit des Betons zu einer Temperaturdifferenz von maximal 0,9 Kelvin je 1 cm Bauteiltiefe kommen. Dies ist der Temperaturgradient Δt des Betons:

$$\Delta t_{Erwärmung} \approx 0{,}9 \text{ K/cm} \qquad \text{(Gl. 3.5)}$$

Bei derartigen ungleichmäßigen Erwärmungen an der Oberseite kommt es zum Aufwölben (Aufbuckeln) der Betonbodenplatten, es entstehen Wölbspannungen. Dies ist eine zusätzliche Beanspruchung, die für die Bemessung von Betonbodenplatten maßgebend werden kann. Beispiele zur Bemessung bei Wölbspannungen durch Temperaturdifferenzen enthält Kapitel 7.8.

3.5.3 Abkühlen durch Wind und/oder Nachtkälte

Beim Abkühlen der Betonoberfläche ist der Temperaturgradient Δt nur etwa halb groß wie bei Erwärmung:

$$\Delta t_{Abkühlung} \approx 0{,}4 \text{ K/cm} \qquad \text{(Gl. 3.6)}$$

Dennoch kann dieser Fall kritisch werden, wenn das Abkühlen noch während der Erhärtungsphase des Betons stattfindet: Es kann hierbei zu einer feinen, netzartigen Rissbildung kommen: Es entstehen Krakeleerisse (oder Craqueles). Dieser Einfluss wird häufig durch schnelles Austrocknen überlagert, wenn die Betonoberfläche nicht durch geeignete Nachbehandlung geschützt wird. Hinzu kommt dann noch die Verdunstungskälte. Diese Einflüsse können entstandene Krakelees weiter vertiefen.

3.6 Beanspruchungen durch Frost ohne oder mit Taumittel

Frosteinwirkung während des Erhärtens muss auf jeden Fall vermieden werden. Die Folge wäre eine Zerstörung der Oberfläche, es kommt dann zum Abblättern der oberen Betonschichten. Für Betonbodenplatten im Freien muss ein frostsicherer Unterbau vorhanden sein (Kapitel 4.2.1).

Bei Betonbodenplatten im Freien und bei Hallenflächen, die ans Freie anschließen (z.B. im Torbereich), ist stets Beton mit hohem Widerstand gegen Frostangriff vorzusehen, z.B. Zuordnung in Expositionsklasse XF1. Ob Taumittel-Einwirkung hinzukommt, ist im Einzelfall abzuklären. Falls Taumittel eingesetzt werden, wäre „Frostangriff mit Taumittel" zu berücksichtigen, z.B. Zuordnung in Expositionsklasse XF2 oder XF4. Für die Zuordnung in Expositionsklassen XF1 bis XF4 mit der zugehörigen Betonfestigkeitsklasse und der erforderlichen Gesteinskörnung ist Tafel 3.9 maßgebend.

Die Taumittel-Einwirkung gilt für alle Flächen im Freien, bei denen Taumittel gestreut wird, aber auch für angrenzende Flächen, auf die Taumittel durch Fahrzeuge eingeschleppt werden kann, wenn dort mit Frosteinwirkung zu rechnen ist, z.B. in Halleneinfahrten bei betriebsbedingt lange offen stehenden Toren. Bei Frost-Taumittel-Einwirkung ist der Beton mit künstlichen Luftporen durch Zusatz von Luftporenbildner LP herzustellen (Kapitel 5.2.3).

Tafel 3.9: Beton bei Frostbeanspruchung, der im durchfeuchteten Zustand in erheblichem Umfang Frost-Tau-Wechseln ausgesetzt ist [nach DIN 1045]

Klasse	Umgebung	Beispiele	Betonfestigkeitsklasse min f_{ck}	Wasserzementwert $(w/z)_{eq}$	Gesteinskörnung [5)6)]
XF1	mäßige Wassersättigung, Frostangriff ohne Taumittel	Außenbauteile	C25/30	$\leq$ 0,60	F4
XF2	mäßige Wassersättigung, Frostangriff mit Taumittel	Bauteile im Sprühneben- oder Spritzwasserbereich von taumittel-behandelten Verkehrsflächen, soweit nicht XF4	C35/45 [1) 2)]	$\leq$ 0,50 [4)]	MS_{28}
XF3	hohe Wassersättigung, Frostangriff ohne Taumittel	stark wasserbeanspruchte Flächen	C35/45 [1) 2)]	$\leq$ 0,50 [4)]	F2
XF4	hohe Wassersättigung, Frostangriff mit Taumittel	Verkehrsflächen, die mit Taumittel behandelt werden oder im Spritzwasserbereich liegen	C30/37 [3)]	$\leq$ 0,50	MS_{18}

1) Bei Beton mit Luftporen (LP-Beton) zwei Festigkeitsklassen niedriger möglich, z.B. C25/30 LP
2) Für langsam und sehr langsam erhärtende Betone ($r < 0{,}30$) eine Festigkeitsklasse niedriger, bedingt durch Änderung zur DIN 1045-2:A1-2005. Zur Einteilung in die geforderte Druckfestigkeitsklasse ist auch in diesem Fall der Nachweis für min f_{ck} an Probekörpern im Alter von 28 Tagen zu bestimmen.
3) Nur als Beton mit Luftporen (LP-Beton) zulässig, ggf. stattdessen Hartstoffestrich
4) Bei LP-Beton ist ein Wasserzementwert von $(w/z)_{eq} \leq 0{,}55$ zulässig
5) Gesteinskörnungen mit Regelanforderungen und zusätzlich Widerstand gegen Frost bzw. Frost und Taumittel (DIN EN 12620 und DIN V 20000-103)
6) In [R30.1] wird für den Frost-Tausalzwiderstand begehbarer bzw. befahrbarer Betonböden im Freien F1 bzw. MS_{18} gefordert (siehe Kapitel 5.2).

Auf den Zusatz von Luftporenbildner LP kann bei Betonbodenplatten mit Hartstoffschichten in der Expositionsklasse XF2 verzichtet werden, wenn die Hartstoffschicht mindestens 10 mm dick ist. Bei Expositionsklasse XF4 muss bezüglich des erforderlichen Frost-Taumittel-Widerstand der Hartstoffschicht eine Zustimmung des Hartstoffherstellers vorliegen.

Bevor die Betonbodenfläche der ersten Frost-Taumittel-Beanspruchung ausgesetzt wird, sollte der Beton nach ausreichender Erhärtung mindestens einmal ausgetrocknet sein. Sollte dies nicht möglich sein, ist ein wirksames Hydrophobierungsmittel aufzubringen, um der Gefahr von Frost-Taumittel-Schäden vorzubeugen. In der Praxis läuft eine Hydrophobierung häufig unter dem Begriff „Versiegelung".

3.7 Beanspruchungen durch Chloride

Die Verwendung von Taumitteln zum Freihalten der Verkehrsflächen von Eis und Schnee bewirkt eine Beanspruchung des Betonbodens durch Chloride. Dies gilt für alle verkehrsbeanspruchten Flächen im Freien. Es gilt auch für solche Flächen, die direkt an Freiflächen anschließen, z.B. Hallenflächen im Einflussbereich länger offen stehender Tore.

Zu einer Beanspruchung durch Chloride kommt es auch bei Einwirkung von Meerwasser. Dies kann bei Betonflächen in Hafenanlagen und allgemein bei Betonflächen in direkter Küstennähe der Fall sein.

Chloride bewirken keine Betonkorrosion. Sie sind daher für unbewehrte Betonböden ohne Bedeutung. Bei bewehrten Betonböden führen sie ohne geeignete Maßnahmen zu einer Bewehrungskorrosion der oberen Bewehrung. Für einen ausreichenden Schutz gegen Bewehrungskorrosion muss die Betondeckung für die obere Bewehrung daher groß genug sein. Dafür sind die Werte der Betondeckung nach DIN 1045-1 einzuhalten:

- Nennmaß der Betondeckung (obere Bewehrung): $c_{nom} \leq 55$ mm
- Mindestmaß nach dem Einbau der Bewehrung: $c_{min} \leq 40$ mm

Nach DIN 1045 sind bei bewehrten Betonbodenplatten die Expositionsklassen XD nach Tafel 3.10 zu beachten.

Weiterhin sind bei bewehrten Betonbodenplatten in Kontakt mit Meerwasser oder in Meerwasserumgebung die Expositionsklassen XS nach Tafel 3.11 zu beachten.

3.8 Chemische Beanspruchungen

3.8.1 Grundwasser

Obwohl Beton ein sehr widerstandsfähiger Baustoff ist, kann er dennoch von verschiedenen Stoffen chemisch angegriffen werden. Der sonst häufig vorkommende Angriff durch aggressives Grundwasser spielt bei Betonböden im Allgemeinen keine Rolle, da diese Bauteile nicht im Grundwasser liegen. Insofern entfällt hierbei die in DIN 1045-1 vorgesehene Einteilung in Expositionsklassen XA1 bis XA3 für Betonkorrosion durch aggressive

Tafel 3.10: Bewehrter Beton, der chloridhaltigem Wasser einschließlich Taumittel, ausgenommen Meerwasser, ausgesetzt ist

Klasse	Umgebung	Beispiele	Betonfestigkeitsklasse min f_{ck}	Wasserzementwert $(w/z)_{eq}$
XD1	mäßige Feuchte	Bauteile im Sprühnebelbereich von Verkehrsflächen; Einzelgaragen	C30/37 [1)] C25/30 LP	$\leq 0{,}55$
XD2	nass, selten trocken	Bauteile, die chloridhaltigen Industriewässern ausgesetzt sind	C35/45 [1) 2)] C30/37 LP	$\leq 0{,}50$
XD3	hohe Feuchte wechselnd nass und trocken	Fahrbahndecken	C35/45 [1)] C30/37 LP	$\leq 0{,}45$

[1)] Bei Beton mit Luftporen (LP-Beton) eine Festigkeitsklasse niedriger möglich, z.B. C30/37 LP oder C25/30 LP

[2)] Für langsam und sehr langsam erhärtende Betone ($r < 0{,}30$) eine Festigkeitsklasse niedriger, bedingt durch Änderung zur DIN 1045-2:A1-2005. Zur Einteilung in die geforderte Druckfestigkeitsklasse ist auch in diesem Fall der Nachweis für min f_{ck} an Probekörpern im Alter von 28 Tagen zu bestimmen.

Tafel 3.11: Bewehrter Beton, der Chloriden aus Meerwasser oder aus salzhaltiger Luft ausgesetzt ist

Klasse	Umgebung	Beispiele	Betonfestigkeitsklasse min f_{ck}	Wasserzementwert $(w/z)_{eq}$
XS1	salzhaltige Luft, kein unmittelbarer Meerwasserkontakt	Außenbauteile in Küstennähe (Entfernung bis etwa 1 km zur Küste)	C30/37 [1)] C25/30 LP	$\leq 0{,}55$
XS3	Tidebereiche, Spritzwasser- und Sprühnebelbereiche	Betonbodenplatten im Bereich von Hafenanlagen	C35/45 [1)] C30/37 LP	$\leq 0{,}45$

[1)] Bei Beton mit Luftporen (LP-Beton) eine Festigkeitsklasse niedriger möglich, z.B. C30/37 LP oder C25/30 LP

chemische Umgebung, die für vorwiegend natürlich zusammengesetzte Wässer vorgesehen ist. Anders sieht es jedoch mit einer Beanspruchung durch anders zusammengesetzte Flüssigkeiten aus, wie sie in Produktions- und Lagerbetrieben in Form von Säuren, Laugen, Sulfaten, oder Ölen und Fetten vorkommen können.

3.8.2 Flüssigkeiten der Industrie

In Industrie-, Produktions- und Lagerbetrieben können verschiedene Stoffe auftreten, die den Beton chemisch angreifen. Sie können außerdem den Beton oder die Fugen durchdringen und ins Grundwasser gelangen.

Besondere Vorsicht ist in der chemischen Industrie geboten. So ist z.B. in Zellstoffwerken, Galvanisieranstalten und Beizereien mit Mineralsäuren und Sulfaten zu rechnen, in Kokereien entstehen Ammoniumsalze und Sulfate. In Düngemittel-Lagerhallen wirken Sulfate Beton angreifend. In Zucker-, Papier-, Farben-, Weinessig- und Konservenfabriken, Brennereien, Gerbereien, Molkereien, Käsereien und Anlagen zur Grünfutterherstellung wirken im Wesentlichen organische Säuren, u.a. Ameisen-, Essig-, Milch- und Buttersäure.

Der chemische Angriff und die erforderlichen Gegenmaßnahmen sind im Einzelfall abzuklären. Generell wird empfohlen, für Bauaufgaben, bei denen Beton einem chemischen Angriff ausgesetzt ist, Betone mit hohem Wassereindringwiderstand zu verwenden.

Einen wesentlichen Einfluss auf die Größe der chemischen Beanspruchung hat die Einwirkungsdauer. Folgende Unterschiede sind daher besonders zu berücksichtigen:

- regelmäßige und dauernde Beaufschlagung durch angreifende Flüssigkeiten,
- zeitlich befristete Einwirkung in besonderen Situationen, z.B. bei unplanmäßig ablaufenden Arbeits-, Lagerungs- oder Umfüllvorgängen mit sofortigem Entfernen der kritischen Flüssigkeiten.

Der chemische Angriff auf Beton wird im Wesentlichen durch Sulfate und Säuren hervorgerufen. Anorganische Säuren bewirken meistens einen starken Angriff auf Beton [L39].

Organische Säuren wirken im Allgemeinen weniger stark oder sind nur schwach angreifend. Säurehaltige oder Säure bildende organische Substanzen, wie Abfälle in der Konservenindustrie oder Fruchtsäfte, Sauermilch und Silagen, führen meistens zu schwachen Angriffen. Manche organische Säuren bilden sogar Schutzschichten, z.B. Oxalsäure [L39].

Die meisten Ammoniumsalze führen zu Auslaugungen des Betons; Ammoniak greift den Beton jedoch nicht an.

Tierische oder pflanzliche Fette und Öle haben ein schwaches Angriffsvermögen, das bei Beton der Festigkeitsklassen C25/30 und darüber in der Regel vernachlässigt werden kann [L39].

Mineralöle und -fette zerstören den Beton nicht. Steinkohlen-Teeröle sind so schwach angreifend, dass dieser Angriff bei Beton $\geq$ C30/37 zu vernachlässigen ist.

Bei mäßigem chemischem Angriff durch Säuren und/oder Sulfate (analog Expositionsklasse XA2) muss Beton mit hohem Wassereindringwiderstand verwendet werden. Die Wassereindringtiefe darf 30 mm nicht überschreiten. Der Beton muss einen Wasserzementwert von $w/z \leq 0{,}50$ aufweisen. Bei Sulfatangriff ist außerdem Zement mit hohem Sulfatwiderstand zu verwenden (HS-Zement).

Bei der Festlegung des Angriffsgrades in DIN 1045-2 wird davon ausgegangen, dass diese angreifenden Stoffe in Wasser gelöst sind und auf den Beton einwirken. Ohne

Feuchtigkeitseinfluss kann es nicht zu einem chemischen Angriff kommen. Bei nur gelegentlicher Einwirkung angreifender Stoffe ist der Angriffsgrad entsprechend gemindert.

In Produktions- und Lagerräumen kann beim Umgang mit stark angreifenden und/oder wassergefährdenden Stoffen ein Oberflächenschutz der Betonbodenplatte erforderlich werden. Unter „Umgang" ist das Lagern, Abfüllen, Umschlagen, Herstellen, Behandeln oder Verwenden flüssiger oder pastöser wassergefährdender Stoffe zu verstehen. Derartig beanspruchte Betonbodenplatten müssen dem Besorgnisgrundsatz des Wasserhaushaltsgesetzes genügen und außer den Anforderungen der DIN 1045 zusätzlich auch der DAfStb-Richtlinie „Betonbau beim Umgang mit wassergefährdenden Stoffen". Falls ein Oberflächenschutz erforderlich wird, muss dieser der DIN 28052 und der DAfStb-Richtlinie „Schutz und Instandsetzung von Betonbauteilen" entsprechen.

In den meisten Fällen der Praxis wird ein besonderer Schutz des Betons nicht erforderlich sein. Bei der Herstellung ist vor allem auf einen flüssigkeitsdichten Beton und eine einwandfreie Qualität der Oberfläche zu achten.

Flüssigkeiten der Industrie können Beton angreifende Stoffe enthalten. Erforderliche Maßnahmen sind stets im Einzelfall abzuklären und festzulegen. Die Tafeln 3.12 bis 3.14 zeigen den Schädlichkeitsgrad verschiedener Substanzen sowie die möglichen Schutzmaßnahmen [L39].

Für weitere Ausführungen zu Betonkonstruktionen, die der DAfStb-Richtlinie für „Betonbau beim Umgang mit wassergefährdenden Stoffen" entsprechen müssen, gilt Kapitel 6.4.3.

Tafel 3.12: Einwirkungen verschiedener Stoffe auf Beton und Stahl mit Angabe des Angriffsgrades (nach TFB [L39])

	Angriffsgrad [1]						
Substanz	0	1	2	3	S	K	allgemeine Bemerkungen
Abwasser	□	□	□	□	□	□	Wirkung hängt stark von pH-Wert und Sulfatgehalt ab.
Aceton	■						Flüssigkeitsverlust durch Eindringen. Aceton kann *Essigsäure* als Verunreinigung enthalten.
Alaun							Siehe *Kaliumaluminiumsulfat.*
Alizarin	■						
Alkohol	■						Siehe auch *Ethanol, Methanol.*
Aluminium	■						
Aluminiumchlorid				□		■	Trockenes Aluminiumchlorid ist weniger schädlich.
Aluminiumsulfat				□	■	■	Trockenes Aluminiumsulfat ist weniger schädlich.
Ameisensäure			■				Gilt für Konzentrationen zwischen 10 % und 90 %.
Ammoniak, flüssig		□					Gilt nur, wenn schädliche Ammoniumsalze enthaltend.
Ammoniak, gasförmig		□				□	Gilt für feuchten Beton.
Ammoniak, wässerige Lösung	■						
Ammoniumacetat	■						
Ammoniumcarbonat	■						
Ammoniumchlorid		■				■	
Ammoniumcyanid		■					
Ammoniumfluorid		■					
Ammonium-hydrogensulfat			■		■	■	
Ammoniumhydroxid							Siehe *Ammoniak, wässerige Lösung.*
Ammoniumnitrat			■			■	
Ammoniumoxalat	■						
Ammonium-phosphate			■			■	
Ammoniumsulfat			■		■	■	
Ammoniumsulfid			■				

Tafel 3.12: (Fortsetzung)

	Angriffsgrad [1]						
Substanz	**0**	**1**	**2**	**3**	**S**	**K**	**allgemeine Bemerkungen**
Ammoniumsulfit			■				
Ammoniumthiosulfat			■				
Anhydrid							Siehe *Calciumsulfat.*
Anthracen	■						
Anthracenöl		■					Enthält *Anthracen, Carbazol und Phenanthren.*
Apfelwein		■					
Arsenige Säure	■						
Asche			□			□	Trockene Asche ist weniger gefährlich. gegebenenfalls Angriff durch auslaugende Sulfide und Sulfate.
Auto- und Diesel-abgase		□					Abgase können feuchten Beton schädigen durch Angriff von *Kohlen-, Salpeter- oder schwefeliger Säure.*
Bariumhydroxid	■						
Bariumsulfat	■						
Baumwollsamenöl			■				Angriff besonders in Gegenwart von Luft.
Beizen			■			□	
Benzin	■						Flüssigkeitsverlust durch Eindringen.
Benzol (Benzen)	■						Flüssigkeitsverlust durch Eindringen.
Bier		■					Bier kann angreifende Gärprodukte wie *Essig-, Kohlen-, Milch-, Gerbsäure* enthalten.
Bittersalz							Siehe *Magnesiumsulfat.*
Blei	■						
Bleichlösungen							Siehe spezifische Verbindungen wie *unterchlorige Säure, Natriumhypochlorit, schweflige Säure.*
Bleinitrat		■					
Borax (Dinatriumtetraborat)	■						
Borsäure		■					
Braunkohle			□				Trockene Braunkohle ist weniger schädlich.
Brom, flüssig			□				Brom ohne Bromwasserstoffsäure und Feuchtigkeit ist weniger schädlich.

Tafel 3.12: (Fortsetzung)

	Angriffsgrad [1]						
Substanz	0	1	2	3	S	K	allgemeine Bemerkungen
Brom, gasförmig			■				
Buttermilch		■					
Butylstearat		■					
Calciumchlorid		□				■	Gilt bei wechselnder Durchfeuchtung und Austrocknung des Betons.
Calcium hydrogenphosphat (Superphosphat)			■				
Calcium-hydrogensulfit (Sulfatlauge bei Papierherstellung)				■			
Calciumhydroxid	■						
Calciumnitrat		■					
Calciumsulfat			□			■	Trockenes Calciumsulfat ist weniger schädlich.
Carbazol	■						
Carbolineum			■				
Carbolsäure							Siehe *Phenol*.
Chilesalpeter							Siehe *Natriumnitrat*.
Chlorgas		□					Nur feuchter Beton wird angegriffen.
Chlorwasser		■					
Chrombäder (zum Verchromen)		■			■		Bäder enthalten Sulfate.
Chromtrioxid			■			■	
Chrysen	■						
Cumol (Isopropylbenzol)	■						Flüssigkeitsverlust durch Eindringen.
Dieselkraftstoff	■						Dieselkraftstoff durchdringt Beton.
Dinitrophenol		■					
Düngemittel							Siehe *Ammoniumsulfat, Ammoniumphosphate, Mist, Kalium- und Natriumnitrat.*
Eisen (Stahl)	■						
Eisen(II)- und Eisen(III)-chlorid		■					

Tafel 3.12: (Fortsetzung)

Substanz	Angriffsgrad [1]						allgemeine Bemerkungen
	0	1	2	3	S	K	
Eisen(II)- und Eisen(III)-sulfat					■		
Eisen(III)-nitrat	■						
Eisen(III)-sulfid						□	Angriff, wenn *Eisensulfat* enthaltend.
Eisessig (100 % Essigsäure)		■					
Erdnussöl		■					
Erdöl		□					Siehe auch Mineralöle.
Erze			□		□		Aus feuchten Erzen ausgelaugte Sulfide können zu angreifenden Sulfaten oxidieren.
Essigsäure (Essig)			■				
Ester, aliphatische				■			
Ethanol (Alkohol)	■						Flüssigkeitsverlust durch Eindringen.
Ether (Äther, Diethylether)	■						Flüssigkeitsverlust durch Eindringen.
Ethylenglykol (Glykol, Flugzeug-enteisungsmittel)		■					Verstärkt Frostangriff.
Ethylmethylketon	■						Flüssigkeitsverlust durch Eindringen.
Fäkalien		■					Siehe auch *Mist*.
Fett, pflanzliche und tierische			□				Feste Fette schwach, flüssige Fette mäßig angreifend.
Fettsäuren		■					
Fischlauge			■				
Fischöle (Fischtrane)		■					
Fleischabfälle		■					Angriff durch organische Säuren in den Abfällen.
Fluorwasserstoff, gasförmig	■						
Fluorwasserstoff, in Wasser gelöst (Flusssäure)				■		■	
Formaldehyd		■					Angriff durch *Ameisensäure* im Formaldehyd.
Formalin (37 % Formaldehyd)		■					Angriff durch *Ameisensäure* im Formaldehyd.

Tafel 3.12: (Fortsetzung)

Substanz	Angriffsgrad [1] 0	1	2	3	S	K	allgemeine Bemerkungen
Fruchtsäfte		■					Angriff durch Säuren und *Zucker*.
Gärende Früchte, Getreide oder Gemüse		■					Angriff durch *Milchsäure*.
Gärfutter		■					Angriff durch Säuren wie *Essig-*, *Butter-* und *Milchsäure*.
Gärlösungen (Lohen)			□				Gilt für saure Gerblösungen.
Gerbrinden		□					Trockene Gerbrinde ist weniger schädlich.
Gerbsäuren (Tannine)			■				
Gips					■		
Gipswasser			■		■		
Glaubersalz							Siehe *Natriumsulfat*.
Glucose		■					
Glyzerin			■				
Glykol							Siehe *Ethylenglykol*.
Grünfutter		■					
Harnstoffe		■					Verstärkt Frostangriff.
Harze, Harzöle	■						
Heizöl, leicht und schwer	■						
Holzstoff (Zellulose, Lignin, Hemizellulose)	■						
Honig	■						
Huminsäuren (Humussäuren)		□					Angriff hängt von Art des Humus ab.
Jod		■					
Isobutylmethylketon (Methylisobutyketon)	■						Flüssigkeitsverlust durch Eindringen.
Isobutylmethylketon (Methylisoamyketon)	■						Flüssigkeitsverlust durch Eindringen.
Jauche			■				
Kakaobutter, Kakaoöl			■				Angriff besonders in Gegenwart von Sauerstoff.

Tafel 3.12: (Fortsetzung)

Substanz	Angriffsgrad [1]						allgemeine Bemerkungen
	0	1	2	3	S	K	
Kalialaun							Siehe *Kaliumaluminiumsulfat.*
Kalilauge							Siehe *Kaliumhydroxidlösung.*
Kalisalpeter							Siehe *Kaliumnitrat.*
Kaliumaluminium-sulfat (Alaun)			□		■		Trockenes Kaliumaluminiumsulfat ist weniger schädlich.
Kaliumcarbonat	■						
Kaliumchlorid		■				□	Korrosionsfördernd, wenn Magnesiumchlorid enthaltend.
Kaliumchromat			■				
Kaliumcyanid		■					
Kaliumdichromat (Kaliumbichromat)			■				
Kaliumhydroxid-lösung (Kalilauge)			□				Angriff ab Konzentrationen $\geq$ 29 %.
Kaliumnitrat (Salpeter)			■				
Kaliumpermanganat	■						
Kaliumperoxidsulfat (Kaliumpersulfat)					■		
Kaliumsulfat					■		
Kaliumsulfid					□		Schäden nur bei Verunreinigung mit Kaliumsulfat.
Kalk (Ätzkalk, Kalkhydrat)							Siehe *Calciumhydroxid.*
Karbolineum							Siehe *Carbolineum.*
Karbolsäure							Siehe *Phenol.*
Kerosin	■						Flüssigkeitsverlust durch Eindringen.
Klärschlamm			□				Kann Schwefelwasserstoff und andere angreifende Stoffe enthalten.
Kobaltsulfat					■		
Kochsalz							Siehe *Natriumchlorid.*
Kohle			□				Trockene Kohle ist weniger schädlich.
Kohlensäure, in Wasser gelöst							Siehe *Wasser, stark kohlensäurehaltig.*

Tafel 3.12: (Fortsetzung)

Substanz	Angriffsgrad [1] 0	1	2	3	S	K	allgemeine Bemerkungen
Kohlenstoffdioxidgas (Kohlensäure)	■					□	Führt zur Carbonatisierung (Beeinträchtigung des Korrosionsschutzes)
Kohlenteeröle							Siehe *Anthracen, Benzol, Carbazol, Chrysen, Cumol, Kresol, Paraffine, Phenanthren, Phenol, Toluol, Xylol.*
Kokosnussöl			■				Angriff besonders in Gegenwart von Sauerstoff.
Koks							Siehe *Kohle.*
Kresol (Methylphenol)		□					Angriff, wenn *Phenol* enthaltend.
Kunstdünger			■				Trockener Kunstdünger ist weniger schädlich.
Kupferbäder (Verkupferung)					□		Angriff nur, wenn Sulfate enthaltend.
Kupferchlorid		■					
Kupfersulfat (Kupfervitriol)					■		
Kupfersulfid					□		Angriff nur, wenn *Kupfersulfat* enthaltend.
Kupfervitriol							Siehe *Kupfersulfat.*
Lanolin (Wollfett)			■				
Lebertrane		■					
Leichtbezin	■						Flüssigkeitsverlust durch Eindringen.
Leichtöle		■					
Leinöl			□				Trockene Filme sind nicht schädlich.
Magnesiumchlorid		■				■	
Magnesiumnitrat		■					
Magnesiumsulfat					■		
Maische (fermentierend)		■					Angriff durch *Essig-* und *Milchsäure* sowie *Zucker.*
Mandelöl		■					
Mangansulfat					■		
Margarine			□				Flüssige Margarine ist schädlicher als feste.
Maschinenöle			□				Gilt für Maschinenöle, die fettige Öle enthalten.
Meerwasser					■	■	

Tafel 3.12: (Fortsetzung)

Substanz	Angriffsgrad [1)] 0	1	2	3	S	K	allgemeine Bemerkungen
Melasse		□					Gilt bei höheren Temperaturen ($\geq$ 50 °C).
Methanol (Methylalkohol)	■						Flüssigkeitsverlust durch Eindringen.
Methylacetat				■			
Milch	■						
Milch, sauer		■					Angriff durch *Milchsäure*.
Milchsäure (5 bis 25 %ig)			■				
Mineralöle		□					Gilt für Mineralöle, die fettige Öle enthalten.
Mineralwasser		□					Angriff u.U. durch *Kohlensäure* und gelöste Salze.
Mist		■					
Mohnsamenöl		■					
Molke		■					Molke enthält *Milchsäure*.
Molkereiwasser			■				
Most		■					
Natriumbromid		■					
Natriumcarbonat (Soda)	■						
Natriumchlorid		□					Gilt bei wechselnder Durchfeuchtung und Austrocknung des Betons.
Natriumcyanid		■					
Natriumdichromat (Natriumbichromat)		■					
Natrium-hydrogencarbonat (Natriumbicarbonat)	■						
Natrium-hydrogensulfat (Natriumbisulfat)							
Natrium-hydrogensulfit (Natriumbisulfit)				■			
Natrium-hydroxidlösung, $\leq$ 10 %	■						

Tafel 3.12: (Fortsetzung)

Substanz	Angriffsgrad [1]						allgemeine Bemerkungen
	0	1	2	3	S	K	
Natrium-hydroxidlösung, 10 – 20 %		■					
Natrium-hydroxidlösung, ≥ 20 %			■				
Natriumhypochlorit		■				■	
Natriumnitrat		■					
Natriumnitrit		■					
Natriumphosphate		■					
Natriumsulfat (Glaubersalz)					■		
Natriumsulfid		■					
Natriumsulfit					□		Gilt bei Verunreinigung mit *Natriumsulfat*.
Natriumthiosulfat					■		
Natronlauge							Siehe *Natriumhydroxidlösung*.
Nickelbäder (Vernickelung)			■				
Nickelsulfat					■		
Nussöl (Walnussöl)		■					
Obstsäfte			■				
Öle, etherische		■					
Öle, pflanzliche und tierische			□				
Oleum (rauchende Schwefelsäure)							
Olivenöl		■					
Ölsäure (100 %)	■						
Oxalsäure (100 %)	■						Oxalsäure schützt Tanks gegen *Essigsäure, Kohlenstoffdioxid, Salzwasser.*
Paraffine		■					
Pech	■						
Perchlorethylen (Tetrachlorethylen)	■						Feuchtigkeitsverlust durch Eindringen.

Tafel 3.12: (Fortsetzung)

Substanz	Angriffsgrad [1]						allgemeine Bemerkungen
	0	1	2	3	S	K	
Perchlorsäure (10 %ig)			■				
Petroleum		■					Feuchtigkeitsverlust durch Eindringen.
Phenanthren	■						Flüssigkeitsverlust durch Eindringen.
Phenol (5 – 25 %)		■					
Phosphorsäure (10 – 85 %)			■				Beton wird nur an der Oberfläche angegriffen.
Pökellauge						■	
Pottasche							Siehe *Kaliumcarbonat*.
Quecksilber(I)-chlorid (Kalomel)		■					
Quecksilber(II)-chlorid (Sublimat)		■					
Rapsöl			■				Angriff besonders in Gegenwart von Sauerstoff.
Rauchgase			□				Trockene Rauchgase sind weniger schädlich.
Rizinusöl			■				Angriff besonders in Gegenwart von Sauerstoff.
Salmiak							Siehe *Ammoniumchlorid*.
Salmiakgeist	■						Siehe *Ammoniak, wässerige Lösung*.
Salpeter							Siehe *Kaliumnitrat*.
Salpetersäure				■			
Salzsäure				■		■	
Sauerkraut		■					Schwacher Angriff durch *Milchsäure*.
Schlachthofabfälle			■				Schäden durch organische Abfälle.
Schlacken			□		□		Gilt für Schlacke, die Sulfide oder Sulfate enthält.
Schmieröle		□					Gilt für Schmieröle, die fettige Öle enthalten.
Schwefel	■						
Schwefeldioxid					■		Bildet mit Wasser *schwefelige Säure* oder *Schwefelsäure* (in oxidierender Umgebung).

Tafel 3.12: (Fortsetzung)

Substanz	Angriffsgrad [1)]						allgemeine Bemerkungen
	0	1	2	3	S	K	
Schwefelkohlenstoff		■					
Schwefelsäure				■			
Schwefelwasserstoff		□			□		Gilt für feuchten Schwefelwasserstoff in oxidierender Umgebung.
Schwefelige Säure				■			
Schweinefett und Specköl		■					
Schweröle	■						
Seifen	■						
Senföl		■					Angriff besonders in Gegenwart von Luft.
Silikate	■						
Silofutter							Siehe *Gärfutter.*
Soda							Siehe *Natriumcarbonat.*
Sojaöle		■					
Solen (wässerige Kochsalzlösungen)		■					
Speiseöle		■					
Stufferfette (Schmiermittel)		■					
Steinkohlen			□				Trockene Steinkohle ist weniger schädlich.
Steinkohlenteeröle		■					Kann *Anthracen, Benzol, Carbazol, Cumol, Kresol, Paraffine, Phenanthren, Phenol, Toluol, Xylol* enthalten.
Strontiumchlorid		■					
Sulfitlaugen							Siehe *Calciumhydrogensulfit.*
Süssmost			■				
Tabak		■					
Talg und Talgöl		■					
Tannin (Gerbsäure)		■					
Taumittel und Tausalze							Siehe *Natrium-, Calcium-, Magnesiumchlorid, Harnstoff, Glycerin ....*
Teer		■					
Teeröle		■					Siehe auch Steinkohlenteeröle.
Terpentin		■					Flüssigkeitsverlust durch Eindringen.

Tafel 3.12: (Fortsetzung)

Substanz	Angriffsgrad [1] 0	1	2	3	S	K	allgemeine Bemerkungen
Tetrachlorethylen	■						Flüssigkeitsverlust durch Eindringen.
Tetrachlorkohlenstoff	■						Flüssigkeitsverlust durch Eindringen.
Tierabfälle			■				Siehe auch *Schlachthofabfälle*.
Toluol	■						Flüssigkeitsverlust durch Eindringen.
Traubenzucker		■					
Trichlorethylen	■						Flüssigkeitsverlust durch Eindringen.
unterchlorige Säure (10 %)		■					
Urin		■					Enthält *Harnstoff*.
Vaseline		■					
Walnussöle		■					
Walöle		■					
Wasser, destilliert			■				
Wasser, kalkarm			■				
Wasser, sauer (pH $< 6{,}5$)			■			■	Angriff wird mit abnehmendem pH-Wert größer.
Wasser, stark gipshaltig			■		■		
Wasser, stark kalkhaltig	■						
Wasser, stark kohlen-säurehaltig			■				
Wasser, weich		■					
Wasserglas	■						
Wein	■						
Weinsäurelösung		■					Calciumtartrat (Weinsäuresalz von Calcium) wirkt als Betonschutz.
Wollfett							Siehe *Lanolin*.
Xyol	■						Flüssigkeitsverlust durch Eindringen.
Zellstoff	■						
Zellulose	■						
Zink	■						

Tafel 3.12: (Fortsetzung)

Substanz	Angriffsgrad [1)] 0	1	2	3	S	K	allgemeine Bemerkungen
Zinkchlorid		■					
Zinknitrat	■						
Zinkschlacke					□		Feuchte Schlacke kann *Zinksulfat* bilden.
Zinksulfat		■			■		
Zitronensäure			□				Trockene Zitronensäure ist weniger schädlich.
Zucker		□					Trockener Zucker ist weniger schädlich.
Zuckerlösungen		■					

[1)] Erläuterungen zum Angriffsgrad → Tafel 3.13

Tafel 3.13: Angriffsgrade; Erläuterungen zu Tafel 3.12 (nach TFB [L39]

Angriffsgrad	Erläuterung
0	nicht angreifend
1	chemisch schwach angreifend
2	chemisch mäßig angreifend
3	chemisch stark angreifend
S	Beton aus Zement ohne hohen Sulfatwiderstand wird angegriffen
K	Korrosion der Bewehrung wird gefördert
■	eine angreifende Wirkung ist zu erwarten
□	die angreifende Wirkung hängt sehr von den Umständen ab

Tafel 3.14: Anforderungen an Beton mit hohem Widerstand gegen chemische Angriffe bei Einwirkung von Flüssigkeiten der Industrie nach Tafel 3.12 (Empfehlungen [L39])

Angriffsgrad	Zuordnung in Expositionsklassen mit den entsprechend erforderlichen Maßnahmen	zusätzliche Maßnahmen
0	–	keine
1	Expositionsklasse XA1	
2	Expositionsklasse XA2	
3	Expositionsklasse XA3	Schutz des Betons erforderlich
S	Expositionsklasse XA2 oder XA3	Zement mit hohem Sulfatwiderstand HS, bei XA3 Schutz des Betons erforderlich
K	Expositionsklasse XD3	ggf. Schutz des Betons erforderlich

3.9 Auswirkungen des Schwindens von Beton

Betonböden in Hallen mit sehr trockenem Raumklima, z.B. in klimatisierten Hallen, sind besonders stark dem Schwinden ausgesetzt. Das Schwinden des Betons entsteht durch das Schwinden des Zementsteins während des Austrocknens. Niedrige Luftfeuchtigkeit, reger Luftaustausch und hohe Temperaturen beschleunigen das Austrocknen des Betons und damit den Schwindvorgang. Zementgehalt und insbesondere der Wassergehalt bestimmen die Größe des Schwindens, auch die Zementart. Das Schwinden wird also umso größer sein, je mehr Zementstein im Beton vorhanden ist und je wasserreicher der Beton hergestellt wurde.

Die Betonbodenplatte trocknet nicht gleichmäßig aus, sondern im Wesentlichen von der Betonoberfläche her, also einseitig. Daher wird auch das Schwinden nicht gleichmäßig erfolgen. Der Schwindvorgang setzt an der Oberfläche ein, das Verkürzen wirkt sich nach unten geringer aus. Durch dieses unterschiedliche Schwinden ergibt sich eine Aufwölbung der Betonbodenplatte an den Rändern, die Betonbodenplatte schüsselt auf. Die Auswirkung ist ähnlich wie beim Abkühlen der Betonoberfläche.

Da das Schwinden ein langwieriger Prozess ist und nach unten weiter fortschreitet, ist im Laufe der Zeit auch der untere Bereich der Betonbodenplatte dem Schwinden ausgesetzt. Der Anteil des gleichmäßigen Schwindens bewirkt eine Verkürzung der Betonbodenplatte in ähnlicher Weise, wie es ein gleichmäßiges Abkühlen bewirkt. Beide Vorgänge überlagern sich gegebenenfalls. Da jedoch die Verkürzungen der Betonbodenplatte nur durch die Reibungskräfte auf der Unterlage behindert werden, sind die entstehenden Zugspannungen nur hiervon abhängig. Das bedeutet, dass sich bei langfristig wirkenden Belastungen und großen Fugenabständen Gleitschichten zwischen Betonplatte und Tragschicht günstig auswirken (Kapitel 4.2.6).

Die Größe des Schwindens ist von folgenden Einflüssen abhängig:

Zementart, Betondruckfestigkeit, relative Luftfeuchte, Bauteildicke.

Die Schwinddehnung $\varepsilon_{cs\infty}$ darf für den Zeitpunkt $t = \infty$ wie folgt nach DIN 1045 abgeschätzt werden:

$$\varepsilon_{cs\infty} = \varepsilon_{cas\infty} + \varepsilon_{cds\infty} \qquad \text{(Gl. 3.7)}$$

Hierbei sind:

ε_{cas} Schrumpfdehnung zum Zeitpunkt $t = \infty$ nach Bild 3.7

ε_{cds} Trocknungsschwinddehnung zum Zeitpunkt $t = \infty$ nach Bild 3.8

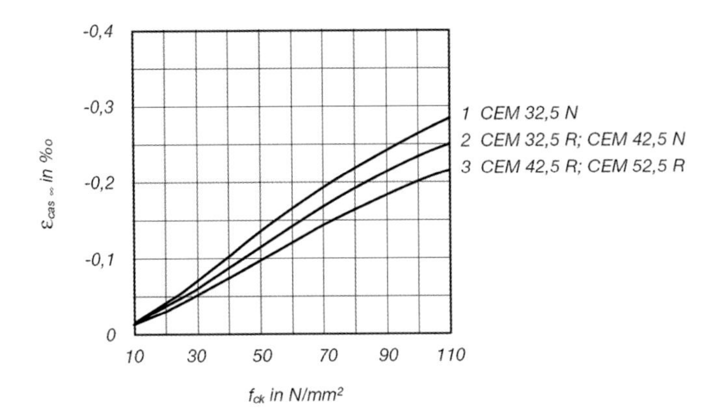

Bild 3.7:
Schrumpfdehnung $\varepsilon_{cas\infty}$ zum Zeitpunkt $t = \infty$ für Normalbeton (DIN 1045-1 Bild 20)

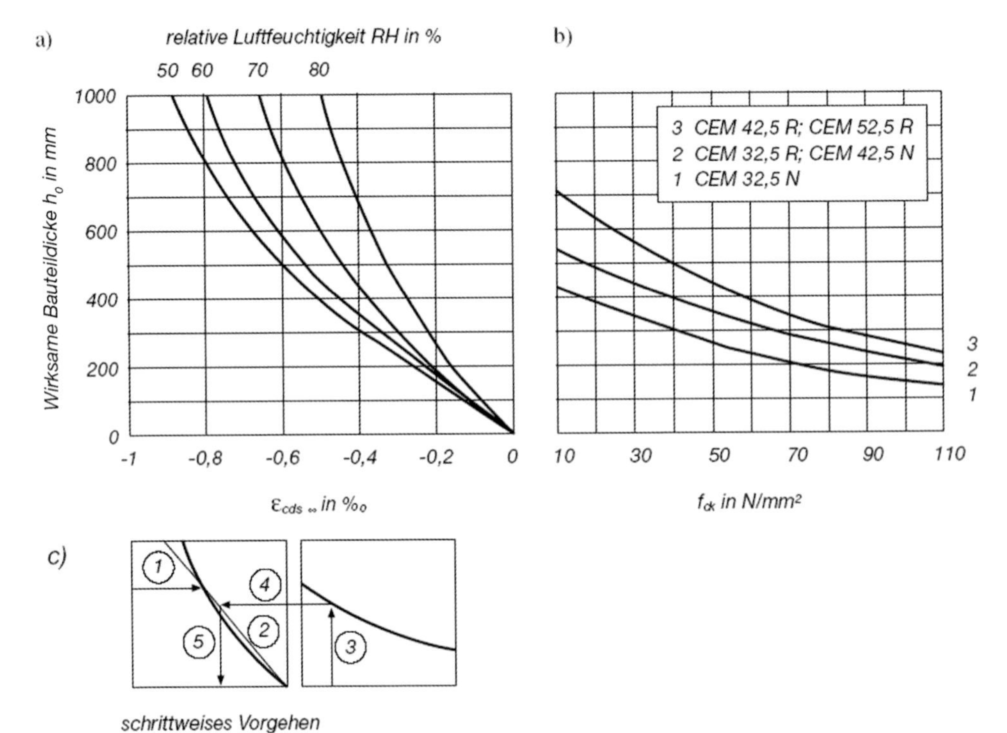

Bild 3.8:
Trocknungsschwinddehnung ε_{cas} zum Zeitpunkt $t = \infty$ für Normalbeton (DIN 1045-1 Bild 21)
a) Einfluss der relativen Luftfeuchte RH [‰]
b) Einfluss von Betondruckfestigkeit und Zementart
c) schrittweises Vorgehen zur Bestimmung der Schwinddehnung

In Bild 3.8c wird gezeigt, wie schrittweise zu verfahren ist, um die Trocknungsschwinddehnung ε_{cds} zu ermitteln, wobei die verschiedenen Einflüsse erfasst werden:

Schritt (1) in Bild 3.8a mit der wirksamen Bauteildicke h_0 bis zur Kurve für die entsprechende relative Luftfeuchte RH gehen
Schritt (2) von diesem Punkt zum Ursprung der Kurve eine Sekante ziehen
Schritt (3) in Bild 3.8b von der Druckfestigkeit f_{ck} des Betons nach oben bis an die Kurve der entsprechenden Zementfestigkeitsklasse gehen
Schritt (4) von diesem Punkt hinüber in den linken Bildteil bis an die Sekante gehen
Schritt (5) von diesem Punkt nach unten gehend ist die Trocknungsschwinddehnung ε_{cds} abzulesen

Vereinfacht kann von folgender Größe des unbehinderten Gesamt-Schwindens $\varepsilon_{cs,\infty}$ bei Betonbodenplatten ausgegangen werden, das sich aus Schrumpfdehnung $\varepsilon_{cas,\infty}$ und Trocknungsschwinddehnung $\varepsilon_{cds\infty}$ zusammensetzt:

$$\varepsilon_{cs\infty} = \varepsilon_{cas\infty} + \varepsilon_{cds\infty} \approx -0{,}4 \text{ mm/m} \qquad \text{(Gl. 3.8)}$$

3.10 Auswirkungen der Karbonatisierung von Beton

Das Einwirken des in der Luft vorhandenen Kohlendioxids CO_2 in die Kapillarporen des Betons wirkt auf den stark alkalischen Beton neutralisierend. Der Beton karbonatisiert. Eine direkte Schädigung des Betons findet dadurch nicht statt, jedoch können indirekt Schäden hervorgerufen werden und zwar für im Beton vorhandene Bewehrung. Der Korrosionsschutz der Bewehrung wird durch die Karbonatisierung aufgehoben, der Betonstahl kann rosten, wenn nachfolgend Sauerstoff und Wasser an den Beton gelangen kann. Für bewehrte Betonbauteile sind gemäß DIN 1045 daher die Expositionsklassen XC zu berücksichtigen (Tafel 3.15).

Tafel 3.15: Bewehrter Beton, der Luft sowie Feuchtigkeit ausgesetzt ist

Klasse	Umgebung	Beispiele	Betonfestigkeitsklasse min f_{ck}	Wasserzementwert $(w/z)_{eq}$
XC1	trocken oder ständig nass	Bauteile in Innenräumen mit üblicher Luftfeuchte	C16/20	$\leq 0{,}75$
XC2	nass, selten trocken	Gründungsbauteile	C16/20	$\leq 0{,}75$
XC3	mäßige Feuchte	Bauteile, zu denen die Außenluft häufig oder ständig Zugang hat	C20/25	$\leq 0{,}65$
XC4	wechselnd nass und trocken	Außenbauteile mit direkter Beregnung	C25/30	$\leq 0{,}60$

3.11 Auswirkungen der Alkali-Kieselsäurereaktion (AKR) bei Beton

Gesteinskörnungen können Arten von Kieselsäure enthalten, die empfindlich auf den Angriff von Alkalien reagieren, z.B. Natrium- und Kaliumoxid Na_2O und K_2O aus dem Zement oder aus anderen Quellen. Betone, die einer Feuchtezufuhr ausgesetzt werden, erfordern besondere Vorsichtsmaßnahmen bei der Wahl der Ausgangsstoffe, um eine Betonkorrosion infolge Alkali-Kieselsäurereaktion zu verhindern (DIN 1045-2; 5.2.3.4 und DIN EN 206-1). Hierfür ist vom Planenden die Einstufung der Betonbodenplatte in eine zutreffende Feuchtigkeitsklasse (WO, WF, WA, WS) vorzunehmen (Tafel 3.16).

Die Vorgabe der Feuchtigkeitsklasse ist für den Hersteller des Transportbetons von Bedeutung. Die gegebenenfalls zu ergreifenden Maßnahmen regelt die DAfStb-Richtlinie „Alkalireaktion im Beton“ [R27], wenn die Gesteinskörnungen schädigende Mengen an alkalilöslicher Kieselsäure enthalten oder bei denen diese nicht sicher auszuschließen sind. Erforderlichenfalls ist Zement mit niedrigem wirksamen Alkaligehalt einzusetzen mit der Zusatzbezeichnung NA, beispielsweise CEM I 32,5 R NA.

Tafel 3.16: Einstufung der zutreffenden Feuchtigkeitsklasse für den Betonboden

Klasse	Umgebung	Beispiele
WO	Beton nach dem Austrocknen und Beton, der während der Nutzung weitgehend trocken bleibt	– Innenbauteile – witterungsgeschützte Außenbauteile (d.h. keine Beaufschlagung durch Niederschläge, Oberflächenwasser, Bodenfeuchte; relative Luftfeuchte $\leq$ 80 %
WF	Beton, der während der Nutzung häufig oder längere Zeit feucht ist	– ungeschützte Außenbauteile – Hochbau-Innenbauteile für Feuchträume (gewerbliche Feuchträume mit rel. Luftfeuchte $>$ 80 %) – Bauteile mit häufigen Taupunktunterschreitungen (Filterkammern, Viehställe, Wärmeübertragungsstationen) – massige Bauteile, deren kleinstes Maß 0,80 m überschreitet (unabhängig vom Feuchtezutritt)
WA	Beton, der zusätzlich zu WF häufiger oder langzeitiger Alkalizufuhr von außen ausgesetzt wird	– Bauteile mit Meerwassereinwirkung – Bauteile mit Tausalzeinwirkung ohne zusätzlicher hoher dynamischer Beanspruchung (z.B. Spritzwasserbereiche, Fahr- und Stellflächen in Parkhäusern) – Bauteile von Industriebauten und landwirtschaftlichen Bauten mit Alkalisalzeinwirkung
WS	Beton, der hohen dynamischen Beanspruchungen und direktem Alkalieintrag ausgesetzt wird	– Bauteile unter Tausalzeinwirkung mit zusätzlicher hoher dynamischer Beanspruchung (z.B. Betonfahrbahnen und Betonbodenplatten im Freien und Betonbodenplatte, die ans Freie angrenzen)

4 Konstruktionsarten und Anforderungen

4.1 Allgemeines zur Gesamtkonstruktion

Bei Festlegung der Konstruktion sollten nachstehende Folgerungen berücksichtigt werden, die sich aus wesentlichen Angaben der DIN 045-1 zur Rissbildung in Betonbauteilen ergeben (Kapitel 2.2):

- Risse, die während der vorgesehenen Nutzungsdauer im Betonboden trotz eines angemessenen Instandhaltungsaufwands zu einem wesentlichen Verlust der Gebrauchstauglichkeit und der Nutzungseigenschaften führen würden, dürfen im Betonboden nicht entstehen (DIN 1045-1 Abschnitt 6.1).

  Zur Lösung dieser Aufgabe stehen zwei Möglichkeiten zur Verfügung:
  1. unbewehrte Betonbodenplatten, für die die Einhaltung zulässiger Betondehnungen für eine „Rissfreiheit" nachgewiesen wurde (Kapitel 4.5 und 7);
  2. vorgespannte, mit Spannlitzen bewehrte Betonbodenplatten (Kapitel 4.6.3).

  Bewehrte Betonböden, für die eine Begrenzung der Rissbreite durch Matten- oder Stabstahlbewehrung erreicht wird, können hierfür nicht die optimale Lösung sein.

- Da sich das Schwinden des Betons zeitlich auf die Schnittgrößen auswirkt, ist das Schwinden von Bedeutung und daher zu berücksichtigen (DIN 1045-1 Abschnitt 7.1). Das Schwinden des Betons lässt sich am einfachsten berücksichtigen, indem die Auswirkungen auf die Zwangbeanspruchung vermindert werden. Dies ist dann der Fall, wenn sich Betonbodenplatten frei auf dem Unterbau bewegen können, weil sie mit anderen Bauteilen nicht verbunden sind. Zu klären ist außerdem, ob Behinderungen der Beweglichkeit durch hohe stationäre Lasten (z.B. Regallasten) zu berücksichtigen sind.

- Eine Rissbildung ist in Betonzugzonen nahezu unvermeidbar (DIN 1045-1 Abschnitt 11.2.1). Die Rissbildung ist jedoch vermeidbar, wenn nachgewiesen wird, dass die entstehenden Dehnungen in der Betonzugzone unter der Bruchdehnung des Betons liegen. Dies ist die Grundlage für die Nachweise unbewehrter Betonbodenplatten (Kapitel 7.2.1).

  Andernfalls wäre die Rissbreite so zu beschränken, dass die ordnungsgemäße Nutzung des Tragwerks sowie sein Erscheinungsbild und die Dauerhaftigkeit als Folge von Rissen nicht beeinträchtigt werden (DIN 1045-1 Abschnitt 11.2.1). Dies gilt für alle Betonbodenplatten, die mit Betonstahlmatten oder Stabstahl bewehrt werden.

4.1.1 Standardausführung im Betonstraßenbau

Die Standardausführung im Betonstraßenbau ist die unbewehrte Betondecke auf einem sehr gut tragfähigen Unterbau. Dieser Unterbau besteht aus einem verdichteten Untergrund, einer Frostschutzschicht und einer gebundenen oder ungebundenen Tragschicht.

Die Betondecke liegt direkt auf der Tragschicht, eine Trennschicht wird nicht angeordnet. Der Einbau erfolgt mit speziellen Straßenfertigern.

Diese Bauweise ist in der RStO festgelegt: „Richtlinien für die Standardisierung des Oberbaues von Verkehrsflächen“ des Bundesverkehrsministeriums [R5]. Weitere Einzelheiten enthält die ZTV Beton-StB: „Zusätzliche Technische Vertragsbedingungen und Richtlinien für den Bau von Fahrbahndecken aus Beton“ [R6].

Diese Regelungen des öffentlichen Betonstraßenbaus sind auch auf den Bau von Betonbodenplatten im Freien übertragbar, teilweise ebenfalls für Betonböden in Produktions- und Lagerhallen.

Nach der RStO gelten für den öffentlichen Betonstraßenbau (Bauklasse SV, I bis IV) folgende Anforderungen:

Anforderungen bei gebundenen Tragschichten:

- Verformungsmodul des Untergrundes: $E_{V2,U}$ ≥ 45 MN/m²
- Verformungsmodul der Frostschutzschicht: $E_{V2,T}$ ≥ 120 MN/m²
- Gebundene Tragschicht oder Bodenverfestigung: d_T $= 15$ cm [1)]
- Dicke der Betondecke je nach Bauklasse: d_P $= 23$ cm bis 27 cm [2)]
- Betonfestigkeitsklasse: C30/37 LP

Anforderungen bei ungebundenen Tragschichten:

- Verformungsmodul des Untergrundes: $E_{V2,U}$ ≥ 45 MN/m²
- Verformungsmodul der Frostschutzschicht: $E_{V2,T}$ ≥ 150 MN/m²
- Gebundene Tragschicht oder Bodenverfestigung: d_T $= 30$ cm [1)]
- Dicke der Betondecke je nach Bauklasse: d_P $= 26$ cm bis 30 cm [2)]
- Betonfestigkeitsklasse: C30/37 LP

[1)] Dicke der Tragschicht bei Verfestigungen für Bauklasse SV: $d_T = 20$ cm
[2)] Dicke der Betondecke nach Tafel 4.1

Die Dicke der Betondecke ist demnach abhängig von der Bauklasse und von der Art der Tragschicht. Für die Einstufung in eine Bauklasse ist die Verkehrsbelastungszahl maßgebend. Maßgebend hierfür ist die Anzahl der zu erwartenden Achsübergänge von Fahrzeugen mit 10-t-Achslasten (Tafel 4.1).

In die Betonbodenplatte werden Scheinfugen als Sollrissfugen eingeschnitten. Der Fugenabstand beträgt höchstens das 25-fache der Plattendicke und höchstens 7,50 m. Zur Querkraftübertragung werden in den Fugen stets Stahldübel eingebaut: Ø 25 mm, Länge ≥ 500 mm, Abstand in den belasteten Fahrstreifen 250 mm. Die Stahldübel haben einen Kunststoffüberzug von 0,3 mm Dicke zur Verbesserung der Gleitfähigkeit. Nur bei geringeren Beanspruchungen (Bauklasse IV - VI) wird auf Dübel verzichtet. Hier reicht die Rissverzahnung zur Querkraftübertragung aus.

Tafel 4.1: Dicke der Betondecke im öffentlichen Straßenbau in Abhängigkeit von der Bauklasse und der Art der Tragschicht (nach RStO)

Bauklasse	Verkehrsbelastung in 10-t-Achsübergängen	Beispiele für die Straßenart	Dicke der Betondecke d
SV	$> 32 \cdot 10^6$	Schnellverkehrsstraßen, Industriesammelstraßen	27 cm [1)] 30 cm [2)]
I	> 10 bis $32 \cdot 10^6$	Hauptverkehrsstraßen, Industriestraßen	24 cm [1)] 28 cm [2)]
II	> 3 bis $10 \cdot 10^6$	Straßen im Gewerbegebiet	24 cm [1)] 27 cm [2)]
III	$> 0{,}8$ bis $3 \cdot 10^6$	Parkflächen für Schwerverkehr	23 cm [1)] 26 cm [2)]

[1)] Unterbau mit hydraulisch gebundener Tragschicht oder Verfestigungen
[2)] Unterbau mit ungebundener Schottertragschicht

4.1.2 Aufbau eines Betonbodens für Produktions- und Lagerhallen

Beim Aufbau eines Betonbodens ist danach zu unterscheiden, ob es sich um Freiflächen oder Hallenflächen handelt. Freiflächen müssen frostsicher gegründet sein.

In der Praxis werden unterschiedliche Arten der Konstruktion angewendet. Die Regelkonstruktion eines Betonbodens besteht im Wesentlichen aus der Betonbodenplatte, dem Untergrund und der Tragschicht.

Unter dem Begriff „Betonboden" wird die Einheit aus Betonbodenplatte, Untergrund, Tragschicht betrachtet. Die Betonbodenplatte ist also nur ein Teil eines Betonbodens. Für eine einwandfreie Nutzung und dauerhafte Funktionsfähigkeit des Betonbodens ist die volle Wirksamkeit der drei übereinander liegenden Bauelemente erforderlich. Bei Flächen im Freien kommt erforderlichenfalls noch eine Frostschutzschicht hinzu, die aber ein Teil der Tragschicht ist. Bild 4.1 zeigt den Aufbau eines Betonbodens für Hallen und für Freiflächen in vereinfachter Form.

Die Gesamtkonstruktion kann nur dann funktionieren, wenn jedes dieser Bauelemente einwandfrei hergestellt wurde und das Gesamtpaket die auftretenden Einwirkungen und Beanspruchungen in die tiefer liegenden Schichten des Baugrundes ableitet.

Der Untergrund muss ausreichend tragfähig sein. Wenn er dies von Natur aus nicht ist, muss eine ausreichende Tragfähigkeit geschaffen werden, notfalls durch Austausch des Untergrundes bis zu einer bestimmten Tiefe. Der Untergrund muss verdichtet werden, damit eine genügende Tragfähigkeit entsteht. Die Verdichtung ist durch Prüfungen zu belegen, z.B. durch Plattendruckversuche.

Betonböden im Freien müssen frostsicher gegründet sein. Die Dicke des frostsicheren Aufbaues ist so zu wählen, dass während der Nutzung bei Frost- und Tauperioden keine

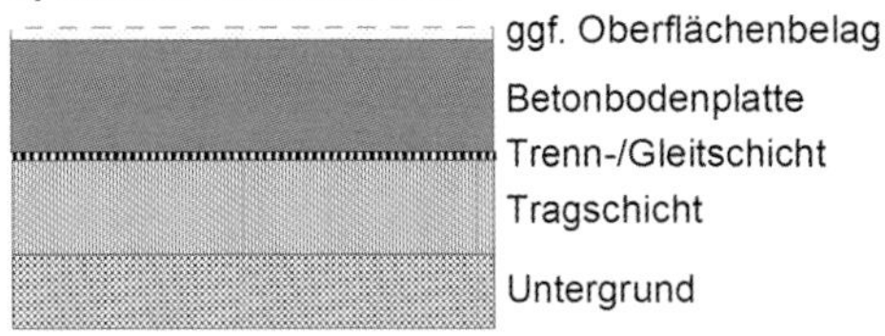

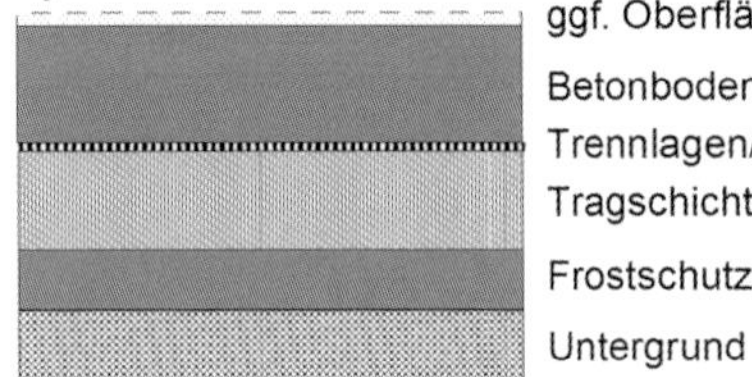

Bild 4.1:
Aufbau eines Betonbodens
a) Hallen-Betonboden
b) Freifläche aus Beton

Schädigungen auftreten können. Die Aufbaudicke wird durch die Frostempfindlichkeit des Bodens und die Frosteindringtiefe bestimmt.

Die Tragschicht muss aus geeignetem Material in ausreichender Dicke hergestellt werden. Die Tragschicht muss nach dem höhengerechten Einbau verdichtet werden, sodass eine plangenaue und tragfähige Oberfläche entsteht. Hierbei ist ein bestimmter Verdichtungsgrad zu erreichen. Dies ist durch Prüfungen zu belegen, z.B. durch Plattendruckversuche.

Die Betonbodenplatte ist aus Beton ausreichender Betonfestigkeitsklasse entsprechend DIN 1045 in der erforderlichen Dicke fachgerecht herzustellen. Sie sollte stets von allen anderen Bauteilen (Fundamente, Stützen, Wände) durch Raumfugen getrennt sein. Bild 4.2 zeigt die Trennung der Betonbodenplatte von Stützen und Fundamenten.

Durch Trennung der Betonbodenplatte von allen anderen Bauteilen sind Zwängungen in der Betonbodenplatte zu verhindern. Zwängungen könnten in der Betonbodenplatte entstehen, wenn Beanspruchungen und Verformungen anderer Bauteile auf die Betonboden-

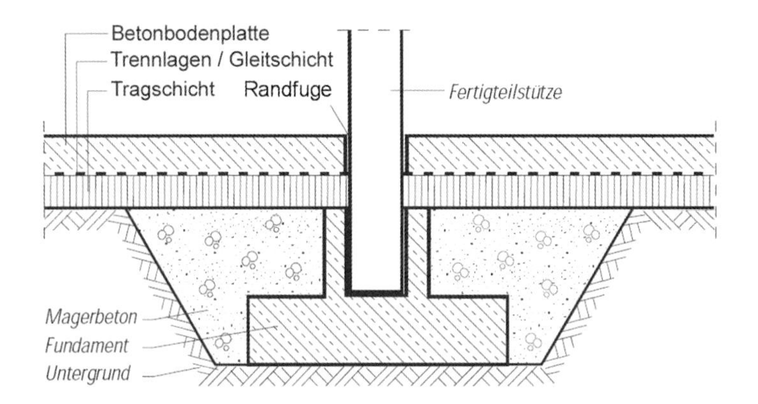

Bild 4.2:
Betonbodenplatte und Tragschicht im Bereich eines Stützenfundaments mit Trennung von der Betonbodenplatte durch umlaufende Raumfuge (Randfuge)

platte übertragen werden. In der Betonbodenplatte entstehende Zwängungen könnten Risse hervorrufen, die vermieden werden sollten. Durch Trennung der Betonbodenplatte von anderen Bauteilen wird die Rissgefahr verringert.

Übliche Konstruktionen für Betonbodenplatten sind folgende:

- unbewehrte Betonbodenplatten,
- mit Betonstahlmatten bewehrte Betonbodenplatten,
- mit Stahlfasern bewehrte Betonbodenplatten,
- kombiniert bewehrte Betonbodenplatten,
- vorgespannte Betonbodenplatten,
- Betonbodenplatten mit gewalztem Beton (Walzbeton),
- Fertigteilplatten.

Eigenart der Gesamtkonstruktion

Das Besondere dieser Konstruktion liegt darin, dass die Betonbodenplatte vollflächig auf einer tragfähigen Unterlage aufliegt. Sie ist als elastisch gelagerte Platte zu betrachten. Insofern besteht hier ein wesentlicher Unterschied zu Geschossdecken, auch zu befahrenen Geschossdecken, wie z.B. Hofkellerdecken, Decken in Industriegebäuden oder Parkdecks.

Ein weiterer Unterschied besteht darin, dass die Regelbauweise dieser Betonbodenkonstruktion kein Tragwerk im Sinne der DIN 1045 ist. Die Betonbodenkonstruktion ist bei vollständiger Trennung von allen anderen Bauteilen kein tragendes oder aussteifendes Bauteil für die Hallenkonstruktion. Betonbodenplatten fallen daher nicht in den Gültigkeitsbereich der DIN 1045 „Tragwerke aus Beton, Stahlbeton und Spannbeton“. Der Anwendungsbereich der DIN 1045 bezieht sich auf die „Bemessung und Konstruktion von *Tragwerken* des Hoch- und Ingenieurbaus aus unbewehrtem Beton, Stahlbeton und Spannbeton ...“. Die Betonung liegt hier auf „Tragwerk“.

In DIN 1055 „Einwirkungen auf Tragwerke“ wird das Tragwerk definiert:
Ein Tragwerk ist eine „planmäßige Anordnung miteinander verbundener tragender und aussteifender Bauteile, die so entworfen sind, dass sie ein bestimmtes Maß an Tragwiderstand (z.B. Fundament, Stützen, Riegel, Decken, Trennwände) aufweisen.“

Das bedeutet zusammengefasst: Betonbodenplatten sind in statischer Sicht keine Bauteile im Sinne der DIN 1045, wenn folgende Bedingungen zutreffen:

- Die Betonbodenplatte liegt vollflächig auf einer durchgehenden Tragschicht und einem tragfähigen Untergrund.
- Die Betonbodenplatte trägt keine anderen Bauteile, ist an dem Tragverhalten des Bauwerks nicht beteiligt und steift das Bauwerk auch nicht aus.

Die Situation ist eine andere, wenn die Betonbodenplatte für die Standsicherheit der Halle herangezogen wird, z.B. als Zugband zwischen den Stützenfüßen einer Rahmenkonstruktion. Hierbei würde die Betonbodenplatte als zugbeanspruchtes Bauteil zur Standsicherheit der Halle beitragen. In diesem Fall wäre für die Betonbodenplatte die DIN 1045 maßgebend. Von einer derartigen Konstruktionsweise ist jedoch dringend abzuraten, auch wenn sie zunächst sehr sinnvoll erscheint.

Begründung:
Bei Einleitung von Zugkräften in eine Stahlbetonbodenplatte wird diese zusätzlich zu den direkten Einwirkungen auch auf Zug beansprucht. Zugbeanspruchungen bewirken Dehnungen. Die Bruchdehnung des Betons ist geringer als die Dehnfähigkeit des Stahls. Es besteht somit die Gefahr, dass Risse im Beton entstehen, bevor der Stahl in der Betonbodenplatte wirksam werden kann und die Zugkräfte aufnimmt. Es wird schließlich mit gerissener Zugzone gerechnet. Eine rissfreie Betonbodenplatte ist nicht zu gewährleisten, wenn mit Rissen im Beton gerechnet wird.

Auch wenn die Betonbodenplatten in statischer Hinsicht nicht in den Gültigkeitsbereich der DIN 1045 fallen (ähnlich wie Betonfahrbahnplatten von Autobahnen), so wird man dennoch die Anforderungen der DIN 1045 in betontechnischer Sicht zugrunde legen; z.B. die Anforderungen an den Beton hinsichtlich der Betonfestigkeitsklassen und der Expositionsklassen.

Die entsprechenden Vorgaben für Untergrund, Tragschicht und Betonbodenplatte müssen bei der Planung und Bemessung festgelegt werden und sind dem ausführenden Unternehmen eindeutig zu benennen.

Die in diesem Buch genannten Konstruktionsarten und Anforderungen sind Empfehlungen. Sie bauen auf jahrzehntelange Erfahrungen auf und haben sich bei fachgerechter Ausführung bewährt.

4.2 Planung der Unterkonstruktion

Ein Betonboden entsteht aus dem Zusammenwirken mehrerer Bauteile. Diese Bauteile sind mindestens folgende:

- Untergrund,
- Trennlagen bzw. Gleitschicht,
- Tragschicht,
- Betonbodenplatte.

Bei besonderen Anforderungen kann auf der Betonbodenplatte eine zusätzliche Schicht erforderlich werden, z.B. Hartstoffschicht oder Oberflächenschutzsystem (Kapitel 6.3).

In verschiedenen Fällen kommen im Bereich der Unterkonstruktion weitere Bauelemente hinzu. Dies können z.B. sein:

Dränung, Dämmung, Sauberkeitsschicht, Schutzschicht und Geotextil. Diese Bauteile der Unterkonstruktion eines Betonbodens werden nachfolgend kurz beschrieben.

4.2.1 Untergrund

Der vorhandene Untergrund muss zur Aufnahme der Belastungen aus der Betonbodenplatte geeignet sein. Er trägt zur Funktionsfähigkeit der gesamten Betonbodenkonstruktion entscheidend bei. Der Untergrund muss mehrere Bedingungen erfüllen:

- gleichmäßige Zusammensetzung über die gesamte Fläche,
- gute Verdichtbarkeit,
- ausreichende Tragfähigkeit,
- gute Entwässerung,
- ausreichende Frostsicherheit bei Flächen im Freien.

Sollte einer der vorstehend genannten Punkte unklar sein, sind genauere Erkundungen des Untergrunds durch einen Sachverständigen für Erd- und Grundbau (Geotechnik) erforderlich.

Zur Herstellung eines tragfähigen Untergrundes bestehen mehrere Möglichkeiten:

- gewachsener Boden mit genügender Tragfähigkeit (frostsicher bei Freiflächen),
- Austausch des Bodens gegen verdichtungsfähiges Material,
- Einbau von Gemischen, die mit hydraulischem Bindemittel verfestigt werden, z.B. Verfestigung mit Zement, Tragschichtbinder o.Ä.

Im Rahmen der Planung eines Betonbodens sind die Baugrundverhältnisse auch in größeren Tiefen abzuklären. Sollte der anstehende Baugrund eine der vorgenannten Bedingungen nicht erfüllen, ist eine Verbesserung oder ein Austausch des Baugrunds zu prüfen und gegebenenfalls erforderlich. Ungünstigenfalls kann eine Pfahlgründung notwendig werden, wenn in größeren Tiefen Schichten ohne ausreichende Tragfähigkeit vorhanden sind. Derartige Maßnahmen können erhebliche Kosten verursachen. Daher ist in solchen Fällen zunächst eine Kosten-Nutzen-Analyse aufzustellen.

Je nach Größe der auftretenden Belastungen, insbesondere der Einzellasten, ist eine entsprechend dichte Lagerung des Baugrunds erforderlich. Diese dichte Lagerung kann durch Versuche geprüft werden. Geeignet hierfür ist der Plattendruckversuch nach DIN 18134, der auch als Lastplattenversuch bezeichnet wird. Bei diesem Versuch wird das Einsinken einer belasteten Platte festgestellt. Es wird der Verformungsmodul geprüft. Dieser Verformungsmodul nach der ersten Belastung wird als E_{V1}-Wert angegeben, nach der zweiten Belastung als E_{V2}-Wert, jeweils in MN/m^2. Das Prüfverfahren ist in Kapitel 13 beschrieben.

Der festgestellte Verformungsmodul $E_{V2,vorh}$ soll mindestens so groß sein wie der erforderliche Verformungsmodul $E_{V2,erf}$ nach Tafel 4.2. Zu berücksichtigen ist hierbei, dass die

Tafel 4.2: Erforderlicher Verformungsmodul E_{V2} des Untergrunds und der Tragschicht unter Betonbodenplatten [nach L20]

max. Belastung Einzellast Q_d [kN]	Verformungsmodul E_{V2} [N/mm² bzw. MN/m²]	
	des Untergrundes [1] $E_{V2,U}$	der Tragschicht [2] $E_{V2,T}$
$\leq$ 40	$\geq$ 40	$\geq$ 80
$\leq$ 80	$\geq$ 50 [3]	$\geq$ 100 [4]
$\leq$ 100	$\geq$ 60	$\geq$ 120
$\leq$ 140	$\geq$ 80	$\geq$ 150

[1] Bedingung: Untergrund $E_{V2,U} / E_{V1,U} \leq 2{,}5$
[2] Tragschicht $E_{V2,T} / E_{V1,T} \leq 2{,}2$
[3] Für den Untergrund entspricht ein Verformungsmodul von 50 MN/m² nach DIN 18134 [N42] etwa einer Proctordichte von $D_{Pr} = 95$ % nach DIN 18127 [N41] (Tafel 13.2)
[4] Für die Tragschicht entspricht ein Verformungsmodul von $E_{V2} = 100$ MN/m² nach DIN 18134 [N42] etwa einer Proctordichte von $D_{Pr} = 100$ % nach DIN 18127 [N41] (Tafel 13.2)

beim Plattendruckversuch festgestellten Verformungsmoduln nur eine Aussagekraft für eine begrenzte Tiefe haben. Bei Verwendung der üblichen Lastplatte mit 300 mm Durchmesser beträgt die Tiefenwirkung bis zu einem halben Meter.

Das Verhältnis der beiden Verformungsmoduln E_{v2} zu E_{v1} darf nicht zu groß sein.

Verformungsmodul Untergrund:

$$E_{V2,U} / E_{V1,U} \leq 2{,}5 \qquad \text{(Gl. 4.1)}$$

Wenn der E_{V1}-Wert bereits 60 % des zugehörigen E_{V2}-Werts erreicht, ist nach ZTVE-StB 97 [R7] auch ein höherer Verhältniswert E_{V2}/E_{V1} zulässig.

Falls der festgestellte Verformungsmodul nicht so groß ist wie der erforderliche Verformungsmodul, ist eine Verbesserung des Baugrunds erforderlich, z.B. durch weitere Verdichtung oder durch Verfestigung mit Zement. Gelingt eine Erhöhung des Verformungsmoduls nicht, ist ein Austausch des Baugrunds gegen geeignetes Material erforderlich, z.B. Kiessand oder Schotter. In diesen Fällen sollte eine genauere Erkundung der Tragfähigkeit des Untergrunds durch ein Institut für Erd- und Grundbau erfolgen.

Bei Aufschüttungen, z.B. im Bereich von Fundamenten, Rohrleitungen, Kabelkanälen o.Ä., ist die Gefahr unterschiedlicher Setzungen besonders groß. Hierfür gelten jedoch die Anforderungen der Tafel 4.2 ebenfalls.

Gelegentlich ist eine einwandfreie maschinelle Verdichtung in diesen Bereichen nicht möglich. Eventuell ist bei intensiver Verdichtung zu befürchten, dass Rohrleitungen oder

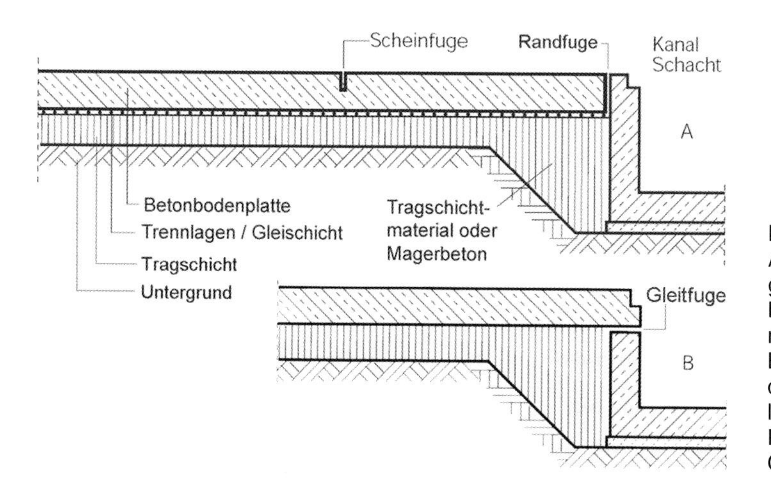

Bild 4.3:
Aufzufüllende Böschungen im Bereich von Kanälen oder Schächten mit klarer Trennung der Betonbodenplatte von den Wänden durch längs laufende Randfuge (A) oder Gleitfuge (B)

andere Einbauten beschädigt werden. In diesen Füllen ist es sinnvoll, Sand-, Kies- oder Schotter-Zement-Gemische bzw. Magerbeton im Zusammenhang mit der Tragschicht einzubauen (Bild 4.3).

Untergrund für Betonbodenplatten im Freien

Bei Flächen im Freien muss der gesamte Aufbau des Betonbodens frostsicher gegründet sein. Die erforderliche Dicke des frostsicheren Aufbaus soll ab Oberkante Betonbodenplatte entsprechend ZTV E StB [R7] mindestens betragen:

- 60 cm bei üblichen Baugrundverhältnissen und normalen Beanspruchungen,
- 80 cm bei ungünstigen Grundwasserverhältnissen und kalten Klimazonen.

Bei frostempfindlichen Böden, z.B. ton- und schluffhaltige Böden, muss der Untergrund gegen frostsicheres Material ausgetauscht werden, z.B. durch Kies-Sand-Gemische. Bei Verwendung einer wärmedämmenden Schicht kann die frostsichere Tiefe verringert werden, z.B. bei Schichten aus Porenleichtbeton (Kapitel 4.10).

Bei Flächen im Freien ist stets eine Frostschutzschicht erforderlich. Diese Frostschutzschicht kann auf die Dicke der erforderlichen Tragschicht angerechnet werden. Bei bindigem oder sehr feinkörnigem Untergrund ist unbedingt zu klären, in welcher Weise das Niederschlagswasser abgeführt werden kann. Es kann ein Filtervlies oder eine Dränung erforderlich werden (Kapitel 4.2.2).

4.2.2 Dränung

Für Dränmaßnahmen ist DIN 4095 „Dränung zum Schutz baulicher Anlagen; Planung, Bemessung und Ausführung" maßgebend.

Die Feststellung eines eventuellen Wasseranfalls ist eine planerische Aufgabe. In der Planung werden die erforderlichen Dränarbeiten festgelegt. Die erforderlichen Maßnahmen sind abhängig von der Geländeneigung bei Hang- oder Muldenlage, von der Schichtung und Durchlässigkeit des Bodens und von der Versickerung des Niederschlagswassers.

Der ungünstigste Grundwasserstand kann z.B. ermittelt werden durch Schürfen und Bohrungen oder aus örtlichen Erfahrungen bei Nachbargrundstücken bzw. durch Befragen des zuständigen Amtes. Dränmaßnahmen sind bei der Planung des Bauvorhabens zu ermitteln und festzulegen.

Erforderlichenfalls sind Grundwasser, Schichtenwasser oder aufstauendes Sickerwasser durch Dränung abzuführen. Der Wasseranfall ist abhängig von der Größe des Einzugsgebiets, der Geländeneigung, der Schichtung und Durchlässigkeit des Bodens sowie von der Niederschlagshöhe. Es ist zu prüfen, wohin das Wasser abgeleitet werden kann und zwar in baulicher und wasserrechtlicher Hinsicht. Die chemische Beschaffenheit des Wassers muss bekannt sein oder durch eine Wasseranalyse erkundet werden.

Die Dränmaßnahmen sind abhängig von der Größe der bebauten Fläche. Bei Flächen bis 200 m^2 darf eine Flächendränschicht ohne Dränleitungen zur Ausführung kommen. Mischkies der Sieblinie A8 bis A32 nach DIN 1045 ist als Dränschicht allein unter Bodenplatten nicht zu empfehlen, da der Durchlässigkeitswert zu gering ist. Bei Flächen über 200 m^2 ist ein Flächendrän zu planen. Der Abstand der Leitungen untereinander ist zu bemessen. Dieser Flächendrän wird über Dränleitungen entwässert, z.B. in eine Ringleitung, die die Halle umschließt.

Bei bestimmten Verhältnissen kann der Einbau eines Geotextils als Filtervlies Vorteile bringen. So kann z.B. ein Filtervlies auf dem Planum des Untergrunds verlegt werden, bevor die Tragschicht eingebaut wird. Das Wasser muss allerdings seitlich abfließen können, in Dränleitungen gefasst und abgeführt werden. Außerdem verhindert ein Filtervlies das Durchmischen von Untergrund und Frostschutzmaterial. Es erhöht durch die eigene hohe Zugfestigkeit zusätzlich die Tragfähigkeit der Gesamtkonstruktion.

4.2.3 Tragschicht

Für eine gute Tragfähigkeit der Betonbodenplatte ist auf dem verdichteten Untergrund der Einbau einer Tragschicht bestimmter Dicke und Eigenschaft erforderlich. Diese Tragschicht könnte entfallen, wenn der Untergrund allein schon ausreichend tragfähig ist. Eine ausreichende Tragfähigkeit ist gegeben, wenn die Werte der Tafel 4.2 erreicht werden.

Für den Einbau unter Betonbodenplatten stehen verschiedene Tragschichtmaterialien und Einbauverfahren zur Verfügung. Kiestragschichten (KTS) und Schottertragschichten (STS) als Tragschichten ohne Bindemittel sind für den Straßenbau in der ZTV SoB-StB 04 geregelt [R14].

Kiestragschichten (KTS)

Kiestragschichten bestehen aus hohlraumarmen, korngestuften Kies-Sand-Gemischen der Körnung 0/32 mm, 0/45 oder 0/56 mm. Die bei vollständiger Verdichtung erreichbare Tragfähigkeit ist abhängig von der Kornzusammensetzung und Kornabstufung des Gemischs. Je dichter die Lagerung durch gute Kornabstufung ist, umso mehr Tragfähigkeit kann erreicht werden. Die dichte Lagerung ist durch Plattendruckversuche nach DIN 18134 zu prüfen. Beim Plattendruckversuch wird das Einsinken einer belasteten Platte festgestellt und als Verformungsmodul angegeben. Der Verformungsmodul nach der ersten Belastung wird als E_{V1}-Wert bezeichnet und nach der zweiten Belastung als E_{V2}-Wert jeweils in MN/m^2 angegeben (Prüfverfahren Kapitel 13). Mit dem festgestellten Verformungsmodul E_{V2} kann die Kiestragschicht (KTS) bezeichnet werden:

E_{V2}-Wert $\geq$ 80 MN/m^2 KTS 80
E_{V2}-Wert $\geq$ 100 MN/m^2 KTS 100
E_{V2}-Wert $\geq$ 120 MN/m^2 KTS 120

Das Verhältnis von E_{V2} zu E_{V1} darf nicht zu groß sein, daher die Forderung für Kiestragschichten:

$$E_{V2,T} / E_{V1,T} \leq 2{,}2 \qquad \text{(Gl. 4.2)}$$

Schottertragschichten (STS)

Schottertragschichten bestehen aus hohlraumarmen, korngestuften Schotter-Splitt-Brechsand-Gemischen der Körnung 0/32, 0/45 oder 0/56 mm. Sinngemäß wie bei Kiestragschichten können auch Schottertragschichten STS nach ihrer Tragfähigkeit bezeichnet werden, angegeben durch den Verformungsmodul als E_{V2}-Wert:

E_{V2}-Wert $\geq$ 120 MN/m^2 STS 120
E_{V2}-Wert $\geq$ 150 MN/m^2 STS 150
E_{V2}-Wert $\geq$ 180 MN/m^2 STS 180

Das Verhältnis von E_{V2} zu E_{V1} darf nicht zu groß sein, daher gilt auch für Schottertragschichten die Forderung aus Gleichung 4.2.

Andere Tragschichten

Hydraulisch gebundene Kies- und Schottertragschichten HGT kommen außer den üblichen ungebundenen Kies- und Schottertragschichten ebenfalls zur Ausführung. Dies gilt insbesondere, wenn höhere Tragfähigkeiten erforderlich sind. Im Allgemeinen werden hierzu Kies-Sand-Gemische verwendet.

Verfestigungen mit hydraulischen Bindemitteln (Zement, Tragschichtbinder o.Ä.) können baustellengemischt oder zentralgemischt zur Anwendung kommen. Wenn der vorhandene Kies- oder Sandboden für das Einmischen von hydraulischen Bindemitteln geeignet ist, kann für hohe Belastungen die baustellengemischte Verfestigung sehr wirtschaftlich sein. Dies setzt allerdings den Einsatz von Spezialgeräten voraus, die nur bei großen Flächen sinnvoll eingesetzt werden können.

Tragschichten aus Beton, z.B. aus Beton der Festigkeitsklasse C12/15, können dann eingesetzt werden, wenn hohe Tragfähigkeiten erforderlich sind und anderes geeignetes Material nicht zur Verfügung steht. Die Betontragschichten können als Walzbeton eingebracht werden, wenn das Walzen möglich ist und nicht durch Stützen oder andere Einbauten behindert wird.

Wärmedämmschichten ergeben sich gelegentlich aus betrieblichen Anforderungen. Sie müssen durch die Betonbodenplatte einwirkende Belastungen auf die Unterkonstruktion übertragen. Wegen der hierfür erforderlichen Druckfestigkeit sind z.B. Dämmschichten aus folgenden werkmäßig hergestellten Dämmstoffen geeignet:

- Dämmstoffe aus extrudiertem Polystyrolschaum (XPS),
- Dämmstoffe aus Schaumglas (CG),
- Schüttung aus Schaumglas-Schotter (SGS),
- Porenleichtbeton PLB oder Beton mit Polystyrolkugeln als Zuschlag (EPS-Beton).

Weitere Einzelheiten zu Wärmedämmstoffen sind in Kapitel 4.10.3 wiedergegeben.

Müllverbrennungsaschen haben sich unter Hallenböden häufig als nicht raumbeständig erwiesen. Unter bestimmten Bedingungen quellen sie. Müllverbrennungsaschen sollten daher im Sinne einer reibungslosen Nutzung der Halle nicht eingesetzt werden.

Rezykliertes Material darf keine quellfähigen Bestandteile aufweisen, da hierdurch später die Höhenlage der Betonbodenplatte beeinträchtigt werden könnte.

Auswahl der Tragschichten

Die Belastbarkeit einer Tragschicht ist im Wesentlichem vom Tragschichtmaterial und von der Dicke der Tragschicht abhängig. Beides, Art und Dicke der Tragschicht, müssen auf die Belastung abstimmt sein. Maßgebend hierfür ist im Regelfall die maximale Einzellast, die bei der Nutzung des Betonbodens wirksam wird. Die Wahl einer geeigneten Tragschicht mit der zugehörigen Tragschichtdicke kann nach Bild 4.4 erfolgen.

In Bild 4.4 kann ausgehend von der maximalen Einzellast die Art des Tragschichtmaterials gewählt werden, zu der sich die erforderliche Mindestdicke der Tragschicht ergibt. Umgekehrt kann für eine mögliche Einbaudicke die zugehörige Art des Tragschichtmaterials gewählt werden.

Üblicherweise werden Tragschichten in Dicken von 20 bis 30 cm hergestellt. Die Tragschicht soll in einer Dicke von mindestens 15 cm geplant werden. Die tatsächliche Einbaudicke darf an der ungünstigsten Stelle unter Berücksichtigung der Einbautoleranzen, z.B. durch Baustellenungenauigkeiten, nicht weniger als 12 cm betragen.

Einige Beispiele für Tragschichten sind in Tafel 4.3 zusammengestellt.

Voraussetzungen für die Anwendung der Tragschichten

Voraussetzung für das erfolgreiche Anwenden der vorgenannten ungebundenen Tragschichten ist die einwandfreie Verdichtung des Tragschichtmaterials. Die Verdichtung hat

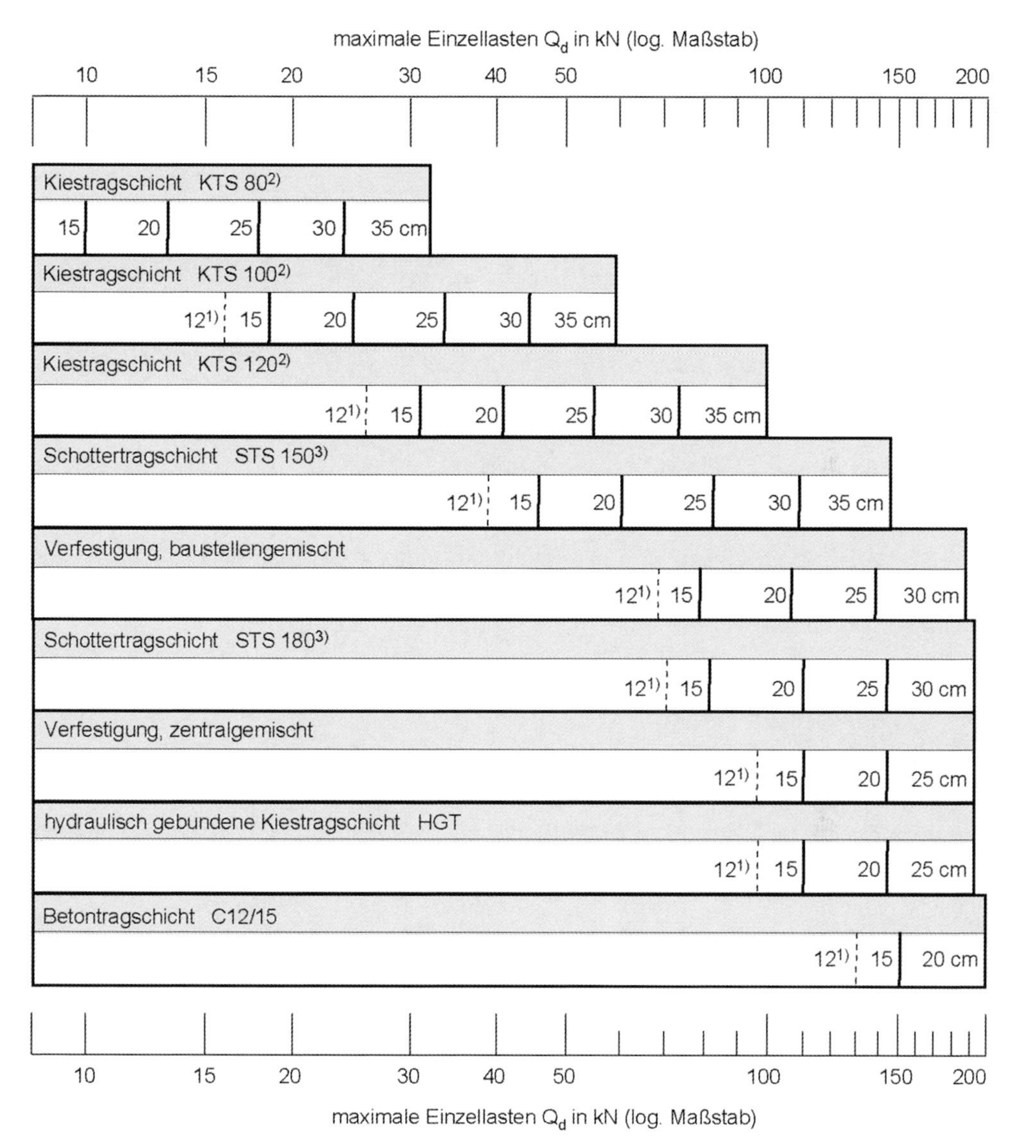

Bild 4.4:
Auswahl einer Tragschicht in Art und Dicke, abhängig von der maximalen Einzellast [nach L20]

[1] Geplante Mindestdicke der Tragschicht 15 cm; tatsächlich ausgeführte Dicke der Tragschicht auch an der ungünstigsten Stellen durch Baustellen-Ungenauigkeiten nicht weniger als 12 cm.

[2] Die Zahl hinter Kiestragschichten gibt den erforderlichen E_{V2}-Wert an, z.B. KTS 100 = Kiestragschicht mit einem E_{V2}-Wert $\geq$ 100 MN/m^2. Je dichter die Lagerung durch gute Kornabstufung ist, umso mehr Tragfähigkeit kann erreicht werden. Die dichte Lagerung ist durch Plattendruckversuch nach DIN 18134 zu prüfen.

[3] Die Zahl hinter Schottertragschichten gibt den erforderlichen E_{V2}-Wert an, z.B. STS 150 = Schottertragschicht mit einem E_{V2}-Wert $\geq$ 150 MN/m^2. Je dichter die Lagerung durch gute Kornabstufung ist, umso mehr Tragfähigkeit kann erreicht werden. Die dichte Lagerung ist durch Plattendruckversuch nach DIN 18134 zu prüfen.

Tafel 4.3: Beispiele von Tragschichten für Betonböden bei verschiedenen Belastungen (Beispiele nach Bild 4.4)

max. Einzellast Q_d [kN]	Art der Tragschicht	Dicke der Tragschicht h_T [cm]
10	Kiestragschicht KTS 80	15
20	Kiestragschicht KTS 80	28
30	Kiestragschicht KTS 80	34
50	Kiestragschicht KTS 100	33
80	Schottertragschicht STS 150	25
100	Verfestigung mit Zement, baustellengemischt	19

maschinell mit Walzen oder schweren Rüttelplatten zu erfolgen. Das Prüfen der erreichten Verdichtungswirkung ist besonders wichtig.

Vor dem Einbau der Tragschicht muss der Verformungsmodul des Untergrunds geprüft und protokolliert werden. Hierbei muss der festgestellte $E_{V2,U}$-Wert den für die Belastung des Untergrunds erforderlichen Wert entsprechend Tafel 4.2 erreichen.

Außerdem soll das Verhältnis der beiden Verformungsmoduln E_{V2} und E_{V1} die Bedingungen der Gleichung 4.1 einhalten:

Untergrund $E_{V2,U} / E_{V1,U} \leq 2{,}5$ (Gl. 4.1)

Nach dem Einbau der Tragschicht ist der Verformungsmodul an der Tragschichtoberfläche zu prüfen und zu protokollieren. Der beim Plattendruckversuch festgestellte $E_{V2,T}$-Wert muss den für die wirkende Einzellast erforderlichen Wert für Tragschichten entsprechend Tafel 4.2 erreichen.

Außerdem sollte das Verhältnis der beiden Verformungsmoduln E_{V2} und E_{V1} die Bedingungen der Gleichung 4.2 erfüllen:

Tragschicht $E_{V2,T} / E_{V1,T} \leq 2{,}2$ (Gl. 4.2)

Der Verhältniswert E_{V2} / E_{V1} darf bei geringeren Belastungen bis 20 kN keineswegs den Wert 2,5 überschreiten.

Der Verhältniswert E_{V2} / E_{V1} kann auch auf den Verdichtungsgrad D_{Pr} bezogen werden oder umgekehrt.

- Forderung für $D_{Pr} \geq 103$ %: $E_{V2} / E_{V1} \leq 2{,}2$
- Forderung für $D_{Pr} < 103$ %: $E_{V2} / E_{V1} \leq 2{,}5$
- höhere Verhältniswerte E_{V2} / E_{V1} als 2,2 bzw. 2,5 sind nur dann zulässig, wenn $E_{V1} \geq 0{,}6 \cdot E_{V2}$

4.2.4 Sauberkeitsschicht

Bei einigen Anwendungsbereichen ist der Einbau einer Sauberkeitsschicht erforderlich. Dadurch soll erreicht werden, dass eine stabile Unterlage vorhanden ist und es soll vermieden werden, dass es zu Eindrückungen in die Tragschicht kommt.

Eine Sauberkeitsschicht ist stets in folgenden Fällen einzubauen:

- unter bewehrten Betonbodenplatten,
- auf Wärmedämmschichten, wenn mit Eindrückungen zu rechnen ist, z.B. durch Abstandhalter der Bewehrung,
- bei Betonbodenplatten mit Einbauten, z.B. für Unterflurförderung.

Eine Sauberkeitsschicht ist in diesen Fällen nicht erforderlich, wenn die Tragschicht die gleichen Anforderungen erfüllt oder eine hydraulisch gebundene Tragschicht z.B. Betontragschicht vorhanden ist.

Die Sauberkeitsschicht kann aus Beton C8/10 oder C12/15 nach DIN 1045 etwa 5 cm dick hergestellt werden. Die Dicke der Sauberkeitsschicht kann auf die Dicke der Tragschicht angerechnet werden, wobei die Dicke der Tragschicht jedoch mindestens 15 cm betragen sollte.

Eine Sauberkeitsschicht ist auch dann erforderlich, wenn mit geringen Reibungsbeiwerten auf dem Unterbau gerechnet wird und eine Gleitschicht eingebaut werden soll. Hierfür muss die Oberfläche der Sauberkeitsschicht den Anforderungen von Tafel 7.5 entsprechen und flügelgeglättet sein. Sie darf keine Grate und Versätze aufweisen, die zu Verzahnungen führen können.

Bei zementgebundenen Tragschichten ist keine Sauberkeitsschicht erforderlich.

Übliche Baufolien sind kein Ersatz für eine Sauberkeitsschicht. Das Verlegen von dicken Folien als Sauberkeitsschicht, z.B. Noppenfolien, erleichtert zwar den Baufortschritt, sollte aber nur dann zum Einsatz kommen, wenn für das verwendete Material ein Prüfzeugnis für den jeweiligen Anwendungsbereich vorhanden ist. Dieses Prüfzeugnis hat der Hersteller vorzulegen. Weitere Anforderungen beim Einsatz von Noppenfolien enthält Kapitel 4.2.6.

Tafel 4.4: Zusammenstellung für den Einsatz von Trennlagen und Gleitschichten

	Trennlagen	Gleitschichten [1]
Einsatzbereiche	– bei ungebundenen Tragschichten – bei Wärmedämmschichten	– bei hohen, langfristig wirkenden – Belastungen bei Fugenabständen $L > 7{,}5$ m
Aufgabe	– Eindringen von Unterbaumaterial in den Beton verhindern – Wegsickern von Wasser aus Beton in Unterbau vermeiden – Verminderung der Gefahr des Aufschüsselns infolge ungleichmäßigen Austrocknens	– Reibung Betonbodenplatte/Tragschicht verringern – größere Zugspannungen in Betonbodenplatte vermeiden – größere Fugenabstände bei Betonbodenplatten in Hallen ermöglichen – Behinderung der Dampfdiffusion aus dem Unterbau
Material	– Geotextil-Vlies	– mindestens 2 Lagen Kunststoff-Folie auf geglätteter Oberfläche ohne Grate und Versätze, z.B. PE-Folie $\geq 0{,}3$ mm, ggf. spezielle Gleitfolien

[1] Bei bewehrten Betonbodenplatten ist eine Schutzschicht erforderlich (z.B. 5 cm Sauberkeitsschicht aus Beton C12/15).

4.2.5 Trennlage

Trennlagen sollten aus einem Geotextil-Vlies bestehen. Dieses Vlies kann das Eindringen von Unterbaumaterial in den Beton und das Wegsickern von Zementleim aus dem Beton in den Unterbau verhindern. Kies- und Schottertragschichten sowie Wärmedämmschichten sollten stets mit einer Trennlage abgedeckt werden, sofern nicht eine Sauberkeitsschicht aufgebracht wird, z.B. für bewehrte Betonbodenplatten.

Da ein Austrocknen des Betons nach unten möglich ist, kann durch ein Geotextil-Vlies die Gefahr des Aufschüsseln der Betonbodenplatte infolge ungleichmäßigen Austrocknens verringert werden, insbesondere bei dünnen Betonbodenplatten mit weniger als 200 mm Dicke. Eine Trennlage ist keine Gleitschicht. Sie ersetzt auch keine Sauberkeitsschicht. Tafel 4.4 zeigt eine tabellarische Zusammenstellung.

4.2.6 Gleitschicht

Für eine Trennung der Betonbodenplatte von der Unterkonstruktion kann zur Verringerung der Reibung eine Gleitschicht eingebaut werden. Die Gleitschicht kann aus folgenden Materialien stehen (Tafel 7.5):

- zwei Lagen PE-Folie je 0,3 mm dick (PE = Polyethylen),
- eine Lage PTFE-Folie (PTFE = Polytetraflour-Ethylen),
- eine Lage Bitumenbahn.

Noppenfolien ersetzen keine Gleitschicht. Ein Gleiten der Betonbodenplatte kann bei Noppenfolien nur dann stattfinden, wenn die Noppenfolie in einem Sandbett liegt und das Sandbett verformungsfähig ist. Der dadurch entstehende Zwang ist zu berücksichtigen.

Bei dickeren Betonbodenplatten > 240 mm wird durch die Gleitschicht das Aufschüsseln nicht so ungünstig beeinflusst wie bei dünnen Platten. Eine gut wirksame Gleitschicht bringt bei Bodenplatten mit hohen Belastungen, die langfristig wirken, mehrere Vorteile:

- Verringerung der Reibungskraft zwischen Betonbodenplatte und Unterkonstruktion,
- Vermeiden größerer Zugspannungen in der Betonbodenplatte,
- größere zulässige Fugenabstände.

Gleitschichten werden umso wirkungsvoller sein, je ebener sie verlegt und eingebaut werden. Zur Verringerung der Reibung ist im Allgemeinen eine Sauberkeitsschicht erforderlich, deren Oberfläche geglättet sein sollte. Es dürfen keine Grate und Versätze oder Wellen vorhanden sein, die zu Verzahnungen und zur Behinderung des Gleitens führen könnten.

Bei bewehrten Betonbodenplatten sollte die Gleitschicht stets durch eine Schutzschicht gesichert werden (Kapitel 4.2.7).

Gleitschichten können dazu führen, dass sich nicht alle, sondern nur einzelne Scheinfugen öffnen, während sich bei den anderen Scheinfugen unter dem Fugenschnitt kein Riss ausbildet. Tafel 4.4 zeigt eine tabellarische Zusammenstellung.

4.2.7 Schutzschicht

Bei Betonböden, die mit Dämmschichten bzw. Trenn- oder Gleitschichten hergestellt werden, sollte im Einzelfall geklärt und entschieden werden, ob auf diesen empfindlichen Schichten der Einbau einer Schutzschicht erforderlich ist. Hierbei ist zu bedenken, dass empfindliche Schichten beim rauen Betonierbetrieb zerstört werden können, wodurch ihre Wirksamkeit beeinträchtigt werden könnte. Als Schutzschicht sind z.B. geeignet:

- Beton $\geq$ 50 mm dick, Festigkeitsklasse $\geq$ C12/15 nach DIN 1045,
- Zementestrich $\geq$ 30 mm dick, Festigkeitsklasse $\geq$ CT-C15-F3 nach DIN EN 13813,
- Bauschutzmatten $\geq$ 6 mm dick aus Polyurethan-Kautschuk.

4.3 Planung der Betonbodenplatte

Vom Planer ist ein Konzept zu erstellen, dass alle Beanspruchungen aus der späteren Nutzung zu berücksichtigen hat. Die sich daraus ergebenden technischen und optischen Anforderungen an den Betonboden sind so darzustellen, dass der Bauherr bzw. der spätere Nutzer wissen, was vom zu erstellenden Betonboden zu erwarten ist. Ihnen muss die Möglichkeit gegeben werden, Änderungswünsche vorzubringen, damit diese eingearbeitet werden können.

Aber auch dem Bauherrn bzw. dem Nutzer ist klar zu machen, dass überzogene Anforderungen nicht erfüllbar sind. Häufig wird mehr erwartet als geleistet werden kann. Zu den nicht oder nicht vollständig erfüllbaren Anforderungen gehören z.B.:

- rissfreie Betonbodenplatten ohne Fugen,
- Fugen in Betonbodenplatten ohne Beeinträchtigung der Nutzung,
- vollständig rissfreie Ausführungsart trotz Fugen,
- besondere Anforderungen an die Ebenheit,
- bestimmte Wünsche an das optische Erscheinungsbild, z.B. Gleichfarbigkeit.

Betonbodenplatten aus Ortbeton sind die übliche Ausführungsart. Hierfür gelten die nachfolgenden Ausführungen. Betonbodenplatten in Fertigteilbauweise bieten in bestimmten Fällen besondere Vorteile. Hierfür sind in Kapitel 4.9 besondere Ausführungen gemacht worden.

Betonbodenplatten sollten während der Nutzung möglichst rissfrei bleiben. Lastbeanspruchungen sollen rissfrei aufgenommen werden, risserzeugende Zwangbeanspruchungen müssen vermieden werden. Es sollte bei der Planung stets vorab geklärt werden, mit welchem Aufwand eine Rissefreiheit anzustreben ist. Dementsprechend muss die Konstruktion des gesamten Betonbodens gewählt werden.

Bewehrungen in Betonbodenplatten können das Entstehen von Rissen nicht verhindern. Bewehrungen können bestenfalls – wenn sie sehr kräftig gewählt werden – die Breite der entstehenden Risse begrenzen. Es bestehen andere Möglichkeiten, eine hohe Tragfähigkeit von Betonbodenplatten zu erreichen und die Betonbodenplatte möglichst rissfrei zu halten. Dieses sind z.B. folgende Maßnahmen:

- tragfähiger Unterbau,
- Beton mit hoher Zugfestigkeit durch niedrigen Wasserzementwert,
- genügend großes Widerstandsmoment der Betonplatte durch ausreichende Plattendicke.

Das bedeutet:

- Betonbodenplatten aus Ortbeton können unbewehrt hergestellt werden, erhalten jedoch Fugen innerhalb der Fläche. Sie können bei geeigneten Konstruktionen und fachgerechter Ausführung rissfrei bleiben.
- Betonbodenplatten mit Bewehrung können in größeren Flächen hergestellt werden, es ist jedoch mit Rissen zu rechnen. Bei einer Begrenzung der Rissbreite ergeben sich recht kräftige Bewehrungen, insbesondere bei Zwangbeanspruchung.

Folgerungen:

- unbewehrte Platten: Zwang vermeiden zur Verhinderung von Rissen, daher Fugen anordnen
- bewehrte Platten: Zwang berücksichtigen und mit Rissen rechnen, daher Begrenzung der Rissbreite

4.3.1 Betonfestigkeit und Wasserzementwert

Betonfestigkeit und Dicke der Betonbodenplatte sind zunächst abhängig von den zu erwartenden Lasten. Zusätzliche Anforderungen an die Betonfestigkeit oder an den Wasserzementwert des Betons können sich durch weitere Beanspruchungen ergeben, z.B. durch mechanische Beanspruchungen, gegebenenfalls auch durch chemische Angriffe auf die Oberfläche oder durch Temperatur- oder Frostbeanspruchungen. Aufgrund dieser Beanspruchungen ist eine Zuordnung in die jeweilige Expositionsklasse erforderlich (Kapitel. 3.4 bis 3.8 und 3.10). Diese Beanspruchungen können einen starken Einfluss auf den erforderlichen Wasserzementwert des Betons haben, wodurch sich höhere Betonfestigkeitsklassen ergeben können, als diese für die einwirkenden Belastungen erforderlich wären.

Beton C20/25 üblicher Ausführung ist für Betonbodenplatten nicht ausreichend. Die Biegezugfestigkeit dieses Betons ist für Betonbodenplatten in Produktions- und Lagerhallen zu gering. Dieser Beton kann gegebenenfalls für untergeordnete Zwecke verwendet werden, z.B. für die vorübergehende Befestigung von Zufahrten während der Bauzeit.

Beton C25/30 kann für Betonbodenplatten mit Belastungen $Q_d \leq 20$ kN Einzellast verwendet werden. Dieser Beton sollte für eine ausreichende Biegezugfestigkeit einen Wasserzementwert von $w/z \leq 0{,}55$ aufweisen.

Bei Verschleißbeanspruchung sollte der Mittelwert des Verschleißwiderstands nach Böhme (DIN 52108) begrenzt sein auf höchstens 12 cm^3 Schleifverschleiß je 50 cm^2 (Tafel 3.7). Dies kann auch durch Hartstoffeinstreuung erreicht werden.

Beton C30/37 bringt eine ausreichende Druckfestigkeit für höhere Belastungen aus Einzellasten und vor allem eine genügend große Biegezugfestigkeit, wenn der Wasserzementwert klein genug ist. Je nach Größe der Belastung soll der Wasserzementwert betragen:

– für Einzellasten $Q_d \leq 40$ kN: Wasserzementwert $w/z \leq 0{,}50$
– für Einzellasten $Q_d \leq 80$ kN: Wasserzementwert $w/z \leq 0{,}46$

Bei hoher Verschleißbeanspruchung sollte der Mittelwert des Verschleißwiderstands nach Böhme (DIN 52108) begrenzt sein auf höchstens 9 cm^3 Schleifverschleiß je 50 cm^2 (Tafel 3.7). Dies kann durch Hartsteinsplitt 11/22 und ggf. eine Hartstoffeinstreuung erfolgen.

Beton C35/45 wird für hoch belastete und mechanisch sehr stark beanspruchte Betonbodenplatten erforderlich.

Für Einzellasten $Q_d > 80$ kN, in besonderen Fällen bis $Q_d \leq 140$ kN ist ein Wasserzementwert $w/z \leq 0{,}42$ einzuhalten. Als Mittelwert des Verschleißwiderstands nach Böhme (DIN 52108) sind höchstens 7 cm^3 Schleifverschleiß je 50 cm^2, z.B. durch Hartstoffschichten nach DIN 18560-7, anzusetzen.

Beton C40/50 kann für sehr hoch belastete und mechanisch sehr stark beanspruchte Betonbodenplatten gewählt werden, für die eine gesonderte Bemessung erforderlich ist.

Anmerkung:
Bei den höher beanspruchten Betonbodenplatten mit Einzellasten $Q_d > 40$ kN ist auf den erforderlichen Wasserzementwert des Betons besonders zu achten. Der Wasserzementwert ist durch Erstprüfungen zu belegen. Die Zugfestigkeit des Betons kann durch die Art der Gesteinskörnung gesteigert werden, z.B. durch Einsatz von Splitt.

4.3.2 Biegezugfestigkeit und Betondehnung

Bei Beanspruchungen auf Zug und Biegezug kann anstelle der Biegezugfestigkeit die Dehnfähigkeit des Betons rechnerisch in Ansatz gebracht werden. Die Beanspruchungen können daher über die Dehnfähigkeit des Betons unabhängig von der Zugfestigkeit des Betons aufgenommen werden. Damit sind unbewehrte Betonplatten möglich.

Die Bemessung von Betonböden sollte stets so erfolgen, dass Risse in Betonplatten möglichst vermieden werden. Deshalb darf bei den auftretenden Beanspruchungen die Bruchdehnung des Betons nicht erreicht werden. Die auftretenden Dehnungen dürfen nicht größer werden als die zulässige Dehnung des Betons, unabhängig von der Biegezugfestigkeit des Betons.

4.3.3 Plattendicken

Je nach Beanspruchung und Ausführungsart sind entsprechende Plattendicken erforderlich. Plattendicken für unbewehrte, mattenbewehrte und faserbewehrte Betonbodenplatten werden für eine vereinfachte Planung in den folgenden Kapiteln 4.5 und 4.6 angegeben. Die Dicken der Betonbodenplatten betragen im Allgemeinen 18 bis 30 cm. Üblich sind Plattendicken von 20 bis 24 cm. Dünnere Platten können nur geringen Beanspruchungen standhalten. Dickere Platten über 26 cm sind bei sehr hohen und besonderen Beanspruchungen erforderlich, z.B. bis zu Plattendicken von 36 cm. Nähere Angaben hierzu enthalten die Tafeln 4.6 und 4.8.

4.3.4 Verschleißbeanspruchung

Bei einer Nutzung mit ausgeprägter Verschleißbeanspruchung kann für die Wahl des erforderlichen Betons allein der Widerstand gegen diese Verschleißbeanspruchung maßgebend sein. In Tafel 3.6 sind Beispiele für die Zuordnung und in Tafel 3.7 ist die Größe des Schleifverschleißes angegeben.

4.3.5 Betonbodenplatten im Freien

Im Freien sind Betonbodenplatten mindestens aus Beton C30/37 herzustellen, wenn mit einer Beanspruchung durch Taumittel zu rechnen ist. Die Taumittelbeanspruchung ist im Allgemeinen nicht auszuschließen. Diese Flächen sind der Expositionsklasse XF4 zuzuordnen (Tafel 3.12).

Für einen ausreichenden Frost-Tausalzwiderstand sind Luftporenbildner LP zuzusetzen. Das gilt auch für angrenzende Flächen, auf die die Fahrzeuge Tausalz einschleppen, wenn dort zeitweise Temperaturen unter 0 °C auftreten können.

4.3.6 Betonbodenplatten mit Gefälle

Betonbodenplatten, die aufgrund ihrer Nutzung ein Gefälle haben müssen, werden in Kapitel 6.6.1 behandelt. Diese Flächen sind so zu planen, dass die Betonoberfläche mit Rüttelbohlen abgezogen und verdichtet werden kann. Das bedeutet, dass sternförmige Gefälle zu vermeiden sind, denn diese lassen sich mit Rüttelbohlen nicht abziehen und verdichten. Das würde zum einfachen Handbetrieb verleiten und damit zur Gefahr unvollständiger Verdichtung des Betons im oberflächennahen Bereich führen.

Windschiefe Oberflächen mit Verwindungen im Gefälle sind in entsprechenden unterschiedlichen Höhenlagen zwar herstellbar, aber in der Praxis schwierig ausführbar. Hierfür sind bei der Planung zwingend die erforderlichen Höhenpunkte unter Berücksichtigung der Ausführbarkeit anzugeben.

Fugen sollten nicht im Tiefbereich des Gefälles und nicht in den Kehlen liegen, da die Fugen durch dauernde Feuchtigkeit unnötig beansprucht würden. Außerdem besteht die Gefahr, dass die Fugendichtung versagt, was bei kritischen Flüssigkeiten zur Beeinträchtigung des Untergrundes führen könnte. Das Gefälle sollte daher stets von Fugen wegführen.

4.4 Fugen in Betonbodenplatten

4.4.1 Allgemeines zu Fugen und Rissen

Fugen haben die Aufgabe, Längenänderungen der Betonbodenplatte zu ermöglichen, sodass keine zu großen Längsbeanspruchungen in der Platte entstehen. Längenänderungen ergeben sich bei Temperaturänderungen und beim Schwinden des Betons. Bei Betonbodenplatten, für die eine Rissfreiheit angestrebt wird, sind stets Fugen erforderlich, sofern sie nicht eine Spannbewehrung erhalten (Kapitel 4.6.3). Andere spezielle Maßnahmen sind möglich, erfordern aber umfangreiche Erfahrungen und eine gewisse Tolerierung entstehender Risse (Kapitel 4.7).

Die erforderlichen Fugen sind bei der Planung festzulegen und in einem Fugenplan in Lage, Abmessung und Ausführungsdetail darzustellen (Kapitel 4.4.11). Dieser Fugenplan ist die Grundlage für die spätere Ausführung der Fugen.

Fugen können die Gefahr der Rissentstehung gering halten. Andererseits sind Fugen aber auch Schwachstellen, bei denen spätere Mängel ihren Anfang nehmen können. Bei Verkehrsbeanspruchung werden die Fugenkanten besonders stark beansprucht. Es sollte daher durchaus die Frage geklärt werden, ob für den jeweils vorliegenden Fall die gewollten Fugen oder die ungewollten Risse störender wirken. Im Einzelfall ist zu entscheiden, ob enge oder weite Fugenabstände bei der vorgesehenen Nutzung der Betonbodenplatte sinnvoller sind. Es ist Aufgabe des Planers, den Bauherrn bzw. Nutzer der Halle auf die erforderliche Wartung von Fugen zum Erhalt der Gebrauchstauglichkeit hinzuweisen, z.B. Erneuerung des Fugenvergusses.

4.4.2 Art und Lage der Fugen

Bei Betonbodenplatten werden Scheinfugen, Pressfugen und Randfugen unterschieden. Die Fugenarten und deren Anwendungen sind in Tafel 4.5 zusammengestellt. In bestimmten Fällen ist eine Fugensicherung erforderlich. Diese kann durch spezielle Fugenschienen (Bild 4.11) oder durch Verdübelung (Bild 4.15) und/oder Kantenschutz (Bild 4.14) erfolgen.

Scheinfugen sind Sollrissfugen. Sie werden als Kerbe nur im oberen Bereich der Betonbodenplatte ausgebildet. Sie schwächen den Querschnitt und bewirken eine klare Rissführung unterhalb des Kerbschnittes (Kapitel 4.4.4).

Pressfugen trennen die Betonplatte in ganzer Dicke, sie bieten ebenfalls keine Ausdehnungsmöglichkeit für den Beton. Pressfugen entstehen durch Gegenbetonieren an eine entschalte Stirnseite eines vorher betonierten Betonfeldes (Kapitel 4.4.5).

Randfugen (Bewegungsfugen, Dehnfugen, Raumfugen) sind stets erforderlich zur Trennung der Betonplatte von anderen Bauteilen. Innerhalb der Fläche sind Bewegungsfugen nur in besonderen Fällen nötig. Bewegungsfugen gestatten bei genügend breiter Ausbildung und weicher Fugeneinlage eine Ausdehnung der Betonbodenplatte (Kapitel 4.4.6).

Die Lage der Fugen ist vom Planer so zu wählen, dass einerseits die Beanspruchung der Betonbodenplatten durch den Fahrverkehr im Bereich der Fugen nicht unnötig groß wird und andererseits die spätere Nutzung nicht mehr als nötig beeinträchtigt wird.

Folgende Punkte sind für die Anordnung der Fugen zu beachten:

- Unterteilung der Fläche in möglichst quadratische Felder durch Scheinfugen oder Pressfugen, Seitenverhältnis Länge zu Breite nicht größer als L_F / $B_F \leq 1{,}5$.
- Zwickel wegen erhöhter Bruchgefahr stets vermeiden; also keine Flächen wählen, die schmal oder spitz auslaufen.
- Längs- und Querfugen sollen sich kreuzen und nicht gegenseitig versetzt werden.
- Fugenkreuzungen nicht in die Hauptfahrbereiche und Längsfugen nicht in die Hauptfahrspur und nicht entlang der Regale legen.
- Einspringende Ecken vermeiden, bei unvermeidbaren einspringende Ecken ist zum Verhindern von Kerbspannungen eine Fuge in Verlängerung einer der beiden Kanten anzuordnen.
- Durch sinnvoll angeordnete Fugen, z.B. im Bereich von Stützen (Bild 4.6), bei L-förmigen Grundrissen (Bild 4.7a) oder bei Schächten, Kanälen und Entwässerungsrinnen (Bild 4.7b), können Risse vermieden werden. >
- Fugen in Bereichen geringerer Beanspruchung vorsehen und nicht in Bereichen wirkender Radlasten.
- Fugensicherung: Notwendigkeit im Einzelfall nach Tafel 4.5 abschätzen.
- Fugen in Betonbodenplatten auf Wärmedämmschichten in Fahrbereichen stets mit Fugensicherung.

Tafel 4.5 zeigt die jeweils geeignete Fugenart und ihre Anwendung.

Eine meistens ausgeführte, aber ungünstige Fugenausbildung an Stützen ergibt sich dadurch, dass die Fugen in der Betonbodenplatte auf Stützenmitte geführt werden. Dadurch entstehen einspringende Ecken. Risse an einspringenden Ecken sind häufig die Folge (Bild 4.5). Die Scheinfugen sollten nicht bis zur Stütze durchlaufen, sondern durch Abschalen vorher abgefangen werden. Diese Abschalung der Stütze ist vor dem Betonieren zu stellen. Nach dem Betonieren kann die Schnittführung bis gegen diese Abschalung erfolgen. Die Abschalung kann eine um 45° gedrehte Diagonalschalung sein oder aus zwei Rohrhälften bestehen (Bild 4.6). Bei der Ausführung ist darauf zu achten, dass anstelle der Abschalung keine Scheinfugen-Diagonalschnitte ausgeführt werden, sondern tatsächlich die Schalung vor dem Betonieren gestellt und die von den Ecken ausgehenden Scheinfugen frühzeitig geschnitten werden. Günstiger ist die Ausführung mit Rohrhälften.

Feste Einbauten (z.B. Stützen, Wände, Schächte, Kanäle) sind stets durch Randfugen von der Betonbodenplatte zu trennen. Damit die freie Beweglichkeit der Betonbodenplatte nicht behindert wird, sind stets weiche Fugeneinlagen zu verwenden, z.B. Weichfaserplatten, jedoch keine Hartschaumplatten.

Tafel 4.5: Fugenarten und ihre Anwendung [in Anlehnung an L20]

Fugenart	Darstellung der Fuge	Fugenanordnung und Fugenausbildung
Scheinfugen (Schnittfugen, Sollrissfugen)		Scheinfugen sind zweckmäßig in Längs- und Querrichtung bei großflächigem Betonieren: bei Lasten $Q_d \leq 40$ kN und Fugenabständen bis 7,5 m ohne Fugensicherung möglich; bei Lasten $Q_d > 40$ kN oder Fugenabständen über 7,5 m Fugensicherung erforderlich in Hauptfahrstreifen, z.B. durch Dübel. Scheinfugen sind erforderlich bei allen einspringenden Ecken.
Pressfugen (Arbeitsfugen, Betonierfugen)		Pressfugen sind zweckmäßig in Längsrichtung bei streifenförmigem Betonieren bei Tagesabschnittfugen bzw. Arbeitsfugen: bei Lasten $Q_d \leq 40$ kN und Fugenabständen bis 7,5 m mit rauer Stirnseite; bei Lasten $Q_d > 40$ kN oder Fugenabständen über 7,5 m mit Fugensicherung der Hauptfahrstreifen, z.B. durch Dübel.
Randfugen (Raumfugen, Bewegungs-fugen)		Randfugen sind stets erforderlich an Rändern von Betonbodenplatten, jedoch nicht zur Aufteilung der Fläche: Randfugen stets zur Trennung von anderen Bauteilen. Randfugen mit Fugensicherung stets in Hauptfahrstreifen und in Tordurchfahrten bei Lasten $Q_d > 40$ kN.

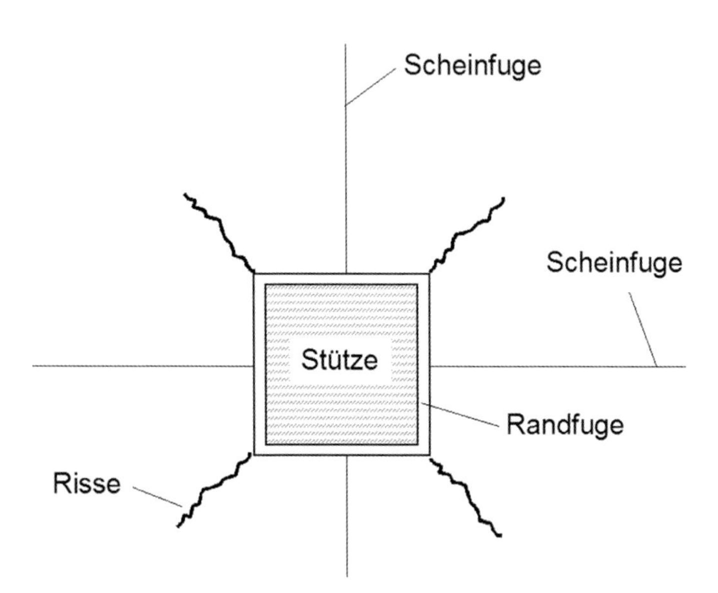

Bild 4.5:
Ungünstige Fugenführung bei Stützen mit Rissgefahr an einspringenden Ecken

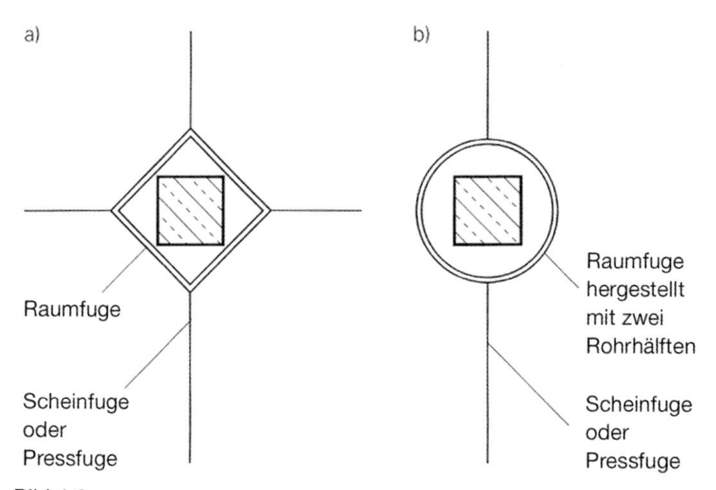

Bild 4.6:
Beispiele für Fugenausbildungen zum Vermeiden von einspringenden Ecken bei Stützen, die innerhalb der Betonfläche stehen: Fugen nicht auf Stützen zulaufen lassen, sondern:
a) Scheinfugen vor der Stütze durch diagonal abgeschalte Randfugen abfangen
b) Scheinfugen gegen zwei Rohrhälften laufen lassen, die um die Stütze gestellt sind

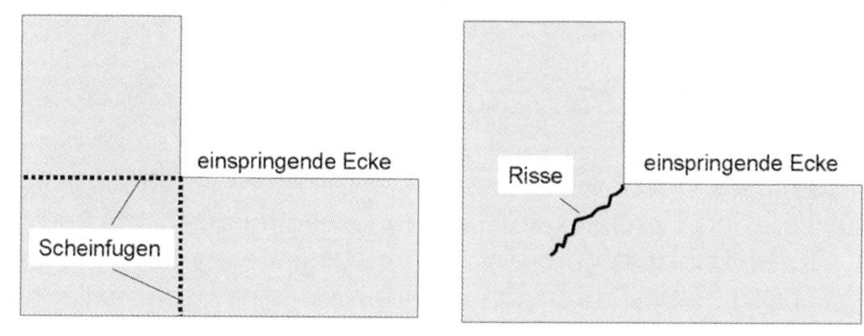

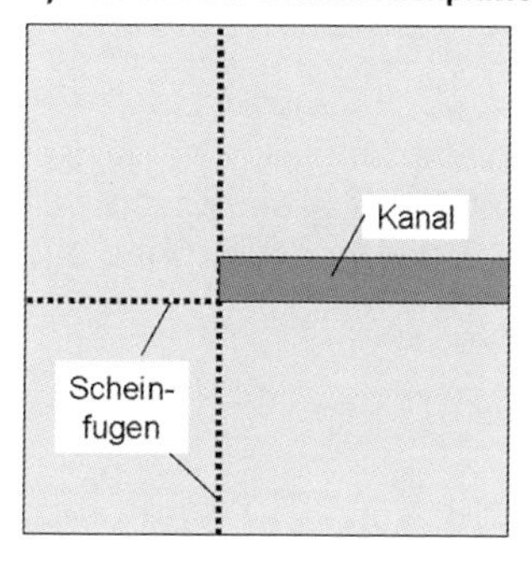

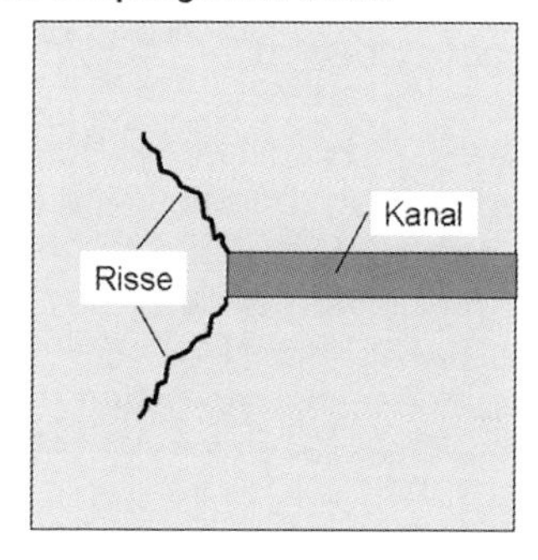

Bild 4.7:
Fugen bei einspringenden Ecken zum Vermeiden von Rissen
a) L-förmiger Grundriss mit einspringender Ecke
b) Kanal in der Betonbodenplatte mit zwei einspringenden Ecken

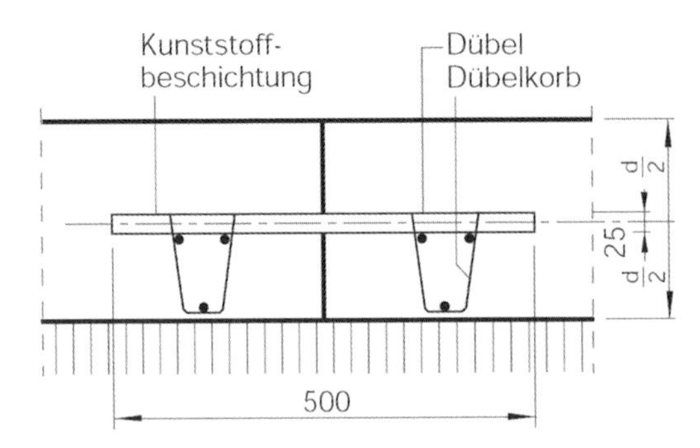

Bild 4.8:
Beispiel einer Pressfuge mit Verdübelung zur Querkraftübertragung bei größeren Fugenabständen bzw. Radlasten entsprechend Tafel 4.5

4.4.3 Fugenabstände

Fugenabstände sind von mehreren Faktoren abhängig. Sie werden daher auch in den nachfolgenden Kapiteln für unbewehrte und bewehrte Betonbodenplatten gesondert angegeben (Tafeln 4.6 und 4.7).

Für die Anordnung der Fugen wird häufig das Stützenraster der Hallenkonstruktion gewählt. Bei üblichen Hallen ergeben sich im Standardfall die Fugenabstände mit 6 m bis 7,5 m. Grundsätzlich sollte die Fugeneinteilung so erfolgen, dass möglichst quadratische Felder entstehen mit $L_F / B_F \approx 1{,}0$. Bei rechteckigen Feldern sollte das Seitenverhältnis nicht größer als 1,5 sein:

Seitenverhältnis der Feldlänge zur Feldbreite:
möglichst LF / BF $\approx$ 1,0; stets einzuhalten LF / BF $\leq$ 1,5

Die Fugenabstände sind insbesondere von der Dicke der Betonbodenplatte, von Art und Menge der Bewehrung sowie von den Herstell- und Lagerungsbedingungen abhängig. Dünne Betonbodenplatten im Freien erfordern geringere Fugenabstände als dickere Platten. Sehr häufig setzt die Rissbildung bereits kurz nach Erhärtungsbeginn beim Abfließen der Hydratationswärme ein. Es ist daher von Bedeutung, ob die Betonbodenplatte vor dem Aufstellen der Hallenkonstruktion im Freien betoniert wird oder ob das Betonieren in offener Halle bei Zugluft erfolgt oder ob die Betonbodenplatte in eine geschlossene Halle ohne Witterungseinflüsse eingebracht wird.

Empfehlung: Bei Hallenkonstruktionen sollten die Betonbodenplatten möglichst erst nach Herstellung der Halle betoniert werden. Dadurch sind diese vor Witterungseinflüssen weitgehend geschützt und beim Herstellprozess nicht Sonne, Wind, Regen oder Schnee ausgesetzt. So können Schäden vermieden werden.

Wesentliche Einflüsse auf den Fugenabstand haben u.a.:

- Dicke der Betonbodenplatte,
- Gleitmöglichkeit auf der Unterkonstruktion,
- langfristig wirkende Lasten,

- Erhärtungsbedingungen (geschlossene oder offene Halle, im Freien),
- Temperaturbedingungen während der Nutzung,
- Art und Menge der Bewehrung,
- Anforderungen durch die Nutzung an die zulässige Rissbreite.

Unter bestimmten Bedingungen sind größere Fugenabstände über 7,5 m und entsprechende Feldgrößen über 60 m^2 möglich. Sie erfordern z.B. günstige Herstellbedingungen. Darüber hinaus sind außerdem folgende Maßnahmen erforderlich, die tatsächlich einzuhalten und zu kontrollieren sind:

- gut tragfähige Unterkonstruktion,
- gute Gleitmöglichkeit auf ebener Unterlage,
- besondere Sicherung der Fugen, z.B. durch Kantenschutz und Dübel,
- genügend langer Schutz vor Bauverkehr,
- dauernder Schutz vor größeren Temperaturschwankungen.

Weitere Einflüsse bestimmen die Anordnung der Fugen zur Unterteilung von Betonbodenplatten in Felder. Einige wesentliche Einflüsse werden nachfolgend genannt:

- Fugenart (z.B. Scheinfugen, Pressfugen, Randfugen),
- örtliche Verhältnisse (z.B. Stützen, Wände, Kanäle, Schächte),
- Art des Betoneinbaues (z.B. Einbaugerät und -art, Verdichtungsgerät und -art),
- langfristig wirkende Lasten (z.B. Art der Einrichtungen und der Lagergüter),
- besondere Ansprüche bei der Nutzung (z.B. wenig Fugen),
- Rissentstehung unkritisch (z.B. rauer Betrieb),
- optischer Eindruck vorrangig (z.B. Ausstellungshalle).

Fugenabstände über 12 m werden im Allgemeinen nur bei bewehrten oder gewalzten Betonbodenplatten möglich sein, wenn mit Zustimmung des Auftraggebers ein größeres Rissrisiko hingenommen wird. Dieses Risiko kann in vielen Fällen eingegangen werden, wenn entstehende Risse nicht die Funktionsfähigkeit oder die Dauerhaftigkeit des Betonbodens für die Nutzung negativ beeinflussen.

Fugenlose Betonbodenplatten können nahezu rissfrei nur hergestellt werden, wenn sie durch eine eingebaute Spannbewehrung unter eine bestimmte Druckspannung gebracht werden. Dies ist die einzig sichere Methode zum Vermeiden von Rissen. Diese Maßnahme muss nicht sehr aufwendig sein (Kapitel 4.7.4).

Betonbodenplatten im Freien sind mit normalen Fugenabständen herzustellen, wenn kein besonderer Nachweis geführt wird. Die stets wechselnden Umgebungsbedingungen während der späteren Nutzung haben auf die Betonbodenplatte ungünstige Auswirkungen, die durch geeignete Fugenabstände gemildert werden können.

Bei unbewehrten Betonbodenplatten im Freien sollten die Abstände der Scheinfugen nicht größer sein als 6 m und als die 34- bzw. 30-fache Plattendicke h (Tafel 4.7):

$L_F \leq 34$ h bei quadratischen Platten mit $L_F / B_F \leq 1{,}25$
$L_F \leq 30$ h bei rechteckigen Platten mit $1{,}25 < L_F / B_F \leq 1{,}5$

Bei bewehrten Betonbodenplatten im Freien sollten die Abstände der Scheinfugen nicht größer als 7,5 m sein. Abhängig von der Plattendicke sollte die Plattenlänge bei quadratischen Platten entweder kleiner als die 34-fache oder größer als die 41-fache Plattendicke sein. Für rechteckige Platten gelten engere Werte (Tafel 4.9):

$L_F \leq 34$ h oder ≥ 41 h bei quadratischen Platten mit $L_F / B_F \leq 1{,}25$
$L_F \leq 30$ h oder ≥ 37 h bei rechteckigen Platten mit $1{,}25 < L_F / B_F \leq 1{,}5$

Diese Fugenabstände gelten auch für ähnlich temperaturbeanspruchte Platten in Hallen. Beim Überschreiten dieser Fugenabstände wachsen die Wölbspannungen infolge Erwärmung von oben (Sonneneinstrahlung) stark an, ein besonderer Nachweis zur Risssicherheit wäre dann erforderlich (Kapitel 8.1.2).

4.4.4 Scheinfugen als Sollrissquerschnitte

Scheinfugen sind die üblichen Fugen in Betonbodenplatten (Bild 4.9). Scheinfugen sind Schnittfugen, sie entstehen durch nachträgliches Schneiden der Betonbodenplatte mit einem Schneidgerät bis in eine Tiefe von einem Viertel bis einem Drittel der Plattendicke, also etwa 60 mm tief. Die Breite der Scheinfuge ergibt sich aus der Dicke des Schneidblattes und beträgt etwa 4 mm. Die dadurch entstehende Kerbe von etwa 60/4 mm bildet eine Sollrissstelle. Der im unteren Plattenbereich unter der Kerbe entstehende Riss ist erwünscht. Da der Schnitt sehr frühzeitig bei noch geringer Betonfestigkeit erfolgen muss, ist nicht immer eine Scharfkantigkeit der Fuge zu erwarten.

Ziel dieses frühen Einschneidens ist es, eventuell entstehende Risse zu zwingen, unterhalb dieser Querschnittsschwächungen quasi unsichtbar aufzutreten. Sie sollen nicht unkontrolliert in anderen Plattenbereichen auftreten und an der Oberfläche sichtbar sein.

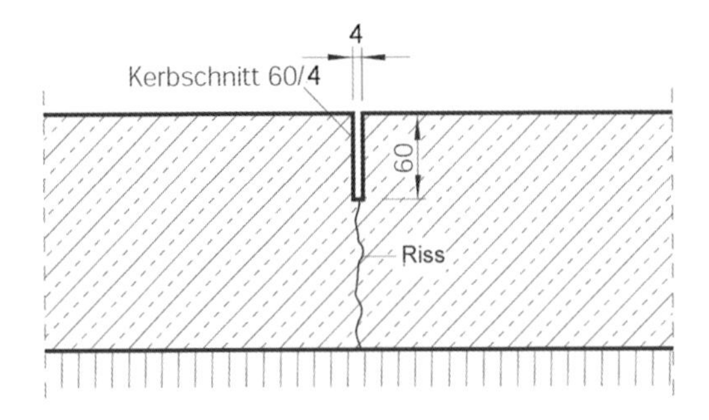

Bild 4.9:
Scheinfuge als einfache Fugenkerbe ohne Fugenverguss mit darunter entstandenem Riss

Die Betonbodenplatte behält eine gewisse Rissverzahnung, wenn sich der Riss nicht zu weit öffnet. Auch aus diesem Grunde sollten die Fugenabstände nicht zu groß sein und eine geeignete Betonzusammensetzung eingesetzt werden. Eine untere Fugeneinlage ist nicht erforderlich, sie ist eher schädlich.

Scheinfugen können offen bleiben. Bei einem Schließen der Fugen sofort nach Fertigstellung der Betonbodenplatte ist wegen der geringen Fugenbreite und des noch nicht abgeschlossenen Schwindvorgangs mit einer Überdehnung des Fugendichtstoffes zu rechnen. Der Fugendichtstoff wird sich von den Fugenflanken lösen. Dies ist technisch ohne Bedeutung, kann aber ggf. die Betriebsbedingungen z.B. aus hygienischen Gründen beeinträchtigen.

Um diesen Effekt zu umgehen, wäre ein breiterer Nachschnitt erforderlich, wodurch jedoch ein anderes Problem auftritt. Die breiteren Fugen haben den wesentlichen Nachteil, dass die Fugenkanten befahrener Fugen stärker beansprucht werden. Daher ist von einem Nachschnitt der Fugen bei starker mechanischer Beanspruchung der Betonbodenplatte abzuraten. Sollte für eine dauerhaftere Fugenabdichtung die Fuge verbreitert werden, ist im oberen Bereich der Kerbe ein Nachschnitt auf 25 mm Tiefe und 8 mm Breite erforderlich. Die unteren 10 mm werden mit Moosgummi ausgefüllt, die oberen 15 mm nehmen den Fugendichtstoff auf (Bild 4.10).

Wenn ein sofortiges Schließen der Fugen ohne Nachschnitt vorgenommen wird, kann der Fugenfüllstoff nur relativ kurzfristig wirksam sein. Die Fugen werden sich infolge des Schwindens des Betons weiter öffnen, der Fugenfüllstoff wird überdehnt und löst sich von den Fugenflanken. Einige Hersteller bieten spezielle Kunststoff-Fugenfüllstoffe an, die in die gesamte Kerbe ohne Nachschnitt eingebracht werden. Hierfür ist ein Nachweis des Herstellers über die Eignung der Fugenfüllstoffe und die Anwendung zum geeigneten Zeitpunkt erforderlich.

Bei bewehrten Betonbodenplatten mit Betonstahlmatten sollte im Fugenbereich die obere Bewehrung durchgeschnitten werden. Bei Scheinfugen mit durchlaufender Mattenbewehrung wird die Wirkung der Sollrissfugen eingeschränkt. Eine Verdübelung kann nicht von durchlaufender Bewehrung ersetzt werden, falls eine Fugensicherung nach Tafel 4.5 erforderlich sein sollte.

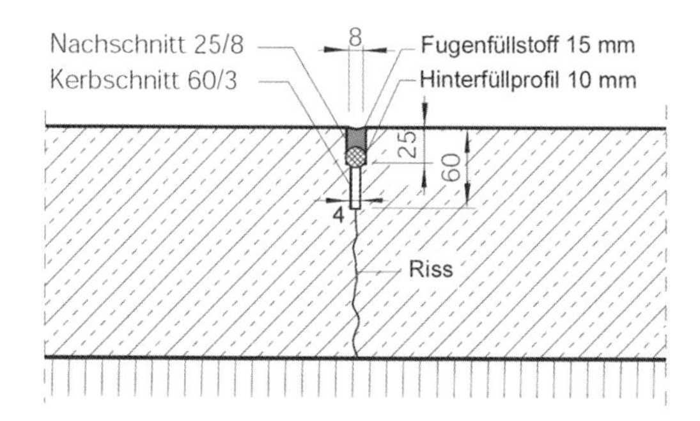

Bild 4.10:
Scheinfuge als Fugenkerbe mit Nachschnitt für Fugenabdichtung

Eine Fugensicherung mit Querkraftübertragung bei Scheinfugen quer zu Hauptfahrstreifen sowie bei größeren Fugenabständen und hohen Einzellasten ist zu klären (Tafel 4.5 und Bild 4.7). Durch geeignete Fugensicherung (Fugen-Doppelschienen oder Verdübelung) kann erreicht werden, dass sich benachbarte Felder höhenmäßig nicht gegeneinander versetzen.

4.4.5 Pressfugen als Arbeitsfugen

Arbeitsfugen entstehen beim Herstellen benachbarter Plattenfelder, die in zeitlichem Abstand betoniert werden. Es sind sogenannte Tagesfeldfugen. Zur Ausbildung der Fuge wird die Stirnseite der erstbetonierten Betonbodenplatte lotrecht abgeschalt. Nach dem Entschalen der Stirnseite kann die nachfolgende Betonbodenplatte ohne Fugeneinlage press dagegen betoniert werden. Damit entsteht die sogenannte Pressfuge.

Raue Stirnseiten der Betonbodenplatten können eine Querkraftübertragung in der Fuge ermöglichen, wenn sich die Fugen nicht zu weit öffnen und die Radlasten nicht zu groß sind. Diese Querkraftübertragung kann bei kleinen Fugenabständen und genügend großer Rautiefe unter günstigen Herstellbedingungen erwartet werden („Ausführung S speziell" entsprechend Tafel 4.7). Eine ausreichende Rautiefe kann z.B. durch Einbau von Rippenstreckmetall an der Stirnseitenschalung erfolgen. Das Rippenstreckmetall ist nicht bis zur Oberkante zu führen und vor dem Anbetonieren des zweiten Betonierabschnitts zu entfernen.

Fugenausbildungen an der Oberseite der Betonbodenplatten können auf unterschiedliche Weise erfolgen. Die einfachste Ausführungsart ergibt sich dadurch, dass sich die Pressfugen im Laufe der Zeit öffnen und an der Oberfläche als Risse erscheinen. Diese Risse sind zwar annähernd gerade geführt, denn sie entstehen entlang den Pressfugen, aber sie haben sonst das gleiche Erscheinungsbild wie andere Risse. Bei anspruchsvolleren Flächen könnten die Pressfugen an der Oberseite nachgeschnitten werden. Meistens gelingt es jedoch nicht, die Rissufer mit dem üblichen Scheinfugenschnitt von 4 mm Breite zu erfassen. Nur bei mechanisch nicht stark beanspruchten Flächen, z.B. im Beanspruchungsbereich 1 entsprechend Tafel 3.6, sollte ein Nachschnitt von 8 mm Breite eingebracht und mit Fugendichtstoff geschlossen werden, wie dies auch bei Scheinfugen entsprechend Bild 4.10 ausgeführt werden kann.

Fugenschienen sollten stets bei stark belasteten Fugen eingebaut werden. Schwer belastete Fugen oder solche, die mit harten Reifen beansprucht werden, benötigen einen Kantenschutz. Dies kann mit Fugen-Doppelschienen erfolgen. Bei Radlasten $Q_d > 80$ kN und/oder sehr hoher Fahrzeugfrequenz sollten stets spezielle Fugen-Doppelschienen eingebaut werden, wie dies z.B. in Bild 4.11 dargestellt ist.

Verdübelungen erübrigen sich bei Fugen-Doppelschienen in Pressfugen meistens, wenn Höhenbewegungen durch eine ausreichende gegenseitige Verzahnung stark gemindert werden. Längsbewegungen müssen möglich sein, dafür sollen die Fugenprofile für den Einbau nur mit Kunststoffmuttern gesichert werden, die beim Öffnen der Fuge nachgeben. Die Oberkanten der Fugen-Doppelschiene müssen beim Einbau ohne Höhenunter-

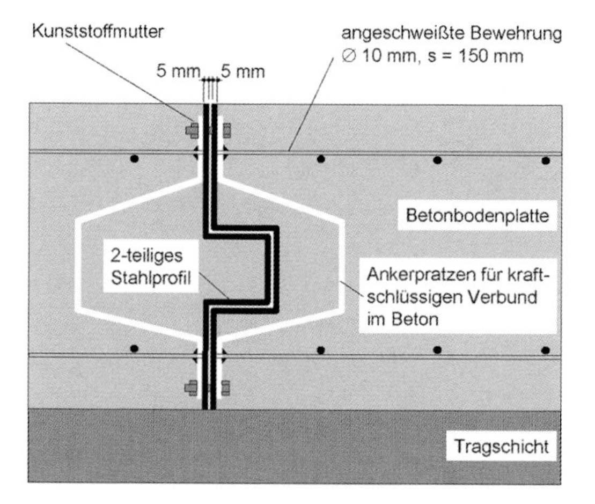

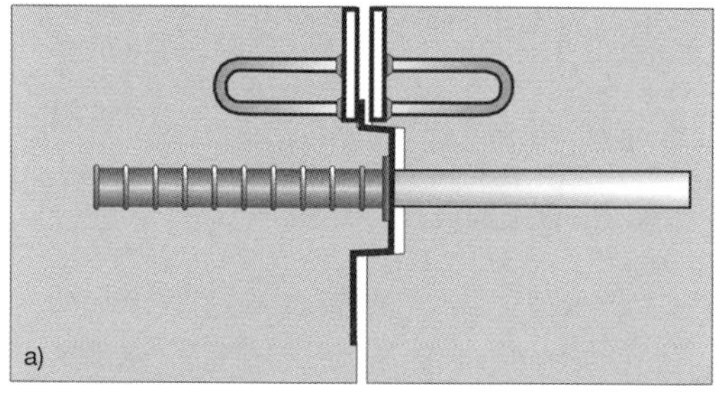

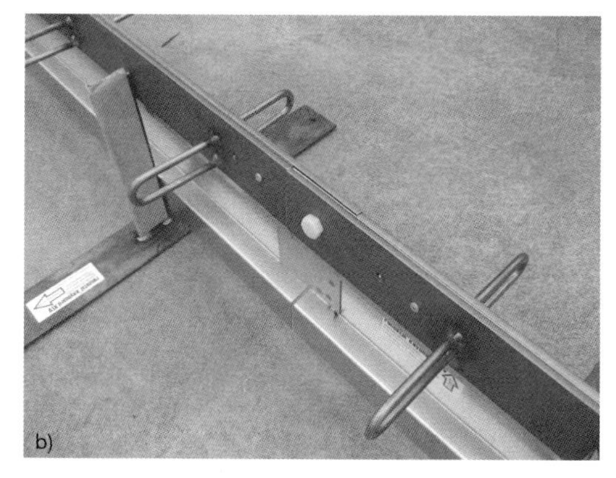

Bild 4.11:
Beispiel für Fugen-Doppelschiene mit Kantenschutz und Trapezprofilierung für Verzahnung der angrenzenden Tagesfelder
[Werkzeichnung und Foto: Recostal Keyboard XLV von contec GmbH]
a) Querschnitt mit Verdübelung der Fuge
b) Darstellung im Einbauzustand ohne Verdübelung

schied bündig sein, da die Profile überglättet werden und dadurch die Höhenlage der Betonbodenoberfläche bestimmt wird. Die an die Betonbodenplatte anschließenden Flächen der Fugen-Doppelschiene sollten ohne Walzhaut sein und daher schon in der Werkstatt gesandstrahlt werden. Ein Schutzanstrich entfällt.

Verdübelungen oder Verzahnungen der Pressfugen sind bei größeren Fugenabständen und Radlasten zu empfehlen und entsprechend Tafel 4.5 zu prüfen. Bei Rand- bzw. Eckbelastung einer verdübelten Platte können Verformungen nur dann stattfinden, wenn die Nachbarplatte bzw. alle angrenzenden Platten diese Verformung mitmachen. Dadurch können sowohl die Verformung als auch die Rissgefahr stark verringert werden (Bild 4.12). Bei Fugenabständen $> 7{,}5$ m sollten die Fugen nur in einer Richtung verdübelt werden (z.B. Verdübelung der Hauptfahrstreifen). Die Fugen in der anderen Richtung sind durch andere Maßnahmen zu sichern, z.B. durch Fugen-Doppelschienen mit Verzahnung entsprechend Bild 4.11. Bei Verdübelungen der Fugen in beiden Richtungen können Zwangbeanspruchungen im Beton durch die Dübel entstehen, besonders bei großen Fugenabständen.

4.4.6 Randfugen als Bewegungsfugen

Randfugen (Dehnfugen, Raumfugen) trennen die Betonbodenplatte in ganzer Dicke. Sie sind innerhalb von Hallenflächen in der Regel nicht erforderlich. Außerdem können sie durch ihre größere Breite den Betriebsablauf stören.

Randfugen sind dort nötig, wo Betonbodenplatten von anderen Bauteilen und festen Einbauten getrennt werden müssen, z.B. zur Trennung der Betonbodenplatten von Wänden, Stützen, Kanälen, Schächten, Bodeneinläufen (Bilder 4.2, 4.3 und 4.13).

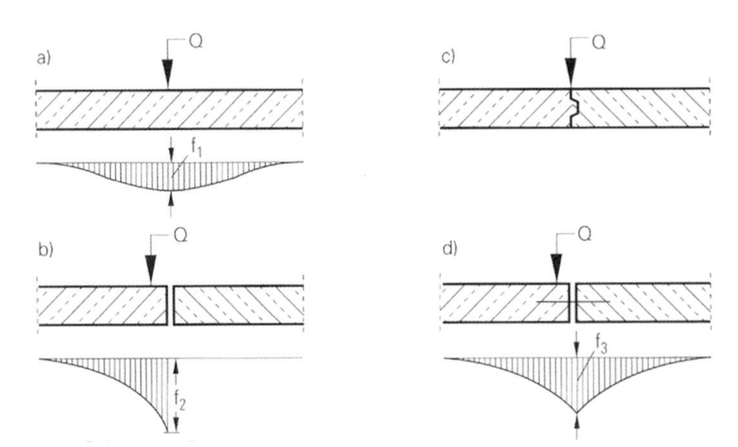

Bild 4.12:
Schematisch dargestellte Verformung einer Betonbodenplatte unter einer Verkehrslast
a) Verformung bei Belastung in Plattenmitte
b) Verformung einer unverdübelten Platte bei Belastung am Plattenrand mit $f_2 \approx 2 \cdot f_1$
c) Verringerte Verformung einer Platte mit verzahnter Fuge durch Einbau von Fugen-Doppelschienen bei Belastung am Plattenrand
d) Verringerte Verformung einer verdübelten Platte bei Belastung am Plattenrand mit $f_3 < f_2$

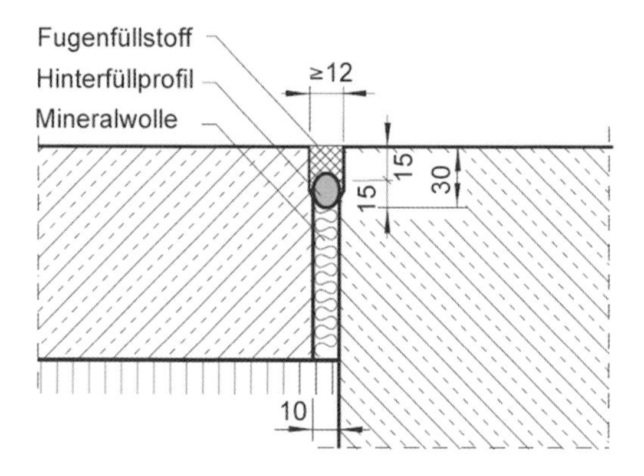

Bild 4.13:
Randfuge mit Fugeneinlage sowie Nachschnitt und Fugenverschluss im oberen Bereich beim Anschluss an andere Bauteile, z.B. Maschinenfundamente.

Randfugen zur Trennung der Betonbodenplatten sind aber auch in anderen Fällen erforderlich, z.B.:

- zur Trennung der Flächen, auf denen Maschinen stehen, insbesondere wenn diese große Schwingungen oder Stöße verursachen;
- bei sehr unterschiedlich belasteten Flächen;
- zur Trennung der Warmbereiche von den anderen Bereichen, z.B. bei Wärmekammern;
- bei Flächen, die unterschiedlichen Temperaturen ausgesetzt werden;
- beim Betoneinbau bei niedrigen Temperaturen mit großen Abmessungen, z.B. über 100 m;
- bei großen Hallen mit Erwärmung, um die Ausdehnung der Betonbodenplatten in Dehnfugen aufnehmen zu können;
- zur Trennung der Innenflächen von den Außenflächen, z.B. im Torbereich (Bild 4.14).

Flächen im Freien sind von Bauwerken stets durch Randfugen zu trennen, insbesondere dann, wenn die Flächen zwischen Gebäuden oder aufgehenden Bauteilen liegen.

Befahrene Fugen mit Radlasten $Q_d > 40$ kN sollten stets eine Fugensicherung erhalten. Dies kann mit Fugen-Doppelschienen geschehen (Bild 4.11) oder durch eine Verdübelung erfolgen (Bild 4.15). Dadurch soll beim Überrollen der Randfuge eine Kraftübertragung auf die angrenzende Platte erfolgen. Es entstehen geringere Verformungen und die Risssicherheit wird erhöht. Bewegungsfugen sollen nicht dort liegen, wo sie häufig durch Längsverkehr direkt beansprucht werden. Querverkehr lässt sich häufig nicht vermeiden, dies ist z.B. im Torbereich von Hallen der Fall (Bild 4.15).

Die Fugenkanten werden durch die größere Breite der Randfugen stärker beansprucht. Im Einzelfall ist zu klären, ob ein besonderer Kantenschutz der Randfugen erforderlich ist, z.B. bei starkem Verkehr oder Fahrzeugen mit harter Bereifung entsprechend Expositionsklasse XM2 bzw. XM3 (Tafel 3.6 und Bild 4.11).

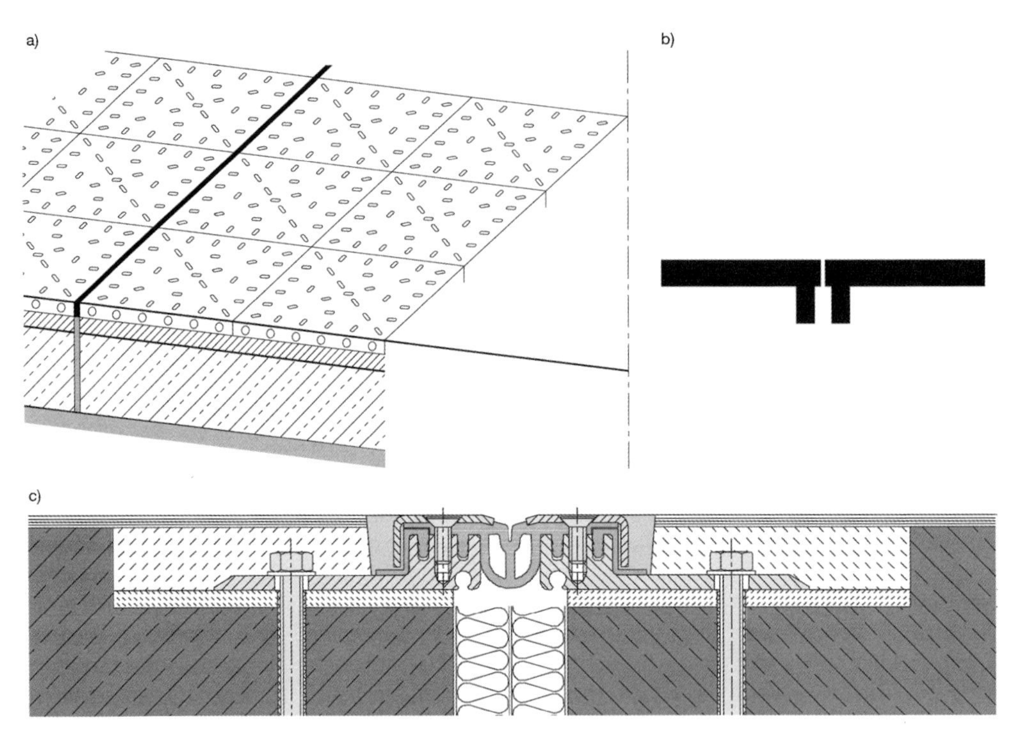

Bild 4.14:
Beispiele für Bewegungsfugen für starken Verkehr mit harter Bereifung
a) Stahl-Ankerplatten beidseitig der Fuge, z.B. 300 mm x 300 mm aus V2A-Stahl, 25 mm hoch, Materialstärke 3 mm, [Werkzeichnung: Stelcon Deutschland GmbH]
b) Detail zu a): Scharfkantige Ankerplatten an Bewegungsfuge im Querschnitt
c) Fugenprofil an Bewegungsfuge [Werkzeichnung: Migua-Fugensysteme GmbH & Co.KG]

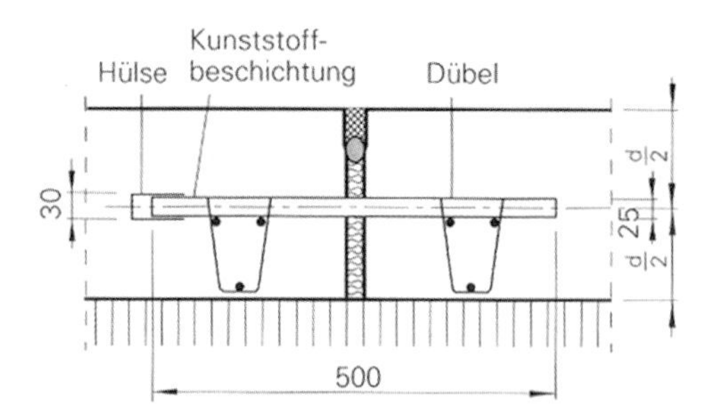

Bild 4.15:
Randfuge mit Verdübelung zur Querkraftübertragung (z.B. für Flächen im Freien und im Torbereich beim Übergang vom Freien in die Halle)

Weiche Fugeneinlagen sind bei Randfugen erforderlich, z.B. Mineralfasermatten, jedoch keine Hartschaumplatten. Sie sollen mit genügender Breite die Ausdehnung der Betonbodenplatten gestatten, z.B. Randfugenbreite $\geq$ 5 mm, möglichst 10 mm, erforderlichenfalls 20 mm. Die Breite der Randfugen ist zu bemessen.

Befahrene Randfugen sind im oberen Bereich abzudichten (Kapitel 4.4.9), sofern nicht ohnehin spezielle Fugenprofile verwendet werden. Damit einwandfreie Fugenflanken zur Aufnahme des Fugenfüllstoffs entstehen, ist im oberen Bereich ein Nachschnitt vorteilhaft (Bilder 4.13 und 4.15).

4.4.7 Dübel

Dübel ermöglichen eine besondere Art der Fugensicherung (Tafel 4.5). Sie sollen eine Querkraftübertragung ermöglichen, die einerseits Lastbeanspruchung eine gleiche Höhenlage der Betonbodenplatten im Fugenbereich sicherstellen, die aber andererseits Längsbewegung der Betonbodenplatten nicht behindern. Dazu müssen die Dübel in Höhenlage und Ausrichtung exakt eingebaut sein: Sie müssen genau parallel zu einander und parallel zur Plattenachse angeordnet werden und in Plattenmitte liegen.

Als Dübel sind glatte Rundstähle zu verwenden, z.B. Ø 25 mm, Länge 500 mm (Bild 4.15). Der Abstand der äußeren Dübel vom Plattenrand sollte 25 cm betragen, die darauf folgenden Dübel sollten bei häufigen Lastwechseln in Hauptfahrspuren ebenfalls in 25 cm Abstand eingebaut werden (z.B. 4 oder 5 Dübel). Für die anderen Dübel außerhalb von Fahrspuren genügen Abstände von 50 cm (Bild 4.16).

Damit eine Längsbewegung im Fugenbereich möglich ist, soll jeder Dübel mit einer Kunststoffbeschichtung versehen sein. Bei befahrenen Randfugen ist auf ein Ende des Dübels eine Blech- oder Kunststoffhülse zu stecken (Bild 4.15). Insgesamt sollten die Dübel aus Rundstahl Ø 25 mm, 500 mm lang (Bild 4.15) und kunststoffbeschichtet sein sowie mit einseitiger Kunststoffhülse für Längsbewegung von 20 mm versehen sein.

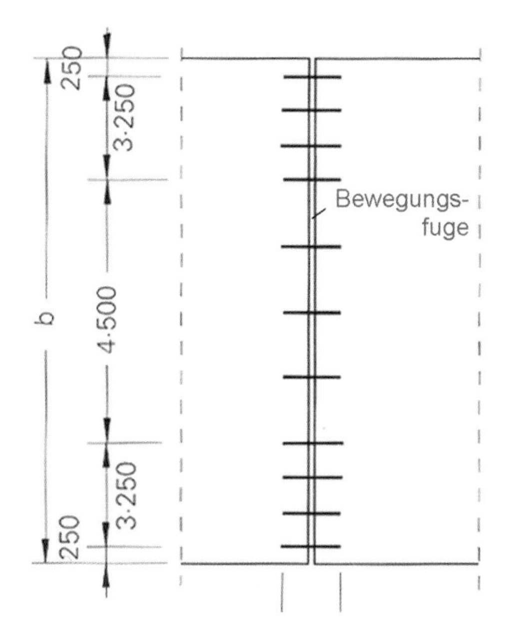

Bild 4.16:
Anordnung der Dübel in einer Bewegungsfuge, die durch regen Fahrverkehr beansprucht wird (Grundriss)

Für das Verlegen der Dübel sind besondere Dübelkörbe zweckmäßig, die den Dübeln die richtige Lage sichern.

Bei großen Plattenlängen über 7,5 m sollten die Fugen möglichst nur in einer Richtung verdübelt werden, also entweder Querfugen oder Längsfugen. Bei Fugensicherungen für alle Fugen würden Verdübelungen bei größeren Fugenabständen zusätzliche Zwängungen erzeugen, insbesondere in den Eckbereichen der Betonbodenplatten. Um diese Zwängungen zu vermeiden, kann in einer Richtung mit Rundstahldübeln, in der anderen Richtung mit verzahnten Pressfugen gearbeitet werden.

Bei befahrenen Randfugen in Betonbodenplatten wird zur Lastübertragung und zur Sicherung gleicher Höhenlage der Betonbodenplatten bei größeren Lasten stets eine Fugensicherung erforderlich sein, die z.B. durch eine Verdübelung mit Kantenschutz erreicht werden kann (Tafel 4.5 sowie Bilder 4.15 und 4.16). Hohe Anforderungen an Ebenheitstoleranzen können Grund für eine Verdübelung der Fugen sein, um zu starke oder ungleichmäßige Aufschlüsselungen zu vermeiden. Auf eine Verdübelung kann nur verzichtet werden, wenn entweder die Lasten sehr gering und nur selten auftreten, sodass Höhenunterschiede nicht zu erwarten sind oder wenn wegen eines rauen Betriebs entstehende Höhenunterschiede keine Rolle spielen.

Bei Pressfugen kann eine raue Ausbildung der Plattenstirnseiten gegebenenfalls eine ausreichende Querkraftübertragung bewirken. Dies ist z.B. bei kleineren Fugenabständen und Lasten der Fall, wenn eine genügend große Rautiefe vorhanden ist (z.B. durch Einbau von Rippenstreckmetall) und für günstige Herstellbedingungen gesorgt wird (Ausführung S speziell entsprechend Tafel 4.7). In diesen Fällen kann auf eine Fugensicherung der Pressfugen verzichtet werden (Tafel 4.5).

Bei Scheinfugen (Sollrissfugen) wirkt der Riss unter dem Kerbschnitt als Verzahnung. Im Allgemeinen kann bei Scheinfugen eine ausreichende Querkraftübertragung angenommen werden, wenn Fugenabstände und Belastungen nicht zu groß sind (Kapitel 7.9). Eine Fugensicherung der Scheinfugen ist hierbei nicht erforderlich (Tafel 4.5).

In jedem Fall sind die Anforderungen mit dem Auftraggeber bzw. mit dem Nutzer der Halle in der Planung abzuklären. Mit größeren Fugenabständen und höheren Belastungen nehmen die Beanspruchungen und damit die Erfordernisse der Fugenausbildung zu.

4.4.8 Anker

Es gibt Fälle, bei denen ein Auseinanderwandern der Platten stattfinden kann. Dies ist z.B. bei Randplatten der Fall, wenn Temperatureinwirkungen eine Rolle spielen oder in stark befahrenen Kurvenbereichen. Durch wiederholtes Erwärmen und Abkühlen wandern die Randplatten zu der Seite, an der der Widerstand gegen Verschieben geringer ist. Dies ist z.B. besonders bei Randplatten im Freien der Fall, wenn sie in einer Außenkrümmung liegen.

Gegen ein mögliches Auseinanderwandern der Platten können Anker eingebaut werden. Sie sollten aus Rippenstahl Ø 16 mm bestehen und eine Länge von mindestens 600 mm haben. Sie werden in halber Fugenhöhe der zu verankernden Platten eingebaut. Erforderlich sind mindestens drei Anker je Platte. Bei größeren Plattenlängen sollte der Abstand höchstens 2 m betragen.

4.4.9 Fugenkanten

Scharfe Fugenkanten

Bei Fugen werden die Fugenkanten besonders stark beansprucht. Fugen sollten daher so schmal wie möglich sein (z.B. 4 mm bei Scheinfugen), damit die Räder nicht zu stark auf die Fugenkanten wirken. In einfachen Fällen mit leichten Beanspruchungen (z.B. luftbereifte Gabelstapler) können die Kanten der Scheinfugen oder der geschnittenen Pressfugen scharfkantig bleiben. Bei intensivem Fahrverkehr werden jedoch die Fugenkanten beim Überfahren von Fahrzeugen mit Reifenpressungen über 1,0 bis 2,0 N/mm^2 (z.B. Vollgummireifen) stark beansprucht. Häufig sind diese Beanspruchungen auf Dauer zu groß und bei scharfkantig belassenen Fugenkanten entstehen Kantenabplatzungen.

Gefaste Fugenkanten

Um ein Abbrechen der Fugenkanten zu vermeiden, ist ein schmales Abfasen der Fugenkanten zu empfehlen (Bild 4.17). Die Fase sollte in der Draufsicht nicht breiter als 3 mm sein, sodass sich eine Fugenweite an der Oberfläche von nicht mehr als 10 mm ergibt. Ein zu breites Abfasen muss vermieden werden, da sonst die Räder beim Hineinrollen in die Fuge zusätzliche Stöße verursachen können .

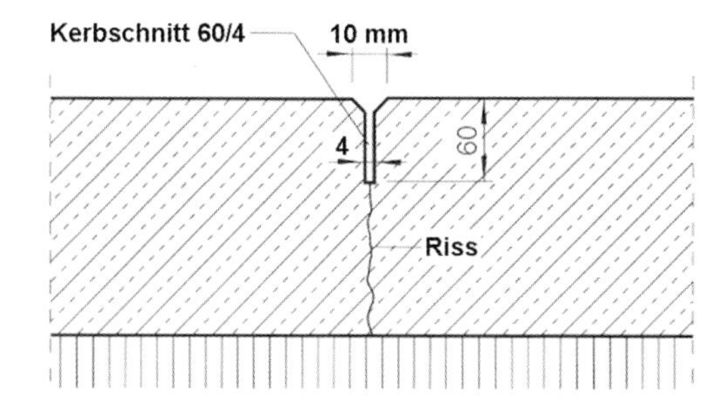

Bild 4.17:
Scheinfuge mit abgefasten Kanten

Kantenschutzwinkel

Bei stark belasteten Fugen sind zur Sicherung der Fugenkanten besondere Maßnahmen erforderlich (Tafel 4.5). Diese Maßnahmen sind im Einzelfall abzuklären. Ein Schutz der Kanten von Bewegungsfugen ist stets erforderlich. Bei Nutzung durch Fahrzeuge mit Radlasten über 40 kN und Reifenpressungen über 2,0 N/mm^2 (z.B. Vollreifen aus Polyurethan) können zusätzliche Kantenschutzwinkel auch bei Pressfugen nötig werden (Bild 4.14). Kantenschutzwinkel sind außerdem bei Toren und Türen für einen sauberen Abschluss der Betonbodenplatte erforderlich. Bei Toren ist dies für einen ebenen und dichten Anschluss nötig. Fugen, die am Tor den Außen- vom Innenbereich trennen, sollten von Förderfahrzeugen mit höheren Geschwindigkeiten ohne wesentliche Erschütterungen befahren werden können. In bestimmten Fällen sind hierfür besondere Fugenprofile erforderlich.

Fugenprofile

Bei Nutzung durch Fahrzeuge mit Radlasten über 80 kN und höheren Reifenpressungen mit sehr hoher Fahrzeugfrequenz sollten spezielle Fugenprofile eingebaut werden, wenn eine dauerhafte Lösung des Fugenproblems erwartet wird (Bilder 4.11 und 4.14).

4.4.10 Fugendichtstoffe

Fugendichtstoffe können weich oder hart eingestellt sein. Weiche Fugendichtstoffe sind im Allgemeinen dehnfähiger als harte Fugendichtstoffe. Dennoch werden sich auch weiche Fugendichtstoffe von den Fugenflanken lösen, wenn das Füllen der Fugen schon kurz nach der Herstellung der Betonbodenplatte erfolgt und die Fugenbreite sehr schmal ist. Harte Fugendichtstoffe sind zwar nicht so dehnfähig, können aber die Fugenflanken gegen mechanische Beanspruchungen besser schützen. Es kann sinnvoll sein, Fugen zunächst mit weichem Fugendichtstoff zu füllen und später hart zu verfugen. Bauherr bzw. Nutzer der Halle sind vom Planer auf die Wartung und Instandhaltungsmaßnahmen von Fugen hinzuweisen, um während der Nutzung die Gebrauchstauglichkeit zu erhalten.

Scheinfugen und Pressfugen müssen nicht immer geschlossen werden. Sollte aus betrieblichen Gründen dennoch ein Schließen dieser Fugen erforderlich sein, kann eine funktionsgerechte Fugenabdichtung erst dann erwartet werden, wenn zumindest ein Teil der Schwindverkürzungen stattgefunden hat und sich Fugen möglichst schon geöffnet haben. Dies ist je nach Betonqualität und Umgebungsbedingungen frühestens drei Monate nach dem Schneiden der Fugen der Fall. Die vom Hersteller des Fugendichtstoffs anzugebende zulässige Gesamtverformung des Fugendichtstoffes ist einzuhalten, dabei sind die Fugenbewegungen für die zu erwartende Temperaturdifferenz zu berücksichtigen [R44], z.B.:

- 80 Kelvin bei ganzjährig im Freien bewitterten Fugen,
- 40 Kelvin bei Fugen in Kühlhäusern
- 20 Kelvin bei normal temperierten Hallen.

Für das Abdichten sind befahrbare Fugen abzufasen, damit gleichmäßige Fugenränder entstehen und die Oberfläche des Fugendichtstoffs vertieft ausgebildet wird. Bei Außenflächen und bei Flächen, an die WHG-Anforderungen gestellt werden, sind die geringen Fugenbreiten durch einen Nachschnitt von 8 mm Breite und 25 mm Tiefe zu vergrößern. Dies ist erforderlich, obwohl die größere Fugenbreite ungünstig bei mechanischen Beanspruchungen ist. In den unteren Bereich des Nachschnitts wird ein geschlossenzelliges Rundprofil als Hinterfüllprofil eingebracht, während die oberen 15 mm mit einem elastischen Fugendichtstoff geschlossen werden (Bild 4.10). Hierfür werden meistens Fugendichtstoffe auf Kunststoffbasis verarbeitet. Für die Auswahl können die betrieblichen Erfordernisse entscheidend sein. Voranstrichmittel (Primer) und Fugendichtstoff müssen aufeinander abgestimmt sein, ebenso eine evtl. erforderliche Beschichtung. Die Verarbeitungsrichtlinien des Herstellers und das IVD-Merkblatt sind zu beachten [R44].

Spezielle Kunststoff-Fugenfüllstoffe sind selbstverlaufend und ermöglichen das Füllen des gesamten Kerbschnitts. Hierfür sollen im Allgemeinen die Fugenkanten abgefast sein

(Bild 4.17). Der Fugenfüllstoff wird nur bis unter die abgefaste Kante eingebracht. Die Fugenfüllung kann jedoch nur wirksam sein, wenn die Fugenbewegungen gering bleiben. Hierzu muss der größte Teil des Schwindens abgeschlossen sein (Kapitel 3.9). Dies ist erst mehrere Monate nach Herstellung der Betonbodenplatten der Fall. Anderenfalls würde der Fugenfüllstoff von den Fugenflanken abreißen und müsste erneuert werden. Für diesen Anwendungsbereich ist ein Nachweis des Herstellers über die Eignung der Fugenfüllstoffe zu erbringen, da übliche Fugenfüllstoffe bei dieser Ausführungsart überfordert sind. Wartung und Erneuerung der Fugenfüllung sollten vertraglich geregelt werden.

Bewegungsfugen sind zur Aufnahme des Fugendichtstoffs je nach Lage und Anforderung mit einem Nachschnitt zu versehen, z.B. 30 mm tief und 2 mm breiter als die Fuge. Die unteren 15 mm werden mit einem geschlossenzelligen Rundprofil als Hinterfüllprofil ausgefüllt, die oberen 15 mm werden mit einem Fugendichtstoff geschlossen (Bilder 4.10 und 4.13). Für den Fugenfüllstoff soll ein Allgemeines bauaufsichtliches Prüfzeugnis AbP vorliegen, das den entsprechenden Anwendungsbereich erfasst. Außerdem ist vom Hersteller das EG-Sicherheitsdatenblatt vorzulegen.

Fugen in Flächen für den Umgang mit wassergefährdenden Stoffen müssen so dicht sein, dass ein Durchdringen von Flüssigkeiten in den Untergrund verhindert wird. Diese Anforderungen gelten für LAU-Anlagen (Anlagen aus Beton zum Lagern, Abfüllen und Umschlagen wassergefährdender Stoffe) bzw. HBV-Anlagen (Anlagen zum Herstellen, Behandeln und Verwenden wassergefährdender Stoffe).

Maßgebend hierfür sind die Zulassungsgrundsätze des Deutschen Instituts für Bautechnik Berlin DIBt. Die Beständigkeit des Fugenmaterials ist nachzuweisen. Die Fugendichtstoffe sollten auch dem IVD-Merkblatt Nr. 6 [R44] entsprechen.

4.4.11 Fugenplan

Die Abstände und die Lage der Fugen sind im Rahmen der Planung in einem Fugenplan darzustellen. Abstände und Lage der Fugen sind abhängig von mehreren Einflüssen. Zur Übersicht sind die wesentlichen Einflüsse nachfolgend zusammengestellt.

Einflüsse auf die Abstände der Fugen:

- Dicke der Betonbodenplatte,
- Gleitmöglichkeit auf der Unterkonstruktion,
- Erhärtungsbedingungen (geschlossene oder offene Halle, im Freien),
- Konstruktionsart (z.B. unbewehrte oder bewehrte Betonbodenplatte),
- langfristig wirkende Lasten,
- Temperaturbedingungen während der Nutzung,
- Anforderungen an die zulässige Rissbreite durch die Nutzung.

Empfehlungen für die Lage der Fugen:

- Unterteilung der Fläche in möglichst quadratische Felder durch Scheinfugen oder Pressfugen. Seitenverhältnis Länge zu Breite nicht größer als $L_F / B_F \leq 1{,}5$ wählen.
- Zwickel wegen erhöhter Bruchgefahr stets vermeiden; also keine Flächen wählen, die schmal oder spitz auslaufen.
- Längs- und Querfugen sollen sich kreuzen und nicht gegenseitig versetzt werden.
- Fugenkreuzungen nicht in die Hauptfahrbereiche und Längsfugen nicht in die Hauptfahrspur legen.
- Einspringende Ecken vermeiden, bei unvermeidbaren einspringende Ecken ist zum Vermeiden von Kerbspannungen eine Fuge in Verlängerung einer Kante anzuordnen.
- Ort und Stellung der Stützen und Wände sowie Lage der Einbauten in der Betonbodenplatte berücksichtigen, z.B. Schächte, Kanäle, Rinnen, Montagegruben, Fundamente.
- Durch sinnvoll angeordnete Fugen, z.B. im Bereich von Stützen (Bild 4.6), bei L-förmigen Grundrissen (Bild 4.7a) oder bei Schächten, Kanälen und Entwässerungsrinnen (Bild 4.7b) Risse vermeiden.
- Fugen in Bereichen geringerer Beanspruchung vorsehen und nicht in Bereichen wirkender Radlasten, hierbei Regalstellungen beachten.

Tafel 4.5 zeigt die jeweils geeignete Fugenart und ihre Anwendung.

Hinweise:
Genügend langer Schutz der Betonbodenplatte vor Bauverkehr verringert die Rissgefahr bei großen Fugenabständen. Fugenkanten und Fugendichtstoffe sind während der Nutzung einer erhöhten Verschleißbeanspruchung ausgesetzt. Die Fugen sind im Rahmen der Bauwerksunterhaltung und Wartung instand zuhalten und erforderlichenfalls instand zusetzen (Kapitel 15).

4.5 Unbewehrte Betonbodenplatten

Betonbodenplatten können in der Regel unbewehrt bleiben. Zur Funktionsfähigkeit eines Betonbodens gehört nicht nur eine tragfähige Betonbodenplatte. Erforderlich ist auch ein tragfähiger Unterbau, der sich aus dem Untergrund und der Tragschicht ergibt. Es wird sich stets als unbefriedigend erweisen, auf einen tragfähigen Unterbau zu verzichten, auch wenn die Betonbodenplatte bewehrt würde. Das Bewehren der Betonbodenplatte ist kein Ersatz für eine tragfähige Unterkonstruktion.

Schon bei der Planung, aber auch bei der Ausführung, wird häufig gegen diesen Grundsatz verstoßen. Es ist nur dann zweckmäßig und sinnvoll, die Betonbodenplatten zu bewehren, wenn die entstehenden Biegezugspannungen so groß werden, dass sie vom Beton allein nicht mehr aufgenommen werden können. Hier wäre es sinnvoll, die Betonbodenplatte dicker zu machen und einen Beton mit höherer Biegezugfestigkeit zu wählen. Wenn stattdessen die Biegezugspannungen einer Bewehrung zugewiesen werden, dehnen sich die Stahleinlagen soweit, dass der Beton reißt. Bei dieser Bemessung nach

Zustand II mit gerissener Zugzone wird also das Entstehen von Rissen in der Betonbodenplatte direkt geplant. Dies kann für eine Betonbodenplatte, die möglichst rissfrei bleiben soll, nur dann sinnvoll sein, wenn andere Möglichkeiten ausscheiden und es nicht anders geht.

Betonbodenplatten in Hallen sollen von allen anderen Bauteilen durch Randfugen getrennt werden. Dies ist die erste Voraussetzung dafür, dass Betonbodenplatten rissfrei bleiben können. Damit wird vermieden, dass Zugkräfte oder andere unkontrollierte Zwangbeanspruchungen aus dem Bauwerk in die Betonbodenplatte eingeleitet werden. Betonbodenplatten sind keine tragenden und keine aussteifenden Bauteile im Sinne der DIN 1045 und können somit frei von einengenden Tragwerksnormen gestaltet werden.

Nochmaliger Hinweis:
Bei einem tragfähigen Unterbau und bei üblichen Belastungen ist ein Bewehren der Betonbodenplatte nicht erforderlich. Ohne tragfähigen Unterbau sollte kein Betonboden hergestellt werden. Dieser Grundsatz, der bereits in Kapitel 4.2 dargestellt wurde, führt zu den Dicken der Betonbodenplatten, die für bestimmte Verkehrsbelastungen in Tafel 4.6 zusammengestellt sind.

Die unbewehrte Betonbodenplatte bietet drei Vorteile:

- sicherer Betoneinbau ohne störende Bewehrung,
- schnellere Bauausführung,
- wirtschaftliche Bauweise.

Anhaltswerte für erforderliche Plattendicken von unbewehrten Betonböden in Hallen enthält Tafel 4.6. Aussagen für eine genauere Bemessung enthält Kapitel 7.

4.5.1 Anhaltswerte für die Vorplanung der Plattendicke

Die Anhaltswerte der Tafel 4.6 können bei unbewehrten Betonbodenplatten zur Festlegung der Betonfestigkeitsklasse sowie zur Abschätzung der Plattendicke im Rahmen der Vorplanung verwendet werden. Die genauere Bemessung von unbewehrten Betonbodenplatten kann nach Kapitel 7 erfolgen. Beispiele enthält Kapitel 8.

Die Einteilung in Beanspruchungsbereiche entsprechend den Expositionsklassen XM1 bis XM3 kann nach den Tafeln 3.6 und 3.7 erfolgen. Hiermit sind – ausgehend von der maximalen Einzellast als Bemessungswert Q_d – folgende Kennwerte einer Betonbodenplatte wählbar:

- Betondruckfestigkeitsklasse,
- Wasserzementwert w/z des Betons,
- Kornzusammensetzung der Gesteinskörnung.

Für die Wahl der Betonplattendicke ist zunächst eine weitere Festlegung auf einen bestimmten Nutzungsbereich erforderlich. In Tafel 3.1 sind Vorschläge für Nutzungsbereiche

Tafel 4.6: Anhaltswerte für unbewehrte Betonbodenplatten in Hallen bei Verkehrsbelastung durch Einzellasten mit begrenzter Anzahl von Lastwechseln [1] [Vorschlag Lohmeyer]

Beanspruchungsbereich [2] (z.B. infolge der Expositionsklasse XM1 bis XM3)	Maximale Radlast Bemessungswert Q_d [3] [kN]	Regallast am Fahrbereich Bemessungswert G_d [4] [kN]	Betonfestigkeitsklasse [8]	w/z-Wert des Betons [5]	Dicke h der Betonbodenplatte [6] [cm] Nutzungsbereich [7]		
					A	B	C
Beanspruchungsbereich **1** (z.B. XM1)	10	15	C25/30	$\leq 0{,}55$	≥ 14	≥ 16	≥ 18
	20				≥ 16	≥ 18	≥ 20
	30	25	C30/37	$\leq 0{,}50$	≥ 16	≥ 18	≥ 20
	40				≥ 18	≥ 20	≥ 22
Beanspruchungsbereich **2** (z.B. XM2)	50	35	C30/37	$\leq 0{,}46$	≥ 18	≥ 20	≥ 22
	60				≥ 20	≥ 22	≥ 24
	80				≥ 22	≥ 24	≥ 26
Beanspruchungsbereich **3** (z.B. XM3)	100	50	C35/45	$\leq 0{,}42$	≥ 24	≥ 26	≥ 28
	120				≥ 26	≥ 28	≥ 30
	140				≥ 28	≥ 30	≥ 32

[1] Bei Anwendung dieser Tafel sind die hierzu erforderlichen Voraussetzungen einzuhalten (siehe folgendes Kapitel). Begrenzte Anzahl von Lastwechseln: $n \leq 5 \cdot 10^4$. Fugenanordnung nach Tafel 4.5.

[2] Beispiele für die Beanspruchungsbereiche nach Tafeln 3.6 und 3.7.

[3] Der Bemessungswert Q_d der maximalen Radlast ergibt sich aus der charakteristischen Radlast Q_k (Tafel 3.2) unter Berücksichtigung von Teilsicherheitsbeiwert und Lastwechselzahl: $Q_d \approx 1{,}6 \cdot Q_k$ (Tafel 7.1).

[4] Der Bemessungswert G_d der maximalen Regallast am Fahrbereich ergibt sich aus der charakteristischen Regallast G_k unter Berücksichtigung des Teilsicherheitsbeiwerts: $G_d \approx 1{,}2 \cdot G_k$ (Tafel 7.1)

[5] Der w/z-Wert kann z.B. durch Fließmittel eingehalten oder nachträglich durch Vakuumbehandlung erzeugt werden.

[6] Die angegebenen Plattendicken ergeben sich bei Berücksichtigung der zulässigen Betondehnung im ungerissenen Zustand, unabhängig von der Zugfestigkeit des Betons

[7] Beispiele für Nutzungsbereiche sind in Tafel 3.1 angegeben.

[8] Erforderlichenfalls sind die Betondruckfestigkeitsklassen aus den Expositionsklassen nach DIN 1045 zu berücksichtigen.

angegeben. Diese sind gleichzeitig auch im Zusammenhang mit Anforderungen an die Sicherheit gegen Rissentstehung zu sehen.

Voraussetzungen für die Anwendung der Tafel

Für die Vorplanung nennt Tafel 4.6 die erforderliche Plattendicke als Anhaltswert. Bei Anwendung der Tafel 4.6 sind folgende Voraussetzungen zu beachten:

- maximale Belastungen durch Verkehrslasten (Radlasten) bis zu $Q_d \leq 140$ kN, entsprechend 14 t,

- langfristig wirkende Lasten (Lagergüter, Regellasten) bis zu $q_d \leq 20$ kN/m^2, entsprechend 2 t/m^2,
- maximale Kontaktpressung unter den Lasten von $q \leq 1{,}0$ N/mm^2 (z.B. Luftreifen oder Regalfüße),
- Auswahl der Tragschicht in Art und Dicke nach Bild 4.4,
- einwandfrei verdichtete Tragschicht mit einem Verformungsmodul (E_{V2}-Wert) entsprechend Tafel 4.2,
- Verhältnis der Verformungsmoduln: Untergrund $E_{V2,U} / E_{V1,U} \leq 2{,}5$,
- Verhältnis der Verformungsmoduln: Tragschicht $E_{V2,T} / E_{V1,T} \leq 2{,}2$, $<$
- Ausbildung des Betonbodens einschließlich Fugen nach Kapitel 4.4 und Tafel 4.5,
- einwandfreie und fachgerechte Ausführung der gesamten Arbeiten, $<$
- die angegebenen Plattendicken sind Mindestdicken, die an jeder Stelle des Betonbodens tatsächlich vorhanden sein müssen,
- genauerer Nachweis von Festigkeitsklasse, Wasserzementwert und Plattendicke durch Bemessung entsprechend Kapitel 7 und 8.

Hinweise:
Für Betonplatten in Hallen sind in Tafel 4.6 außer den Gabelstaplerlasten auch übliche Einzellasten als Bemessungswerte G_d berücksichtigt, wie sie z.B. unter Regalfüßen oder punktförmig wirkenden Stapellasten entstehen. Einen genaueren Nachweis zeigt das Beispiel in Kapitel 8.1.1.

Für Betonplatten im Freien sind im Allgemeinen größere Plattendicken und geringere Fugenabstände erforderlich als in Hallen. Insbesondere bei Verwölbungen infolge Sonneneinstrahlung verbunden mit Verkehr durch Schwerlastwagen entstehen höhere Beanspruchungen. Dadurch können um etwa 4 cm dickere Platten erforderlich werden. Die genauere Bemessung zeigt das Beispiel in Kapitel 8.1.2.

4.5.2 Berücksichtigung höherer Kontaktdrücke

Für die Beanspruchung von Betonbodenplatten ist nicht nur die Größe von Einzellasten maßgebend, sondern auch deren Verteilung über die Aufstandsfläche. Auch kleinere Lasten können bei sehr kleinen Aufstandsflächen hohe Kontaktdrücke erzeugen.

Kontaktdrücke bis $q \leq 1{,}0$ N/mm^2 liegen im Normalbereich. Hiergegen sind Betonbodenplatten widerstandsfähig, wenn die Bedingungen der Tafel 4.6 eingehalten werden und die Herstellung fachgerecht erfolgt.

Kontaktdrücke von $q > 1{,}0$ N/mm^2 bis $q \leq 2{,}0$ N/mm^2, z.B. bei Einsatz von Vollgummi oder Elastikreifen, erfordern eine größere Dicke der Betonbodenplatte als die nach Tafel 4.6. Hierfür kann die in der Tafel angegebene Dicke mit dem Beiwert $k = \sqrt{q}$ multipliziert werden [L20a Vorschlag Lohmeyer].

Kontaktdrücke von $q > 2{,}0\ N/mm^2$ bis zu $q \leq 4{,}0\ N/mm^2$, z.B. bei Einsatz von Vollreifen aus Elastomer, machen besondere Maßnahmen erforderlich, die im Einzelfall durch eine gesonderte Bemessung abzuklären sind (Kapitel 8).

Kontaktdrücke von $q > 4{,}0\ N/mm^2$ bis zu $q \leq 7{,}0\ N/mm^2$ und bei Einzellasten $Q_d > 140$ kN (14 t) oder bei anderen ungünstigen Belastungen (z.B. sehr harte Stöße und/oder sehr häufige Lastwechsel) erfordern genauere Bemessungen (Kapitel 8).

Kontaktdrücke $q > 7{,}0\ N/mm^2$ sind für eine dauerhafte Funktionsfähigkeit der Betonbodenplatte nicht zulässig. Derart hohe Lastpressungen müssen vermieden werden oder es sind Stahloberflächen zu schaffen, z.B. durch Stahl-Ankerplatten entsprechend Bild 4.14a und Kapitel 4.9.1.

Eine Betonbodenplatte ohne Bewehrung kann frei von Biegezugrissen dauerhaft funktionieren, wenn der gesamte Betonboden unter diesen Bedingungen und nach dieser Bauweise fachgerecht hergestellt wird.

4.5.3 Fugenabstände bei unbewehrten Platten

Für die Ausbildung der Fugen und deren Abstände gelten die in Kapitel 4.4.3 genannten Ausführungen. Fugenarten und ihre Ausbildung sind entsprechend Tafel 4.5 zu beachten.

Übliche Fugenabstände in Abhängigkeit von der Dicke der Betonbodenplatte und von den Herstellbedingungen sind in Tafel 4.7 zusammengestellt.

4.6 Bewehrte Betonbodenplatten

Betonbodenplatten müssen normalerweise nicht bewehrt werden. Nur in jenen Fällen, in denen die Betonzugfestigkeit bzw. die zulässige Betondehnung überschritten wird, ist Bewehrung erforderlich. Für die erforderliche Bewehrung ist meistens nicht der statische Nachweis für Lastbeanspruchungen maßgebend, sondern der Nachweis von Zwangbeanspruchungen. Bewehrte Betonbodenplatten benötigen stets eine Bewehrung zur Begrenzung der Rissbreite. Nur dann kann erwartet werden, dass sich die entstehenden Risse nicht ungünstig auf die Funktionsfähigkeit und die Dauerhaftigkeit der Betonbodenplatte auswirken.

Bei Betonbodenplatten sollte nicht nur die entstehende Rissbreite begrenzt werden, sondern es sollte nach Möglichkeit das Entstehen von Trennrissen überhaupt vermieden werden. Im Gegensatz zu anderen Stahlbetonbauteilen des üblichen Hochbaus und auch Ingenieurbaus werden Betonbodenplatten bei vollflächiger elastischer Lagerung völlig anders beansprucht. Innerhalb eines Querschnittes entstehen bei rollenden Lasten stets wechselnde Beanspruchungen. Die Biegebeanspruchung wechselt von Biegezug auf Biegedruck und wieder Biegezug. Daraus ergibt sich, dass zunächst nur mikrofein entstehende Biegerisse im Laufe der Zeit aufgeweitet werden und schließlich sichtbar sind. Diesem Sachverhalt wird häufig in der Praxis nicht Rechnung getragen.

Tafel 4.7: Fugenabstände L_F von Schein- oder Pressfugen bei unbewehrten Betonbodenplatten, abhängig von den Herstellbedingungen und der Plattendicke h [nach Lohmeyer]

Herstellbedingungen der Betonbodenplatte	Abstand der Fugen	Unterlage
F Betonieren im Freien	bei quadratischen Platten mit $L_F / B_F \leq 1{,}25$: $L_F \leq 6$ m und $L_F \leq 34$ h bei rechteckigen Platten mit $L_F / B_F > 1{,}25$ und $\leq 1{,}5$: $L_F \leq 30$ h	bei feuchter Tragschicht: Trennlage sinnvoll, aber nicht zwingend erforderlich
O Betonieren in offenen Hallen bei Ausführungsart **N** [1)]	$L_F \leq 7{,}5$ m	Trennlage auf Tragschicht nach Kapitel 4.2.5
G Betonieren in geschlossenen Hallen bei Ausführungsart **S** [2)]	$L_F \leq 10$ m	Gleitschicht auf Tragschicht nach Kapitel 4.2.6

[1)] Ausführungsart **N** (normal):
Gute Betonzusammensetzung, übliche Temperatureinwirkung beim Einbau der Betonbodenplatte in offenen Hallen, jedoch unter Dach, z.B.: $T \geq 10$ °C und $T \leq 25$ °C; Beginn der Nachbehandlung nach Abschluss der Oberflächenbearbeitung entsprechend DIN 1045-3 Tabelle 2 für Expositionsklasse XM bis 70 % der charakteristischen Betondruckfestigkeit f_{ck} erreicht ist.

[2)] Ausführungsart **S** (speziell):
Spezielle Betonzusammensetzung mit $w \leq 165$ kg/m³ und Volumen des Zementleims $zl \leq 290$ l/m³, besonderer Schutz des Betons beim Einbau der Betonbodenplatte in geschlossener Halle; Vermeidung direkter Sonneneinstrahlung mit schneller Erwärmung und Austrocknung der Oberfläche; Verhinderung zu schneller Abkühlung der Oberfläche infolge Zugluft oder Wind; sofort einsetzende Nachbehandlung z.B. durch Aufsprühen eines Nachbehandlungsmittels und anschließendes Feuchthalten und Abdecken des Betons; doppelt lange Nachbehandlungsdauer gegenüber DIN 1045-3 Tabelle 2.

Bei einer Entscheidung für bewehrte Betonbodenplatten können unterschiedliche Bewehrungen zum Einsatz kommen, z.B.:

- Matten- oder Stabstahlbewehrung unten und oben in der Betonbodenplatte,
- Stahlfaserbewehrung in der gesamten Betonbodenplatte mit zusätzlicher Verschleißschicht auf der Oberseite,
- Spannlitzen mittig in der Betonbodenplatte in Längs- und Querrichtung,
- Kombinationen vorgenannter Bewehrungen.

4.6.1 Mattenbewehrte Betonbodenplatten

Aus überholter Tradition werden für Betonbodenplatten gelegentlich immer noch Betonstahlmatten Q188A oder Q257A verwendet. Das liegt häufig daran, dass sich bei einer „statischen Berechnung" als elastisch gelagerte Platten nur geringe Schnittgrößen ergeben. Dabei wird allerdings nicht bedacht, dass es sich bei Betonbodenplatten nicht um

„statisch" beanspruchte Bauteile handelt und eine Bemessung nach Zustand II (mit gerissener Zugzone) geradezu Risse voraussetzt. Vermeintlich sollen diese Bewehrungen die Risssicherheit erhöhen, funktionieren aber nicht, weder theoretisch noch praktisch. Außerdem können dünne Matten während des Betonierens ohne besonderen Aufwand (sehr viele Abstandhalter) nicht in ihrer Lage gesichert werden und durch Verschieben und Hinuntertreten in eine falsche Lage geraten.

Derart schwache Bewehrungen sind nicht imstande, die *gesamten* Zugspannungen aufzunehmen, bevor der Beton reißt. Oft stellen diese Bewehrungen nur eine Art „Angstbewehrung" dar. Da diese Bewehrungen wirkungslos sind, kann auch von einem „Stahlbegräbnis" gesprochen werden (Kapitel 8). Diese Erkenntnisse sind nicht neu und sollten in der Fachwelt inzwischen seit Jahrzehnten bekannt sein, vor allem aber in der Praxis zum Nutzen des Bauherrn auch Anwendung finden. Eine derartige Bewehrung kann bestenfalls das Auseinanderwandern gebrochener Plattenteile begrenzen.

Auch die etwas stärkeren Bewehrungen aus Betonstahlmatten oder Betonstabstahl vermindern bei einer Biegebeanspruchung nicht die Biegezugspannung im Beton und verändern nicht die Bruchdehnung des Betons.

Nochmaliger Hinweis:
Die Bewehrungen können das Entstehen von Rissen in der Betonbodenplatte nicht verhindern, wenn die Biegezugfestigkeit bzw. die Bruchdehnung des Betons überschritten wird.

Eine Bewehrung zum *Vermeiden von Rissen* müsste wegen des Verbunds zwischen Beton und Stahl wesentlich umfangreicher sein als eine Bewehrung, die die Breite entstehender Risse begrenzen soll. Derartige Bewehrungen sind nicht realistisch. Schon eine Bewehrung zur *Begrenzung der Rissbreite* nach DIN 1045 ist sehr umfangreich. Eine derartige Bewehrung ist aber stets erforderlich, wenn eine ausreichende Funktionsfähigkeit und Dauerhaftigkeit der Betonbodenplatte gegeben sein soll.

Anhaltswerte für die Plattendicke bewehrter Betonbodenplatten zeigt Tafel 4.8. Angaben zur Bemessungen enthält Kapitel 7, Bemessungsbeispiele sind in Kapitel 8 zusammengestellt. Die Tafel 4.8 wurde aus Tafel 4.6 für unbewehrte Platten abgeleitet. Das bedeutet: Bei Anrechnung der Bewehrung aus Betonstahlmatten oben und unten kann die Betonbodenplatte in geringerer Dicke und mit größeren Fugenabständen bzw. nur mit Randfugen hergestellt werden (Tafel 4.5). Wichtig ist jedoch, dass Zwangbeanspruchungen durch langfristig wirkende Lasten vermieden werden, wie dies z.B. bei Lagergütern oder Regallasten oder Maschinen auf der Bodenplatte der Fall ist.

Tafel 4.8: Anhaltswerte für mattenbewehrte Betonbodenplatten in Hallen bei Verkehrsbelastung durch Einzellasten mit begrenzter Anzahl von Lastwechseln[1)2)] und ohne Zwangbeanspruchungen [Vorschlag Lohmeyer]

Beanspruchungsbereich [2)] (z.B. infolge der Expositionsklasse XM1 bis XM3)	Bemessungswert der maximalen Radlast Q_d [3)] [kN]	Regallast am Fahrbereich Bemessungswert G_d [4)] [kN]	Betonfestigkeitsklasse [7)]	w/z-Wert des Betons [5)]	Bewehrung jeweils oben und unten	Dicke h der Betonbodenplatte [cm] Nutzungsbereich [6)]		
						A	B	C
Beanspruchungsbereich **1** (z.B. XM1)	10	15	C25/30	$\leq 0{,}55$	Q 524 A bzw. Listenmatten 100·8/ 100·8	≥ 14	≥ 14	≥ 16
	20					≥ 14	≥ 16	≥ 18
	30	25	C30/37	$\leq 0{,}50$		≥ 14	≥ 16	≥ 18
	40					≥ 16	≥ 18	≥ 20
Beanspruchungsbereich **2** (z.B. XM2)	50	35	C30/37	$\leq 0{,}46$	Listenmatten 100·10/ 100·10	≥ 16	≥ 18	≥ 20
	60					≥ 18	≥ 20	≥ 22
	80					≥ 20	≥ 22	≥ 24
Beanspruchungsbereich **3** (z.B. XM3)	100	50	C35/45	$\leq 0{,}42$	Listenmatten 100·12/ 100·12	≥ 20	≥ 22	≥ 24
	120					≥ 22	≥ 24	≥ 26
	140					≥ 24	≥ 26	≥ 28

1) Bei Anwendung dieser Tafel sind die hierzu erforderlichen Voraussetzungen wie bei Tafel 4.6 einzuhalten; Begrenzte Anzahl von Lastwechseln: $n \leq 5 \cdot 10^4$
2) Beispiele für die Beanspruchungsbereiche nach Tafeln 3.6 und 3.7
3) Der Bemessungswert Q_d der maximalen Radlast ergibt sich aus der charakteristischen Radlast Q_k (Tafel 3.2) unter Berücksichtigung von Teilsicherheitsbeiwert und Lastwechselzahl: $Q_d \approx 1{,}6 \cdot Q_k$ (Tafel 7.1).
4) Der Bemessungswert G_d der maximalen Regallast am Fahrbereich ergibt sich aus der charakteristischen Regallast G_k unter Berücksichtigung des Teilsicherheitsbeiwerts: $G_d \approx 1{,}2 \cdot G_k$ (Tafel 7.1)
5) Der w/z-Wert kann z.B. durch Fließmittel eingehalten oder nachträglich durch Vakuumbehandlung erzeugt werden.
6) Beispiele für Nutzungsbereiche sind in Tafel 3.1 angegeben
7) Erforderlichenfalls sind die Betondruckfestigkeitsklassen aus den Expositionsklassen nach DIN 1045 zu berücksichtigen.

Voraussetzungen für die Anwendung der Tafel

Für die Wahl der Betonfestigkeitsklasse sowie die Anhaltswerte der erforderlichen Plattendicke und Bewehrung nach Tafel 4.8 ist die Beachtung folgender Voraussetzungen zu beachten:

- maximale Belastungen durch Verkehrslasten (Radlasten) bis zu $Q_d \leq 140$ kN, entsprechend 14 t,
- langfristig wirkende Lasten (Lagergüter, Regellasten) bis zu $q_d \leq 20$ kN/m², entsprechend 2 t/m²,
- maximale Kontaktpressung unter den Lasten $q \leq 1{,}0$ N/mm² (z.B. Luftreifen oder Regalfüße),
- einwandfrei verdichtete Tragschicht mit einem Verformungsmodul (E_{V2}-Wert) entsprechend Tafel 4.2,
- Verhältnis der Verformungsmoduln: Untergrund $E_{V2,U} / E_{V1,U} \leq 2{,}5$,
- Verhältnis der Verformungsmoduln: Tragschicht $E_{V2,T} / E_{V1,T} \leq 2{,}2$,
- Ausbildung des Betonbodens einschließlich Fugen nach Kapitel 4.4 und Tafel 4.5,
- einwandfreie und fachgerechte Ausführung der gesamten Arbeiten,
- die angegebenen Dicken der Betonbodenplatten sind Mindestdicken, die an jeder Stelle der Betonbodenplatte tatsächlich vorhanden sein müssen.

Ein genauerer Nachweis von Festigkeitsklasse, Wasserzementwert und Plattendicke kann durch Bemessung entsprechend Kapitel 7 und 8 erfolgen.

Hinweise:
Für Betonplatten in Hallen sind außer den Gabelstaplerlasten auch übliche Einzellasten als Bemessungswerte G_d berücksichtigt, wie sie z.B. unter Regalfüßen oder punktförmig wirkenden Stapellasten entstehen. Genauere Nachweise zeigen die Beispiele in den Kapiteln 8.2.1 bis 8.2.4.

Für Betonplatten im Freien sind im Allgemeinen größere Plattendicken und geringere Fugenabstände erforderlich als in Hallen. Insbesondere bei Verwölbungen infolge Sonneneinstrahlung verbunden mit Verkehr durch Schwerlastwagen entstehen höhere Beanspruchungen. Dadurch können dickere Platten erforderlich werden.

Das Entstehen von Rissen kann nicht mit Sicherheit verhindert werden. Daher hat der Planer eine Hinweispflicht gegenüber dem Auftraggeber, der dieser Verfahrensweise zustimmen sollte. Bei üblichen Nutzungen werden die entstehenden Risse die Nutzung des Betonbodens nicht beeinträchtigen. Bei Betonbodenplatten entsprechend Tafel 4.8 kann bei Berücksichtigung der Voraussetzungen, wie sie bei Tafel 4.6 angegeben wurden, ungefähr von einer rechnerisch entstehenden Rissbreite von $w_k \leq 0{,}2$ mm ausgegangen werden.

Bild 4.18: Mattenbewehrte Betonbodenplatte [Werkfoto: Noggerath & Co. Betontechnik GmbH]

Fugenabstände

Die Fugenabstände können bei bewehrten Betonbodenplatten nach Tafel 4.9 gewählt werden.

Fugenabstände über 12 m können gewählt werden, wenn die Ausführungsart S eingehalten wird und eine kräftigere Bewehrung zum Einsatz kommt. Solche Fugenabstände können möglich sein bei Listenmatten mit einem Querschnitt ab $a_s \geq 8\ cm^2/m$ je Lage, z.B. 150·9d / 150·9d oder 125 · 12 / 125 · 12 oben und unten. Der Einbau einer Gleitschicht entsprechend Kapitel 4.2.6 ist außerdem erforderlich, wenn die Rissgefahr gemindert werden soll. Mit dieser Bewehrung lässt sich bei günstigen Verhältnissen die rechnerisch entstehende Rissbreite etwa auf $w_k \leq 0{,}20$ mm begrenzen. Für den Einzelfall ist ein rechnerischer Nachweis zu führen.

4.6.2 Stahlfaserbewehrte Betonbodenplatten

Stahlfaserbewehrter Beton ist kein Beton, der als bewehrter Beton nach DIN 1045 bemessen werden kann. Er darf aber für nicht tragende und nicht aussteifende Bauteile verwendet werden. Die Erhöhung der zentrischen Zugfestigkeit von Stahlfaserbeton ist bei üblichen Fasermengen gering. Die Biegezugfestigkeit kann in Abhängigkeit von der Leistungsklasse des Stahlfaserbetons höher sein als bei Beton ohne Fasern [R30.6]. Im Vergleich zu Betonbodenplatten ohne Stahlfasern werden unter Anderem folgende Eigenschaften verbessert [R30.8]:

- Arbeitsvermögen,
- Reißverhalten,
- Schlagfestigkeit,
- Ermüdungsfestigkeit.

Das bedeutet: Die Zugabe von Stahlfasern beeinflusst die Zugfestigkeitseigenschaften des Betons kaum. Dahingegen steigt die Verformungsfähigkeit im Nachbruchbereich, die

Tafel 4.9: Abstände L_F der Schein- oder Pressfugen bei bewehrten Betonbodenplatten, abhängig von den Herstellbedingungen und der Plattendicke h [nach Lohmeyer]

Herstellbedingungen der Betonbodenplatte	Abstand der Fugen	Unterlage
F Betonieren im Freien	bei quadratischen Platten mit $L_F / B_F \leq 1{,}25$: $L_F \leq 7{,}5$ m und $L_F \leq 34$ h oder $L_F \geq 41$ h bei rechteckigen Platten mit $L_F / B_F > 1{,}25$ und $\leq 1{,}5$: $L_F \leq 30$ h oder $L_F \geq 37$ h	Sauberkeitsschicht nach Kapitel 4.2.4
O Betonieren in offenen Hallen bei Ausführungsart **N** [1)]	$L_F \leq 12$ m [3)]	Gleitschicht nach Kapitel 4.2.6
G Betonieren in geschlossenen Hallen bei Ausführungsart **S** [2)]	$L_F \leq 25$ m [3)]	Gleitschicht nach Kapitel 4.2.6

[1)] Ausführungsart **N** (normal):
Gute Betonzusammensetzung, übliche Temperatureinwirkung beim Einbau der Betonbodenplatte in offenen Hallen, jedoch unter Dach; z.B.: $T \geq 10$ °C und $T \leq 25$ °C, Beginn der Nachbehandlung nach Abschluss der Oberflächenbearbeitung entsprechend DIN 1045-3 Tabelle 2 für Expositionsklasse XM bis 70 % der charakteristischen Betondruckfestigkeit f_{ck} erreicht ist.

[2)] Ausführungsart **S** (speziell):
Spezielle Betonzusammensetzung mit $w \leq 165$ kg/m³ und Volumen des Zementleims $zl \leq 290$ l/m³; Listenmatten mit Querschnitt $a_s \geq 8$ cm²/m, z.B. 150·9d / 150·9d, oben und unten; besonderer Schutz des Betons beim Einbau der Betonbodenplatte in geschlossener Halle; Vermeidung direkter Sonneneinstrahlung mit schneller Erwärmung und Austrocknung der Oberfläche; Verhinderung zu schneller Abkühlung der Oberfläche infolge Zugluft oder Wind; sofort einsetzende Nachbehandlung, z.B. durch Aufsprühen eines Nachbehandlungsmittels und anschließendes Feuchthalten und Abdecken des Betons; doppelt lange Nachbehandlungsdauer gegenüber DIN 1045-3 Tabelle 2.

[3)] Bei Fugenabständen > 7,5 m sind Fugensicherungen erforderlich (Kapitel 4.4.7).

so genannte Duktilität, erheblich an. Dadurch ist die Rissanfälligkeit von Stahlfaserbeton kaum anders als bei unbewehrtem Beton. Günstiger ist das Verhalten von Stahlfaserbeton erst dann, wenn bereits Risse entstanden sind. Dies sollte bei der Planung von Stahlfaserbeton-Bodenplatten berücksichtigt werden.

Im Bereich der Einwirkung höherer Punktlasten kann es erforderlich sein, eine zusätzliche Betonstahlbewehrung anzuordnen.

Faserbetonklassen

Für die Klassifizierung des Stahlfaserbetons sind Faserbetonklassen festgelegt worden [R25]. Die Faserbetonklassen des Stahlfaserbetons sind eine Kennzeichnung der äquivalenten Zugfestigkeit des Stahlfaserbetons. Für Angaben zur Zusammensetzung des

Faserbetons für eine bestimmte Faserbetonklasse sind Erstprüfungen erforderlich. Für diese Erstprüfungen ist der Stahlfaserhersteller zuständig.

Der Planer ist verantwortlich für die Auswahl der Faserbetonklasse des Stahlfaserbetons, nicht aber für die Faserauswahl und die Fasermenge oder für die Betonzusammensetzung. Diese Aufgaben liegen im Verantwortungsbereich des Herstellers von Stahlfaserbeton. Im Regelfall ist dies das Transportbetonwerk, das entsprechende Erstprüfungen zur Einstufung des vorgehaltenen Stahlfaserbetons in die Faserbetonklasse vornimmt und diesen Stahlfaserbeton überwacht. Maßgebend ist die DAfStb-Richtlinie „Stahlfaserbeton" [R25]. Diese Richtlinie ist zurzeit noch in Bearbeitung. Daher können sich Änderungen ergeben, die nach endgültigem Erscheinen der Richtlinie erforderlichenfalls entsprechend anzupassen sind.

Beispiele für stahlfaserbewehrte Betonbodenplatten, wie diese in Tafel 4.6 für unbewehrte und in Tafel 4.8 für mattenbewehrte Betonbodenplatten angegeben sind, können daher derzeit noch nicht genannt werden. Zwar zeigt Kapitel 8.3.2 einen Nachweis zur Begrenzung der Rissbreite, für bestimmte Anwendungsbereiche sollte jedoch ein rechnerischer Nachweis vom Faserhersteller geführt werden.

Für Betonplatten in Hallen sind außer den Gabelstaplerlasten auch übliche Einzellasten als Bemessungswerte G_d zu berücksichtigen, wie sie z.B. unter Regalfüßen oder punktförmig wirkenden Stapellasten entstehen.

Für Betonplatten im Freien sind allgemein größere Plattendicken und geringere Fugenabstände erforderlich als in Hallen. Insbesondere bei Verwölbungen infolge Sonneneinstrahlung verbunden mit Verkehr durch Schwerlastwagen entstehen höhere Beanspruchungen.

Oberflächen von stahlfaserbewehrten Betonbodenplatten

Bei Betonbodenplatten mit Stahlfaserbewehrung ist mit Fasern an der Oberfläche zu rechnen. Für den Fall, dass Fasern nicht an der Oberfläche liegen sollen, ist eine zusätzliche Abdeckschicht erforderlich. Gründe hierfür können sein:

- befürchtete Verletzungsgefahr,
- erwartete Korrosionsgefahr,
- Beeinträchtigung der Nutzung durch hochgebogene Stahlfasern,
- Beeinträchtigungen bei der Reinigung durch Kraterbildung,
- Störung des optischen Eindrucks.

Eine Verletzungsgefahr kann nicht vollständig ausgeschlossen werden, kann aber nur betriebsbedingt beurteilt werden. In Bereichen mit Fahrbetrieb können bis zur Oberfläche ragende Stahlfasern jedoch zu Ausbrüchen im faserumgebenden Bereich führen. Die Korrosionsgefahr ist gering, auch im oberflächennahen Bereich entstehen im Allgemeinen hieraus keine größeren Betonabplatzungen. Korrosion könnte durch Verwendung korrosionsgeschützter Fasern oder Fasern aus nichtrostendem Stahl verhindert werden. In Nassbetrieben oder Betrieben mit Nassreinigung sollte stets eine zusätzliche Abdeckschicht zur Abdeckung der oberflächennahen Fasern aufgebracht werden. Als Abdeckschicht kann am Sinnvollsten eine Hartstoffschicht gewählt werden, die gleichzeitig die mechanische Beanspruchbarkeit der Betonoberfläche erhöht (Kapitel 6.3.1). Hartstoffeinstreuungen genügen nicht zur Abdeckung der Stahlfasern.

Fugenabstände

Für die Abstände der Scheinfugen gilt bei Betonbodenplatten mit den in der Baupraxis üblichen, sehr geringen Stahlfaserbewehrungen ähnliches wie bei unbewehrten Betonbodenplatten. Die Fugenabstände sollten bei diesen faserbewehrten Betonbodenplatten nach Tafel 4.7 gewählt werden.

Größere Fugenabstände sind möglich, wenn die Ausführungsart S eingehalten wird und eine kräftigere Faserbewehrung zum Einsatz kommt. Dies kann z.B. von den höheren Leistungsklassen des Stahlfaserbetons erwartet werden. Die Fugenabstände der Tafel 4.9 sollten keinesfalls überschritten werden. Der Einbau einer Gleitschicht entsprechend Kapitel 4.2.6 ist außerdem erforderlich, wenn die Rissgefahr gemindert werden soll.

Fugen sind so anzuordnen, dass möglichst keine einspringenden Ecken entstehen. Wenn einspringende Ecken unumgänglich sind, sollten zusätzliche Betonstahlbewehrungen eingelegt werden, z.B. oben und unten diagonal je 4 Ø 14 mm.

4.6.3 Betonbodenplatten mit Spannlitzen

Bei besonders beanspruchten Hallenflächen können die Betonbodenplatten in bestimmten Fällen sinnvoller mit Spannlitzen als mit Betonstahlmatten oder Stahlfasern bewehrt werden.

Solche Hallenflächen sind z.B.:

- fugenlose Betonbodenplatten, die rissfrei bleiben sollen,
- hochbeanspruchte Hallenflächen ohne beeinträchtigende Risse,
- Flächen für den Umgang mit wassergefährdenden Stoffen,
  bei denen wassergefährdende Stoffe nicht in den Baugrund gelangen dürfen.

Der Vorschlag, eine Spannlitzenbewehrung anzuordnen, mag zunächst als sehr aufwendig und teuer erscheinen, muss es aber nicht sein. Die Vorteile werden oft nicht erkannt. Sowohl beim planenden Ingenieur als auch beim ausführenden Unternehmen besteht eine allgemeine Ablehnung und somit keine ausreichende Akzeptanz für diese Bauweise. In außereuropäischen Ländern ist diese Bauweise weit verbreitet, z.B. in USA oder Asien. Flächen mit Spannlitzenbewehrung sind aber auch bei uns Stand der Technik.

Bei den hier vorgeschlagenen Betonbodenplatten mit Spannlitzenbewehrung geht es nicht um Spannbetonkonstruktionen nach DIN 1045. Diese Betonbodenplatten sind keine tragenden und aussteifenden Bauteile im Sinne der DIN 1045, da sie vollflächig auf einem Unterbau aufliegen und von allen anderen Bauteilen durch Randfugen getrennt sind. Die Betonbodenplatten werden auch nicht durch Spannglieder des Spannbetonbaues mit sofortigem oder späterem Verbund bewehrt, sondern erhalten lediglich Spannlitzen ohne Verbund, z.B.:

- Spanndrahtlitzen, 7-drähtig, Nenndurchmesser 9,3 mm und 12,5 mm aus St 1570/1770,
- Monolitzen als Einzelspannglied mit etwa 150 mm^2 Querschnitt aus St 1770 oder 1860 (Bild 4.19).

Die Spannlitzen haben einen werksgefertigten Korrosionsschutz. Sie liegen in einer Fettschicht und sind von einer PE-Hülle ummantelt. Ein nachträgliches Verpressen, wie dies bei anderen Spanngliedern erforderlich ist, entfällt bei den Spannlitzen.

Die Spannlitzen haben somit keinen Verbund zum umgebenden Beton. Sie sollen in Plattenmitte liegen und werden in bestimmten Abständen in Längs- und Querrichtung der Betonbodenplatte angeordnet. Die Spannlitzen haben an ihren Enden kleine Ankerkörper, die an der Stirnschalung der Arbeitsfuge bzw. des Plattenrandes befestigt werden. Bereits während der Erhärtung des Betons kann ein erstes Vorspannen der Litzen erfolgen, sodass der Beton eine geringe Druckspannung erhält, z.B. 0,5 N/mm^2. Die Frührissgefahr ist damit stark verringert. Später ist diese Vorspannung auf den erforderlichen Spanngrad zu erhöhen.

Fugenlose Feldlängen von 50 m sind möglich und auch typisch, sodass Hallenflächen von 2500 m^2 ohne Fugen hergestellt werden können. Auch größere Flächen sind möglich. Hierfür sind Einzelheiten mit dem Hersteller abzuklären, ob und in welcher Weise Koppelfugen angelegt werden, die die spätere Nutzung nicht beeinträchtigen.

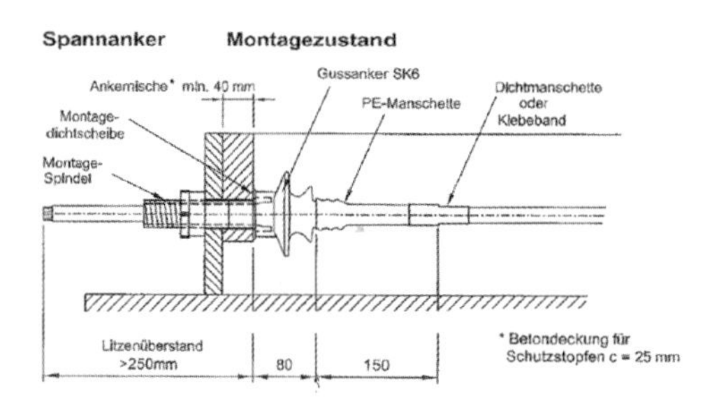

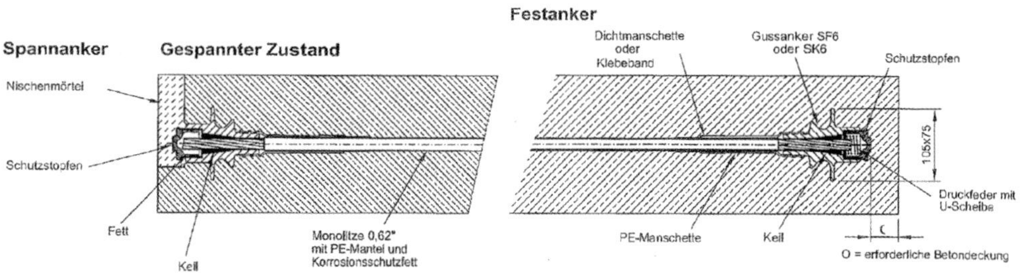

Bild 4.19:
Monolitzenspannverfahren ohne Verbund [System: Suspa DSI]

Um die Verluste beim Spannen der Litzen durch Reibung auf dem Unterbau gering zu halten, ist der Einbau einer geglätteten Sauberkeitsschicht erforderlich, auf der eine Gleitschicht angeordnet wird (Kapitel 4.2.4 und 4.2.6). Als Gleitschicht sind mindestens zwei Lagen PE-Folie je 0,3 mm erforderlich.

Meist genügt eine relativ geringe Anzahl von Spannlitzen, die mittig in Längs- und Querrichtung der Betonbodenplatte eingebaut werden. Hierbei kann mit einer Spannkraft bis 200 kN je Litze gerechnet werden.

Oft bringt schon eine geringe Druckspannung in beiden Richtungen der Betonbodenplatte große Vorteile. Eine wirksame Ausnutzung des Tragverhaltens ergibt sich, wenn die Betonbodenplatten keine Fugen erhalten und wenn der Betonquerschnitt auf eine Druckspannung gebracht wird, die der Zugfestigkeit des Betons entspricht. Daraus ergeben sich mehrere Vorteile:

- keine Zugspannungen im Beton bei üblichen Beanspruchungen,
- keine Rissgefahr bei großen Abmessungen der Betonbodenplatten,
- höheres Tragverhalten des Betonquerschnitts, dadurch dünnere Plattendicken möglich,
- die gespannten Litzen wirken wie eine elastische Feder, wodurch sich bei Überbeanspruchung entstehende Risse wieder schließen.

Es ist zu berücksichtigen, dass außer den Verlusten der Spannkraft durch Reibung auf dem Unterbau auch später Verluste durch Kriechen und Schwinden des Betons entstehen. Die Verluste können 10 % bis 15 % betragen. Im Einzelfall ist zu klären, ob eine größere Spannkraft aufgebracht werden kann oder ob später ein Nachspannen erfolgen soll. Beide Möglichkeiten sind gegeben.

Anhaltswerte für Betonbodenplatten mit Spannlitzen-Bewehrung sind in Tafel 4.10 zusammengestellt. Hierbei wird davon ausgegangen, dass die später verbleibenden Spannkräfte so groß sind, dass in der Betonbodenplatte eine Druckspannung wirksam bleibt, die in der Größe der Betonzugfestigkeit liegt.

Die Planung von Betonbodenplatte mit Spannstahlbewehrung sollte stets in Abstimmung mit dem Hersteller der Spanndrahtlitzen bzw. Monolitzen erfolgen. Damit kann die erforderliche Art und Anzahl der Spannstähle festgelegt werden.

Hinweise:
Für Betonplatten in Hallen sind außer den Gabelstaplerlasten auch übliche Einzellasten als Bemessungswerte G_d berücksichtigt, wie sie z.B. unter Regalfüßen oder punktförmig wirkenden Stapellasten entstehen. Einen genaueren Nachweis zeigt das Beispiel in Kapitel 8.4.

Für Betonplatten im Freien können im Allgemeinen die gleichen Plattendicken und gleichen Fugenabstände wie in Hallen angesetzt werden.

Tafel 4.10: Anhaltswerte für Betonbodenplatten, die mit Spannlitzen bewehrt sind, bei Verkehrsbelastung durch Einzellasten mit geringen Lastwechseln [1] [Vorschlag Lohmeyer]

Beanspruchungsbereich [2] (z.B. infolge der Expositionsklasse XM1 bis XM3)	Bemessungswert der maximalen Radlast Q_d [3] [kN]	Regallast am Fahrbereich Bemessungswert G_d [4] [kN]	Betonfestigkeitsklasse [7]	w/z-Wert des Betons [5]	Dicke h der Betonbodenplatte [6] [cm]	Druckspannung im Beton durch Spannen der Litzen [N/mm²]
Beanspruchungsbereich **1** (z.B. XM1)	10	15	C25/30	$\leq$ 0,55	$\geq$ 15	$\geq$ 2,6
	20					
	30	25	C30/37	$\leq$ 0,50		$\geq$ 2,9
	40					
Beanspruchungsbereich **2** (z.B. XM2)	50	35	C30/37	$\leq$ 0,46	$\geq$ 16	
	60				$\geq$ 18	
	80				$\geq$ 18	$\geq$ 3,2
Beanspruchungsbereich **3** (z.B. XM3)	100	50	C35/45	$\leq$ 0,42	$\geq$ 20	
	120				$\geq$ 22	
	140				$\geq$ 24	

1) Bei Anwendung dieser Tafel sind die gleichen Voraussetzungen einzuhalten wie bei Tafel 4.6; Begrenzte Anzahl von Lastwechseln: $n \leq 5 \cdot 10^4$
2) Beispiele für den Bereich der Beanspruchungsart nach Tafeln 3.6 und 3.7
3) Die Bemessungswert Q_d der maximalen Radlast ergibt sich aus der Radlast Q_k (Tafel 3.2) unter Berücksichtigung von Teilsicherheitsbeiwert und Lastwechselzahl: $Q_d \approx 1{,}6 \cdot Q_k$ (Tafel 7.1).
4) Der Bemessungswert G_d der maximalen Regallast am Fahrbereich ergibt sich aus der charakteristischen Regallast G_k unter Berücksichtigung des Teilsicherheitsbeiwerts: $G_d \approx 1{,}2 \cdot G_k$ (Tafel 7.1)
5) Der w/z-Wert kann durch Fließmittel eingehalten oder nachträglich durch Vakuumbehandlung erzeugt werden.
6) Plattendicken für Nutzungsbereiche A, B und C nach Tafel 3.1
7) Erforderlichenfalls sind die Betondruckfestigkeitsklassen aus den Expositionsklassen nach DIN 1045 zu berücksichtigen.

4.6.4 Betonbodenplatten mit kombinierter Bewehrung

Bewehrungen unterschiedlicher Art können miteinander kombiniert werden, z.B. für:

- Betonstahl aus Mattenbewehrung und Stabstahlbewehrung
- Betonstahlbewehrung mit zusätzlicher Faserbewehrung
- Stahlfaserbewehrung zusätzlich mit Kunststofffasern
- Betonstahlbewehrung mit Spannstahlbewehrung

Für diese kombinierten Bewehrungen können Bemessungen durchgeführt werden. Es ist aber auch möglich, diesen jeweiligen Bewehrungen bestimmte Aufgabenbereiche konstruktiv zuzuweisen.

Mattenbewehrte Platten können beispielsweise ohne gesonderten Nachweis bei zusätzlich beanspruchten Bereichen durch Stabstahlbewehrung verstärkt werden. Dies kann wie z.B. bei unvermeidbar einspringenden Ecken sinnvoll sein, wo 2 · 4 Ø 14 mm diagonal über die Ecke mit Steckbügeln eingelegt werden.

Stahlfaserbewehrte Platten können zusätzlich mit Stahlbewehrung in solchen Bereichen versehen werden, wo in der Nutzungsphase stationär sehr konzentriert einwirkende Lasten auftreten werden, z.B. unter Füßen von Hochregalen oder bei Überladebrücken in Logistikhallen mit intensivem Güterumschlag oder in Schwergutlagerhallen. Bei unvermeidbaren einspringenden Ecken in stahlfaserbewehrten Platten ist eine zusätzliche Stabstahlbewehrung einzulegen, z.B. oben und unten diagonal je 4 Ø 14 mm. Das gilt auch für einspringende Ecken von Aussparungen, Schächten, Kanälen usw., die nicht durch Fugen gesichert sind.

Kunststofffasern können bei unbewehrten oder anderweitig bewehrten Platten eingesetzt werden, um die Frührissgefahr zu verringern. Damit lassen sich bei nicht günstigen Herstellbedingungen die sonst auftretenden netzartigen Risse minimieren.

Spannstahlbewehrte Platten haben zusätzlich häufig eine Mattenbewehrung als Grundbewehrung, auch wenn diese nicht rechnerisch nachgewiesen wird. Diese Mattenbewehrung sollte aber auch mindestens aus je einer Matte Q 524 A oben und unten bestehen.

Eine erforderliche Kombination unterschiedlicher Bewehrungen ist stets im Einzelfall zu klären. Nicht immer sind Bewehrungen sinnvoll, da häufig der Beton allein imstande ist, die auftretenden Biegezugspannungen zu übernehmen.

4.7 Fugenlose Betonbodenplatten

Für fugenlose Betonbodenplatten sind verschiedene Herstellverfahren möglich. Schon aus den vorhergehenden Kapiteln ist ersichtlich, dass unter bestimmten Bedingungen größere Flächen ohne Fugen herstellbar sind, wenn begrenzte Rissbreiten zugelassen werden (Kapitel 4.6).

Die Bezeichnung „fugenlose Betonbodenplatte“ gilt häufig nur mit Einschränkungen. Großflächig ohne Fugen hergestellte Betonbodenplatten, in die später Scheinfugen eingeschnitten werden, sind keine fugenlosen Betonbodenplatten. Bei größeren Flächen ist im Einzelfall zu klären, ob Fugen zur Unterteilung der Gesamtfläche in Tagesabschnitte anzuordnen sind. Falls Tagesfeldfugen erforderlich sind, bedarf es einer Klärung, wie diese ausgeführt werden. Tagesfeldfugen entstehen dann, wenn die Gesamtfläche nicht in einer Tagesleistung hergestellt werden kann und kein Tag-Nacht-Betrieb erfolgen soll.

Außerdem ist zu klären, ob unter einer fugenlosen Betonbodenplatte auch zu verstehen ist, dass Fugen zur Trennung der Betonbodenplatte von anderen Bauteilen nicht nötig sind. Gegebenenfalls sind auch bei diesen Betonbodenplatten die sonst üblichen Randfugen und Fugen an allen aufgehenden Bauteilen erforderlich. Für die meisten Fälle ist es sinnvoll, zumindest hier eine Trennung vorzunehmen.

Bei fugenlosen Betonbodenplatten sind zwei wesentliche Prinzipien zu unterscheiden:

- Betonbodenplatten mit weitgehend freier Bewegungsmöglichkeit zum Unterbau,
- Betonbodenplatten mit fester Verbindung zum Unterbau.

4.7.1 Betonbodenplatten mit Bewegungsmöglichkeit auf dem Unterbau

Betonbodenplatten mit weitgehend freier Bewegungsmöglichkeit werden so hergestellt, dass sie sich mit geringer Reibung auf dem Unterbau bewegen können. Hierfür ist eine ebene Unterlage mit Gleitschicht erforderlich (Kapitel 4.2.6 und Tafel 7.5). Die Ausbildung von Randfugen ist erforderlich. Die Randbereiche und aufgehende Bauteile innerhalb der Betonbodenplatte (z.B. Stützen) dürfen die Gleitmöglichkeit der Betonbodenplatte nicht behindern.

Die Randfugen sind in einer Breite auszuführen, die in Abhängigkeit von der Plattenlänge eine genügende Ausdehnungsmöglichkeit bietet. Dies gilt insbesondere dann, wenn aufgrund der Betriebsbedingungen oder durch Sonneneinstrahlung mit Erwärmungen der Betonbodenplatte zu rechnen ist.

Die Längenänderung Δl einer Betonbodenplatte beträgt je 10 Kelvin Temperaturunterschied auf 10 m Länge etwa 1 mm:

Längenänderung $\Delta l \approx \alpha_T \cdot \Delta T \cdot l_0 \approx 10^{-5}\,K^{-1} \cdot 10\,K \cdot 10\,m \cdot 10^3\,mm/m$
$\approx 1\,mm$

Beispiel zur Erläuterung:
Bei einer Betonbodenplatte mit insgesamt 50 m Länge ergibt sich bei einer Temperaturerhöhung von 20 Kelvin gegenüber der Ausgangstemperatur bei der Herstellung der Betonbodenplatte folgende Ausdehnung, die von der Randfuge aufgenommen werden muss:

Längenänderung $\Delta l \approx \alpha_T \cdot \Delta T \cdot l_0 \approx 10^{-5}\,K^{-1} \cdot 20\,K \cdot \frac{1}{2} \cdot 50\,m \cdot 10^3\,mm/m$
$\approx 5\,mm$

Entsprechend den zu erwartenden Längenänderungen am Rand der Betonbodenplatte ist die Breite der Randfugen auszulegen. Üblich sind Randfugen von wenigstens 5 mm Breite, erforderlich können aber auch 10 mm oder in besonderen Fällen 20 mm werden. Eine weiche Fugeneinlage ist stets nötig.

Randfugen stören den Betriebsablauf meistens nicht und werden von den Nutzern der Halle kaum wahrgenommen. Kritisch sind jedoch befahrene Fugen, z.B. im Torbereich. Hierfür sind stets spezielle Fugenprofile erforderlich (Bild 4.14).

Mattenbewehrte Betonbodenplatten

Platten mit „üblichen" Fugenabständen sind in Kapitel 4.6.1 dargestellt. Für „fugenlose" mattenbewehrte Betonbodenplatten ist zum Vermeiden hoher Zwangbeanspruchungen der Einbau einer Gleitschicht unter der Betonbodenplatte erforderlich (Kapitel 4.2.6). Unter den Voraussetzungen, dass keine hohen ständigen Lasten wirken (Regallasten), dass eine ausreichende Bewehrung eingebaut wird und dass Risse mit rechnerischen Rissbreiten von $w_k \approx 0{,}2$ mm Breite hingenommen werden können, sind Fugenabstände über 10 m bis 25 m möglich (Tafel 4.9). Eine derartige Bewehrung sollte einen Querschnitt von möglichst $a_s \approx 8$ cm²/m für die obere und untere Bewehrung haben. Dies sind z.B. mindestens Listenmatten 100·10 / 100·10 mit 7,85 cm²/m. Die Ausführung sollte in der speziellen Ausführungsart S erfolgen (Tafel 4.9 Fußnote [2)]). Ein Nachweis der rechnerisch zu erwartenden Rissbreite ist zu führen.

Stahlfaserbewehrte Betonbodenplatten

„Fugenlose" stahlfaserbewehrte Betonbodenplatten werden meistens nach dem Prinzip der weitgehend freien Bewegungsmöglichkeit auf dem Unterbau hergestellt und erfordern eine Gleitschicht (Kapitel 4.2.6). Dafür gilt im Wesentlichen das Gleiche wie für mattenbewehrte Betonbodenplatten. Sie erfordern für Fugenabstände über 12 m bis 25 m entsprechend Kapitel 4.6.2 einen ausreichend hohen Stahlfasergehalt, um z.B. die Faserbetonklasse F1,4/1,2 zu erreichen. Dies ist mit dem Hersteller des Betons und ggf. mit dem Hersteller der Stahlfasern abzustimmen. Die Gleitfähigkeit auf dem Unterbau darf nicht durch hohe ständige Lasten (z.B. Regallasten) behindert werden. Risse bis etwa 0,20 mm werden sich nicht vermeiden lassen und sind nach entsprechender Vereinbarung vom Auftraggeber hinzunehmen. Die Ausführung sollte unter den Bedingungen der Ausführungsart S erfolgen (Tafel 4.9 Fußnote [2]).

Betonbodenplatten mit Spannlitzen

Betonbodenplatten mit Spannlitzen werden nach dem Prinzip der weitgehend freien Bewegungsmöglichkeit hergestellt. Diese Betonbodenplatten sind in Kapitel 4.6.3 beschrieben. Sie erfordern eine Gleitschicht unter der Betonbodenplatte (Kapitel 4.2.6).

Für das Aufbringen einer Druckspannung in der Betonbodenplatte werden Spanndrahtlitzen oder Monolitzen verwendet (Tafel 4.10). Fugenabstände bis 50 m sind möglich, sodass Betonbodenplatten von 2500 m² Fläche ohne Fugen hergestellt werden können, die auch rissfrei bleiben.

Ob das Herstellen derart großer Flächen in einem Stück mit einem ausführungstechnisch sinnvollen Betonierablauf machbar ist, muss im Einzelfall geklärt werden. Tagesabschnitte in dieser Größenordnung erfordern eine besondere Logistik im Betonierablauf. Erforderlichenfalls sind mehrere Betoniertrupps einzusetzen oder es ist ein Tag- und Nachtbetrieb erforderlich. Besondere Probleme können die dem Betoneinbau nachfolgenden Glättvorgänge für die Oberflächenbearbeitung ergeben. Damit die insgesamt erforderlichen besonderen Maßnahmen kalkuliert werden können, sind Angaben zum fugenlosen Betonieren in der Leistungsbeschreibung zu machen. Eine Abstimmung zwischen allen Beteiligten ist erforderlich. Es ist sinnvoll, auch den Hersteller der Spannlitzen einzuschalten, denn hier liegen entsprechende Erfahrungen vor.

Betonbodenplatten mit Spannlitzen auf Gleitschicht können fugenlos hergestellt werden. Man kann davon ausgehen, dass sie dauerhaft rissfrei bleiben.

4.7.2 Betonbodenplatten mit gewalztem Beton

Der Einsatz von gewalztem Beton ist bei mehreren Anwendungsbereichen möglich z.B.:

- Auffüllungen von Arbeitsräumen, Böschungen o.Ä. unter hoch belasteten Flächen, sofern gewalzt werden kann,
- Betontragschichten unter einer Betonbodenplatte (Kapitel 4.2.3),
- Betonbodenplatten mit zusätzlichem Belag.

Bei Betonbodenplatten aus gewalztem Beton (Walzbeton) wird im Prinzip von einer festen Verbindung mit dem Unterbau ausgegangen. Gewalzter Beton ist für die Herstellung bewehrter Betonbodenplatten nicht geeignet, diese Betonbodenplatten sind unbewehrt. Der gewalzte Beton sollte mindestens der Betonfestigkeitsklasse C25/30 entsprechen. Ein Nachweis ist nur durch die nachträgliche Entnahme von Bohrkernen möglich. Übliche Einbaudicken betragen 18 bis 24 cm. Die Anwendung von Betonbodenplatten mit gewalztem Beton sollte auf den Beanspruchungsbereich 1 gegrenzt werden (Tafel 4.6). Eine Anwendung für höhere Beanspruchungsbereiche ist im Spezialfall mit dem Hersteller detailliert abzuklären.

Voraussetzung für Betonbodenplatten aus gewalztem Beton ist, dass die Fläche einwandfrei gewalzt werden kann. Stützen oder andere Einbauten innerhalb der Fläche (z.B. Kanäle und Schächte) behindern das Walzen und können Minderfestigkeiten des Betons in diesen Einflussbereichen bewirken. Diese Bereiche sind daher im Handbetrieb zu verdichten, z.B. mit Stampfern oder Rüttelplatten.

Ein richtig zusammengesetzter, gewalzter Beton ist sehr steif und hat einen geringen Zementleimbedarf. Bei guter Verdichtung sollen sich die Gesteinskörner möglichst gegenseitig abstützen, sodass der Beton theoretisch keinen Anlass zum Schwinden hat. Eine vollständige Abstützung der Gesteinskörnung wird praktisch nicht erreicht. Dennoch ist das Schwinden des Betons geringer als bei einem Beton üblicher Zusammensetzung. Diese günstige Baustoffeigenschaft und das einfache Einbauverfahren ermöglicht die Herstellung großflächiger Betonbodenplatten ohne Fugen. Randfugen sind auch hierbei erforderlich.

Da Oberflächen des gewalzten Betons keine ausgesprochene Ebenflächigkeit und keinen besonderen Oberflächenschluss aufweisen, ist das Aufbringen einer Deckschicht erforderlich. Für Deckschichten haben sich elastisch-plastische Beläge bewährt. Die Deckschicht ist z.B. 10 mm bis 20 mm dick und besteht aus feiner Gesteinskörnung mit modifizierter Kunstharz-Bitumen-Dispersion sowie Zement als Bindemittel. Hierfür sind verschiedene Spezialverfahren entwickelt worden, die auch von Spezialfirmen eingebaut werden. Die gewalzten Betonbodenplatten werden aus zwei Schichten hergestellt, die im Verbund wirken.

Betonbodenplatten aus gewalztem Beton ohne Deckschicht bzw. Verschleißschicht sind in der Regel nur bei untergeordneten Nutzungen ausreichend, z.B. für Baustraßen oder provisorische Zufahrten bzw. Lagerflächen.

Die zulässige Größe fugenloser Flächen ist mit dem Hersteller im Einzelfall abzuklären.

4.7.3 Betonbodenplatten mit fester Verbindung zum Unterbau

Bei diesem Konstruktionsprinzip von Spezialunternehmen wird von der Überlegung ausgegangen, dass die Betonbodenplatte mit dem Unterbau fest verbunden sein muss. Im Idealfall wäre das beim Betonieren einer Betonbodenplatte auf rauer und griffiger Felsoberfläche gegeben. Hierbei könnte sich die Betonbodenplatte nicht bewegen, weil sie mit dem Untergrund fest verzahnt ist und dieser Untergrund keine Bewegungen mitmacht.

Alle Spezialverfahren dieser Bauart zielen darauf ab, eine möglichst feste Verbindung mit dem Unterbau zu erreichen. Diesem Ziel kommt man beispielsweise mit einer genügend dicken und sehr gut verdichteten Schottertragschicht näher, wenn die Oberfläche eine starke Verzahnung mit der Betonbodenplatte ermöglicht. Die verbleibenden Vertiefungen zwischen den oberen Gesteinskörnern soll der Beton ausfüllen, wodurch die erforderliche Verzahnung erreicht werden kann. Der Beton sollte nicht bluten, die Schottertragschicht ist vor dem Betonieren anzufeuchten.

Das Ziel dieses speziellen Ausführungsprinzips ist es, dass sich die Betonunterseite weder beim Abfließen der Hydratationswärme noch beim nachfolgenden Schwinden ver-

Bild 4.20:
Einbau und Verdichtung von gewalztem Beton
[Werkfoto: RINOL Deutschland GmbH, DFT Industrieboden GmbH]

kürzen kann. Das bedeutet, dass sich das Verkürzungsbestreben des Betons nur zwischen den eng beieinander liegenden Verzahnungspunkten abspielen kann und soll. Die dabei entstehenden mikrofeinen Risse haben keine ungünstigen Auswirkungen auf die dauerhafte Funktionsfähigkeit der Betonbodenplatte. Mit dem ausführenden Spezialunternehmen ist der Einzelfall genauestens abzuklären. Außerdem ist es erforderlich, dass eine Gewährleistung für eine Oberfläche der Betonbodenplatte abgegeben wird, die keine Risse über einem bestimmten Grenzwert aufweist, z.B. $w \leq 0{,}20$ mm.

4.8 Betonböden mit Förderkettensystemen

Für Lager- und Umschlaghallen von Frachtzentren ist ein schneller und wirtschaftlicher Betriebsablauf von großer Bedeutung. Die Basis hierfür können Förderkettensysteme sein, die in die Betonbodenplatte oberflächenbündig eingebaut werden. Diese innerhalb der Betonbodenplatte laufenden Förderkettensysteme transportieren Fördergeräte, die in einem geschlossenen Kreis in der Halle umlaufen und an den entsprechenden Stellen ausgeklinkt werden (Bild 4.21).

Zusätzlich können Abzweige das Förderkettensystem erweitern. Gabelstapler und andere Förderfahrzeuge, die auf der Betonbodenplatte laufen, können die Kettenschienen des Fördersystems im Querverkehr überfahren. Sie ergänzen somit die Transportvorgänge in den Hallen zu einem sinnvollen Gesamtablauf. Da die eingebauten Kettenschienen in die Betonbodenplatte einschneiden, sind besondere Maßnahmen erforderlich (Bild 4.22).

Auch andere Elemente für das Förderkettensystem, wie Antriebsschächte, Weichenboxen, Reinigungsboxen oder Erkennungsboxen, werden oberflächenbündig eingebaut und schwächen somit die Betonbodenplatte in diesen Bereichen.

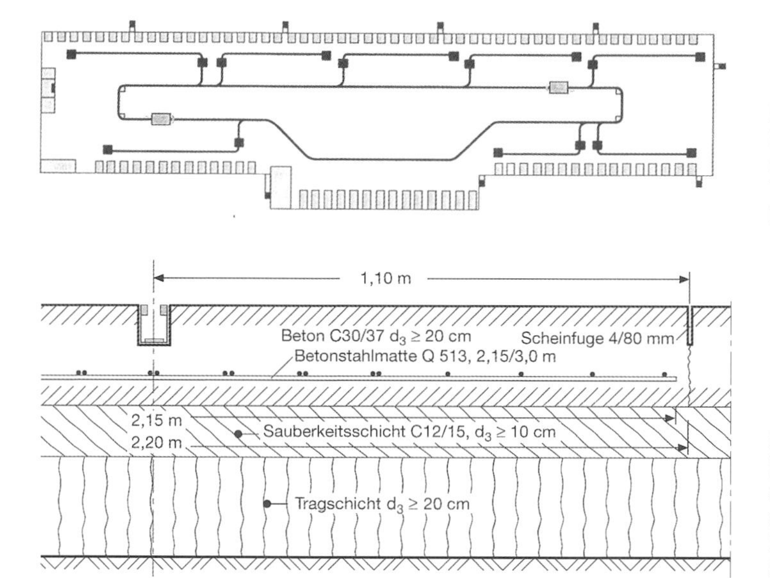

Bild 4.21: Beispiel eines Grundrisses für ein Fracht-Terminal mit Förderkettensystem [L25]

Bild 4.22: In die Betonbodenplatte einschneidende Kettenschiene mit zusätzlicher Bewehrung in der Betonbodenplatte [L25]

Für die Unterkonstruktion (Untergrund, Tragschicht) gelten im Wesentlichen die gleichen Grundsätze wie für andere Betonböden. Es kommen jedoch einige Besonderheiten hinzu:

Schächte für das Antriebssystem sollten als Fertigteile hergestellt und im Zuge der Gründungsarbeiten der Hallenkonstruktion auf tragfähigem Untergrund mit Hebezeugen versetzt werden.

Unterbeton für die Montage des Förderkettensystems muss eine feste Auflagerung schaffen, damit die Kettenschienen auf genaue Höhe eingebaut und verankert werden können. Der Unterbeton dient gleichzeitig als Sauberkeitsschicht. Nach der Montage kann ein direktes Einbetonieren der Kettenschienen in die Betonbodenplatte erfolgen.

Grenzwerte der Beanspruchung: Für nachstehende Grenzwerte kann die im Folgenden beschriebene Verstärkung der Betonbodenplatte im Bereich der Kettenschienen vorgesehen werden:

Lastgröße als Einzellast	Q	$\leq$ 40 kN
Kontaktpressung	p	$\leq$ 1 N/mm^2 bzw. 10 bar
Lastwechselzahl	n	$\leq$ 200 pro Tag

Für größere Beanspruchungen sind weitergehende Maßnahmen im Einzelfall festzulegen.

Zusätzliche Maßnahmen für die Betonbodenplatte, die im Bereich der Förderkettenschienen erforderlich sind:

- Betonbodenplatte $d \geq 200$ mm,
- Betonfestigkeitsklasse C30/37 mit Zugfestigkeit $f_{ctk;95} \geq 3{,}8$ N/mm^2,
- Hartstoffschicht CT-C60-F 9A-V15 nach DIN 18560-7,
- Bewehrung unter den Kettenschienen mit Betonstahlmatten Q 524 A auf 2,15 m Breite (Bild 4.22),
- Verankerung der Kettenschienen im Beton mit Ankern (Bild 4.23),
- Scheinfugen beiderseits der Kettenschienen in etwa 1,10 m Abstand.

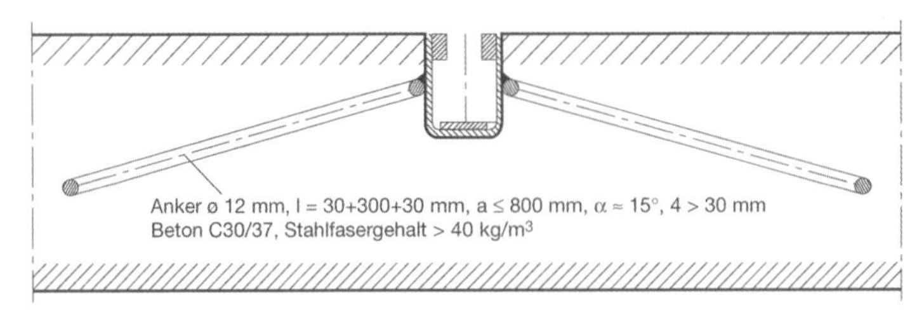

Bild 4.23:
Verankerung der Kettenschiene zur festen Verbindung mit der Betonbodenplatte durch angeschweißte Anker [L25]

4.9 Fertigteile im Betonbodenbereich

Unterschiedliche Fertigteile sind für Hallen- und Freiflächen einsetzbar. Dies können z.B. Fertigteilplatten, Gleisplatten, Schächte, Kanäle oder Entwässerungsrinnen sein. Im weitesten Sinne gehören zu den Fertigteilen im Betonbodenbereich auch Betonpflastersteine. Flächen mit Betonpflastersteinen, die durchaus für Freiflächen zur Ausführung kommen können, sind jedoch nicht Gegenstand dieses Buches.

4.9.1 Fertigteile für die Flächenbefestigung

Großflächenplatten

Fertigteilplatten aus Stahlbeton mit einem Standardmaß von 2 m x 2 m werden als Großflächenplatten bezeichnet. Sie sind einzusetzen für normal belastbare Flächenbefestigungen, für stark frequentierte Fahr- und Lagerflächen sowie als Schwerlastplatten für Schwerverkehr. Die Plattendicke beträgt im Allgemeinen 140 mm. Die Platten bestehen aus Beton C45/55 und haben rutschhemmende Oberflächen. Für schwere Belastungen sind Dicken von 160 mm bzw. 180 mm zu wählen. Die Kanten sind mit Fase von 5 mm oder mit Stahlwinkeln zur Kantenverstärkung ausgebildet (Bild 4.24).

Die Großflächenplatten werden in einem 30 bis 50 mm dicken Feinplanum aus Hartsteinsplitt 2/5 mm auf der Tragschicht verlegt. Die Fugen werden mit Hartsteinsplitt 2/5 mm geschlossen. Im Bereich flüssigkeitsdichter Flächen sind nur Platten mit Allgemeiner bauaufsichtlicher Zulassung zu verwenden. Die Fugen sind bis 45 mm unter OK Platten mit Hartsteinsplitt zu füllen. Nach dem Einbringen des Fugenstützprofils sind die Fugen mit einem den Anforderungen entsprechenden Fugenvergussmaterial zu schließen.

Außer dem Standardmaß von 2 m x 2 m stehen auch Ergänzungsplatten von 1,5 m, 1,25 m oder 1,0 m Breite zur Verfügung.

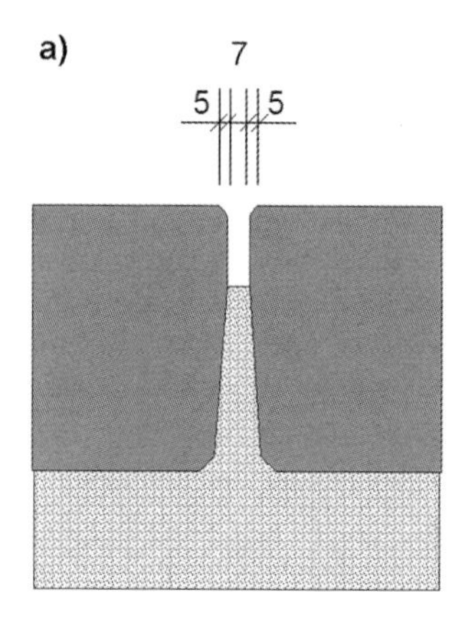

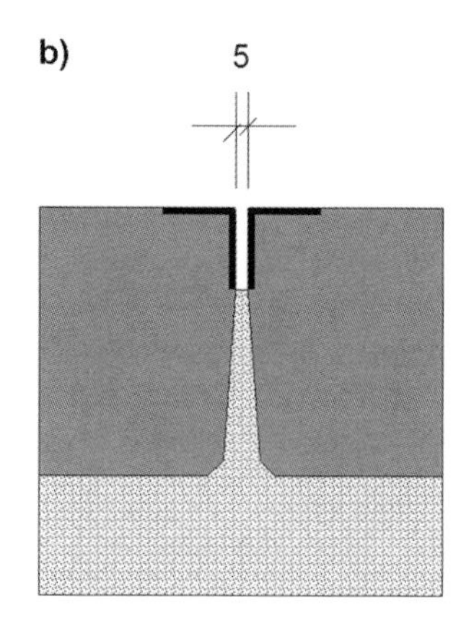

Bild 4.24: Fugenausbildung bei Großflächenplatten[System: Stelcon]
a) Kanten mit 5 mm Fase, 7 mm breite Stoßfugen
b) Kanten mit Stahlwinkel-Einfassung, 5 mm breite Stoßfugen

Bild 4.25: Containerfläche mit Großflächenplatten [Werkfoto: BTE Stelcon Deutschland GmbH]

Bild 4.26: Freifläche im Hafenbereich mit Großflächenplatten [Werkfoto: BTE Stelcon Deutschland GmbH]

Mittelflächenplatten

Stahlbetonplatten mit einem Standardmaß von 1,0 m x 1,0 m. Sie haben Dicken von 120 und 140 mm und bestehen aus Stahlbeton C45/55 für übliche Verkehrsbelastung. Für Schwerlastbeanspruchung oder Befahren durch Kettenfahrzeuge werden 160 mm dicke Platten mit einer verschweißten Ummantelung aus 6 mm starkem Blech hergestellt. Diese Stahlblechmantelplatten oder Panzerplatten sind dort einsetzbar, wo Betonoberflächen den äußerst harten Beanspruchungen nicht widerstehen können. Die Oberflächen können in glatter Ausführung oder für hohe Trittsicherheit mit Tränenblech hergestellt werden. Die Verlegung erfolgt wie bei Großflächenplatten.

Kleinflächenplatten und Stahl-Ankerplatten

Mit einem Standardmaß von 300 mm x 300 mm werden Kleinflächenplatten in 30 mm Dicke als Hartbetonplatten mit Hartstoffen bzw. Stahlspänen an der Oberfläche hergestellt. Außerdem sind für besonders harte Beanspruchungen Stahlankerplatten aus 3 mm dickem Stahlblech aus Normalstahl bzw. V2A-Stahl einsetzbar. Die Kanten können rundkantig oder scharfkantig ausgebildet werden (Bild 4.14 a) und b).

Die 30 mm dicken Hartbetonplatten und auch die Stahlankerplatten aus 3 mm dickem Blech werden auf einem Tragbeton aus Beton C25/30 mit Haftschlämme in Mörtelbett aus Zementmörtel verlegt. Für Stahlankerplatten muss das Mörtelbett 40 bis 60 mm dick sein. Der Verlegemörtel muss aus sämtlichen Schlitzen der Stahlankerplatten oberflächenbündig herausquellen.

4.9.2 Fertigteile für den Gleisbereich

Für Lager- und Produktionshallen, insbesondere Werkhallen, erfolgt die Anlieferung der Rohstoffe oder Auslieferung der Produkte auch über die Bahn. Die hierzu erforderlichen Gleisanlagen würden den Betriebsablauf behindern, wenn nicht besondere Maßnahmen greifen würden und die Gleise durch andere Fahrzeuge (Lkw, Gabelstapler) nicht überfahrbar wären.

Gleis-Auskleidungsplatten

Im Gleisbereich ist das Verlegen von Gleis-Auskleideplatten eine sichere und wirtschaftliche Maßnahme. Diese Großflächenplatten werden im Rastermaß als Gleismittelplatten und Gleisrandplatten mit oder ohne umlaufenden Stahlwinkel als Kantenschutz hergestellt. Sie sind sowohl für Kopfschienen als auch für Rillenschienen einsetzbar. Die Breite der Gleis-Auskleideplatten entspricht der Spurweite des Gleises. Die Platten werden zwischen den Schienen auf der Tragschicht verlegt, damit ein Überfahren von Gleisen im Lagerflächenverkehr möglich ist, z.B. im Bereich der Anlieferung durch die Bahn (Bild 4.27). Die Art der Tragschicht ist vom Planer anzugeben.

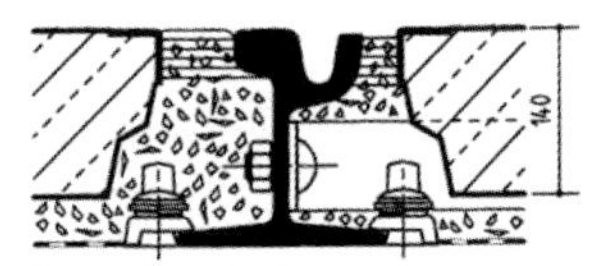

Detail mit Kopfschiene

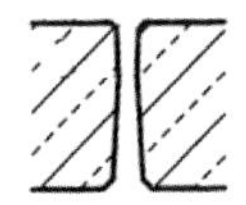

Großflächenplatten ohne Rahmen (=MB)

Bild 4.27:
Gleisauskleidung bei einer Rillenschiene mit Gleis-Auskleideplatten [System: Stelcon]

Bild 4.28:
Gleisauskleidungsplatten
[Werkfoto: BTE Stelcon
Deutschland GmbH]

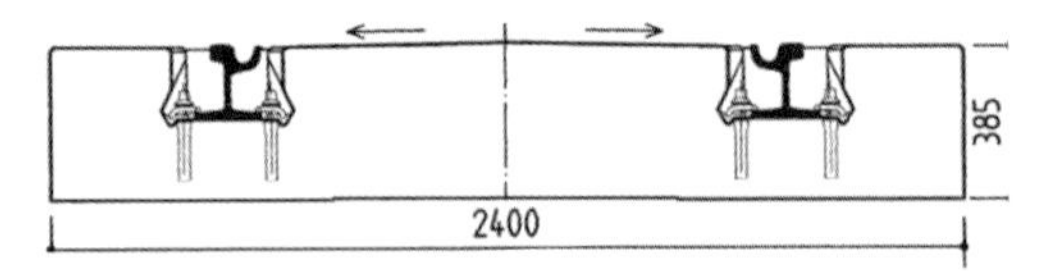

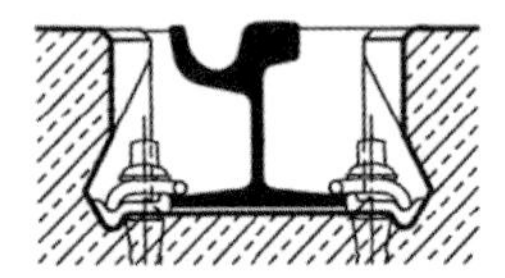

Bild 4.29:
Gleis-Tragplatte aus Stahlbeton zur direkten Befahrbarkeit des Gleisbereichs durch Fahrzeuge und zur Befestigung der Schienen [System: Stelcon]
a) Querschnitt
b) Detail

Gleis-Tragplatten

Gleis-Tragplatten bilden die tragende Konstruktion zur Befestigung des Gleisbereichs und dienen gleichzeitig der Befestigung der Schienen (Bild 4.29). Die Schienen werden auf der Gleittragplatte mit Spannklemmenverbindungen befestigt. Der Gleisbereich kann ebenfalls von Fahrzeugen überquert werden. Die Gleistragplatten liegen auf einer Tragschicht, die im Rahmen der Planung festzulegen ist.

Gleiswannen

Für den sicheren Umgang mit wassergefährdenden Stoffen im Gleisbereich wie auch für den speziellen Einsatz in Waschanlagen wurden Gleiswannen aus Stahlbeton entwickelt. Diese Gleiswannen können oberflächenbündig mit Betonabdeckplatten oder Gitterrost ab-

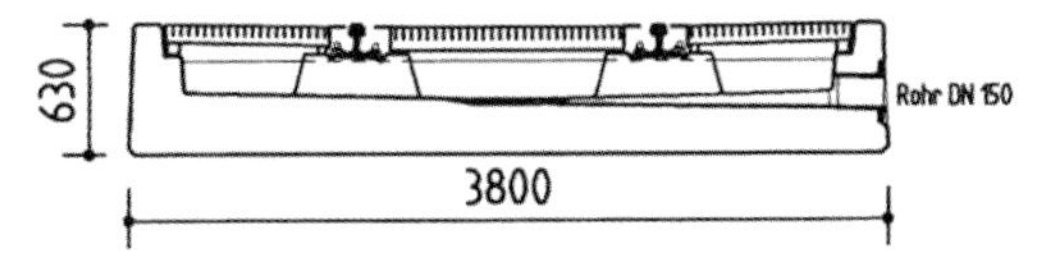

Bild 4.30:
Querschnitt durch eine Gleiswanne mit
Abflussrohr DN 150 beim Umgang mit
wassergefährdenden Stoffen [System: Stelcon]

gedeckt werden (Bild 4.30). Dadurch ist auch in diesem Bereich ein Querverkehr durch Lkw oder Stapler möglich. Die Gleiswannen liegen auf einer Tragschicht, die abhängig von den Belastungen anzugeben ist.

Gleis-Arbeitsgruben

Für Wartungs- und Reparaturarbeiten von Schienenfahrzeugen des Werkverkehrs sind Arbeitsgruben unter der Gleisanlage erforderlich. Auch hierfür werden werkmäßig Stahlbeton-Fertigteile hergestellt. Die Verlegung erfolgt auf einer Tragschicht, z.B. einer Betontragschicht.

4.10 Gedämmte Betonböden

Für den Einbau von Wärmedämmschichten kann es unterschiedliche Gründe geben:

- bei Flächen im Freien auf frostempfindlichen Böden gegen Austausch eines frostsicheren Materials (Kapitel 4.2.3),
- bei beheizten Betonbodenplatten oder bei Flächen in Hallen zur Verbesserung des Raumklimas bzw. wegen Anforderungen zur Energieeinsparung,
- bei gekühlten Betonbodenplatten oder Kühllagern zum Schutz des Untergrundes gegen Auffrieren.

Ganz allgemein ist bei beheizten oder gekühlten Betonbodenplatten eine Wärmedämmung nötig. Hinsichtlich der Wärmedämmung ist zu unterscheiden zwischen Freiflächen, Arbeitsstätten und Aufenthaltsräumen.

Regelungen für diesen Bereich enthalten die Landesbauordnungen LBO, die Arbeitsstätten-Verordnung, die Arbeitsstätten-Richtlinien, die Energieeinsparverordnung EnEV und die DIN 4108-2 „Wärmeschutz und Energieeinsparung in Gebäuden, Mindestanforderungen an den Wärmeschutz“ [N20].

4.10.1 Anforderungen an den Wärmeschutz

Unter großflächigen Gebäuden bildet sich im Erdreich eine Wärmelinse aus. Schon dadurch kann bei Betonbodenplatten in Hallen der Mindestwärmeschutz erreicht werden. Allerdings bildet der Randbereich von Hallen eine Wärmebrücke. Daher muss mindestens ein Randstreifen unter der Betonbodenplatte gedämmt werden. Für die Wärmeleitfähigkeit des Erdreichs ist die Breite des Randstreifens nach den bauphysikalischen Anforderungen zu bemessen. Hierfür kann ein Randstreifen von 1,5 m bis 3,0 m ausreichen. Die gleiche Wirkung wie ein horizontal gedämmter Randstreifen kann eine vertikal angeordnete Dämmschicht am Randsockel bzw. Randfundament bringen, wenn die Dämmschicht etwa 1 m tief reicht [L18].

Beheizte Gebäude müssen nach der Energieeinsparverordnung EnEV bestimmte Anforderungen erfüllen. Höchstwerte des Transmissionswärmeverlusts H_T' und ggf. des Jahres-Primärenergiebedarfs Q_p sowie des Wärmedurchgangs U_{max} dürfen nicht überschritten werden. Betonböden sind den Bauteilflächen gleichzusetzen, die das Gebäude umschließen und auf dem Erdreich liegen. Die Anforderungen an die Gebäude bzw. Gebäudeteile sind abhängig von der Art des Gebäudes entsprechend des jeweiligen Verwendungszwecks. Die Energieeinsparverordnung EnEV unterscheidet (im Hinblick auf Betonböden) folgende Gebäude.

Gebäudearten:

1. Gebäude, die ganz oder deutlich überwiegend zum Wohnen genutzt werden;
2. Gebäude mit normalen Innentemperaturen, die nach ihrem Verwendungszweck auf eine Innentemperatur von 19 °C und mehr sowie jährlich mehr als vier Monate beheizt werden;
3. Gebäude mit niedrigen Innentemperaturen, die nach ihrem Verwendungszweck auf eine Innentemperatur von mehr als 12 °C und weniger als 19 °C sowie jährlich mehr als vier Monate beheizt werden, einschließlich der Räume für Heizung und Warmwasserbereitung;
4. Gebäude mit Innentemperaturen unter 12 °C. Für diese Gebäude werden an den Mindestwärmeschutz keine Anforderungen gestellt.

Betriebsgebäude, soweit sie nach ihrem Verwendungszweck großflächig und lang anhaltend offen gehalten werden müssen, fallen nicht in den Gültigkeitsbereich der Energieeinsparverordnung EnEV.

Nach der Energieeinsparverordnung EnEV und nach DIN 4108-2:2001 sind sowohl für beheizte Gebäude mit normalen Innentemperaturen als auch für beheizte Gebäude mit niedrigen Innentemperaturen bestimmte Höchstwerte des spezifischen Transmissionswärmeverlust H_T' einzuhalten (EnEV Anhänge 1 und 2, Tabelle 1). Dieser auf die wärmeübertragende Umfassungsfläche bezogene Transmissionswärmeverlust H_T' ist abhängig vom Verhältnis A/V_e. Hierbei ist A die wärmeübertragende Umfassungsfläche und V_e das beheizte Gebäudevolumen V_e, das von der wärmeübertragenden Umfassungsfläche A umschlossen wird. Bei beheizten Gebäuden mit normalen Innentemperaturen sind außerdem Höchstwerte des Jahres-Primärenergiebedarfs Q_p einzuhalten (EnEV Anhang 1 Tabelle 1).

An die Wärmedämmung unter Bodenplatten, die beheizte Gebäude mit normalen Innentemperaturen nach unten abschließen und auf dem Erdreich liegen, sind außerdem Anforderungen an den Mindestwärmeschutz nach DIN 4108-2:2001 Tabelle 3 einzuhalten:

Für Gebäude mit Innentemperaturen über 19 °C, die jährlich mehr als vier Monate beheizt werden, gilt für den Mindest-Wärmedurchlasswiderstand:

im Außenrandbereich: $R \geq 1{,}20\ m^2 \cdot K/W$
unter der Bodenplatte bis 5 m vom Außenrand: $R \geq 0{,}90\ m^2 \cdot K/W$

Für Gebäude mit Innentemperaturen mehr als 12 °C und weniger als 19 °C, die jährlich mehr als vier Monate beheizt werden, gilt für den Mindest-Wärmedurchlasswiderstand:

im Außenrandbereich: $R \geq 0{,}55\ m^2 \cdot K/W$
unter der Bodenplatte bis 5 m vom Außenrand: $R \geq 0{,}90\ m^2 \cdot K/W$

Für Industriegebäude mit Innentemperaturen unter 12 °C und mit Innentemperaturen mehr als 12 °C und weniger als 19 °C, die jährlich weniger als vier Monate beheizt werden: *keine Anforderungen*

Nach der Arbeitsstättenverordnung müssen Standflächen an Arbeitsplätzen unter Berücksichtigung der Art des Betriebs und der körperlichen Tätigkeit der Arbeitnehmer eine ausreichende Wärmedämmung besitzen. Eine Mindest-Oberflächentemperatur von 18 °C wird auch durch eine Wärmedämmung unter der Bodenplatte kaum einzuhalten sein. Dafür ist die Wärmeleitfähigkeit der dicken Betonbodenplatte meistens zu groß.

Hinweis:
In Arbeitsbereichen, bei denen Mitarbeiter längere Zeit stehend tätig sind, kann die Oberfläche als „nicht fußwarm" empfunden werden, obwohl die Betonbodenplatte auf einer Dämmschicht liegt. Die Fußbodenfläche wird ähnlich wie bei Natursteinfußböden wegen der Wärmeableitung als kalt empfunden. In diesen Fällen ist zu klären, ob diese Bereiche mit einer Flächenheizung versehen werden müssen: Dies ist z.B. in Flugzeug-Wartungshallen erforderlich, sofern nicht andere Maßnahmen ergriffen werden. Kapitel 4.11 behandelt Betonböden mit Flächenheizung, Kapitel 9.7 zeigt Einzelheiten zum Einbau von Wärmedämmschichten.

4.10.2 Ausnahmeregelungen

Nach § 5 des Energieeinsparungsgesetzes EnEG müssen die Anforderungen nach dem Stand der Technik erfüllbar und wirtschaftlich vertretbar sein. Die Anforderungen gelten als wirtschaftlich vertretbar, wenn die erforderlichen Aufwendungen innerhalb der üblichen Nutzungsdauer durch die eintretenden Einsparungen erwirtschaftet werden können.

Auf Antrag kann von den Anforderungen befreit werden, soweit diese im Einzelfall wegen besonderer Umstände durch einen unangemessenen Aufwand oder in sonstiger Weise zu einer unbilligen Härte führen. Zuständig hierfür ist die untere Bauaufsichtsbehörde, z.B. Bauordnungsamt.

4.10.3 Wärmedämmstoffe

Wärmedämmschichten unter Betonbodenplatten müssen die einwirkenden Belastungen aus der Nutzung der Gebäude auf den Unterkonstruktion übertragen. Sie sollten die gleiche Steifigkeit haben wie die Tragschicht. Wegen der hierfür erforderlichen Druckfestigkeit sind z.B. Dämmschichten aus folgenden werkmäßig hergestellten Dämmstoffen geeignet:

- Dämmplatten aus extrudiertem Polystyrolschaum (XPS)
  entsprechend der Bauregelliste B Teil 1 Nr. 1.5.3
  nach DIN EN 13164:2001,
  Wärmeleitfähigkeit $\lambda = 0{,}035 \ldots 0{,}040$ W/(m · K)
- Dämmplatten aus Schaumglas (CG) (Bild 4.31)
  entsprechend der Bauregelliste B Teil 1 Nr. 1.5.6,
  nach DIN EN 13167:2001,
  Wärmeleitfähigkeit $\lambda = 0{,}045 \ldots 0{,}060$ W/(m · K)
- Schüttung aus Schaumglas-Schotter (SGS)
  als gebrochenes Material aus vorstehendem Schaumglas,
  nach Allgemeiner bauaufsichtlicher Zulassung,
  Rechenwert der Wärmeleitfähigkeit $\lambda_R = 0{,}14$ W/(m · K),
  erforderliche Mindestdicke 150 mm, höchstzulässige Dicke 500 mm
- Porenleichtbeton mit Schaumbildner als Transportbeton nach Allgemeiner bauaufsichtlicher Zulassung und Angaben des Herstellers
  Wärmeleitfähigkeit $\lambda_R = 0{,}48$ W/(m · K) bei $\rho_R = 1200$ kg/m^3 mit $f_{ck} = 4{,}0$ N/mm^2
  Wärmeleitfähigkeit $\lambda_R = 0{,}62$ W/(m · K) bei $\rho_R = 1400$ kg/m^3 mit $f_{ck} = 7{,}0$ N/mm^2
  Wärmeleitfähigkeit $\lambda_R = 0{,}84$ W/(m · K) bei $\rho_R = 1600$ kg/m^3 mit $f_{ck} = 14$ N/mm^2
- Leichtbeton mit expandierten Polystyrolkugeln als Zuschlag (EPS-Beton) als Transportbeton nach Allgemeiner bauaufsichtlicher Zulassung und Angaben des Herstellers

Die Dämmstoffe müssen einer werkseigenen Produktionskontrolle unterliegen sowie einer regelmäßigen Fremdüberwachung einschließlich einer Erstprüfung. Hierüber ist ein Übereinstimmungszertifikat vorzulegen.

Für den Einbau von Wärmedämmschichten enthält Kapitel 9.7 entsprechende Hinweise.

4.10.4 Betonbodenplatte

Die Betonbodenplatten können in gleicher Weise hergestellt werden wie bei anderen Betonböden: unbewehrt oder bewehrt entsprechend des Bemessungsergebnisses. Der Tragfähigkeitsnachweis für wärmegedämmte Betonböden kann gemäß Kapitel 8.7 erfolgen.

Die Fugenausbildung kann ebenfalls in gleicher Weise wie bei anderen Betonböden erfolgen. Jedoch sollten die Fugen bei Betonbodenplatten auf Dämmschichten stets verdübelt

Bild 4.31: Betonbodenplatte mit Wärmedämmung [Werkfoto: Foamglas Deutsche Pittsburgh Corning GmbH]

werden. Damit soll im Fugenbereich eine bessere Kraftübertragung stattfinden, die zu geringeren Verformungen im Fugenbereich führt.

4.10.5 Schichtenaufbau

Der Schichtenaufbau, der sich bei Wärmedämmschichten insgesamt ergibt, ist folgender (Bild 4.31):

- Untergrund, verdichtet und tragfähig (Kapitel 4.1.2 und 4.2.1),
- Tragschicht (Bild 4.4),
- Sauberkeitsschicht (Kapitel 4.2.4),
- Wärmedämmung, verlegt nach Herstelleranweisung (Kapitel 9.7),
- Trennlage (Kapitel 4.2.5),
- erforderlichenfalls Schutzschicht (Kapitel 4.2.7),
- Betonbodenplatte nach Bemessung.

Im Einzelfall ist (in Abstimmung mit dem Dämmstoffhersteller) zu entscheiden, ob eine Schutzschicht erforderlich ist oder ob die Betonbodenplatte direkt auf die Dämmschicht betoniert werden kann.

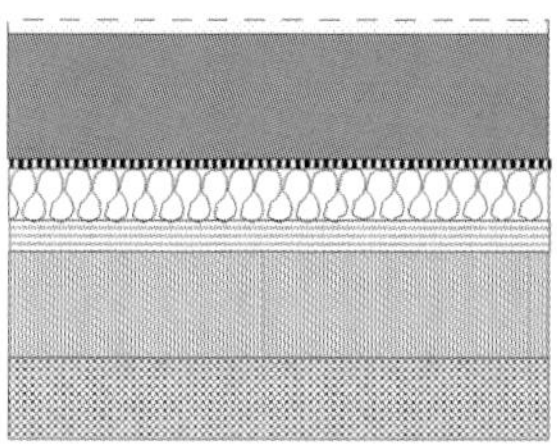

ggf. Oberflächenbelag
Betonbodenplatte
Folie als Trennlage
Wärmedämmung
Sauberkeitsschicht
Tragschicht
Untergrund

Bild 4.32:
Querschnitt durch einen wärmegedämmten Betonboden

4.10.6 Bemessungshilfe für Wärmedämmungen bei Betonbodenplatten

In [L18] wird ein Verfahren zur Bemessung von Wärmedämmschichten unter Betonbodenplatten angeboten. Bild 4.33 zeigt einen lotrechten Schnitt durch den Rand einer Betonbodenplatte auf Dämmung mit einer lotrechten Dämmung am Außenbauteil. Der von innen nach außen verlaufende Wärmestrom läuft durch das Erdreich bis zur Außenluft. Hierbei ist die Wärmeleitfähigkeit λ_E des Erdreichs zu berücksichtigen.

Der Wärmedurchlasswiderstand des Erdreichs $R_E = d_E / \lambda_E$ ist in starkem Maße von der Größe der Hallenbodenfläche A_G abhängig, aber auch von der Form des Grundrisses. Ein schmaler Grundriss hat mehr Randbereiche als ein quadratischer Grundriss gleicher Flächengröße. Dieser Einfluss kann dadurch erfasst werden, dass die Hallenbodenfläche A_G mit Hilfe ihres Umfangs P (Peripherie, Perimeter) auf ein sogenanntes charakteristisches Bodenplattenmaß B' umgerechnet wird:

$$\text{Bodenplatte } B' = \frac{A_G}{(P/2)} = 2 \cdot \frac{A_G}{P} \qquad \text{(Gl. 4.3)}$$

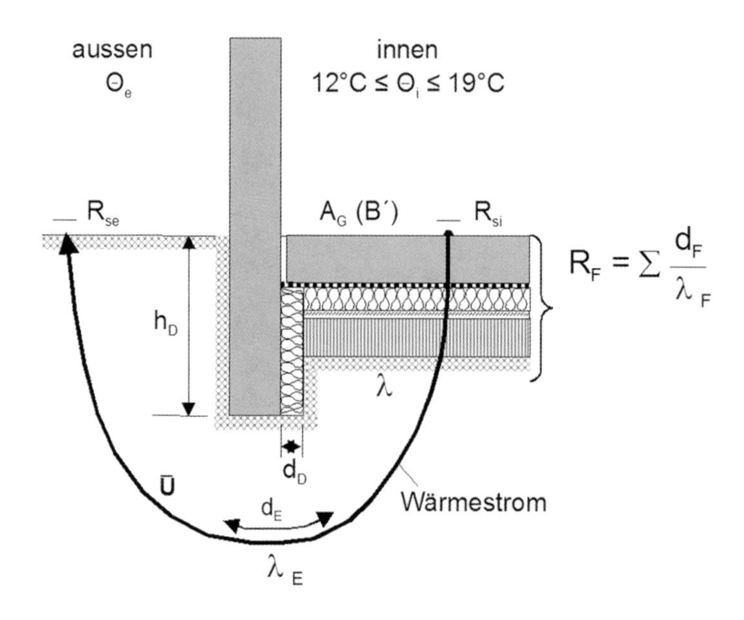

Bild 4.33:
Querschnitt durch den Randbereich einer Betonbodenplatte auf Dämmung und lotrechter Dämmung am Außenbauteil mit Darstellung des Wärmestroms [L18]

Im zugehörigen Bemessungsdiagramm sind die Wärmeverluste von erdberührenden Bodenplatten dargestellt (Bild 4.34). Dabei wurden die Wärmeverluste U mit Hilfe von DIN EN ISO 13370 „Wärmeübertragung über das Erdreich. Berechnungsverfahren" Ausgabe 1998-12 ermittelt. Auf diese Norm wird in der Energieeinsparverordnung EnEV indirekt Bezug genommen. Auch DIN 4108-6 verweist auf diese Norm.

An die einzelnen Bauteile der umschließenden Gebäudehülle werden zwar in der Energieeinsparverordnung EnEV keine Anforderungen gestellt, aber der durch die gesamte Gebäudehülle erfolgende Wärmeverlust H_T' muss unterhalb einer vorgegebenen Grenze liegen. Diese Grenze für Temperaturen $\Theta_i < 19\ °C$ ist im Diagramm Bild 4.34 gekennzeichnet durch das charakteristische Bodenplattenmaß B' eingetragen. Außerdem sind die Wärmedurchgangskoeffizienten U dargestellt, und zwar für ungedämmte Bodenplatten, Bodenplatten mit vertikaler Randdämmung und vollflächig gedämmte Bodenplatten.

Die auf der Ordinate angegebenen „scheinbaren" Wärmedurchgangskoeffizienten U können deswegen in dieser Form angegeben werden, weil die auf dem Erdreich liegende Bodenplatte formal wie ein an die Außenluft grenzendes Bauteil behandelt wird. Damit sind die U-Werte mit dem Transmissionswärmeverlust H_T' vergleichbar, denn in der Fläche der Bodenplatte sind keine wirksamen Wärmebrücken vorhanden und die Wärmebrücken am Rand wurden berücksichtigt. Aus dem Bild ist zu ersehen, dass nur bei ungedämmten Bodenplatten mit kleinem Bodenplattenmaß B' der Wärmedurchgang U größer ist als der von der gesamten Gebäudehülle einzuhaltende Mittelwert des Transmissionswärmeverlustes H_T'.

Beispiel zur Erläuterung

Für eine Halle mit den Abmessungen $L \cdot B = 30\ m \cdot 20\ m$ wird das Bodenplattenmaß B' ermittelt:

$$\text{Bodenplatte } B' = \frac{A_G}{0,5 \cdot P} = \frac{30\ m \cdot 20\ m}{30\ m + 20\ m} = 12\ m$$

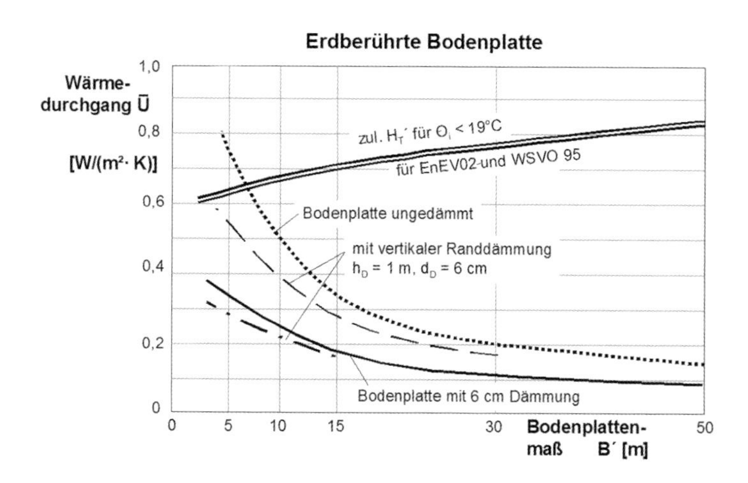

Bild 4.34: Bemessungsdiagramm für die Wärmedämmung erdberührter Bodenplatten [L18]

Aus Bild 4.33 ist zu entnehmen:

$U = 0{,}44\ W/(m^2 \cdot K)$	für ungedämmte Bodenplatte ohne Randdämmung
$U = 0{,}34\ W/(m^2 \cdot K)$	für ungedämmte Bodenplatte mit 6 cm Randdämmung $h_D = 1$ m
$U = 0{,}22\ W/(m^2 \cdot K)$	für Bodenplatte auf 6 cm Dämmung ohne Randdämmung
$U = 0{,}20\ W/(m^2 \cdot K)$	für Bodenplatte auf 6 cm Dämmung mit 6 cm Randdämmung

Beurteilung:
Alle Wärmedurchgangskoeffizienten U liegen unter dem für die gesamten Gebäudehülle dargestellten Mittelwert des Transmissionswärmeverlustes $H_T' \approx 0{,}68\ W/(m^2 \cdot K)$.

4.11 Betonböden mit Flächenheizung

Anwendung

Zur Beheizung von Hallen können Fußbodenheizungen eingesetzt werden. Mit Fußbodenheizungen ist bei großen Raumhöhen eine günstige Verteilung der gewünschten Raumtemperatur wirtschaftlich möglich. Fußbodenheizungen können beispielsweise eingesetzt werden bei:

- Produktionshallen,
- Montage- und Wartungshallen,
- Lagerhallen und Hochregallagern,
- Verteil- und Logistikzentren,
- Ausstellungshallen,
- Markt- und Messehallen,
- Flugzeughangars,
- Flächen mit Schnee- und Eisfreihaltung,
- z.B. Rampen für Tiefgaragen.

Spezielle Einsatzgebiete ergeben sich als Untergefrierschutz von Kühlhäusern sowie für die Eisfreihaltung von Nutzflächen in Kühlhäusern.

Hinweis:
Insgesamt ist zu beachten, dass bei beheizten Fußbodenkonstruktionen wegen der Mehrzahl der Beteiligten einer Schnittstellen-Koordination bedarf.

Regelwerke

Für die Herstellung von Flächenheizungen sind außer den einschlägigen DIN-Normen auch zu beachten:

- Energieeinsparverordnung EnEV,
- Arbeitsstätten-Verordnung und Arbeitsstätten-Richtlinie,
- Richtlinie zur Herstellung beheizter Fußbodenkonstruktionen im Gewerbe- und Industriebau, Bundesverband Flächenheizungen BVF 01-2005.

Im Folgenden wurden mehrere Hinweise der Richtlinie des Bundesverbands Flächenheizungen BVF entnommen.

4.11.1 Konstruktion

Die Flächenheizungen für Hallen werden als Warmwasser- oder Elektro-Fußbodenheizung ausgeführt. Bei Warmwasser-Fußbodenheizungen werden Heizrohre in die Betonbodenplatte eingebaut, die von Heizwasser durchströmt werden. Hierfür kommen Kunststoff-Kupfer- oder Kunststoff-Aluminium-Verbundrohre zum Einsatz. Bei Elektro-Fußbodenheizungen erwärmen stromdurchflossene elektrische Heizleitungen die Betonbodenplatte.

Die Dimensionierung der Flächenheizung sowie die Auswahl und Anordnung der Heizrohre oder Heizleitungen liegt im Aufgabenbereich des Heizungs-Fachplaners. Nach dessen Angaben richten sich Größe, Anordnung und Abstände der Heizrohre oder -leitungen.

Die Heizrohre bzw. -leitungen werden direkt in die Betonbodenplatte einbetoniert. Sie werden durch die Lasten auf der Betonbodenplatte nicht beansprucht. Die eingebetteten Heizleitungen und -rohre haben keinen Einfluss auf die Tragfähigkeit, wenn sie im mittleren Bereich der Betonbodenplatte liegen.

4.11.2 Wärmedämmung

Nach der Energieeinsparverordnung gelten für die Wärmedämmung unterhalb der Heizebene keine besonderen Grenzwerte. Insgesamt ist jedoch durch den Bauwerksplaner eine ganzheitliche Bewertung des Baukörpers hinsichtlich des Mindestwärmeschutzes vorzunehmen (EnEV § 6 und DIN 4108-2). Im Übrigen gilt auch hier Kapitel 4.10.3.

Nach der Arbeitsstätten-Richtlinie ist ein ausreichender Schutz gegen Wärmeableitung gegeben, wenn eine Oberflächentemperatur des Fußbodens von nicht weniger als 18 °C gewährleistet ist.

Die Wärmedämmung unter lastabtragenden Betonbodenplatten soll - da im Allgemeinen keine Abdichtung unter der Dämmung vorhanden ist - den Anforderungen an eine Perimeterdämmung entsprechen. Allgemeine bauaufsichtliche Zulassungen als Perimeterdämmungen haben z.B. folgende Dämmungen:

- Dämmplatten aus extrudiertem Polystyrolschaum XPS, z.B. Floormate®,
- Dämmplatten aus Schaumglas, z.B. Foamglas®-Platten,
- Schüttung aus Schaumglassplitt, z.B. Millcell®.

Die Dicke der Dämmschicht ist von der Nutzung der Halle abhängig. Sie ist vom Bauwerksplaner unter Beachtung der Wärmeschutz-Anforderungen festzulegen, wobei auch wirtschaftliche Gesichtspunkte zu berücksichtigen sind. Hierbei sollten planerisch auch die Erfahrungen des Dämmstoffherstellers genutzt werden.

Die Dämmschicht kann auf der Tragschicht in einer Sandbettung verlegt werden, sofern vom Hersteller nicht weitergehende Anforderungen gestellt werden.

4.11.3 Trennschicht und Schutzschicht

Auf der verlegten Dämmung sollten zunächst zwei Lagen PE-Folie $\geq$ 0,2 mm als Trennschicht verlegt werden. Darauf ist eine Schutzschicht entsprechend Kapitel 4.2.7 aufzubringen, damit die Dämmung bei der weiteren Herstellung der Betonbodenplatte, z.B. beim Verlegen und Abstützen der Bewehrung, nicht beeinträchtigt wird.

4.11.4 Trägerelemente für Heizrohre und -leitungen

Die Heizrohre und -leitungen müssen in ihrer Höhen- und Seitenlage unverschiebbar gehalten werden. Hierzu sind bei unbewehrten oder faserbewehrten Betonbodenplatten besondere Trägerelemente erforderlich, an denen die Heizrohre oder -leitungen befestigt werden. Diese Trägerelemente gehören zum Heizsystem, sind auf die Heizelemente abgestimmt und müssen entsprechend eingeplant werden.

Bei bewehrten Betonbodenplatten kann eine Bewehrungslage zur Befestigung der Heizrohre und oder -leitungen genutzt werden. Besondere Trägerelemente können entfallen. Durch die Befestigung und die Auflast der Bewehrung muss ein Aufschwimmen der Heizrohre verhindert werden. Hierzu ist es hilfreich, die Heizrohre vor dem Betonieren zu füllen, um mehr Eigengewicht zu erhalten.

Zum Einbau der Heizrohre und -leitungen sowie zur Aufheizung enthält Kapitel 9.8 weitere Einzelheiten.

4.11.5 Fugenausbildung

Die Fugenanordnung ist durch den Bauwerksplaner in der Regel unabhängig von der Fußbodenheizung festzulegen. Der Heizungs-Fachplaner hat die Fugen bei der Anordnung der Heizkreise und der Anbindeleitungen zu berücksichtigen. In besonderen Fällen ist eine Abstimmung zwischen den Fachplanern untereinander sinnvoll.

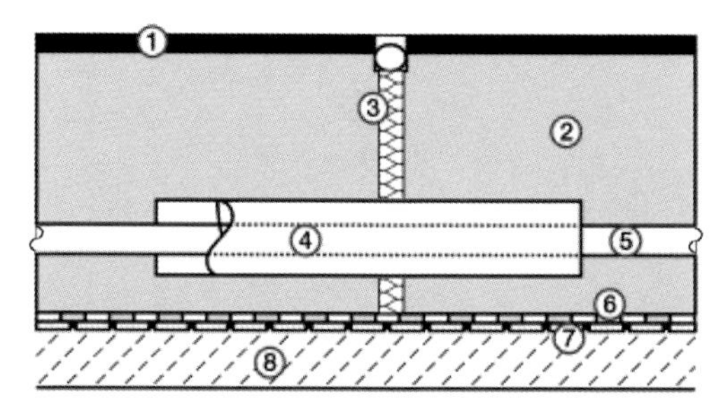

Bild 4.35:
Durchquerung einer Bewegungsfuge durch Heizrohre [R48]
1 Hartstoffschicht (falls für mechanische Beanspruchung erforderlich)
2 Betonbodenplatte
3 Bewegungsfuge
4 Rohr-Schutzhülse
5 Heizungsrohr
6 Trennfolie
7 ggf. Bauwerksabdichtung
8 Sauberkeitsschicht

Bewegungsfugen

Die Fußbodenheizung beeinflusst die Planung der Bewegungsfugen in der Regel nicht. Häufig sind die Fugenfelder zwischen den Bewegungsfugen größer als die Heizkreise. Außerdem sind die thermischen Bedingungen von untergeordneter Bedeutung. Zusätzliche Bewegungsfugen sind bei beheizten Betonbodenplatten in der Regel nicht erforderlich.

Heizrohre und -leitungen sollten Bewegungsfugen möglichst nicht kreuzen. Dies ist jedoch nicht immer zu vermeiden. Wenn Heizrohre oder -leitungen Bewegungsfugen durchqueren, sind diese wegen der zu erwartenden mechanischen Belastungen im Fugenbereich mit Schutzhülsen zu schützen (Bild 4.35). Eine Verdübelung der Bewegungsfugen ist zu klären.

Scheinfugen

Scheinfugen, die nachträglich bis 4 mm breit und 60 mm tief in die Betonbodenplatte eingeschnitten werden, haben im Allgemeinen keinen Einfluss auf die kreuzenden Heizrohre und -leitungen. Bei Scheinfugenabständen über 10 m sollte die Notwendigkeit von Schutzhülsen für Heizrohre und -leitungen zwischen dem Bauwerksplaner und dem Heizungs-Fachplaner objektbezogen geklärt werden.

5 Betontechnologische Anforderungen

Betonböden müssen während der Nutzung hohe Beanspruchungen aufnehmen können. Damit sind hohe Anforderungen an die Gesamtkonstruktion und an den Baustoff Beton sowie seine Zusammensetzung verbunden. In Kapitel 3 sind Einzelheiten zu den unterschiedlichen Beanspruchungen dargestellt.

5.1 Anforderungen an die Ausgangsstoffe

Um die für den jeweiligen Anwendungsfall geforderten Eigenschaften des Betons erzielen zu können, ist die Auswahl geeigneter Ausgangsstoffe wichtig.

Der Beton für Betonbodenplatten wird mit folgenden Ausgangsstoffen hergestellt:

- Zement,
- Gesteinskörnung (früher Zuschlag; z.B. Sand, Kies, Splitt),
- Wasser,
- Betonzusätze (z.B. Betonzusatzmittel und/oder Betonzusatzstoffe).

5.1.1 Zemente

Für die Herstellung von Betonbodenplatten sind Zemente gemäß DIN EN 197-1 und DIN 1164-10 einzusetzen. In DIN EN 206-1 und DIN 1045-2 werden in Abhängigkeit der zutreffenden Expositionsklassen die Anwendungsbereiche für Zemente geregelt.

In der Baupraxis haben sich Portlandzemente (CEM I) in der Festigkeitsklasse 32,5 R durchgesetzt. Bei Betonen mit hoher Frühfestigkeit ist die Zementfestigkeitsklasse 42,5 R vorteilhaft. Zement dieser Festigkeitsklasse entwickelt jedoch besonders bei hohen Außentemperaturen eine stärkere Wärmeentwicklung, die bei der Betonverarbeitung zu beachten ist.

Für Freiflächen mit einer Frost-Taumittel-Beanspruchung entsprechend der Expositionsklasse XF4 sind nach DIN EN 206-1 /DIN 1045-2 nur folgende Zemente einsetzbar:

- CEM I
- CEM II/S, CEM II/T, CEM II/A-LL $\geq$ 32,5
- CEM III/A $\geq$ 42,5

Betonbodenplatten, die einer Tausalz- oder Meerwassereinwirkung ausgesetzt sind, müssen der Feuchtigkeitsklasse WA zugeordnet werden (Tafel 3.16). Dies sind z.B. Spritzwasserbereiche, Fahr- und Stellflächen in Parkhäusern sowie Flächen in der Nähe von Nord- und Ostsee. Das Gleiche gilt für Flächen von Industriebauten und landwirtschaftlichen Bauwerken mit Alkalisalzeinwirkung, z.B. Düngemittel-Lagerflächen.

Betonbodenplatten, die außerdem einer hohen dynamischen Beanspruchung ausgesetzt sind, müssen in die Feuchtigkeitsklasse WS eingestuft werden. Dies sind z.B. stark befahrene und schwer belastete Betonflächen, die ähnlich wie Betonfahrbahnen beansprucht werden.

Es ist Aufgabe des Planers, zusätzlich zu den bisherigen Expositionsklassen auch die Feuchtigkeitsklasse anzugeben, Der Bauausführende hat die Feuchtigkeitsklasse mit den anderen Expositionsklassen an den Betonhersteller weiterzugeben. Der Betonhersteller – das Transportbetonwerk – hat den Zement und die Gesteinskörnung so zu wählen, dass der Beton nach den Maßgaben der Alkalirichtlinie keine schädigende Alkalikieselsäurereaktion (AKR) zeigen wird. Vom Transportbetonwerk ist auf jedem Lieferschein zusätzlich zur Expositionsklasse auch die Feuchtigkeitsklasse anzugeben:

Feuchtigkeitsklasse	WO	trocken
	WF	feucht
	WA	feucht und Alkalizufuhr von außen
	WS	WA + hohe dynamische Beanspruchung
Alkaliempfindlichkeitsklasse	EI	unbedenklich
	EII	bedingt brauchbar
	EIII	bedenklich

Für Freiflächen und auch für großflächige Betonbodenplatten kann es sinnvoll sein, die im öffentlichen Straßenbau einzuhaltenden Forderungen entsprechend ZTV-Beton StB [R6] zu berücksichtigen:

Zur Verminderung der Schwindneigung des Betons werden für Fahrbahndecken zusätzliche Anforderungen an den Zement gestellt. Danach dürfen alle Zemente nur einen Gesamt-Alkaligehalt $\leq$ 1,0 M.-% Na_2O-Äquivalent aufweisen.

Bei Sulfatangriff ist Zement mit hohem Sulfatwiderstand (HS) zu verwenden. Dieses kann z.B. bei Düngemittel-Lagerhallen der Fall sein. Geeignet ist z.B. Portlandzement CEM I 32,5 R-HS.

5.1.2 Gesteinskörnungen

Die Gesteinskörnung für Betonbodenplatten muss die Anforderungen der DIN EN 12620 und DIN V 20000-103 erfüllen und überwacht sein. Gleichzeitig sind die Anforderungen nach DIN 1045 hinsichtlich Alkaliempfindlichkeit über die entsprechende Feuchteklassen WO, WF, WA bzw. WS zu berücksichtigen (Tafel 3.16). Einzusetzen ist nur beständiges Gestein mit dichtem Gefüge und hoher Festigkeit.

Die Kornform sollte möglichst gedrungen sein. Bei hohen Belastungen aus Fahrbetrieb, z.B. Gabelstapler, wird empfohlen, den Anteil ungünstig geformter Körner > 8 mm auf maximal 50 % der Einzelkörner der Kornform Kategorie SI_{50} (Plattigkeitskennzahl) oder FI_{50} (Kornformkennzahl) bei gebrochenem Gestein auf höchstens 20 % Kategorie SI_{20} oder FI_{20} zu begrenzen.

Eine Begrenzung des Schleifverschleißes ergibt sich aus der Nutzung und der zugehörigen Festlegung der maßgebenden Expositionsklasse XM. Die Tafeln 3.6 und 3.7 enthalten hierzu Angaben in Abhängigkeit des gewählten Beanspruchungsbereichs. Der Anteil gebrochener Körnung an der Gesamtgesteinskörnung sollte bei Betonbodenplatten mit Verschleißbeanspruchung mindestens 35 M.-% betragen.

Besondere Anforderungen an Gesteinskörnungen hinsichtlich des Widerstandes gegen Frost und/oder Frost-Taumittel-Beanspruchung ergeben sich für Betonbodenplatten im Freien sowie evtl. in Einfahrtsbereichen von Hallen mit länger offen stehenden Toren. Allgemein gelten hierfür die maßgebenden Expositionsklassen XF nach DIN EN 206-1 / DIN 1045-2 (Tafel 3.9). In [R30.1] wird bei begehbaren bzw. befahrbaren Betonbodenplatten im Freien für den Frost-Taumittel-Widerstand F_1 bzw. MS_{18} gefordert.

Der Widerstand gegen Polieren (PSV-Wert) für Betonbodenplatten sollte ausreichend hoch sein. Für Flächen im Freien mit hohen Fahrgeschwindigkeiten und häufigen Bremskraftbeanspruchungen wird ein PSV-Wert $\geq$ 50 empfohlen (Kapitel 3.4.3).

Insbesondere sind bei Gesteinskörnungen hohe Anforderungen an die Begrenzung schädlicher Bestandteile zu stellen. Nur so können Störungen beim Erstarren und Erhärten des Betons sowie Beeinträchtigungen hinsichtlich der notwendigen Festigkeit und Dichtigkeit des Betons verhindert werden. Diese Anforderungen müssen im Leistungsverzeichnis besonders ausgewiesen werden, da sie nicht über die Festlegung einer maßgebenden Expositionsklasse in die Baustoffanforderungen eingehen. Hierzu sollte die Gesteinskörnung frei von leichtgewichtigen organischen Verunreinigungen (z.B. Holz, Kohle, Humus) sein und keine eisenhaltigen Bestandteile enthalten. Diese Maximalforderung ist jedoch im Allgemeinen von üblichen Kieswerken nur schwer zu erzielen. Für normale Gesteinskörnungen sollte dann bei Betonbodenplatten der Anteil leichtgewichtiger organischer Verunreinigungen nach der DIN EN 12620 begrenzt werden:

- für feine Gesteinskörnungen bis 4 mm Korngröße $\leq$ 0,25 M.-%
- für grobe Gesteinskörnungen und Korngemische über 4 mm Korngröße $\leq$ 0,02 M.-%

Bei der Auswahl des Sandes sind insbesondere die Anteile bis 0,125 mm und 1 mm zu beachten. Um schädliche Beeinträchtigungen der Betoneigenschaften bei zu großen Schwankungen zu vermeiden, sind mit dem Lieferwerk hierfür begrenzte Streubereiche zu vereinbaren. Höchstwerte sind bei 32 mm Größtkorn z.B.:

$\leq$ 3 M.-% bei Mehlkorn 0/0,125 mm

$\leq$ 20 M.-% bei Sand 0/1 mm

Als Kornzusammensetzung sollte eine stetige Sieblinie im mittleren Bereich zwischen den Sieblinien A und B entsprechend DIN 1045-2 Anhang L festgelegt werden. Bei unstetiger Sieblinie (Ausfallkörnung) ist die Verarbeitbarkeit durch Eignungsprüfungen abzuklären. Bei beiden Arten der Kornzusammensetzung ist der Sandanteil 0/2 mm für Gesteinskörnungen $>$ 8 mm auf 30 M.-% zu begrenzen (Tafel 5.1). Es sind mindestens 3 getrennte Korngruppen erforderlich, z.B. 0/2, 2/8, $>$ 8 mm.

Die Gesteinskörnungen sind getrennt nach Art und Körnung anzuliefern, zu lagern und bei der Betonbereitung abzumessen.

Hinweis:
Um eine „Datenflut“ hinsichtlich Einzelanforderungen an Gesteinskörnungen zu vermeiden, eignen sich für Betonbodenplatten in der Regel die zusätzlichen Anforderungen, die an Fahrbahndecken im Autobahnbau (Klasse SV) nach TL Beton-StB [R16] und ZTV-Beton [R6] gestellt werden. Bezüglich der Verschleißanforderungen sind zusätzlich die Tafeln 3.6 und 3.7 zu beachten. Weiterhin ist die DAfStb-Richtlinie „Alkalireaktion im Beton“ [R27] zu berücksichtigen. In Tafel 5.1 sind die vorstehend beschriebenen Grenzwerte für die Betonzusammensetzung tabellarisch zusammengestellt.

5.1.3 Betonzusätze

Als Betonzusätze können sowohl Zusatzmittel als auch Zusatzstoffe verwendet werden.

Betonzusatzmittel müssen den Anforderungen von DIN EN 934-2 und DIN V 20000-103 erfüllen. Vor der Anwendung sind stets Erstprüfungen durchzuführen. Die zulässigen Zugabemengen werden in DIN 1045-2 und DIN V 20000-100 geregelt. Für Betonbodenplatten kommen üblicherweise nur Betonverflüssiger (BV), Fließmittel (FM), Verzögerer (VZ) und Luftporenbildner (LP) zur Anwendung.

Luftporenbildner (LP-Bildner) ist zur Erhöhung des Widerstandes gegen Frost und Frost-Tausalz erforderlich. LP-Bildner müssen nur für Betonflächen im Freien verwendet werden und bei Betonflächen, die an Freiflächen anschließen (z.B. Hallenböden im Bereich von Toreinfahrten).

Betonverflüssiger (BV) ist notwendig, wenn die Verarbeitbarkeit des Betons verbessert werden soll. Durch Verringerung des Wasseranspruchs können gleichzeitig der Wasserzementwert verringert und Festbetoneigenschaften verbessert werden.

Fließmittel (FM) wird für Beton mit Fließmittel oder für frühhochfesten Beton verwendet. Da die Wirksamkeit üblicher Fließmitteln zeitlich begrenzt ist, werden sie dem Beton erst kurz vor der Verarbeitung auf der Baustelle zugemischt.

Hinweis:
Neuere hochwirksame Fließmittel auf der Basis von PolyCarboxylatEther (PCE) zeichnen sich durch eine lange zeitliche Wirksamkeit aus und können – auch für spezielle Betonzusammensetzungen mit gewünschter hoher Fließfähigkeit – bereits im Transportwerk zugegeben werden. Außer den erforderlichen Erstprüfungen sind auch Vorversuche im Maßstab 1:1 unter realistischen Bedingungen der späteren Betonverarbeitung dringend zu empfehlen.

Erstarrungsverzögerer (VZ) kann besonders bei heißer Witterung und bei längeren Transportzeiten zweckmäßig sein. Der Verzögerer verlängert die Verarbeitungszeit mit dem Vorteil eines geringen Personaleinsatzes und der Verwendung einfacher Geräte. Der Einsatz von Erstarrungsverzögerern ermöglicht eine intensive Nachverdichtung des Betons, auch ggf. noch am nächsten Tag.

Andere Zusatzmittel sind im Allgemeinen für die Herstellung von Betonbodenplatten nicht erforderlich. Je nach Bauaufgabe kann jedoch die Kombination verschiedener Wirkungsgruppen von Zusatzmitteln notwendig werden, z.B. Luftporenbildner LP und Betonverflüssiger BV oder Fließmittel FM. In diesen Fällen sind Verträglichkeitsprüfungen unerlässlich. Es sind hierbei möglichst Zusatzmittel vom selben Hersteller zu verwenden.

Betonzusatzstoffe sind Feinstoffe, die dem Beton zur Verbesserung bestimmter Betoneigenschaften zugesetzt werden können. Beispiele dafür sind Füller, Fasern, Pigmente oder Silicastaub.

Füller können fehlende Mehlkorngehalte ersetzt werden. Dafür müssen sie eine geeignete Kornform mit glasiger und kugeliger Oberfläche besitzen. Im Wesentlichen verwendet man Flugaschen aus Steinkohlekraftwerken als Füller mit dem Ziel, die Verarbeitbarkeit des Betons zu verbessern. Flugaschen müssen DIN EN 450 entsprechen.

Fasern (Stahlfasern, Kunststofffasern) gelten als Zusatzstoffe. Sie können dem Beton zur Verbesserung seiner Eigenschaften zugegeben werden. Bei Betonbodenplatten kommen im Wesentlichen Stahlfasern als Betonzusatzstoff zum Einsatz. Es sind ausschließlich Stahlfasern mit einer allgemeinen bauaufsichtlichen Zulassung des Deutschen Instituts für Bautechnik DIBt zu verwenden. Das DBV-Merkblatt „Stahlfaserbeton" [R30.6] sowie die zurzeit in Vorbereitung befindliche DAfStb-Richtlinie „Stahlfaserbeton" [R25] regeln die Eigenschaften und Anwendungen des Baustoffes Stahlfaserbeton für die Bereiche, die nicht durch DIN 1045 bzw. die DAfStb-Richtlinie „Betonbau beim Umgang mit wassergefährdenden Stoffen" [R22] abgedeckt sind. Der Planer muss die Faserbetonklasse als Leistungsklasse mit zugehörigen Grundwerten der zentrischen Nachrisszugfestigkeiten und dem gewählten Verformungsbereich (I, II) festlegen. Die dazu passende Betonzusammensetzung einschließlich der notwendigen Faserart und -menge erfolgt durch den Hersteller des Stahlfaserbetons. Die Dichte der Stahlfasern ist bei der Betonzusammensetzung (Stoffraumrechnung) mit 7850 kg/m^3 zu berücksichtigen. Die Zugabe von Stahlfasern führt in der Regel zu einer steiferen Konsistenz gegenüber der Ausgangsmischung. Zur Sicherstellung der Verarbeitbarkeit werden daher häufig verflüssigende Zusatzmittel verwendet. Der Zementleimgehalt ist bei Stahlfaserbeton im Allgemeinen höher als bei „faserfreiem" Normalbeton. Um aus ästhetischen Gründen sichtbare Fasern in der Betonoberfläche oder eine Verletzungsgefahr zu vermeiden, sind zusätzliche Deckschichten erforderlich. Zur Vermeidung von Korrosion ist alternativ die Verwendung von korrosionsgeschützten Fasern oder Fasern aus nicht rostendem Stahl möglich.

Farbpigmente nach DIN EN 12878 werden bis auf Sonderfälle bei Betonbodenplatten nicht eingesetzt. Ein möglicher Anwendungsfall ist eine eingefärbte Betonfläche. Der Einsatz von Farbpigmenten erhöht den Mehlkorngehalt des Betons und kann die Verarbeitbarkeit des Betons ungünstig beeinflussen. Ein gleichmäßiges Einmischen der Pigmente ist nur bei Mischern mit besonders guter Mischwirkung und ausreichend langer Mischzeit möglich.

Silicastaub nach DIN EN 13263 entsteht als Nebenprodukt bei der Herstellung von Ferrosilicium im Elektroschmelzofen. Silicastaub - pulverförmig oder in wässriger Lösung - ist ein puzzolanisch wirkender Zusatzstoff, der die Feinstporenstruktur des Betons günstig verändert. Seine spezifische Oberfläche ist mit 15 bis 25 m^2/g ungefähr 50-mal größer als die des Zements. Der reaktive Anteil an Siliciumdioxid liegt bei 90 bis 98 %. Durch Zugabe von Silicastaub zum Beton können folgende Vorteile erreicht werden:

- Erhöhung der Dichtigkeit und Festigkeit des Betons,
- Verringerung des Porengefüges im Beton (weniger und kleinere Poren),
- Verbesserung des Wassereindringwiderstandes,
- Erhöhung des Widerstandes gegen mechanischen und chemischen Angriff.

5.2 Anforderungen an den Beton

Die Anforderungen an den Beton ergeben sich aus den zu erwartenden, nutzungsbedingten Beanspruchungen der Betonbodenplatte. Die Nutzungen, Einwirkungen und Beanspruchungen bei Betonbodenplatten wurden in Kapitel 3 dargestellt.

5.2.1 Expositionsklassen

Es ist sinnvoll, die Beanspruchungen den Expositionsklassen entsprechend DIN 1045-1 zuzuordnen. Beispiele für die Expositionsklassen enthalten die Tafeln 3.6, 3.9, 3.10, 3.11 und 3.16. Außerdem ist die Feuchtigkeitsklasse entsprechend der DIN 1045 anzugeben (Tafel 5.1).

5.2.2 Betonzusammensetzung

Die entsprechenden Anforderungen an den Beton werden im Wesentlichen durch eine geeignete Auswahl der Ausgangsstoffe und durch eine günstige Zusammensetzung dieser Ausgangsstoffe erfüllt (Kapitel 5.1). Die in Kapitel 5.1 genannten Grenzwerte der Ausgangsstoffe sind nachfolgend in Tafel 5.1 zusammengestellt.

Alle Anforderungen, die sich aus den Beanspruchungen der Betonbodenplatte im Gebrauchszustand ergeben, sind schon bei der Zusammensetzung des Betons zu berücksichtigen. Hierauf hat die Objektüberwachung zu achten und mit dem Ausführenden die Anforderungen an den Beton abzustimmen. Da im Allgemeinen kein Baustellenbeton sondern Transportbeton verwendet wird, ist vom Ausführenden zu klären, ob das Transportbetonwerk für den erforderlichen Beton Erstprüfungen vorliegen hat. Dies geht aus dem Betonsortenverzeichnis des Transportbetonwerks hervor. Vor und während der Ausführung muss ein Betonsortenverzeichnis auf der Baustelle vorliegen.

Sollte für die erforderliche Betonzusammensetzung keine Erstprüfung vorliegen, muss diese vor der Betonherstellung durchgeführt werden. Die Prüfergebnisse sollen für die spätere Betonzusammensetzung ausgewertet werden. Da Festbetoneigenschaften jedoch erst nach dem Erhärten des Betons festgestellt werden können, muss hierfür Zeit vorhanden sein. Für die Erstprüfung ist das Transportbetonwerk zuständig. Allerdings müssen dem Transportbetonwerk die hierfür benötigten Informationen zeitig genug zur Verfügung gestellt werden.

Tafel 5.1: Grenzwerte für die Betonzusammensetzung [Hinweise der Autoren in Anlehnung an R30.1]

Zementgehalt	$z \leq 350$ kg/m³ (in besonderen Fällen ≤ 360 kg/m³) (bei Walzbeton $z \approx 200 \ldots 250$ kg/m³)	
Wassergehalt	$w \leq 165$ kg/m³	
Höchstgehalt an Feinteilen für grobe Gesteinskörnungen $>$ 4 mm	$f_{1,5}$ [nach R30.1]	
Mehlkorngehalt 0/0,125 mm	$k \approx 360 \ldots 370$ kg/m³ [nach R30.1], bei Vakuumbeton ≤ 350 kg/m³	
Mehlkorn- und Feinstsandgehalt 0/0,25 mm	MK $\leq$ 430 kg/m³ [nach R30.1], bei Vakuumbeton siehe Tafel 10.2	
Gesteinskörnung 0/2 mm	$g_2 \leq 30$ M.-% bei Größtkorn $\geq$ 8 mm	
Anforderungen an die Eigenschaften von Gesteinskörnungen	Kornform nach Plattigkeitskennzahl SI bzw. Kornformkennzahl FI:	SI_{50} bzw. FI_{50} bzw. bei gebrochenem Korn $\geq$ 8 mm: SI_{20} bzw. FI_{20}
	Anteil leichtgewichtiger organischer Verunreinigungen:	bis Größtkorn 4 mm: $\leq$ 0,25 M.-% über Größtkorn 4 mm: $\leq$ 0,02 M.-%
	Widerstand gegen Polieren	bei gebrochener Gesteinskörnung $\geq PSV_{50}$
	ggf. Widerstand bei Frost-Tausalz-Beanspruchung für begehbare bzw. befahrbare Betonböden:	F_1 bzw. MS_{18} [R30.1] allgemein siehe Tafel 3.9
	Feuchtigkeitsklasse entsprechend der DIN 1045 angeben: z.B. WO, WF, WA oder WS	
Wasserzementwert	w/z entsprechend der maßgebenden Expositionsklassen nach DIN EN 206-1/DIN 1045-2, bei Verschleißbeanspruchungen: zusätzlich Empfehlungen nach Tafel 3.7	
Mindest-Luftgehalt des Frischbetons bei Frost-Taumittel-Beanspruchung für 32 mm Größtkorn [1)]	für Betone ohne BV oder FM: Einzelwert $\geq$ 3,5 Vol.-% Tagesmittelwert $\geq$ 4,0 Vol.-%	für Betone mit BV und/oder FM: Einzelwert $\geq$ 4,5 Vol.-% Tagesmittelwert $\geq$ 5,0 Vol.-%
Einbau-Konsistenz	Ausbreitmaßklasse F2/F3 sinnvoll; (bei Einbauverfahren mit Straßenfertiger bzw. gewalzter Beton steifere Konsistenzen üblich/notwendig)	
Frischbetontemperatur	$\geq 10°C$ und $\leq 25°C$	

[1)] Bei Gesteinskörnungen $\leq$ 16 mm Größtkorn ist der Mindestluftgehalt des Frischbetons um 0,5 Vol.-%, bei Vakuumbeton um 1,0 Vol.-% zu erhöhen.

Andere Beanspruchungen erfordern die Durchführung bestimmter Maßnahmen bei der Betonverarbeitung (Kapitel 10).

5.2.3 Frischbeton

Grundforderung: Beton für Betonbodenplatten muss sich als Frischbeton auf der Baustelle mit den einzusetzenden Geräten gut verarbeiten lassen.

Als Konsistenz des Betons ist im Allgemeinen eine plastisch-weiche Konsistenz (Ausbreitmaßklasse F2 bis F3) zu empfehlen. Sehr weiche Konsistenzen führen leicht zu Entmischungen mit Schlämmebildung an der Oberfläche und zur verstärkten Rissbildung des jungen Betons. Die Konsistenz ist wesentlich vom gewählten Einbauverfahren abhängig. Hier bestehen erhebliche Unterschiede zwischen dem Betoneinbau mit Rüttelbohle oder mit einem Straßenfertiger oder als gewalzter Beton. Für erforderliche Erstprüfungen im Transportbetonwerk ist die für den Einbau erforderliche Konsistenz durch den Betonverarbeiter mit dem Transportbetonwerk abzustimmen.

Die Betonzusammensetzung sollte möglichst so gewählt werden, dass die in Tafel 5.1 angegebenen Grenzwerte eingehalten sind. Für die Anforderungen an die Betonfestigkeitsklasse sind der Wasserzementwert und die Kornzusammensetzung zu beachten. Bei Anforderungen an den Verschleißwiderstand gilt Tafel 3.7.

Die Frischbetontemperatur sollte nicht unter 10 °C liegen. Kälterer Beton sollte nicht eingebaut werden, damit die Zeit zwischen Einbau und Oberflächenbearbeitung nicht zu lang wird. Die Zeit ist möglichst kurz zu halten, damit der Beton in der Zwischenzeit nicht Wasser oder Zementschlämme absondert. Erforderlichenfalls ist die Frischbetontemperatur zu messen. Die Frischbetontemperatur sollte auf maximal 25 °C begrenzt werden. Hohe Temperaturen können zu einem schnellen Ansteifen führen. Dadurch kann die Verarbeitung erschwert werden, insbesondere das Abscheiben und Glätten der Oberfläche.

Bei Betonflächen im Freien ist Beton mit Luftporenbildner einzusetzen. Das gilt auch für Flächen, auf die Fahrzeuge Taumittel einschleppen können (z.B. mit Schneematsch) und die zumindest zeitweilig befrostet werden (z.B. Rampen, Hallenbereiche bei Toreinfahrten). Der Gehalt an künstlichen Luftporen muss ausreichend hoch sein und Tafel 5.1 entsprechen. Der Luftporengehalt kann bei der späteren Ausführung gegenüber der Erstprüfung in folgenden Fällen zu gering sein:

- geringerer Wassergehalt des Betons,
- andere Frischbetontemperatur,
- größere Menge an Betonverflüssiger BV oder Fließmittel FM,
- niedrigere Dosierung des Luftporenbildners LP.

Daher ist der Luftporengehalt bei Beginn des Betonierens zu prüfen und das Ergebnis zu protokollieren. Sinnvoll ist es, die Prüfung an jedem Mischfahrzeug vorzunehmen. In Zweifelfällen ist grundsätzlich so zu verfahren. Beton mit zu geringem Luftporengehalt sollte nicht eingebaut werden, da der Frost-Taumittel-Widerstand fraglich ist und später

Abplatzungen an der Betonoberfläche entstehen können. Bei Beton mit Fließmittel ist der Luftporengehalt des Ausgangsbetons entsprechend Tafel 5.1 höher anzusetzen, damit nach Zumischen des Fließmittels der erforderliche Gehalt an künstlichen Luftporen vorhanden ist.

Bei Stahlfaserbeton können die Stahlfasern im Transportbetonwerk oder auf der Baustelle im Mischfahrzeug eingemischt werden. Besondere Zugabevorrichtungen sind erforderlich. Wenn für die Stahlfaserzugabe keine Abwiegevorrichtung vorhanden sein sollte, ist das Betonvolumen eines Mischfahrzeugs auf das Gewicht der Stahlfaserbeutel so einzustellen, dass die benötigte Stahlfasermenge je m^3 auch tatsächlich zugegeben wird.

Die geeignete Konsistenz der Ausgangsmischung vor Zugabe der Stahlfasern und des Fließmittels liegt im Allgemeinen im Bereich der Konsistenzklassen F2/F3. Das Fließmittel ist erst nach dem Untermischen der Stahlfasern zuzugeben. Die Mischzeit sollte eine Minute je m^3 Beton betragen, jedoch mindestens fünf Minuten je Mischfahrzeug.

Für Kunststofffaserbeton werden die Fasern im Transportbetonwerk zugegeben. Die Zugabe hat im Zwangsmischer in der bei der Erstprüfung gewählten Reihenfolge zu geschehen: entweder auf die feuchte Gesteinskörnung oder auf den vorgemischten Beton. Danach erfolgt die Fließmittelzugabe. Die Mischzeit muss so lang sein, dass die Fasern vereinzelt werden und gleichmäßig verteilt sind.

Vakuumbeton sollte ein Ausbreitmaß im steiferen Bereich der Konsistenzklasse F3 aufweisen. Der Mehlkorngehalt sollte nicht über 350 kg/m^3 liegen, damit eine einwandfreie Vakuumbehandlung möglich ist. Flugasche sollte nicht zugegeben werden.

Beim Mischen des Betons für Vakuumbehandlung ist wie bei Beton mit Fließmittel der Luftporengehalt um 1 Vol.-% höher anzustreben. Begründung: Bei der Vakuumbehandlung ist nicht auszuschließen, dass der Gehalt an künstlichen Luftporen vermindert wird.

Durch die Vakuumbehandlung wird der Beton bis in eine Tiefe von etwa 150 mm teilweise entwässert. Der Wasserzementwert kann bis zu etwa 10 % gegenüber dem ursprünglichen Wasserzementwert verringert werden. Der besondere Vorteil der Vakuumbehandlung ist außerdem, dass die Oberfläche direkt nach der Vakuumbehandlung durch Abscheiben und Glätten bearbeitet werden kann.

Der Erfolg der Vakuumbehandlung kann durch hohe Temperaturen und/oder ungeeignete Betonzusammensetzung stark beeinträchtigt werden. Daher sollte die Eignung des vorgesehenen Betons vor der Ausführung auf der Baustelle mit der gewählten Betonzusammensetzung unter den voraussichtlichen Witterungsbedingungen erprobt werden.

5.2.4 Besondere Betone

Gewalzter Beton für unbewehrte Betonbodenplatten hat einen niedrigen Zementgehalt von etwa 200 kg/m^3 bis 250 kg/m^3. Der Wassergehalt ist sehr gering. Er ist bei Erstprüfungen zu ermitteln und sollte unterhalb der Werte der optimalen Proctordichte liegen. Dadurch schwindet gewalzter Beton weniger. Der eingebaute Beton muss intensiv verdichtet werden. Dies gelingt nur, wenn die vorgegebene Kornzusammensetzung und der zugehörige Wassergehalt genau eingehalten werden. Daher ist der gesamte Einbau zu überwachen. Der Verdichtungsgrad ist zu kontrollieren und zu protokollieren.

Beton mit Kunststoffzusatz erhält ein dichteres Gefüge mit einem geringeren Elastizitätsmodul. Dies kann der Grund für die Zugabe von Kunststoffzusätzen sein. Der Frischbeton ist im Allgemeinen sehr klebrig. Beton mit Kunststoffzusatz muss daher in weicher Konsistenz (Konsistenzklasse F3) eingebaut werden. Die Kunststoffe werden dem Beton im Werk zugegeben, ein eventuell entsprechend der Erstprüfung erforderliches Fließmittel jedoch erst auf der Baustelle im Mischfahrzeug. Bei warmem Wetter ist eine Hautbildung an der Betonoberfläche nicht auszuschließen, wenn die Konsistenz nicht genügend weich ist. Daher ist bei hohen Temperaturen die Einbaukonsistenz F3/F4 zu empfehlen.

6 Besondere Anforderungen

6.1 Multifunktionsböden

Eine besondere Herausforderung ergibt sich für den Planenden oder den Ausführenden, wenn der Auftraggeber einen Multifunktionsboden erwartet. Lager- oder Produktionshallen müssen gelegentlich zu einem Zeitpunkt geplant werden, zu dem die spätere Nutzung noch nicht feststeht. Eine flexible Anpassung an verschiedene Nutzungsarten erleichtert auch die Vermietung oder den Verkauf einer Halle. Der Wunsch nach einem „universell“ verwendbaren oder „multifunktional“ einsetzbaren Betonboden kann zwar von Betonböden erfüllt werden, entspricht aber einer Maximalforderung.

Maximalforderungen an Betonböden können nicht zu einer Optimierung der Baumaßnahme führen. Ein Beispiel kann die Problematik klarmachen. Wenn jemand ein Fahrzeug braucht, wird er sich auch entscheiden müssen, ob es ein Pkw oder ein Lkw oder ein Gabelstapler sein soll. Die Anforderung „Fahrzeug” trifft für alle drei Arten zu. So selbstverständlich wie dieses für jeden Fahrzeugnutzer ist, so schwierig ist es für Bauherren, bei Hallenfußböden eine passende Entscheidung zu treffen, wenn der Nutzer noch nicht feststeht. Aber für einen Fußboden ist es ein Unterschied, ob lediglich Pkw auf ihm fahren (z.B. in einer Ausstellungshalle) oder Lkw-Verkehr herrscht (z.B. im Anlieferbereich) oder Gabelstaplerbetrieb stattfindet (z.B. in einer Lagerhalle).

Auch bei der Festlegung „Gabelstaplerbetrieb“ macht es einen großen Unterschied, ob die Stapler ein Gesamtgewicht von 3,5 t oder 35 t haben. Auch ist es ein wesentlicher Unterschied, ob die Räder luftbereift sind und mit 5 bar Reifendruck entsprechend einer Kontaktpressung von 0,5 N/mm^2 den Betonboden beanspruchen oder ob Kunststoffreifen mit einer Kontaktpressung von 5 N/mm^2 auf die Oberflächen einwirken.

Weitere Unterschiede ergeben sich aus der Häufigkeit der Beanspruchung im Betrieb: Ist die Fahrzeugfrequenz mit zehn Lastwechseln pro Tag oder mit 100 Lastwechseln pro Stunde anzusetzen? Je nach Länge des Arbeitstages im Schichtbetrieb kann dies die 100- oder 200-fache Beanspruchung gegenüber dem anderen Betrieb sein. Dies verkürzt bei sonst gleich großen Lasten die Nutzungsdauer erheblich.

Ein Betonboden kann so stabil ausgebildet werden, dass er die oberen Werte der vorgenannten Beanspruchungen dauerhaft aufnimmt. Dafür muss aber die Gesamtkonstruktion richtig dimensioniert und bemessen sein. Diese Anforderungen gelten für Baugrund, Tragschicht, Betonbodenplatte und Oberflächenbeschaffenheit gleichermaßen.

Der Planer muss dem Bauherrn klar machen, dass derartige Wünsche nach einer „multifunktionalen“ Nutzung einer Maximalforderung gleichkommen. Eine Multifunktionalität erfordert hohe Investitionskosten. Der Bauherr muss entscheiden, ob dies für den vorliegenden Fall wirtschaftlich bzw. sinnvoll ist. Andererseits kann es für viele Fälle zweckmäßig sein, für die multifunktionale Nutzung bestimmte Grenzen zu setzen. Es gilt also:

Multifunktionale Nutzung ja, aber nur bis zu einer bestimmten Grenze.

Die Anforderungen sollten auf ein solches Maß begrenzt werden, dass der Betonboden für die Vielzahl der häufigsten Nutzungen ausreicht.

6.1.1 Zielsetzung

Die Aufgabe des nachfolgend vorgestellten „Standard-Betonbodens" ist es, für eine Nutzung in den häufigsten Fällen geeignet zu sein. Daraus ergibt sich:

- Es wird dem Bauherrn vom Planer eine Standardkonstruktion vorgestellt, die mit vernünftigem Aufwand herstellbar ist.
- Dem Bauherrn müssen Angaben zu Grenzen der Beanspruchung verdeutlicht werden, die während der späteren Nutzung nicht überschritten werden dürfen.
- Der Bauherr soll nach eigener Einschätzung entscheiden, ob er diesem Vorschlag zustimmen kann oder ob er andere Grenzen festlegen möchte.
- Über diesen „Standard" hinausgehende Anforderungen sind Spezialfälle, für die es im Einzelfall ebenfalls angepasste technische Lösungen gibt.

6.1.2 Grenzen für Beanspruchung und Nutzung

Der Standard-Betonboden deckt die Standard-Beanspruchung ab. Diese betrifft den Beanspruchungsbereich 1 und reicht in den Beanspruchungsbereich 2 hinein, die in den Tafeln 3.6 und 3.7 sowie 4.6 dargestellt sind. Außerdem gilt der Nutzungsbereich B, wie er in Tafel 3.1 beschrieben ist. In Tafel 6.1 sind die Grenzwerte für die Beanspruchbarkeit eines Multifunktionsbodens zusammengestellt.

6.1.3 Anforderungen an die Konstruktion

Der Aufbau eines Standard-Betonbodens für Hallen besteht wie bei Betonböden allgemein aus Baugrund, Tragschicht, Trennlage und Betonplatte (Bild 4.1a). Die Betonboden-

Tafel 6.1: Grenzwerte für die Beanspruchbarkeit eines Multifunktionsbodens [nach L24]

Beanspruchungsbereich 2 mit Nutzungsbereich B	Grenzwerte	Beispiele
Einzellasten	maximale Einzellast (Radlast und/oder Regallast): $Q_d \leq 80$ kN	Gabelstapler mit 10 t Gesamtgewicht oder Lkw mit 12 t Gesamtgewicht
	Kontaktpressung Rad / Betonboden $p_R \leq 1{,}0$ N/mm^2 (≤ 10 bar)	luftbereifte Fahrzeuge
Flächenlasten	Flächenpressung unter Regalfüßen $p_F \leq 1{,}0$ N/mm^2	Regallager
mechanischer Beanspruchungsbereich 2	Anzahl der Lastwechsel beim Fahrbetrieb $n \leq 5 \cdot 10^4$	Produktionshallen, Lagerhallen

platte ist von anderen Bauteilen durch Randfugen so zu trennen, dass eine freie Bewegungsmöglichkeit gegeben ist. Die Anforderungen an die einzelnen Schichten unter Berücksichtigung der Beanspruchbarkeit (Tafel 6.1) sind in Tafel 6.2 und die Fugeneinteilung in Tafel 6.3 zusammengestellt [nach L24].

Derartige Standard-Betonböden können wirtschaftlich hergestellt und vielfältig genutzt werden. Im Rahmen bestimmter Grenzen sind Betonböden für multifunktionale Nutzun-

Tafel 6.2: Anforderungen an die einzelnen Schichten eines multifunktionalen Hallenbodens aus Beton mit Beanspruchungsgrenzen nach Tafel 6.1 [nach L24]

Schichtaufbau	Anforderungen für Beanspruchungsgrenzen nach Tafel 6.1
Baugrund	- gleichmäßig tragfähig - $E_{V2} \geq 50$ MN/m² (DIN 18134 Plattendruckversuch) - Ebenheit: Stichmaß ≤ 3 cm auf 4 m langer Messstrecke
Tragschicht	- gleichmäßig tragfähig - Kiestragschicht KTS 120 mit $E_{V2} \geq 120$ MN/m² (DIN 18134 Plattendruckversuch), Dicke $d_T = 30$ cm, nach Bild 4.4 oder - Schottertragschicht STS 150 mit $E_{V2} \geq 150$ MN/m² (DIN 18134 Plattendruckversuch), Dicke $d_T = 20$ cm, nach Bild 4.4 mit abgestufter Kornverteilung 0/32 mm, 0/45 mm oder 0/56 mm - Oberfläche geschlossen Ebenheit: Stichmaß ≤ 2 cm auf 4 m langer Messstrecke
Trennlage	- Geotextil-Vlies
Betonplatte	- unbewehrt - Plattendicke $d_P = 24$ cm - Betondruckfestigkeitsklasse C30/37 Wasserzementwert $w/z \leq 0{,}46$
Betonoberfläche	- Hartstoffschicht mit Hartstoffen der Gruppe A - Betonoberfläche maschinell gescheibt oder geglättet - Ebenheit: Stichmaß ≤ 10 mm auf 4 m langer Messstrecke (DIN 18202, Tabelle 3, Zeile 3) - Schleifverschleiß ≤ 7 cm³/50 cm² nach DIN 18560-7

Tafel 6.3: Fugenanordnung eines multifunktionalen Hallenbodens aus Beton mit Beanspruchungsgrenzen nach Tafel 6.2 [nach L24]

Fugenart	Anforderungen für Beanspruchungsgrenzen nach Tafel 6.1
Scheinfugen [1]	- Scheinfugen etwa 4 mm breit, 60 mm tief - Fugen können offen bleiben - Fugenabstand $L_F \leq 7{,}5$ m; möglichst quadratische Felder $L_F / b_F \leq 1{,}5$ - Fugen ohne Fugensicherung bei $L_F \leq 6{,}0$ m, bei $L_F > 6{,}0$ m mit Fugensicherung
Tagesfeldfugen [1]	- Pressfugen (Bild 4.11)
Randfugen [1]	- vollständige Trennung von anderen Bauteilen durch ganze Plattendicke - Fugenbreite ≥ 5 mm mit weicher Fugeneinlage und Fugenverguss

[1] Fugensicherung erforderlich, z.B. durch Fugen-Doppelschienen (Bild 4.11) oder Kantenschutzprofile (Bild 4.14) oder durch Verdübelung (Bild 4.15).

gen geeignet. Betonböden dieser Art decken die meisten in der Praxis vorkommenden Beanspruchungen ab. Darüber hinausgehende Beanspruchungen sind Spezialfälle, für die technische Lösungen im Einzelfall festzulegen sind.

6.2 Anforderungen an die Oberfläche

Die Oberfläche einer Betonbodenplatte soll für den Zweck und die Nutzung der Halle oder der Freifläche geeignet sein, z.B. hergestellt mit einer Hartstoffschicht entsprechend Tafel 6.2. Eine bestimmte Oberflächenstruktur erfordert eine entsprechende Art der Oberflächenbearbeitung. So sind z.B. raue und griffige oder glatte und leicht zu reinigende Oberflächen herstellbar.

Übliche Oberflächen ergeben sich durch Besenstrich, Abscheiben oder Glätten der Oberfläche (Kapitel 10.3.1 bis 10.3.3). Besondere Bearbeitungsverfahren sind das Schleifen, Strahlen oder Auswaschen (Kapitel 10.3.4 bis 10.3.6).

6.2.1 Arten der Oberflächen

Besenstrich: Bei jeder Art des Betoneinbaus, mit Ausnahme des Vakuumverfahrens, kann die abschließende Oberflächenbearbeitung durch Besenstrich erfolgen. Hierbei wird die abgezogene Betonoberfläche mit einer Feinstruktur versehen, indem ein Besen über die Betonoberfläche gezogen wird. Die Rauigkeit der Oberflächenstruktur kann durch die Art des Besens bestimmt werden: Ein harter Stahlbesen erzeugt eine andere Struktur als ein Piassavabesen oder ein Haarbesen.

Abscheiben (Abgleichen oder Abreiben): Im Anschluss an das Verdichten und Abziehen des Betons kann ein maschinelles Abscheiben mit Tellerscheiben erfolgen. Dadurch entsteht eine Art Sandpapierstruktur. Die Oberfläche ist nicht so rau wie bei einem Besenstrich. Sie ist besonders geeignet für nachfolgende Oberflächenbehandlungen, z.B. für Beschichtungen.

Glätten: Das Glätten der Oberfläche erfolgt ebenfalls maschinell, jedoch durch Flügelglätter. Erforderlich ist ein vorheriges Abscheiben der Oberfläche. Durch Glätten entsteht eine kellenglatte Oberfläche, auch bei 32 mm Korngröße der Gesteinskörnung.

Schleifen erzeugt eine dem Terrazzo ähnliche Oberfläche, besonders bei größerer Tiefenwirkung. Hierbei wird die obere Zementsteinschicht bis zum Freilegen der Grobkörnung entfernt.

Strahlen entfernt die obere Zementsteinschicht. Je nach Art und Dauer des Strahlens ist eine Tiefenwirkung auch zwischen den Gesteinskörnern vorhanden. Dadurch entsteht eine griffige Oberflächenstruktur. Bekannt sind das Sandstrahlen oder das Kugelstrahlen.

Flammstrahlen entfernt durch hohe Temperatur mit einem Flammengerät ebenfalls die obere Zementmörtelschicht. Außerdem springen bei Verwendung von quarzitischem Gestein die obersten Steinkuppen ab. Die entstehende Oberfläche ist sehr rau und griffig.

Auswaschen entfernt die oberste Zementmörtelschicht vor dem Erhärten des Zements bis zu einem Drittel der groben Gesteinskörnung. Ausgewaschene Flächen werden auch als Waschbeton bezeichnet.

6.2.2 Griffigkeit

Die Griffigkeit der Betonoberfläche muss für die spätere Nutzung der Flächen geeignet sein. Betonoberflächen sind allgemein griffig. Die Griffigkeit kann jedoch sehr stark durch die Oberflächenstruktur beeinflusst werden, die durch bestimmte Oberflächenbearbeitungen entsteht. Die Arten der Betonoberflächen wurden im vorhergehenden Abschnitt vorgestellt. Die Griffigkeit kann durch die Oberflächenbearbeitung ganz allgemein in folgenden Abstufungen gesteuert werden (von sehr starker Griffigkeit zu fein):

- Flammstrahlen
- Besenstrich
- Sandstrahlen
- Auswaschen
- Abscheiben
- Glätten
- Schleifen, Feinschleifen, Polieren

Bei Festlegung der Oberflächenbearbeitung zum Erzielen einer bestimmten Griffigkeit ist zu berücksichtigen, dass sich griffige Flächen schwieriger reinigen lassen als Flächen mit einer feineren Oberflächenstruktur. Auch die Entwässerungsfähigkeit der Flächen wird durch die Rauheit der Oberflächenstruktur beeinträchtigt.

Bei bestimmten Anforderungen sind Vorversuche an Probeflächen sinnvoll, um für eine geforderte Griffigkeit das geeignete Bearbeitungsverfahren festzulegen. Zu den verschiedenen Oberflächenbearbeitungen enthält Kapitel 10.3, zur Rutschsicherheit Kapitel 6.4.1 weitere Einzelheiten.

6.2.3 Verschleißwiderstand

Oberflächen von Betonböden werden je nach Nutzung und Betriebsablauf auf verschiedene Weise mechanisch beansprucht. Diese mechanische Beanspruchung entsteht z.B. durch rollende, schleifende, stoßende oder schlagende Beeinträchtigungen. Häufig wirken diese Beanspruchungen kombiniert. Bei mechanischen Beanspruchungen ist Beton stets einem Verschleiß ausgesetzt.

Harte Stoffe erhöhen den Verschleißwiderstand und die Oberflächenhärte. „Zähe" Stoffe verbessern den Widerstand gegen Rollbeanspruchung.

Bei einer mechanischen Einwirkung ist der Zementstein der Bestandteil des Betons, der an der Oberfläche als erstes beansprucht wird. Im Allgemeinen ist der Verschleißwiderstand des Zementsteins geringer als der Verschleißwiderstand der Gesteinskörnung.

Insofern wird es bei starken mechanischen Beanspruchungen stets zu einem Verschleiß kommen. Der Verschleißwiderstand kann jedoch durch bestimmte Maßnahmen erhöht werden.

In DIN 1045 erfolgt eine Zuordnung mäßiger, starker und sehr starker Verschleißbeanspruchung in die Expositionsklassen XM1, XM2 und XM3. Das bedeutet: Wenn Beton einer erheblichen mechanischen Beanspruchung ausgesetzt wird, muss er einer bestimmten Expositionsklasse zugeordnet werden. Tafel 3.6 zeigt diese Zuordnung mit Beispielen. Tafel 3.7 gibt die Grenzwerte für die Betonzusammensetzung an.

Tafel 3.7 zeigt im Wesentlichen, dass bei Verschleißbeanspruchungen der Wasserzementwert des Betons zu verringern ist. Dies ist verständlich, da der Zementstein der schwächere Teil des Betons ist, der zudem auch an der Oberfläche als erstes beansprucht wird. Wenn der Verschleiß an der Oberfläche so weit geht, dass die Gesteinskörnung freiliegt, kommt es auf die Widerstandsfähigkeit der Gesteinskörnung an.

Die Werte der Tafel 3.8 zeigen, dass der Schleifverschleiß zwischen 5 cm^3 und 40 cm^3 liegen kann, jeweils bezogen auf eine Prüffläche von 50 cm^2. Gesteinsarten mit niedrigen Werten sind bei starker Verschleißbeanspruchung zu bevorzugen.

Der Verschleißwiderstand des Betons kann mit dem Verschleißwiderstand von Zementestrichen verglichen werden. In DIN EN 13813 [N33] sind Verschleißwiderstandsklassen angegeben. Der Verschleißwiderstand nach Böhme wird mit A bezeichnet (für Abrasion = Abrieb). Die Abriebmenge wird angegeben in cm^3 je 50 cm^2. Danach erfolgt eine Zuordnung in Verschleißwiderstandsklassen (Tafel 6.4).

Die Verschleißwiderstandsklassen A3 und insbesondere A1,5 sind mit Hartstoffen der Hartstoffgruppe A (Naturstein und/oder dicht Schlacke) nicht erreichbar. Hierfür sind Hartstoffe der Hartstoffgruppe M (Metall) oder KS (Korund oder Siliciumcarbid) erforderlich.

Tafel 6.4: Beispiele für Verschleißwiderstandsklassen bei Betonoberflächen [N33] (Prüfung nach Böhme)

Klasse	A12	A9	A6	A3	A1,5
Abriebmenge in	12 cm^3/50 cm^2	9 cm^3/50 cm^2	6 cm^3/50 cm^2	3 cm^3/50 cm^2	1,5 cm^3/50 cm^2

Nähere Angaben zu Hartstoffeinstreuungen und Hartstoffschichten enthalten die Kapitel 6.3.1 und 6.3.2. Die Ausführung wird in Kapitel 10.4 beschrieben. Sollte der mit einer Hartstoffschicht erreichbare Verschleißwiderstand nicht ausreichen, sind weitergehende Maßnahmen erforderlich, z.B. das Verlegen von Stahlankerplatten aus 3 mm dickem Stahlblech aus Normalstahl bzw. V2A-Stahl.

6.2.4 Staubfreiheit

Bei starker oder sehr starker Verschleißbeanspruchung ist eine vollständige Staubfreiheit einer Betonbodenplatte nicht erreichbar. Bei Verschleißbeanspruchung wird immer Abrieb an der Oberfläche der Betonbodenplatte entstehen. Dieser Abrieb kann durch Oberflächen mit hohem Verschleißwiderstand begrenzt, aber nicht vollständig ausgeschlossen werden. Maßnahmen zur Begrenzung des Abriebs bzw. zur Erhöhung des Verschleißwiderstandes wurden in den Kapiteln 3.4.1 und 3.4.2 beschrieben.

Die Staubbildung kann durch eine Vergütung der Betonoberfläche verringert werden (Kapitel 6.3.3). Auch Versiegelungen bringen eine gewisse Verbesserung (Kapitel 6.3.4), wobei allerdings je nach mechanischer Beanspruchung eine Erneuerung der Versiegelung im Rahmen der Bauunterhaltung erforderlich werden kann.

Zu berücksichtigen ist außerdem, dass auch eine betriebsbedingte Staubentwicklung stattfindet, z.B. durch Reifenabrieb oder Verschleiß an Verpackungsmaterial.

6.2.5 Farbigkeit

Die Oberfläche des gescheibten oder geglätteten Betons ist grau; dies ist die normale Farbe des Betons. Die Grautöne können je nach Zementart variieren, aber diese Farbunterschiede genügen häufig nicht, wenn besondere Farbwirkungen erreicht werden sollen.

Wünsche nach besonderen Farbtönen können die Herstellkosten von Betonböden wesentlich beeinflussen. Folgende Möglichkeiten können in Betracht gezogen werden:

- Auswahl besonderer Zemente
- Einsatz von Pigmenten
- Verwendung besonderer Gesteinskörnungen mit anschließender Oberflächenbearbeitung

Im Allgemeinen wird von farbigen Flächen erwartet, dass nicht die Betonbodenplatte in gesamter Dicke, sondern die Oberfläche einen bestimmten Farbton aufweist. Dies kommt der erreichbaren Qualität entgegen, setzt aber voraus, dass im Anschluss an das Betonieren der tragenden Betonbodenplatte nachträglich eine besondere Schicht aufgebracht wird. Eine ähnliche Verfahrensweise wird bei Hartstoffschichten praktiziert. Dabei sollte die nachträgliche Schicht möglichst frisch-auf-frisch auf den eingebauten Beton aufgebracht werden.

Diese nachträglich aufzubringende Schicht wird mit besonderen Zementen, mit Pigmenten oder mit farbiger Gesteinskörnung hergestellt. Würde der gesamte Beton gefärbt, ergäben sich einerseits höhere Kosten, andererseits bestünde die Gefahr größerer Unregelmäßigkeiten.

Zemente

Die Grautöne können je nach Zementart variieren. Unterschiede im Farbton der Zemente sind durch die verwendeten Rohstoffe und die Produktionsverfahren bestimmt. Besondere Beispiele für Zemente, die durch spezielle Herstellmethoden eine besondere Eigenfarbe erhalten, sind Weißzemente (z.B. Dyckerhoff-Weiß). Mit Portlandschieferzement kann eine bräunliche Betonfarbe erreichen werden (z.B. mit Terrament).

Pigmente

In besonderen Fällen können der oberen Schicht auch Pigmente zugesetzt werden. Diese Pigmente sind Betonzusatzstoffe. Sie müssen zementbeständig, licht-, wetter- und ggf. hitzestabil sein. Daher kommen überwiegend anorganische, synthetisch hergestellte Pigmente zum Einsatz. Dies sind im Allgemeinen Metalloxide, z.B. Eisenoxidrot, Eisenoxidbraun oder Eisenoxidschwarz für Rot-, Braun- oder Schwarzeinfärbungen oder Titandioxidweiß zur Aufhellung von Betonen mit Weißzement. Für Schwarzeinfärbungen werden auch Kohlenstoffpigmente verwendet.

Pigmente sind viel feiner als Zement und haben Teilchengrößen von etwa 0,0005 mm. Sie werden nicht nur pulverförmig, sondern auch als wässrige Pigmente (Slurry) oder Pigmentgranulate geliefert. Pigmente müssen den Anforderungen nach DIN EN 12878 „Pigmente zum Einfärben von zement- und/oder kalkgebundenen Baustoffen – Anforderungen und Prüfung" entsprechen. Für jedes Pigment muss eine Grundprüfung durch eine bauaufsichtlich anerkannte Stelle durchgeführt werden. Dabei wird überprüft, ob das Pigment keine schädlichen Bestandteile enthält, die das Erstarren und die Festigkeitsentwicklung des Betons nachteilig beeinflussen.

Für unbewehrten Beton sind bis zu 5 Gew.-% wasserlösliche Anteile, für bewehrten Beton bis zu 0,5 Gew.-% wasserlösliche Anteile bezogen auf den Zement zulässig (DIN EN 12878). Der Hersteller muss für jedes Pigment die relative Farbstärke nachweisen. Bei einer Zugabe von 5 Gew.-%, bezogen auf die Zementmenge, ist die Sättigung erreicht, weitere Pigmentzugaben verändern die Farbwirkung daher kaum.

Bei dunklen Pigmenten spielt die Farbe des Zements kaum eine Rolle. Bei hellen Pigmenten ist ein heller Zement erforderlich. Reinere und leuchtende Farben können nur mit Weißzement erreicht werden. Bei niedrigen Wasserzementwerten ist der Farbeffekt größer.

Besondere Gesteinskörnungen

Besondere, farbige Gesteinskörnungen kommen nur dann zur Geltung, wenn anschließend eine Oberflächenbearbeitung erfolgt. Dabei muss die obere Zementschicht entfernt werden. Dies kann durch Schleifen, Strahlen oder Auswaschen erfolgen. Es sind auch Kombinationen verschiedener Oberflächenbearbeitungen möglich, z.B. Schleifen und Sandstrahlen, Schleifen und Flammstrahlen. Durch Schleifen entsteht eine dem Terrazzo ähnliche Oberfläche (Kapitel 10.3.4).

Der Zeitpunkt der Oberflächenbearbeitung ist von der Erhärtungsgeschwindigkeit des Betons und von der Art der verwendeten Geräte abhängig. Er ist durch Vorversuche zu ermitteln. Dabei kann festgestellt werden, ob die entstehende Oberflächenart den Vorstellungen des Auftraggebers entspricht.

6.3 Anforderungen an Oberflächensysteme

Die Oberflächen von Betonbodenplatten können unterschiedlich ausgebildet werden. Die Wahl eines Oberflächensystems muss auf die zu erwartende Beanspruchung abgestimmt sein.

Es bestehen mehrere Möglichkeiten zu Ausbildung der Oberfläche:

- monolithische Betonbodenplatte ohne Oberflächensystem (Tafel 3.7)
- Hartstoffeinstreuung (Kapitel 6.3.1)
- Hartstoffschicht (Kapitel 6.3.2)
- Oberflächenvergütung durch Versiegelung (Kapitel 6.3.3)
- Beschichtung (Kapitel 6.3.4)

6.3.1 Hartstoffeinstreuungen

Hartstoffeinstreuungen können den Verschleißwiderstand verbessern. Für den Verschleißwiderstand sind die gleichen Anforderungen anwendbar, die auch für Estrichflächen gelten. Nach DIN 18560-3 „Estriche im Bauwesen" [N52] und DIN EN 13813 „Estrichmörtel und Estrichmassen, Eigenschaften und Anforderungen" [N33] können Verschleißwiderstandsklassen nach Böhme festgelegt werden, z.B. Verschleißwiderstandsklasse A12 oder A9. (A9 = Abrieb 9 cm^3 je 50 cm^2). Dennoch ist diese Oberflächenvergütung nicht mit einer Hartstoffschicht nach DIN 18560-7 vergleichbar (Kapitel 6.3.2). Anforderungen an den Verschleißwiderstand sind in Kapitel 3.4.1 zusammengestellt (Tafel 3.7).

Bei Festlegung einer Hartstoffeinstreuung ist die aufzubringende Hartstoffmenge vom Planer anzugeben. Hartstoffmengen von 3 bis 5 kg je m^2 sind üblich. Hartstoffmengen über 5 g/m^2 lassen sich nur schwer in die Oberfläche einarbeiten. Die Hartstoffe sind mit einer geeigneten Vorrichtung gleichmäßig aufzubringen, z.B. mit einem Einstreuwagen.

Vorsicht ist bei Hartstoffgemischen geboten, die zusätzlich Fließmittel enthalten. Hier muss die Verträglichkeit mit anderen Betonzusatzmitteln durch Vorversuche geprüft werden. In Hartstoffmischungen integrierte, luftporenfördernde Fließmittel sollten nicht eingesetzt werden. Um den Verbund zwischen Hartstoff und Beton sicherzustellen, sollte für geglättete Betonbodenplatten der Wasserbindemittelwert zwischen w/b = 0,50 bis 0,55 liegen. Für Wasserbindemittelwerte unter 0,45 ist von einer Hartstoffeinstreuung abzuraten.

Als Grundlage für eine Hartstoffeinstreuung sollte stets Beton ohne Luftporenbildner verwendet werden. Durch intensives Glätten können die Luftporen in der obersten Schicht stark verringert werden, wodurch der Frost-Taumittel-Widerstand eingeschränkt wird. Außerdem sind in der Praxis häufiger schollenartige Ablösungen des oberen Hartstoffbereichs festgestellt worden.

Das bedeutet:
Freiflächen, die mit LP-Beton hergestellt werden müssen, sollten möglichst keine Hartstoffeinstreuung erhalten. Hierfür ist zu prüfen, ob alternativ dazu nicht Korngruppen 0/2 und 2/8 aus quarzitischem Gestein und Korngruppen 11/22 aus Hartsteinsplitt eingesetzt werden können. Diese sind besser geeignet (vgl. Beanspruchungsbereich 2 in Tafel 3.7).

Hartstoffe sollen DIN 1100 entsprechen [N13]. Der Verschleißwiderstand der Hartstoffeinstreuung ist in einer Erstprüfung nachzuweisen und durch eine Konformitätsbescheinigung des Herstellers zu belegen.

Anmerkung:
Die Oberflächenverbesserung mit einer Hartstoffeinstreuung ist nicht einer Hartstoffschicht nach DIN 18560-7 [N52] gleichzusetzen.

6.3.2 Hartstoffschichten

Bei starken Verschleißbeanspruchungen bestehen zwei Möglichkeiten:

- entweder besonders harte Gesteinskörnungen für den Beton verwenden, z.B. Korngruppen 0/2 und 2/8 aus quarzitischem Gestein und Korngruppen 11/22 aus Hartsteinsplitt
- oder eine Hartstoffschicht aufbringen.

Diese Möglichkeiten sind bereits in Tafel 3.7 für die Beanspruchungsbereiche 2 und 3 mit Expositionsklasse XM2 bzw. XM3 mit den zugehörigen Abriebmengen dargestellt. Tafel 3.8 gibt den Abrieb durch Schleifen für verschiedene Gesteinsgruppen nach DIN 52100 an, gemessen als Verlust in cm^3 je 50 cm^2 bei der Prüfung nach DIN 52108.

Geringe Abriebmengen von 7 cm^3 je 50 cm^2 und darunter sind nur schwer zu erreichen. Sie erfordern besondere Maßnahmen, die meistens nur durch Hartstoffschichten zu erreichen sind. Die nachstehend angegebenen Werte für den Schleifverschleiß von Hartstoffen sind Mittelwerte nach DIN 1100, geprüft an vom Hersteller vorzugebenden Estrichmörteln [N13]:

- normale Hartstoffschicht aus Hartstoffen der Hartstoffgruppe A (allgemein, z.B. natürliche Gesteinskörnung): Abriebmenge $\leq$ 5 cm^3 je 50 cm^2;
- Hartstoffschicht (als Sonderfall) mit Hartstoffen der Hartstoffgruppe M (Metalle): Abriebmenge $\leq$ 3 cm^3 je 50 cm^2;
- Hartstoffschicht (als Ausnahmefall) mit Hartstoffen der Hartstoffgruppe KS (Elektrokorund und Siliziumcarbid): Abriebmenge $\leq$ 1,5 cm^3 je 50 cm^2.

Die für Betonbodenplatten infrage kommenden Hartstoffgruppen sind in Tafel 6.5 zusammengestellt.

Für Hartstoffschichten gilt DIN 18560-7. Sie werden entweder auf den frischen Tragbeton „frisch in frisch“ eingebaut oder nachträglich auf den erhärteten Tragbeton mit Haftbrücke aufgebracht. Die Hartstoffschichten werden stets im Mörtelverfahren hergestellt. Mit der Herstellart „frisch auf frisch“ ist ein guter Verbund erreichbar. Geeignet sind sowohl

Betone mit Fließmittel als auch Betone mit Vakuumherstellung. Ungünstig sind Betone mit luftporenbildenden Fließmitteln und besonders Luftporenbetone (Beton mit LP-Mittel). Diese Betone sollten eine Hartstoffschicht nicht im „frisch-auf-frisch-Verfahren" erhalten, da hierbei Verbundstörungen zwischen Beton und Hartstoffschicht möglich sind.

Der Tragbeton muss mindestens der Festigkeitsklasse C25/30 entsprechen. Die Dicke der Hartstoffschicht muss auf die Beanspruchung abgestimmt sein. Sie beträgt im Allgemeinen 15 mm bis 20 mm (Tafel 6.5). Die erforderliche Dicke der Hartstoffschicht ist in der Leistungsbeschreibung anzugeben.

Die Festigkeitsbezeichnungen nach DIN 18560-7 (Ausgabe 04/2004) entsprechen den bisher üblichen Bezeichnungen:

- F 9A (bisher ZE 65A)
- F 11M (bisher ZE 55M)
- F 9KS (bisher ZE 65KS)

Tafel 6.5: Anforderungen an zementgebundene Hartstoffestriche nach DIN 18560-7 [N52] mit Hartstoffen nach DIN 1100 [N13] in Abhängigkeit mechanischer Beanspruchungsgruppen aus Flurförderzeugen

Zementgebundener Hartstoffestrich (Festigkeitsklasse, Hartstoffguppe Biegezugfestigkeit)	Beanspruchungsgruppe	I (schwer)	II (mittel)	III (leicht)
	Material der Bereifung [1]	Stahl, Polyamid	Urethan-Elastomer, Gummi	Elastik, Luftreifen
	Beanspruchungsart (Beispiele)	Schleifen und Kollern von Metall, Absetzen von Gütern mit Metallgabeln	Schleifen und Kollern von Holz, Papierrollen und Kunststoffteilen	Montage auf Tischen
	Fußgängerverkehr	≥ 1.000 Personen/Tag	$>$ 100 bis $<$ 1.000 Personen/Tag	≤ 100 Personen/Tag
F 9A Gruppe A [2] Biegezugfestigkeit ≥ 9 N/mm²	Nenndicken	≥ 15 mm	≥ 10 mm	≥ 8 mm
	Verschleißwiderstand (Mittelwert)	≤ 7 cm^3 / 50 cm^2		
F 11M Gruppe M [2] Biegezugfestigkeit ≥ 11 N/mm²	Nenndicken	≥ 8 mm	≥ 6 mm	≥ 6 mm
	Verschleißwiderstand (Mittelwert)	≤ 4 cm^3 / 50 cm^2		
F 9KS Gruppe KS [2] Biegezugfestigkeit ≥ 9 N/mm²	Nenndicken	≥ 6 mm	≥ 5 mm	≥ 4 mm
	Verschleißwiderstand (Mittelwert)	≤ 2 cm^3 / 50 cm^2		

[1] Die Zuordnung gilt für saubere Bereifung. Eingedrückte harte Stoffe und Schmutz auf Reifen erhöhen die Beanspruchung

[2] Hartstoffe nach DIN 1100 [N13]

Beispiel zur Erläuterung

Hartstoffestrich DIN 18560 - CT - C60 - F9 - A6 - DIN 1100 - A - V10

Diese Bezeichnung bedeutet:

- zweischichtiger zementgebundener Hartstoffestrich (CT)
- Druckfestigkeitsklasse C60
- Biegezugfestigkeitsklasse F9
- Verschleißwiderstandsklasse nach Böhme A6
- mit Hartstoffen nach DIN 1100 der Gruppe A
- Verbundestrich (V) mit einer Nenndicke von 10 mm für die Hartstoffschicht

Nach DIN 18560-7 [N52] ist der Verschleißwiderstand für die Hartstoffoberfläche nur bei einer in Sonderfällen erforderlichen Bestätigungsprüfung nach Böhme zu prüfen. Die Prüfungen dürfen frühestens 28 Tage nach Fertigstellung des Estrichs durchgeführt werden. Die Prüfung ist an drei Probekörpern nach DIN 18560-3 vorzunehmen, die aus dem Estrich und gegebenenfalls aus dem Tragbeton auszuschneiden sind. Weitere Einzelheiten hierzu enthält DIN 18560-7 [N52].

6.3.3 Hydrophobierungen

Zur Vergütung der Betonoberfläche kann ein modifiziertes Natriumsilikat als Lösung aufgebracht werden, und zwar entweder auf die frische, auf die erhärtende oder auf die bereits erhärtete Betonoberfläche. Natriumsilikate sind überwiegend kristalline Verbindungen. Sie können als farblose Flüssigkeit in die Kapillarporen des Betons eindringen. Dabei kommt es zur Abspaltung des Hydroxids im Beton. Die Änderung des Gleichgewichts in der Lösung führt zur Bildung von Kieselsäure und anschließend zur verfestigenden Bildung von Kieselgel. Daher wird allgemein in der Baupraxis von Verkieselung gesprochen.

Natriumsilikat ist von Kaliumsilikat zu unterscheiden, beides sind Alkalisilikate, die auch als Natrium-Wasserglas und Kalium-Wasserglas bezeichnet werden. Eine Verfestigung durch Verkieselung erfolgt bei Natrium-Wasserglas langsamer als bei Kalium-Wasserglas, führt aber zu komplexeren Phasenbildungen. Das im Beton vorhandene Kalziumhydroxid wird durch das Natriumsilikat zur weiteren Bildung neuer Silikatphasen in den Kapillarporen angeregt. Hierdurch wird das Gefüge dichter, die Struktur verdichtet sich weiter und die Betonoberfläche wird insgesamt vergütet. Aus diesem Grund sind Vergütungen der Betonoberfläche mit Natrium-Wasserglas jenen mit Kalium-Wasserglas vorzuziehen [L61]. Das bedeutet: Die Vergütung des Betons und die dabei im Beton stattfindende Kristallisation erfolgt durch Eindringen arteigener Stoffe in die Kapillarporen des Betons.

Ein Versuchsprogramm des TÜV Nord belegt folgende Verbesserungen: Verringerung der Wasserabgabe des frischen bzw. jungen Betons, Erhöhung des Widerstands gegen Verschleißbeanspruchung sowie des Wassereindringwiderstands und des Frost-Tausalz-Widerstands. Die Gleitreibung wird kaum beeinträchtigt [L61].

Die Ausführung dieser Arbeiten sollte nur Fachfirmen übertragen werden. Die Anweisungen des Herstellers sind zu beachten und einzuhalten.

6.3.4 Versiegelungen

In der Praxis wird als Versiegelung häufig das verstanden, was in der DAfStb-Richtlinie „Schutz und Instandsetzung von Betonbauteilen" [R26] unter dem Begriff „Hydrophobierung" geregelt ist.

Hydrophobierungen sind entsprechend der DAfStb-Richtlinie die Oberflächenschutzsysteme OS 1 bzw. OS A. Hierbei dringt das Hydrophobierungsmittel in den Beton ein, sodass keine Filmbildung an der Oberfläche entsteht. Als Bindemittelgruppen sind Silane und Siloxane vorgesehen. Eine Verfestigung der Betonoberfläche ist mit einer Hydrophobierung nicht möglich. Es wird jedoch ein bedingter Feuchteschutz bei frei bewitterten Oberflächen erreicht. Dadurch können Betonbodenflächen, die nach ausreichender Erhärtung vor der ersten Frost-Taumittel-Beanspruchung noch nicht austrocknen konnten, gegen Frostabsprengungen geschützt werden (Kapitel 3.6). Durch diese Hydrophobierungen entsteht in der Regel keine Veränderung des optischen Erscheinungsbildes. Entsprechende Abstimmungen hierzu mit dem Hersteller sind sinnvoll.

Versiegelungen waren in der früheren Ausgabe der DAfStb-Richtlinie „Schutz und Instandsetzung von Betonbauteilen" als Oberflächenschutzsystem OS 3 für befahrbare Flächen geregelt. Verwendet werden dünnflüssige Kunstharze, z.B. niedrig viskose Epoxidharze EP-I oder EP-T. Diese Versiegelungen, die vorwiegend in den Beton eindringen, bilden aber auch einen Film an der Oberfläche von 50 µm Mindestdicke. Sie haben sich für Betonbodenplatten praktisch bewährt. Durch Eindringen in das Kapillarporengefüge des Betons verfestigen sie die Oberfläche, was sich bei mechanischen Beanspruchungen günstig auswirkt. Die Staubbildung von mechanisch beanspruchten Betonflächen wird verringert. Durch Glanzbildung an der Betonoberfläche muss mit einer geringen Veränderung des optischen Erscheinungsbildes gerechnet werden. In der Praxis werden diese Versiegelungen auch als Imprägnierungen bezeichnet.

Nach [R26] können die Steigerung des Verschleißwiderstandes und die Verfestigung des Betonuntergrundes nicht reproduzierbar nachgewiesen werden. Die Ergebnisse hängen sehr stark vom Referenzbeton ab. Aus diesem Grund wurde das Oberflächenschutzsystem OS 3 in der Neuausgabe der DAfStb-Richtlinie (10/2001) gestrichen. Trotzdem wird in [R26] angegeben, dass eine Imprägnierung mit dünnflüssigen, füllstofffreien Reaktionsharzsystemen eine sinnvolle Maßnahme zur Verfestigung poröser, mineralischer Untergründe mit ungenügender Festigkeit und zur Verhinderung des Staubens infolge Abriebs ist.

Im Regelfall sind Versiegelungen bei Industrieböden nur für leichte Beanspruchungen geeignet. Aufgrund der geringen Schichtdicke besteht bei mechanischen Beanspruchungen die Gefahr zu schneller Abnutzung.

6.3.5 Beschichtungen

Beschichtungen von Betonbodenplatten sollen – wenn sie erforderlich sind – nach der DAfStb-Richtlinie „Schutz und Instandsetzung von Betonbauteilen“ unter Berücksichtigung der Anforderungen der europäischen Normenreihe DIN EN 1504 [N15] geplant und ausgeführt werden. Bei der Auswahl eines OS-Systems sind genaue Kenntnisse über die Konstruktion der Betonbodenplatte zu berücksichtigen (auch Kapitel 12). Weiterhin ist zu klären, welche Beanspruchungen die Beschichtung aufnehmen soll oder muss (Tafel 6.6). Zudem ist zu prüfen, ob die Gefahr aufsteigender Feuchtigkeit aus dem Untergrund besteht und dies bei der Festlegung für eine geeignete Beschichtung zu berücksichtigen ist.

Für Betonbodenplatten sind folgende Oberflächenschutzsysteme einsetzbar:

Beschichtung für mechanisch gering beanspruchte Flächen:

- chemisch widerstandsfähig,
- systemspezifische Mindestschichtdicke: $\geq$ 500 μm = 0,5 mm,
- Bindemittelgruppe: Epoxidharz,
- Mindestwerte der Oberflächenzugfestigkeit: Mittelwert $\geq$ 1,5 N/mm^2,
- kleinster Einzelwert $\geq$ 1,0 N/mm^2.

Hinweis: In der früheren Ausgabe der DAfStb-Richtlinie „Schutz und Instandsetzung von Betonbauteilen“ war diese Beschichtung als Oberflächenschutzsystem OS 6 geregelt.

Beschichtung für befahrbare, mechanisch stark beanspruchte Flächen:

- chemisch widerstandsfähig,
- systemspezifische Mindestschichtdicke: $\geq$ 1 mm,
- Bindemittelgruppe: Epoxidharz,
- Mindestwerte der Oberflächenzugfestigkeit: Mittelwert $\geq$ 1,5 N/mm^2,
- kleinster Einzelwert $\geq$ 1,0 N/mm^2.

Hinweis: Diese Beschichtung gilt als Standard-Bodenbeschichtung. In der Berichtigung 2 (12/2005) zur DAfStb-Richtlinie „Schutz und Instandsetzung von Betonbauteilen“ [R26] ist diese Beschichtung als Oberflächenschutzsystem OS 8 mit den neuen Entwicklungen angepassten Anforderungen wieder geregelt.

Riss überbrückende Beschichtungen, die in der DAfStb-Richtlinie „Schutz und Instandsetzung von Betonbauteilen“ als Oberflächenschutzsysteme OS 11 und OS 13 für befahrbare, mechanisch belastete Flächen angegeben sind, sollten nicht für Betonbodenplatten in Produktions- und Lagerhallen eingesetzt werden. Dafür ist die mechanische Beanspruchung durch Gabelstapler u.Ä. zu groß und eine ausreichende Dauerhaftigkeit kann nicht erreicht werden. Sollten in besonderen Fällen rissüberbrückende Systeme notwendig sein, sind im Einzelfall Abstimmungen mit Herstellerfirmen erforderlich. Hierbei sollten mit den Herstellern entsprechende Vereinbarungen hinsichtlich der Sicherstellung der Dauerhaftigkeit getroffen werden.

Beschichtungen im WHG-Bereich (Geltungsbereich des Wasserhaushaltsgesetzes) müssen spezielle Anforderungen erfüllen. Diese Beschichtungen bedürfen einer allgemeinen bauaufsichtlichen Zulassung als WHG-Beschichtung.

Tafel 6.6: Kriterien für die Auswahl von Beschichtungen bei Betonbodenplatten

Anforderungen für	Art der Beanspruchung
mechanische Beanspruchung	- Art: leicht/mittel/hoch/extrem/rollend/schleifend; Personen-/PKW-Verkehr, Hubwagen/Staplerbetrieb - Bereifung: Luft, Polyamid, Vulkollan, Stahl - Radlasten, Fahrzeuge pro Stunde - dynamische. Belastungen aus Maschinenfundamenten - Transportbehältnisse: Paletten, Container, Fässer, Rollbehälter - Belastungen aus Abrieb, Schlag, Stoß, Scharfkantigkeit
chemische Beanspruchung	- kurzfristig/dauernd - Wasser - Öle, Fette, Treibstoffe - Säuren, Laugen, lösliche Salze, organische Lösemittel - Reinigungsmittel - andere Chemikalien
thermische Beanspruchung	- Hitze: - kurzfristig/langfristig z.B. Heißdampfreinigung - dauerhaft z.B. in speziellen Bereichen - Kälte: - kurzfristig z.B. Frost / Kälteschock - dauerhaft z.B. Kühlräume - Temperaturwechsel (kurzfristig)
Sicherheit	- elektrostatische Ableitfähigkeit - elektrische Isolierfähigkeit - Kriechstromfestigkeit - Rutschsicherheit: Rutschhemmung R / Verdrängungsraum V - flüssigkeitsdicht - schwer entflammbar - dekontaminierbar - geruchsarm - umweltfreundlich - lösemittelfrei
Oberflächenstruktur	- glatt, griffig, genoppt - glänzend, seidenmatt, matt, farbig - Ebenheitsanforderungen
Pflegeeigenschaften	- manuelle, maschinelle Reinigung - Nassreinigung, Trockenreinigung - Dampfstrahlreinigung
andere Eigenschaften	- UV-Beständigkeit - Lichtechtheit - reparaturfähig - überarbeitbar

Beschichtungen für verfahrenstechnische Anlagen müssen den Anforderungen der zuständigen Norm entsprechen: DIN 28052 „Chemischer Apparatebau – Oberflächenschutz mit nicht metallischen Werkstoffen für Bauteile aus Beton in verfahrenstechnischen Anlagen" [N53].

Beschichtungen auf LP-Betonen sind nicht unproblematisch. Praxiserfahrungen zeigen, dass dauerhafte Beschichtungen auf LP-Betonen nur mit erhöhtem Aufwand zielsicher herstellbar sind. Insbesondere ist hierbei die Einhaltung der geforderten Oberflächenzugfestigkeiten zu überprüfen.

Wenn eine Beschichtung erforderlich ist, sollte geklärt werden, ob diese Betonflächen auch ohne Luftporenbildner herzustellen sind. Bei flüssigkeitsdichten Beschichtungen sind künstliche Luftporen zur Sicherung des Frost-Taumittel-Widerstandes im Allgemeinen nicht erforderlich, da Chloride vom Beton ferngehalten werden.

Bild 6.1: Beschichtete Betonbodenplatte [Werkfoto: Sika Deutschland GmbH]

Bild 6.2:
Aufbringen einer transparenten Beschichtung
[Werkfoto: Sika Deutschland GmbH]

Bild 6.3:
Aufbringen einer Beschichtung
[Werkfoto: Sika Deutschland GmbH]

6.4 Anforderungen an die Sicherheit

6.4.1 Rutschsicherheit

Auch bei Betonoberflächen – nicht nur bei Beschichtungen – kann in besonderen Fällen die Gefahr bestehen, dass eine ausreichende Gleitsicherheit nicht gegeben ist. Dies kann dann der Fall sein, wenn sich zwei Einflüsse überlagern:

- intensives Glätten der Betonoberfläche,
- Betriebs- und Nutzungsbedingungen mit Stoffen, die das Gleiten fördern.

Für jeden Betonboden mit oder ohne Belag ist zunächst zu prüfen und zu entscheiden, ob eine rutschhemmende Oberfläche aus sicherheitstechnischen oder gesundheitlichen Gründen erforderlich und betrieblich möglich ist.

Die Unfallvorschriften und die Arbeitsstättenverordnung verlangen vom Arbeitgeber die Herstellung von Fußböden mit ausreichend rutschhemmender Oberfläche für Arbeits-, Maschinen- und Lagerräume sowie für Verkehrswege. Dies ist dann der Fall, wenn es dort nutzungsbedingt zum Kontakt mit gleitfördernden Medien kommt, wenn also ein Risiko des Ausrutschens zu vermuten ist.

Die Rutschsicherheit von Bodenoberflächen ist in diesen Fällen eine technische Eigenschaft, welche einen maximalen Personenschutz vor Arbeitsunfällen beim Begehen und/oder Befahren gewährleisten soll. Anforderungen für die Rutschhemmung stellt der Fachausschuss „Bauliche Einrichtungen" der Berufsgenossenschaftlichen Zentrale für Sicherheit und Gesundheit (BGZ) des Hauptverbandes der gewerblichen Berufsgenossenschaft in den Berufsgenossenschaftlichen Regeln BGR 181 [R34].

Beispiele für wesentliche Einflussgrößen für die Rutschgefahr sind demnach:

- Material und Oberflächenstruktur der Bodenoberfläche,
- Verschmutzungsgrad durch gleitfördernde Stoffe (z.B. Öl, Wachs, Fett, Wasser, Lebensmittel, Speisereste, Staub, Mehl, Pflanzenabfälle),
- Verdrängungsraum (Hohlraum unterhalb der Geh-/Fahrebene),
- Fahrgeschwindigkeit und Art der Verkehrswegführung (z.B. kurvenreich),
- Zustand der Reifen,
- Art und Zustand des getragenen Schuhwerks.

Betreiber streben in der Regel eine glatte und gut zu reinigende Oberfläche an. Diese kann jedoch im Widerspruch zu einem sicheren Begehen und Befahren stehen. Mit zunehmender Rauigkeit der Oberfläche verbessert sich die Rutschhemmung. Gleichzeitig werden die Verschmutzungsneigung und die Reinigungsfähigkeit verschlechtert. Die Rauigkeit der Oberfläche wird durch die Grobrauheit und die Feinrauheit bestimmt. Feinraue Oberflächen zeigen Vorteile für befahrene Flächen mit niedrigen Fahrgeschwindigkeiten und Nässe, da längere Kontaktzeiten des Reifens eine ausreichend schnelle Abführung dünner Wasserfilme durch das Reifenprofil ermöglichen. Bei höheren Fahrgeschwindigkeiten ist eine ausreichende Grobrauheit erforderlich. Nach dem Merkblatt M10 der Berufsgenossenschaft für den Einzelhandel [36] sind hinsichtlich der Rutschhemmung in benachbarten Arbeitsräumen bzw. -bereichen mit unterschiedlicher Rutschhemmung jeweils zwei benachbarte Bewertungsgruppen vorzusehen, z.B. R10 und R11 oder R11 und R12. Benachbarte Arbeitsbereiche mit unterschiedlicher Rutschgefahr, in denen Beschäftigte wechselweise tätig sind, sollten einheitlich mit der jeweils höheren R-Gruppe ausgestattet werden.

Prüfverfahren der schiefen Ebene nach DIN 51130

Je nach Schwere und Risiko der Rutschgefahr in Arbeitsräumen und -bereichen werden in den Berufsgenossenschaftlichen Regeln BGR 181 „Fußböden in Arbeitsräumen und Arbeitsbereichen mit Rutschgefahr“ [R34] unterschiedliche Bewertungsgruppen für Bodenoberflächen festgelegt. Für die Bewertung der Rutschgefahr werden dabei nachfolgende Kriterien zugrunde gelegt:

- Häufigkeit des Auftretens und Verteilung gleitfördernder Stoffe auf dem Boden;
- Art und Eigenschaft der gleitfördernden Stoffe;
- durchschnittlicher Grad der Verunreinigung des Fußbodens, z.B. Stoffmenge;
- sonstige bauliche, verfahrenstechnische und organisatorische Verhältnisse.

Das in diesem Merkblatt angegebene Prüfverfahren beruht auf der Begehung der zu prüfenden Oberfläche auf einer schiefen Ebene durch eine Prüfperson und ist in DIN 51130 [N55] genormt. Der aus einer Messwertreihe bestimmte mittlere Neigungswinkel ist für die Einordnung der Oberfläche in eine von fünf Bewertungsgruppen R 9 bis R 13 maßgebend (Bild 6.4).

Oberflächen mit der Bewertungsgruppe R 9 genügen den geringsten Anforderungen, Oberflächen mit der Bewertungsgruppe R 13 den höchsten Anforderungen an die Rutschhemmung. Ergänzend dazu wird der Verdrängungsraum V als Hohlraum unterhalb der Geh-Ebene geprüft. Die V-Zahl gibt an, wie viel Kubikzentimeter auf einer Fläche von

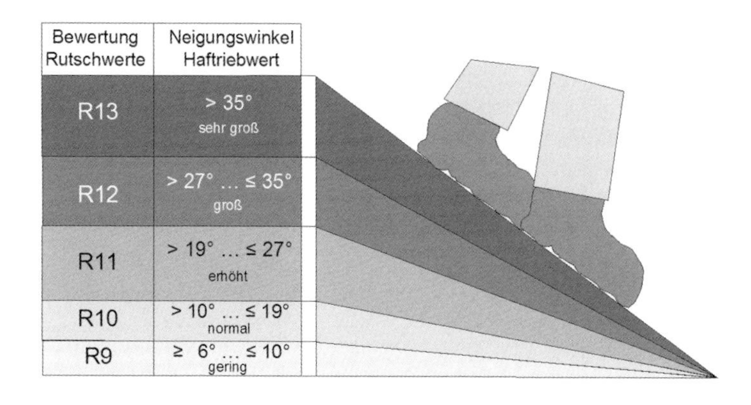

Bewertung Rutschwerte
Neigungswinkel Haftriebwert
R13
> 35° sehr groß
R12
> 27° ... ≤ 35° groß
R11
> 19° ... ≤ 27° erhöht
R10
> 10° ... ≤ 19° normal
R9
≥ 6° ... ≤ 10° gering

Bild 6.4: Prüfverfahren der schiefen Ebene mit Begehung der zu prüfenden Oberfläche durch eine Prüfperson [nach R34, L59]

10 cm x 10 cm verdrängt werden. Ein Verdrängungsraum bietet den Vorteil, dass bei Anfall gleitfördernder Stoffe die Rutschhemmung länger erhalten bleibt, da sich diese Stoffe unterhalb der Geh-Ebene in den Hohlräumen ausbreiten und verteilen können. V4 steht für niedrigste, V10 für höchste Anforderungen. V-Werte werden i.d.R. nur dort benötigt, wo größere Mengen an Flüssigkeit und/oder pastösen Stoffen auf dem Boden auftreten. Bild 6.5 zeigt die Zuordnung von Verdrängungsraum und Mindestvolumina.

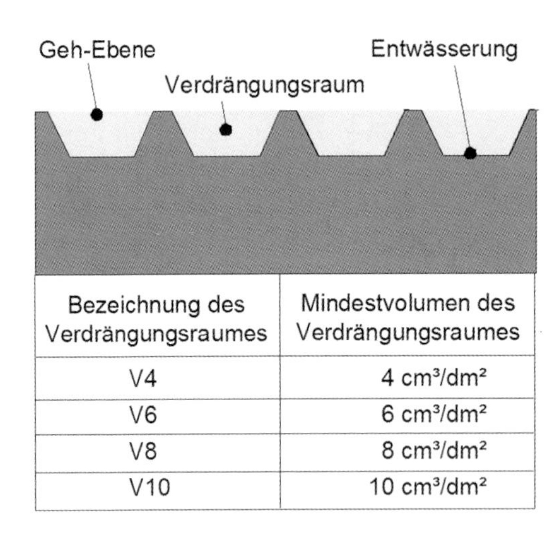

Bezeichnung des Verdrängungsraumes	Mindestvolumen des Verdrängungsraumes
V4	4 cm^3/dm^2
V6	6 cm^3/dm^2
V8	8 cm^3/dm^2
V10	10 cm^3/dm^2

Bild 6.5:
Schematische Darstellung des Verdrängungsraums unterhalb der Geh-Ebene
[nach R34, L59]

In Tafel 6.7 sind Beispiele für typische Arbeitsbereiche mit erhöhten Anforderungen an die Rutschsicherheit aufgeführt.

Auch Bearbeitungen der Frischbetonoberfläche wie Glätten, Abscheiben, Abreiben, Aufrauen oder Aufbringen eines Besenstrichs können aufgrund von Erfahrungswerten den Bewertungsgruppen an die Rutschhemmung zugeordnet werden (Tafel 6.8).

Anmerkung:
Bei anderen Forderungen sind darüber hinaus besondere Maßnahmen zu treffen.

Ein Nachteil des Begehungsverfahrens mit der schiefen Ebene ist jedoch, dass dieses Prüfverfahren nur im Labor durchführbar ist. Die Prüfung einer vorhandenen Bodenoberfläche im eingebauten Zustand ist baupraktisch nicht möglich. Beurteilungen durch Messungen vor Ort sind zurzeit noch nicht einheitlich geregelt. Für die Prüfung bedarf es mobiler Prüfgeräte mit entsprechender Zulassung. Hierfür existieren unterschiedliche Messgeräte. Die bisher eingesetzten ortsunabhängigen Messverfahren zur Prüfung der Rutschhemmung sind jedoch nicht standardisiert. Ein direkter Vergleich mit den R-Bewertungsgruppen nach den BG-Regeln 181 [34] in Tafel 6.7 ist daher nicht möglich.

Gleitreibungsmessgerät GMG 100 M und FSC-Prüfgerät

Ein mobiles (instationäres) Messgerät wurde beispielsweise im Berufsgenossenschaftlichen Institut für Arbeitssicherheit (BIA), Sankt Augustin, entwickelt. Dabei wird ein Gleit-

Tafel 6.7: Beispiel für typische Arbeitsbereiche mit erhöhten Anforderungen an die Rutschsicherheit [nach R34]

Beispiele für Arbeitsräume / -bereiche mit Anforderungen an die Rutschhemmung		Bewertungsgruppe der Rutschgefahr (Richtwerte)	Verdrängungsgruppe mit Kennzahl für das Mindestvolumen
Autowerksstätte (Werkstätten für Instandhaltung)	Waschhallen, Waschplätze	R11	V4
	Arbeits- und Prüfgrube	R12	V4
	Instandsetzung, Wartungsräume	R11	-
Außenbeläge (allgemein) mit Betonplatten		R12	-
		R11/R12	V4
Beizereien		R12	-
Betankungsbereiche überdacht / nicht Überdacht		R11/R12	-
Betonwaschplätze		R11	-
Brauereien, Lagerkeller / Abfüllung		R10/R11	-
Färbereien für Textilien		R11	-
Fettschmelzen		R13	V6
Feuerwehrhäuser		R12	-
Fischbearbeitung / -verarbeitung		R13	V10
Fleischzerlegung		R13	V8
Flugzeughallen		R11	-
Frischmilchverarbeitung einschl. Butterei		R12	-
Galvanisierräume		R12	-
Garagen, Hoch- und Tiefgaragen	ohne Witterungseinfluss	R10	-
	mit Witterungseinfluss	R11	-
		R10	V4
Gemüsekonservenherstellung		R13	V6
Gerbereien		R13	-
Getränkelager / Getränkeabfüllung		R11	
Großküchen / Kantinen		R12	V4
Härtereien		R12	-
Holzbearbeitung, Maschinenräume		R10	-
Käsefertigung / Käselagerung		R11	-
Kühlräume / Tiefkühlräume	für unverpackte Ware	R12	-
	für verpackte Ware	R11	-

Tafel 6.7: (Fortsetzung)

<table>
<tr><th colspan="2">Beispiele für Arbeitsräume / -bereiche mit Anforderungen an die Rutschhemmung</th><th>Bewertungsgruppe der Rutschgefahr (Richtwerte)</th><th>Verdrängungsgruppe mit Kennzahl für das Mindestvolumen</th></tr>
<tr><td colspan="2">Lackierereien mit Nassschleifbereichen</td><td>R12</td><td>V10</td></tr>
<tr><td colspan="2">Laderampe, überdacht</td><td>R10 oder R11</td><td>V4</td></tr>
<tr><td colspan="2">Laderampen / Schrägrampen, nicht überdacht</td><td>R12</td><td>V4</td></tr>
<tr><td colspan="2">Lagerräume für Öle / Fette</td><td>R12</td><td>V6</td></tr>
<tr><td colspan="2">Margarineherstellung und -verpackung</td><td>R12</td><td>-</td></tr>
<tr><td rowspan="2">Metallwerkstätten (Bereiche mit mechanischer Bearbeitung)</td><td>Drehereien, Fräserei, Stanzerei, Zieherei (Rohre, Drähte), Presserei</td><td>R11</td><td>V4</td></tr>
<tr><td>Bereiche mit erhöhter Öl-/Schmiermittelbelastung</td><td>R11</td><td>V4</td></tr>
<tr><td colspan="2">Milchverarbeitung</td><td>R12</td><td>-</td></tr>
<tr><td colspan="2" rowspan="2">Parkflächen im Freien</td><td>R11</td><td>-</td></tr>
<tr><td>R10</td><td>V4</td></tr>
<tr><td colspan="2">Räuchereien</td><td>R12</td><td>-</td></tr>
<tr><td colspan="2">Schlachthäuser</td><td>R13</td><td>V10</td></tr>
<tr><td colspan="2">Spülräume</td><td>R12</td><td>V4</td></tr>
<tr><td colspan="2">Verkaufsräume allgemein, Kundenräume [2)]</td><td>R9</td><td>-</td></tr>
<tr><td colspan="2">Warenannahme für Fisch, Fleisch, verpackt / unverpackt</td><td>R11/R10</td><td>-</td></tr>
<tr><td colspan="2">Waschplätze bei Werkstätten für Luftfahrzeuge</td><td>R11</td><td>V4</td></tr>
<tr><td colspan="2">Wäschereien</td><td>R9</td><td>-</td></tr>
<tr><td colspan="2">Werfthallen bei Werkstätten für Luftfahrzeuge</td><td>R12</td><td>-</td></tr>
<tr><td colspan="2">Wurstküchen</td><td>R13</td><td>V8</td></tr>
</table>

[1)] In der DAfStb-Instandsetzungs-Richtlinie [R26] werden für Oberflächenschutzsysteme (OS-Systeme) für die Griffigkeit und Verschleißfestigkeit (Teil 2, Tabelle 5.3, Pkt. 26) SRT-Werte für die Rutschhemmung gefordert: für OS 11 (OS-F) SRT $\geq$ 60 SKT, für OS 13 SRT $\geq$ 50 SKT. Empfehlungen für Parkflächen nach W. Treml [L39]: für Freiflächen R12, V6; für überdachte Flächen R12, V4; für Tiefgaragen R11, V4.

[2)] In [R34] werden zusätzlich besondere Verkaufsstellen bzw. -räume genannt, für die teilweise höhere Anforderungen an die Rutschhemmung gestellt werden, z.B. R12, R11 oder R10.

reibungsmessgerät – kurz GMG 100 M genannt – mit bestimmten Gleitmaterialien und festgelegten Randbedingungen über die zu prüfende Bodenoberfläche gezogen, um einen dynamischen Gleitreibungskoeffizienten μ zur Beurteilung der rutschhemmenden Eigenschaft zu ermitteln.

Tafel 6.8: Erfahrungswerte für Oberflächenbearbeitungen bei Betonböden hinsichtlich Rutschhemmung [nach R30.1]

Oberflächenbearbeitung (Erfahrungswerte)	Bewertungsgruppe der Rutschgefahr
Glätten mit Flügelglätter	R 9, R 10
Abscheiben (maschinell)	R 10, R 11
Abreiben	R 12
Aufbringen eines Besenstrichs	R 13
Aufrauen der Betonoberfläche	R 13

Ein weiteres Gerät zur Feststellung der Gleitreibung ist das FSC-Prüfgerät, bei dem der Vorschub automatisch gesteuert wird. Durch verschiedene Gleiter als Messfuß können mit beiden Messgeräten trockene und nasse Flächen geprüft werden:

- Ledergleiter für Trockenmessungen (z.B. Betriebsbedingungen ohne vorherige Reinigung)
- Kunststoffgleiter (PU/PVC) und Gummigleiter bei Nassmessungen (z.B. saubere, mit Wasser benetzte Oberflächen).

Bei Nassmessungen wird der schlechtere Messwert der beiden Gleiter zugrunde gelegt. Angelehnt an den Normenentwurf der E DIN 51131 [N56] werden hierfür die Wuppertaler Sicherheitsgrenzwerte als Grenzwerte für die Beurteilung verwendet (Tafel 6.9).

Tafel 6.9: Gleitreibungskoeffizient und Bewertung nach den Wuppertaler Sicherheitsgrenzwerten [N56]

Gleitreibungskoeffizient μ	$< 0{,}21$	0,22 ... 0,29	0,30 ... 0,42	0,43 ... 0,63	$> 0{,}64$
Bewertung	sehr unsicher	unsicher	bedingt sicher	sicher	sehr sicher

Die Anwendung beider Geräte sollte jedoch auf ebene, unprofilierte Oberflächen (Verdrängungsvolumen $V < 4\ cm^3/dm^2$) begrenzt bleiben. Profilierte Oberflächen können in der Regel nicht ausreichend erfasst werden. Gemessen werden hierbei häufig nur die Profilspitzen, die eine objektive, zuverlässige Prüfung und Beurteilung nicht immer möglich machen. Das bedeutet, dass Griffigkeit und Verdrängungsraum mit diesen Geräten nicht erfasst werden können.

In der Fachzeitschrift „Arbeit und Gesundheit" des Hauptverbandes der gewerblichen Berufsgenossenschaften (HVBG) [47] wird empfohlen, die Gleitreibung von Böden vor Ort (im Betriebszustand) mit dem mobilen Messgerät GMG 100 durchzuführen, wobei die Anwendung insbesondere für glatte Oberflächen als geeignet angegeben wird. Weiterhin wird darin ausgesagt, den Einfluss des Verschleißes möglichst als einfachen Vergleich direkt zwischen stark begangenen Bereichen (z.B. Hauptverkehrswege) mit den kaum frequentierten Bereichen in Hallennischen, -ecken oder hinter Maschinen zu bestimmen. Je höher die sich ergebende Differenz, desto weniger ist von der ursprünglichen Rutschhemmung noch vorhanden.

Ebenfalls zielführend kann die vergleichende Messung von unterschiedlichen Bodenbelägen beziehungsweise Betriebsbedingungen sein, die an Übergängen oder auch innerhalb einer Halle bestehen. Die Differenz zwischen den Messergebnissen sollte nach [47] nicht größer als $\mu = 0{,}15$ sein.

In Fällen, bei denen ein direkter Vergleich dieser Art nicht möglich ist oder keine aussagekräftigen Ergebnisse ergibt, sollte die Bewertung der Messergebnisse mit dem GMG 100 gemäß den Richtwerten des Fachausschusses „Bauliche Einrichtungen" vorgenommen werden (Tafel 6.10).

Eine Checkliste sowie Angaben zur Ausführung von rutschhemmenden Bodenbeschichtungen enthält [L8.2].

Pendelgerät und Ausflussmesser

Nach dem FGSV-Merkblatt 407 über den Rutschwiderstand von Pflaster und Plattenbelägen für den Fußgängerverkehr [R37] lässt sich die Mikrorauheit der Oberfläche mit dem Pendelgerät prüfen. Dabei werden Skalenteile (SKT) bzw. sogenannte SRT-Werte (Slid Resistance Tester) ermittelt. In dieser Systemprüfung wird weiterhin die Auslaufzeit in Sekunden über den Auslaufmesser (AM) nach Moore (Auslaufbecher) festgestellt

Tafel 6.10: Berufsgenossenschaftliche Richtwerte [1)] für die Rutschhemmung von Fußböden im Betriebszustand [2)] [L47]

μ - Wert [3)]	Bewertung	Bemerkungen
$> 0{,}45$	Rutschhemmung gegeben	Der Bodenbelag verfügt über ein ausreichendes Rutschhemmungspotential, sodass auch bei unterschiedlichen Betriebsbedingungen (z.B. Nässe, Reinigung, usw.) die Rutschgefahr gering ist. Bei höheren μ-Werten (z.B. $\mu > 0{,}8$) ist mit einer größeren Stolpergefahr und stärkerer Belastung des Körperbaus (Gelenkverschleiß) zu rechnen.
0,30 ... 0,45	Rutschhemmung gegeben, wenn betriebliche Maßnahmen zur Verbesserung der Rutschhemmung und Kontrollmessungen durchgeführt werden.	Das Rutschhemmungspotential ist nur für bestimmte Betriebsbedingungen ausreichend. Stellen veränderte Betriebsbedingungen höhere Anforderungen, so besteht Rutschgefahr. Regelmäßige Kontrollmessungen sind erforderlich, um das Ausmaß der Veränderungen festzustellen und die Wirksamkeit von Maßnahmen zur Verbesserung der Rutschhemmung zu überprüfen.
$< 0{,}30$	Rutschhemmung unzureichend	Auch unter idealen Betriebsbedingungen besteht akute Rutschgefahr. Das Rutschhemmungspotenzial des Bodenbelags ist nicht ausreichend.

[1)] In Anlehnung an die „Wuppertaler Grenzwerte für Sicheres Gehen" nach Skibba.
[2)] Die Prüfung im Betriebszustand bezieht sich auf den in Benutzung befindlichen Boden. Sie stellt keine Baumusterprüfung nach BGR 181 dar.
[3)] Bestimmung des Gleitreibungskoeffizienten μ gemäß E DIN 51131 [N56]

[R37], um die Makrorauheit (Griffigkeit, Textur) zu ermitteln. Bei der Rauheit wird zwischen Mikrorauheit ($\varnothing \leq 0{,}5$ mm) und Makrorauheit ($\varnothing > 0{,}5$ mm) unterschieden. Als positiv werden SRT-Werte $\geq$ 50 bis 55 SKT mit Auslaufzeiten AM $\leq$ 40 Sekunden beurteilt.

Für begangene und befahrene Betonböden im Freien ohne bzw. mit Belag kann dieses Messverfahren sinngemäß übertragen werden.

Die Instandsetzungs-Richtlinie des DAfStb [R26] enthält als Prüfgerät leider nur das Pendelgerät, ohne einen Verdrängungsraum anzugeben. Weiterhin werden teilweise SRT-Werte für die Griffigkeit bei Verschleißbeanspruchung genannt, die in der Praxis nicht zielsicher nachgewiesen werden können, z.B. für OS 11 (F) SRT $\geq$ 60 SKT [L40]. Als einfaches Prüfverfahren für die Rutschhemmung wird für nachzuweisende SRT-Werte $\geq$ 60 SKT vorsorglich empfohlen, schon während der Ausführung durch den Verarbeiter eine Rauigkeitsbestimmung über das Sandflächenverfahren vorzunehmen. Dabei werden 50 g Feinsand 0,1 bis 0,3 mm aufgebracht und kreisrund verteilt. Dabei ist ein Ausbreitmaß $\leq$ 35 cm einzuhalten.

Bei frei bewitterten Bodenflächen können Anforderungen an eine ausreichende Rutschsicherheit nur erfüllt werden, wenn anfallendes Niederschlagwasser durch ausreichendes Gefälle mit $\geq$ 2 % abgeführt wird (Kapitel 6.6.1).

Vergleichsmuster

Eine sinnvolle und gute Ergänzung zu den Prüfverfahren für die Rutschhemmung bei zusätzlichen Belägen auf der Betonbodenoberfläche sind Vergleichsmuster, mit denen die örtlichen Gegebenheiten verglichen werden können. Solche Vergleichsmuster sollten von den Stoffherstellern bei Beschichtungen von Betonoberflächen stets angefordert werden.

Herstellung rutschhemmender Oberflächen

Für Betonoberflächen mit Anforderungen an die Rutschhemmung ist zunächst vom Planer gemeinsam mit dem Bauherrn zu prüfen, ob hierfür ein zusätzlicher Belag notwendig ist oder die Rutschhemmung durch betontechnologische Maßnahmen (Glätten, Abscheiben, Aufrauen, Besenstrich) hergestellt werden kann (Tafel 6.8).

Die Herstellung rutschhemmender Beschichtungen erfolgt über sogenannte Einstreuböden und beginnt mit der vollflächigen Abstreuung der zuletzt aufgebrachten Nutzschicht. Die Rutschsicherheit wird dabei im Wesentlichen durch die Kornzusammensetzung (Kornform, Korngröße) des Einstreumaterials bestimmt. Runde Gesteinskörnungen (Sandkörner) verringern die Rutschsicherheit, scharfkantige, gebrochene Gesteinskörnungen (Siliciumcarbid, feuergetrockneter Quarzsand, Korund) erhöhen diese Eigenschaft. Für ausreichend rutschfeste Beschichtungsoberflächen ist Abstreukorn mit Durchmessern von $\varnothing$ 1,2 mm bis $\varnothing$ 1,5 mm zu empfehlen [R37]. Nach der Erhärtung der Nutzschicht wird das überschüssige Einstreumaterial entfernt. Anschließend wird eine Kopfversiegelung aufgebracht. Diese erhöht die mechanische und chemische Widerstandsfähigkeit und verbessert die Reinigungsfähigkeit der Oberfläche (Kapitel 6.7). Eine nur mit Feinsand abgestreute Nutzschicht führt nach dem Aufbringen der Kopfversiegelung zu einer fein rauen Oberfläche ohne Verdrängungsraum. Einstreuböden können starr oder elastisch mit Riss überbrückender Eigenschaft hergestellt werden.

Bei der Rutschhemmung im Betriebszustand ist auch die Wahl und Festlegung einer geeigneten funktionstauglichen Reinigung und Pflege zu berücksichtigen. Diese darf die Nutzungs- und Gebrauchstauglichkeit der Bodenoberfläche nicht beeinträchtigen.

6.4.2 Elektrostatische Ableitfähigkeit

Elektrostatische Ladung

Durch Reibung und anschließende Trennung zweier Materialien kann eine elektrische Ladung entstehen. Die Menge an statischer Elektrizität bzw. eines elektrischen Feldes hängt von mehreren Einflüssen ab, z.B. von:

- den Materialien, die einer Reibung und Trennung unterworfen sind
- der Intensität der Reibung zwischen den Materialien und
- der relativen Luftfeuchte

Bei den Materialien wird unterschieden zwischen elektrischen Leitern und Isolatoren. Z.B. wirkt trockener Kunststoff als Isolator, feuchter Beton hat eine relativ gute Leitfähigkeit. Bei niedriger relativer Luftfeuchte ist die elektrostatische Ladung größer als bei hoher relativer Luftfeuchte.

Bei der Entladung eines elektrostatischen Feldes kann es zur Funkenbildung kommen; darin liegt ein Gefährdungspotenzial. Dieses Gefährdungspotenzial muss beim Einsatz brennbarer Flüssigkeiten, explosionsgefährdeten Stoffen, brennbaren Stäuben oder elektrostatisch empfindlichen Elektronikeinrichtungen und -bauteilen vermieden werden. Explosionsgefahr besteht nicht nur in lösemittelhaltiger Luft, sondern auch in staubhaltiger Atmosphäre, z.B. in Getreidesilos oder Düngemittellagern.

Die elektrostatische Ladung wirkt anziehend auf kleine Partikel. Diese Staubanziehung kann in Reinräumen zu großen Problemen führen, z.B. bei der Chipherstellung oder im Operationssaal. Typisch für die Entladung des elektrostatischen Feldes ist auch der „elektrische Schlag", z.B. beim Aussteigen aus dem Auto oder beim Anfassen des Türgriffs.

Elektrostatischer Leitwiderstand

Die elektrostatische Entladung wird als ESD bezeichnet (ESD = electrostatical discharge). Daher wird auch von ESD-Schutzzonen gesprochen. Dies sind komplexe Einrichtungen mit elektrostatisch leitfähigen Fußböden. Dazu gehören außerdem erdungsfähige Oberflächen und Geräte sowie ESD-Schuhwerk und ESD-Kleidung.

Fußbodenflächen gelten als elektrostatisch leitfähig, wenn der elektrostatische Leitwiderstand $R_E \leq 1 \cdot 10^6$ Ohm nicht überschreitet.

Elektrostatischer Leitwiderstand:

$R_E = 0{,}05\ r \cdot d$ in Ω (Ohm) (Gl. 6.1)

Hierbei sind:

r spezifischer Widerstand eines Werkstoffes [Ω / cm] (Ohm je cm Werkstoffdicke)
d Dicke des Werkstoffes in Richtung des Stromflusses [cm]

Die Bestimmung des elektrischen Widerstandes erfolgt nach DIN EN 1081.

Anforderungen an den Ableitwiderstand

An den Erdableitwiderstand werden verschiedene Anforderungen gestellt, je nach Lagerung bzw. Umgang mit entzündlichen oder explosionsgefährdeten Stoffen:

– brennbare Flüssigkeiten:	Erdableitwiderstand	$1 \cdot 10^8$ Ω
	Oberflächenwiderstand	$1 \cdot 10^9$ Ω
– Gase, Dämpfe, Nebel:	Erdableitwiderstand	$1 \cdot 10^8$ Ω
– brennbare Stäube:	Erdableitwiderstand	$1 \cdot 10^8$ Ω
– explosionsgefährliche Stoffe:	Erdableitwiderstand	$1 \cdot 10^6$ Ω

Arten der ableitfähigen Fußböden

Allgemein werden folgende Fußböden unterschieden:

- Elektrostatisch leitender Fußboden (EFC) mit einem Widerstand von $R < 1 \cdot 10^6$ Ω
- Ableitfähiger Fußboden (DIF) mit Widerständen von $R = 1 \cdot 10^6$ bis $R = 1 \cdot 10^8$ Ω
- Astatischer Fußboden (ASF), der das Entstehen von Ladung bei Kontakttrennung oder Reibung mit einem anderen Werkstoff herabsetzt, z.B. bei Schuhsohlen oder Rädern.

Ein astatischer Fußboden schützt gegen den Einfluss elektrostatischer Ladung. Er muss nicht unbedingt elektrisch leitend oder ableitfähig sein.

Anmerkung:
Die Bezeichnung „antistatisch" sollte wegen der mehrfachen Bedeutung vermieden werden. Stattdessen wird von „astatisch" gesprochen.

Für LAU-Anlagen bei Lagerung und Umgang mit Wasser gefährdenden und brennbaren Flüssigkeiten sind in den Zulassungsgrundsätzen des DIBt für Beschichtungssysteme folgende Werte festgelegt:

– bis 50 %	relative Luftfeuchte	$R = 1 \cdot 10^8$ Ω
– 50 bis 70 %	relative Luftfeuchte	$R = 1 \cdot 10^7$ Ω
– über 70 %	relative Luftfeuchte	$R = 1 \cdot 10^6$ Ω

Ableitwiderstand von Beton

Für den spezifischen Widerstand von Beton mit 375 kg Zement CEM I 32,5 R hat das Institut für Technische Physik Stuttgart folgende Werte angegeben:

- relative Luftfeuchte 30 % spezifischer Widerstand $R_E \approx 6 \cdot 10^5\ \Omega$ / cm
- relative Luftfeuchte 60 % spezifischer Widerstand $R_E \approx 1 \cdot 10^5\ \Omega$ / cm
- relative Luftfeuchte 80 % spezifischer Widerstand $R_E \approx 5 \cdot 10^4\ \Omega$ / cm

Der zunächst geringe Ableitwiderstand des Betons nimmt im Laufe der Zeit durch weitere Austrocknung zu, sodass ein Ableitwiderstand von $R_E \leq 1 \cdot 10^6\ \Omega$ auf Dauer nicht zu halten ist. Beton mit 3 % Ruß-Zusatz hat wesentlich geringere Werte, sie liegen unter $R_E \leq 4 \cdot 10^4\ \Omega$ / cm.

Fußböden in Räumen, in denen eine Oberfläche aus Beton oder Zementestrich nicht geeignet ist, werden im Allgemeinen beschichtet. Die Ableitwiderstände üblicher Beschichtungen sind jedoch recht hoch, sie betragen $R_E \approx 1 \cdot 10^{10}$ bis $1 \cdot 10^{14}\ \Omega$. Daher sind ableitfähige Beschichtungen erforderlich. Dies ist z.B. in Reinräumen der Fall.

Elektrostatisch ableitfähige Beschichtungen

Von der Beschichtungsindustrie wurden geeignete Beschichtungssysteme entwickelt. Ableitfähige Beschichtungen bestehen im Wesentlichen aus einem Schichtenaufbau aus Grundierung, Leitschicht und Deckschicht. Die Leitschicht enthält leitfähige Füllstoffe kugeliger oder faseriger Form. Dies sind z.B. Grafit, Kohlenstofffasern oder Metalle. Die Leitschicht wird über Kupferbänder o.Ä. geerdet. Der Hersteller muss angeben, wie weit die Entfernung bis zu den Anschlusspunkten sein darf. Die Kupferbänder sollen nicht im Bereich der Fahrstraßen von Gabelstaplern angeordnet werden, da hierdurch leicht Beschädigungen entstehen können.

Die Beschichtungen müssen eine der Nutzung entsprechende Leitfähigkeit besitzen. Ableitfähige Beschichtungen können geringe Ableitwiderstände $R_E \leq 1 \cdot 10^4$ bis $1 \cdot 10^3\ \Omega$/cm erreichen.

In jedem Fall ist der Hersteller des Beschichtungsmaterials hinzuzuziehen. Die Angaben in den Technischen Merkblätter und die Verarbeitungsrichtlinien sind einzuhalten [L8.1].

6.4.3 Flüssigkeitsdichtheit

Anlagen zum Herstellen, Behandeln und Verwenden wassergefährdender Flüssigkeiten (HBV-Anlagen) sowie zum Lagern, Abfüllen und Umschlagen (LAU-Anlagen) unterliegen bei Planung, Bau, Betrieb, Abbruch und Entsorgung gesetzlichen Regelungen und behördlichen Auflagen [R18] bis [R22]. Beispiele sind Produktionshallen, Fasslagerflächen, Tanktassen, Umfüllstationen.

Neben dem Baurecht sind u.a. auch das Wasserhaushaltsgesetz WHG, das Immissionsschutzgesetz, das Gewerberecht, Chemikalienrecht sowie das Abfallrecht zu berücksichtigen. Grundlage für die technischen Anforderungen ist der Besorgnisgrundsatz im

Wasserrecht, festgelegt im § 19g des Wasserhaushaltsgesetzes [R18]. Der Besorgnisgrundsatz verlangt:

„Anlagen zum Lagern, Abfüllen, Herstellen und Behandeln wassergefährdender Flüssigkeiten sowie Anlagen zum Verwenden wassergefährdender Flüssigkeiten im Bereich der gewerblichen Wirtschaft und im Bereich öffentlicher Einrichtungen müssen so beschaffen sein und so eingebaut, aufgestellt, unterhalten und betrieben werden, dass eine Verunreinigung der Gewässer oder sonstige nachteilige Veränderung ihrer Eigenschaften nicht zu besorgen ist (d.h. auszuschließen ist)."

Diese Forderung wird umgesetzt in der Anlagenverordnung über wassergefährdende Stoffe und die Zulassung von Fachbetrieben, die sogenannten VAwS [R19] der jeweiligen Bundesländer. Verlangt werden der Nachweis der Dichtheit und der Beständigkeit gegenüber den eindringenden Flüssigkeiten im Beaufschlagungszeitraum sowie besondere konstruktive Maßnahmen bei Planung und Ausführung.

Da bei wassergefährdenden Flüssigkeiten im Schadensfall unter Umständen Leib und Leben gefährdet sein können, ist die Anforderung an die Dichtheit gleichrangig mit dem Standsicherheitsnachweis einzustufen.

Bei hohem Beanspruchungspotenzial aus Einwirkungen wassergefährdender Flüssigkeiten sowie aus mechanischen, thermischen und chemischen Beanspruchungen ist die DAfStb-Richtlinie „Betonbau beim Umgang mit wassergefährdenden Stoffen" maßgebend [R22]. Diese Richtlinie regelt die baulichen Voraussetzungen, die für unbeschichtete Betonbauten beim Umgang mit wassergefährdenden Flüssigkeiten zu erfüllen sind.

Für Flächenabdichtungen nach der Anlagenverordnung (VAwS) ist zusätzlich die TRwS DWA-A 786 „Technische Regel wassergefährdender Stoffe - Ausführung von Dichtflächen" von der Deutschen Vereinigung für Wasserwirtschaft, Abwasser und Abfall (DWA) [R20] zu beachten. Die unter Berücksichtigung der DAfStb-Richtlinie „Betonbau beim Umgang mit wassergefährdenden Stoffen" [R22] erarbeitete TRwS 786 ersetzt die bisherige TRwS 132 „Ausführung von Dichtflächen".

Gemäß Bauregelliste A Teil 1 lfd. Nr. 15.32 gelten Dichtkonstruktionen aus Beton als geregeltes Bauprodukt, wenn sie nach der DAfStb-Richtlinie „Betonbau beim Umgang mit wassergefährdenden Stoffen" Teil 2 [R22] ausgeführt werden. Die Übereinstimmung des Bauprodukts mit dieser DAfStb-Richtlinie ist mit einem Übereinstimmungszertifikat zu belegen. Dichtkonstruktionen aus Betonfertigteilen, z.B. Ableitflächen, Gleistragwannen, sind in Bauregelliste A Teil 1 nicht geregelt und bedürfen allgemeiner bauaufsichtlicher Zulassungen. Zurzeit gibt es mehrere Zulassungen für Dichtflächen aus Ortbeton, die von der Bauregelliste A Teil 1 lfd. Nr. 15.32 abweichen. Für Ableitflächensysteme und Rinnensysteme sowie Gleis- und Fahrzeugtragwannen in Fertigteilbauweise liegen Zulassungen auf der Grundlage spezieller Prüfprogramme vor.

Nachfolgend sind einige der technischen Regelungen der DAfStb-Richtlinie „Betonbau beim Umgang mit wassergefährdenden Stoffen" dargestellt.

Konstruktion und Ausführung

Die Betonbodenflächen von Produktionshallen der chemischen Industrie und Fasslagerflächen gehören vorrangig zu jenen Betonflächen, die in diesen Beanspruchungsbereich gehören.

Ein wichtiger Grundsatz für den Entwurf von Betonbauteilen beim Umgang mit wassergefährdenden Flüssigkeiten ist die Ausbildung einer möglichst zwangfreien Konstruktion. Zwangbeanspruchungen durch Einwirkungen aus Hydratationswärme, witterungs- und betrieblich bedingter Temperaturen, Schwinden oder Reibung sind durch betontechnologische, konstruktive und ausführungstechnische Maßnahmen gering zu halten. Hierzu gehören unter anderem [R22]:

- Herstellen von Dichtflächen in einem Arbeitsgang;
- Aufkantungen am Rand der Flächen oder Gefälle anordnen;
- Auffangrinnen mit Sammelschächten vorsehen (ausgerüstet für Schwerverkehr);
- Geometrische Formen vermeiden, die Zug erzeugen, z.B. Aussparungen;
- Querschnittsänderungen, einspringende Ecken;
- Bei unvermeidbaren zugerzeugenden Formen sind zusätzliche konstruktive Maßnahmen vorzusehen, z.B. Ausrundungen und/oder erhöhte Bewehrungen;
- Zwangerzeugende Verzahnungen mit dem Unterbau sind zu vermeiden;
- Ebene Unterseite der Dichtfläche;
- Unebenheit $\leq$ 12 mm bei 4 m Messstrecke, bei Sandschichten, z.B. auf Betontragschicht $\geq$ 20 mm, auf hydraulisch gebundener Tragschicht $\geq$ 50 mm;
- Verformungsbehinderungen zwischen Betonbodenplatte und Unterbau durch Gleitschichten begrenzen, z.B.: zwei Lagen PE-Folie je 0,3 mm oder viskose Gleitschichten $d \geq 5$ mm;
- möglichst ebene, porenarme Oberfläche in der Kontaktzone Baugrund/Betonplatte;
- Reibungsbeiwerte nach Tafel 7.5 berücksichtigen.

Fugen sind stets Schwachstellen, für eine Dichtkonstruktion gilt dies in besonderem Maße. Daher sind Fugen möglichst zu vermeiden. Unvermeidbare Fugen und auch Betonierfugen müssen sorgfältig im Detail geplant werden. Aufwendige Fugenkonstruktionen können z.B. durch Vorspannung entfallen (Kapitel 4.6.3).

Beton beim Umgang mit wassergefährdenden Stoffen

Nach der DAfStb-Richtlinie [R22] sind für Flächen, die wassergefährdenden Flüssigkeiten ausgesetzt sein können, zwei Betone zu unterscheiden:

- Flüssigkeitsdichter Beton: FD-Beton
- Flüssigkeitsdichter Beton mit Eignungsprüfung: FDE-Beton

Die Anforderungen an diese Betone sind in folgender Tafel 6.11 zusammengestellt.

Überwachung, Konzept bei Beaufschlagung

Jeder Betreiber ist verpflichtet, ein Konzept für den Beaufschlagungsfall zu erstellen. Darin sind folgende Punkte festzulegen:

- Erkennung und Bewältigung einer Leckage regeln: Benennung von Verantwortlichen, Kontrollperioden und -methoden, Kommunikationswege, verfügbare Entsorgungsdienste.
- Angabe der höchstzulässigen Zeitdauer zwischen Eintritt des Beaufschlagungsfalls und Beseitigung des wassergefährdenden Stoffes.
- Nach Eintritt und zur Bewältigung eines Beaufschlagungsfalles die Maßnahmen bezüglich der Betonkonstruktion im Einzelfall klären und festlegen.

Tafel 6.11a: Beton beim Umgang mit wassergefährdenden Stoffen [R22]

Flüssigkeitsdichter Beton (FD-Beton)
Eigenschaften/Anforderungen: - Beton nach DIN EN 206-1 und DIN 1045-2 mit Begrenzung der Eindringtiefe - Mittlere Eindringtiefe nach 72 Stunden für Stoffe mit unbekannten physikalischen Eigenschaften: $e_{72m} \leq 40$ mm - Mittlere Schädigungstiefe bei ruhenden oder leicht bewegten Säuren nach 72 Stunden: $s_{72m} = 5$ mm
Betonzusammensetzung: - Mindestbetondruckfestigkeitsklasse C30/37 - Bestimmte Zemente nach der Normenreihe DIN EN 197 sowie DIN 1164 zulässig - Gesteinskörnung nach DIN EN 12620 in Verbindung mit DIN V 20000-103 - Sieblinienbereich A/B - Größtkorn: 16 mm bis einschl. 32 mm - Unlösliche Gesteinskörnung bei Beaufschlagung mit starken Säuren - Verwendung von Flugasche nach DIN EN 450 und Silikastaub nach Allgemeiner bauaufsichtlicher Zulassung gemäß DIN EN 206-1 und DIN 1045-2; 5.2.5 mit $(w/z)_{eq} \leq 0{,}50$ - Verwendung von Kunststoffzusätzen (Polymerdispersionen) möglich, soweit nach DIN EN 206-1 und DIN 1045-2 - Zugelassen unter Einhaltung in der Richtlinie genannter Zusatzforderungen Verwendung von Restwasser nach DIN EN 1008 zulässig bei Einhaltung des Mehlkorngehaltes, der Konsistenz des Ausgangsbetons und des w/z-Werts - Wasserzementwert $w/z \leq 0{,}50$ - Leimgehalt $zl \leq 290$ l/m^3 einschl. auf den w/z-Wert angerechneter Zusatzstoffmenge - Herstellung als LP-Beton mit Luftporenbildner zulässig - Möglichst weiche Konsistenz F3
Betonverarbeitung: - Überwachungsklasse 2 für Beton nach DIN 1045-3 - Keine Neigung des Betons zum Bluten oder Entmischen - Nachbehandlung mindestens bis 70 % der 28-Tage-Druckfestigkeit, jedoch nicht weniger als 7 Tage

Tafel 6.11b: Beton beim Umgang mit wassergefährdenden Stoffen [R22]

Flüssigkeitsdichter Beton nach Eindringprüfung (FDE-Beton)
Eigenschaften/Anforderungen: - Beton nach DIN EN 206-1 und DIN 1045-2 mit Nachweis des Eindringverhaltens durch - Erstprüfungen - Mittlere Eindringtiefe nach 72 Stunden: kleiner oder gleich wie beim FD-Beton - Mittlere Schädigungstiefe bei ruhenden oder leicht bewegten Säuren nach 72 Stunden: wie FD-Beton bei unlöslicher Gesteinskörnung und Massenverhältnis von Zement / Gesteinskörnung $\leq$ 0,20
Betonzusammensetzung: - Betonzusammensetzung muss nicht in allen Punkten den Anforderungen an FD-Betone entsprechen - Mindestbetondruckfestigkeitsklasse C30/37 - Größtkorn $\leq$ 32 mm - Verwendung zementgebundener Betone, Größtkorn $<$ 8 mm mit organischen und anorganischen Zusatzstoffen oder Fasern, die nicht DIN EN 206-1 und DIN 1045-2 entsprechen, als mittragend ansetzbar nur bei entsprechender Zulassung für eine Verwendung in Bauwerken - nach DIN 1045 Verwendung von Fasern für Konstruktionen mit Rissen nur bei Nachweis der mechanischen und ggf. chemischen Beständigkeit von Fasern im Riss (Widerstandsgrad $\xi \geq 0{,}80$) - Wasserzementwert w/z $\leq$ 0,50
Betonzusammensetzung: - Überwachungsklasse 2 für Beton nach DIN 1045-3

Die baulichen Anlagen beim Umgang mit wassergefährdenden Flüssigkeiten müssen durch einen Sachverständigen in regelmäßigen Abständen geprüft werden. Die Prüfung ist zu dokumentieren. Abweichungen vom festgelegten Sollzustand sind zu beheben. Häufigkeit und Umfang der Prüfungen sind im Einzelfall näher in der DAfStb-Richtlinie beschrieben [R22].

Maßnahmen nach der Beaufschlagung

Nach einer Beaufschlagung ist anhand des festzulegenden Konzepts für den Beaufschlagungsfall zu prüfen, ob eine Befreiung von Schadstoffen (Dekontamination) des Betons notwendig ist oder welche Instandsetzungsmaßnahme durchzuführen ist, z.B. die Herstellung einer neuen Dichtfläche oder Dichtflächenergänzung, neue Beschichtung oder Betonersatz oder Abdichten von Rissen. Die Möglichkeit einer Selbstreinigung eingedrungener Flüssigkeiten durch Verdampfen ist zu prüfen. Sie kann unterstützt und beschleunigt werden, z.B. durch hohen Luftwechsel, Anlegen eines Unterdrucks, Wärmebehandlung der Betonoberfläche. Bei Eindringtiefen bis zu einem Viertel der Bauteildicke darf von einer ausschließlichen Verdampfung entgegen der Beaufschlagungsrichtung ausgegangen werden, d.h., es findet keine Durchfeuchtung des Bauteils statt [R22].

6.4.4 Schwerentflammbarkeit

Der vorbeugende Brandschutz ist ein ernst zu nehmendes Thema. Dieses gilt insbesondere im Zusammenhang mit Fluchtwegen oder mit der Lagerung brand- bzw. explosionsgefährdeter Stoffe.

In der Brandschutznorm DIN 4102-1 [N19] werden Baustoffe hinsichtlich ihres Brandverhaltens klassifiziert (Tafel 6.12). Unterschieden werden nicht brennbare (Klasse A) und brennbare Baustoffe (Klasse B). Alle Baustoffe im Hochbau müssen mindestens der Klasse B2 „normal entflammbar" entsprechen. Für kritische Bereiche bei Industrieböden, z.B. Fluchtwege oder Lagerflächen für explosionsgefährdete Stoffe, wird mindestens die Baustoffklasse B1 „schwer entflammbar" gefordert.

Tafel 6.12: Einteilung der Baustoffklassen nach DIN 4102 [N19]

Baustoffklasse	Bauaufsichtliche Benennung
A	nicht brennbare Baustoffe
A1	(z.B. Beton, Mörtel, Stahl)
A2	(z.B. Gipskartonplatten)
B	brennbare Baustoffe
B1	schwer entflammbare Baustoffe
B2	normal entflammbare Baustoffe
B3	leicht entflammbare Baustoffe

Beton, hergestellt nach DIN 1045, ist im Sinne des Brandschutzes ein echt nicht brennbarer Baustoff und wird im Sinne der zurzeit noch gültigen Brandschutznorm DIN 4102 „Brandverhalten von Baustoffen und Bauteilen" über die Kurzbezeichnung A1 beschrieben. Beton bleibt bei den im Brandfall eintretenden Temperaturen weitgehend fest, trägt nicht zur Brandlast bei, leitet den Brand nicht weiter, setzt keine toxischen Gase frei und bildet keinen Rauch.

Beschichtungen gehören zu den brennbaren Baustoffen B. Beschichtungen für Betonbodenplatten werden über ein gesondertes Prüfverfahren geprüft, da hierbei deutliche Unterschiede im Brandverhalten und Brandrisiko gegenüber Decken- und Wandbeschichtungen bestehen. DIN 4102-14 regelt den Nachweis der Schwerentflammbarkeit (Klasse B1). Beurteilt wird dabei die Flammausbreitung bzw. die Rauchentwicklung von Beschichtungen. Geprüfte schwer entflammbare Baustoffe (Klasse B1) erhalten ein Prüfzeichen des Deutschen Instituts für Bautechnik Berlin (DIBt).

In DIN 4102-4 werden im Allgemeinen Gesamtkonstruktionen aus Baustoffen und Bauteilen hinsichtlich ihres Brandverhaltens unterschieden. Flächenfertige Betonplatten mit üblichen Bauteildicken ($\geq$ 15 cm) entsprechen danach der Feuerwiderstandsklasse F-180-A. Das bedeutet, dass Beton während einer Zeitspanne von mehr als 180 Minuten den Temperatur- und Festigkeitsbeanspruchungen des Brandversuches widersteht. Dazu gehören auch Betonbodenplatten auf einer Dämmschicht. Sie können wie folgt klassifiziert werden als ein auf einer zwischenliegenden Trenn- oder Dämmschicht hergestelltes Teil, unmittelbar nutzfähig oder versehen mit einem Belag.

Betonplatten, die im Lager- oder Produktionsbereich genutzt und als Tragwerke im Sinne der DIN 1045 konstruiert und bemessen sind, müssen hinsichtlich des Brandschutzes wesentlich höher bewertet werden als Betonbodenplatten, die auf einer Tragschicht hergestellt sind mit oder ohne Beschichtung.

6.5 Anforderungen an die Ebenheit

6.5.1 Toleranzen nach DIN 18202

Ebenheitsabweichungen für Betonbodenplatten in Produktions- und Lagerhallen sowie für Freiflächen werden in DIN 18202 geregelt [N45]. Nach dem DBV-Merkblatt [R30.1] gilt als Anforderung an die Ebenheit der Oberfläche der Betonbodenplatte von höchstens 8 mm auf 1 m Abstand der Messpunkte bzw. von höchstens 12 mm bei 4 m Abstand (nach DIN 18202, Zeile 2 [N45]). Andere Ebenheiten sind zu vereinbaren. Die Autoren empfehlen, für oberflächenfertige Betonbodenplatten ein Stichmaß von höchstens 4 mm auf 1 m Abstand der Messpunkte bzw. von höchstens 10 mm bei 4 m Abstand zu vereinbaren (nach DIN 18202, Zeile 3 [N45]).

Wird die eigentliche Nutzfläche über einen zusätzlich auf die Betonbodenplatte aufzubringenden Estrich oder eine Hartstoffschicht hergestellt, fordert das DBV-Merkblatt [R30.1] Anforderungen an die Ebenheit gemäß DIN 18202, Zeile 3.

Weitergehende Anforderungen mit zulässigen Stichmaßen von 3 mm auf 1 m Abstand bzw. von 9 mm auf 4 m Abstand sind besonders zu vereinbaren. Diese Oberflächenausbildungen können nur mit größerem technischem Aufwand hergestellt werden, beispielsweise über Beschichtungen aus selbstnivellierenden Spachtelmassen. Selbstnivellierende Verteiler- und Rüttelbohlen mit Teleskoparm und Laser-Empfänger für die Profilvorgaben sind heute dabei wertvolle Einbaugeräte. Entsprechende Angaben sind in der Leistungsbeschreibung festzulegen, damit eine objektbezogene Kalkulation erfolgen kann.

Tafel 6.13 zeigt die Anforderungen gemäß DIN 18202 [N45]. Die Messung der Ebenheitsabweichungen erfolgt hierbei durch Stichproben über Messlatte und Messkeil bzw. durch ein Flächennivellement über ein festgelegtes Raster.

6.5.2 Toleranzen nach DIN 15185

Abweichend von den Anforderungen nach DIN 18202 werden für Hochregallager häufig wesentlich höhere Anforderungen an die Ebenheit einer Betonbodenoberfläche gestellt, wenn diese mit leitliniengeführten Flurförderzeugen befahren werden. Diese Lagersysteme sind gekennzeichnet durch geringe Grundflächen mit großen Regalhöhen und engen Fahrgassen. Bei Hochregallagern bis ungefähr 14 m Höhe erfolgen Stapelvorgänge mit flurgebundenen Staplerfahrzeugen - sogenannten Hochregalstaplern. Die Hochregalstapler bewegen sich zwangsgeführt mit Rädern auf der Bodenoberfläche (Flur) in Schmalgängen ab 1,80 m Breite. Bei Lagersystemen mit größeren Höhen über 14 m bis zu 45 m werden meistens Regalbediengeräte eingesetzt, die an Schienen gebunden sind und sowohl unten als auch oben geführt werden.

Tafel 6.13: Ebenheitsabweichungen mit zulässigen Stichmaßen als Grenzwerte für unterschiedliche Messpunktabstände [N45]

Zeile	Bauteile / Funktion	Stichmaße als Grenzwerte [mm] bei Messpunktabständen bis				
		0,1 m	1 m[1]	4 m[1]	10 m[1]	15 m[1)2)]
1	Nicht flächenfertige Oberseiten von Decken, Unterbeton und Unterböden	10	15	20	25	30
2	Nicht flächenfertige Oberseiten von Decken, Unterbeton und Unterböden mit erhöhten Anforderungen z.B. zur Aufnahme von schwimmenden Estrichen, Industrieböden, Fliesen- und Plattenbelägen, Verbundestrichen Fertige Oberflächen für untergeordnete Zwecke, z.B. in Lagerräumen, Kellern	5	8	12	15	20
3	Flächenfertige Böden, z.B. Estriche als Nutzestriche, Estriche zur Aufnahme von Bodenbelägen Bodenbeläge, Fliesenbeläge, gespachtelte und geklebte Beläge.	2	4	10	12	15
4	Wie Zeile 3, jedoch flächenfertige Böden mit erhöhten Anforderungen, z.B. mit selbstverlaufenden Spachtelmassen	1	3	9	12	15

1) Zwischenwerte sind auf ganze mm zu runden
2) Die Ebenheitsabweichungen der letzten Spalte gelten auch für Messpunktabstände über 15 m

Bild 6.6: Präzisionsgerät zur digitalen Messung der Oberflächen-Ebenheit bei einem Betonboden [Werkfoto: GORLO Industrieboden GmbH & Co. KG]

Bild 6.7:
Präzisionsgerät zur digitalen Messung der Oberflächenebenheit bei einem Betonboden [Werkfoto: Rinol Deutschland GmbH]

Die im Bauwesen übliche Begrenzung der Maßtoleranzen nach DIN 18202 [N45] genügt Staplerherstellern und Lagerbetreibern häufig nicht. Sie fordern für Hochregalsysteme, bei denen Hochregalstapler eingesetzt werden, wesentlich geringere Toleranzgrenzen in den Schmalgängen zwischen den Hochregalen. Über die Ebenheit des Bodens soll die Palettenentnahme durch die Hochregalstapler auch in den oberen Regalfächern sichergestellt werden. Häufig verbleibt zwischen Auflagerbalken des Regals und Palette nur 25 mm Toleranz für das Einfahren des Greifarmes. Mit steigender Hubhöhe des Staplers soll die Gabel des Staplers trotz des begrenzten Raumes in den Fahrgassen die Paletten entnehmen können. Aus diesem Grund werden an die Ebenflächigkeit solcher Böden wesentlich höhere Anforderungen gestellt. Die zulässigen Toleranzen sind in der Maschinenbaunorm DIN 15185 geregelt [N38].

Ähnlich hohe Anforderungen werden auch für Betriebe mit fahrerlosen Transportsystemen (FTS-Betriebe) verlangt, z.B. Betriebe mit Luftkissenfahrzeugen oder auch für Fernsehstudios wegen der Kameraführung.

Tafel 6.14 zeigt die zulässigen Ebenheitsabweichungen längs zu den Fahrspuren sowie die maximalen Höhenunterschiede quer zur Fahrspur.

Die Messung der Ebenheitsabweichungen erfolgt nach DIN 18202 [N45] über Messlatte und Messkeil bzw. durch ein Raster-Flächennivellement. Sinnvoll können weitergehende Maßnahmen sein, z.B. die digitale Erfassung des Fluroberflächenprofils und die dynamische Schwankungsmessung.

Die extremen Anforderungen an die Ebenflächigkeit nach DIN 15185 sind über übliche betontechnologische Einbauverfahren in der Regel nicht zielsicher herstellbar. Die Herstellung kann nur mit erheblichem Aufwand über eine zusätzlich einzubauende Schicht gelingen, z.B. Kunstharzestrich, aber auch Zementestrich oder Hartstoffschicht. Hierfür werden besondere Nivelliergeräte in Kombination mit Laserstrahltechnik benötigt, die über besondere Vereinbarungen im Leistungsverzeichnis bzw. in der Baubeschreibung geregelt sein müssen.

Tafel 6.14: Ebenheitsabweichungen nach DIN 15185 [N38]

Zulässige Höhenunterschiede h [mm] quer zur Fahrspur				
	zulässiger Höhenunterschied h [mm] als Grenzwert zwischen den äußeren Fahrspuren S_p bei Fahrspurweiten S [m]			
	bis 1,0 m	über 1,0 m bis 1,5 m	über 1,5 m bis 2,0 m	über 2,0 m bis 2,5 m
Flurförderzeug-Hubhöhe $\leq$ 6,00 m	2,0	2,5	3,0	3,5
Flurförderzeug-Hubhöhe $>$ 6,00 m und Automatikbetrieb	1,5	2,0	2,5	3,0
Ebenheitsabweichungen [mm] längs zu den Fahrspuren				
	Stichmaß s [mm] als Grenzwert zwischen der äußeren Fahrspuren S_p bei Messpunktabständen [m]			
	1,0	2,0	3,0	4,0
für alle Einsatzarten	2,0	3,0	4,0	5,0
Die Prüfung der Ebenheit erfolgt nach DIN 18202 [N45]				

Bild 6.8: Einbau eines speziellen Kunstharzestrichs für ein Hochregallager [Werkfoto: GORLO Industrieboden GmbH & Co. KG]

Um den aufzubringenden Belag mengenmäßig erfassen zu können, muss zunächst die vorhandene Oberfläche genau vermessen werden. Anzustreben ist ein einschichtiger Einbau. Die höhengenaue Oberfläche in Längs- und Querrichtung der Fahrgassen erfordert weiterhin zusätzliche Hilfskonstruktionen in Form höhenverstellbarer Abziehschienen als Führungsleisten. Bei bereits aufgestellten Regalen können hierfür beispielsweise die seitlichen Lenkungsschienen genutzt werden, wenn diese noch höhenverstellbar und nicht an die Regale angeschweißt sind. Bereits während des Belageinbaus ist die Ebenheit kontinuierlich über Messungen zu kontrollieren.

Kritisch ist anzumerken, dass die Extremforderungen der Maschinenbaunorm DIN 15185 leider nur davon ausgehen, dass die Funktionstüchtigkeit ausschließlich über die Oberflächenebenheit des Bodens zu gewährleisten ist. Andere ggf. störende Einflussgrößen aus der Konstruktion oder des Betriebs der Hochregalstapler werden nicht berücksichtigt. Mögliche Einflussgrößen sind:

- sehr große Schlankheit bis zu 14 m Lasthöhe bei geringer Spurweite von 1,30 m der Lasträder, Gelenk- und Lagerspiele,
- Instabilitäten aufgrund der Elastizität der Bauteile,
- Kopflastigkeit bei gehobener Last infolge von Außenmittigkeiten beim Betrieb der Schwenkgabel durch Brems- und Beschleunigungsvorgänge des Staplers,
- Laufunruhen aus Verunreinigungen auf dem Boden,
- Laufunruhen aus Unrundheiten der Staplerräder.

Untersuchungen [L16] haben gezeigt, dass selbst bei einer großen Überschreitungshäufigkeit der Ebenheitsanforderungen nach DIN 15185 die Funktion des Staplerbetriebes gewährleistet sein kann. Die Toleranzen nach DIN 18202 Zeile 4 waren in vielen Fällen ausreichend, wenn der Spielraum des Hubgerüstes genügend kleiner war als der Freiraum zwischen Außenkante des Fördergerätes und den im Hochregal meist überstehenden Paletten. Beurteilungen von Mastauslenkungen nach Häufigkeit und Amplitude stellen ein wesentliches Kriterium für die Laufruhe des Staplers dar.

6.6 Anforderungen an die Entwässerung

6.6.1 Gefälle

Betonböden in Produktions- und Lagerhallen werden in der Regel ohne Gefälle hergestellt.

Besondere Bereiche können jedoch eine Gefälleausbildung erfordern. Dies gilt allgemein bei flüssigkeitsbelasteten Flächen, insbesondere bei Ableitflächen für wassergefährdende Flüssigkeiten.

Ableitflächen für wassergefährdende Flüssigkeiten sind mit einem Gefälle von mindestens 2 % herzustellen und sollten mit einer Ebenheitsabweichung nach DIN 18202, Tabelle 3, Zeile 3, ausgeführt werden. Falls aus besonderen Gründen von diesem Gefälle abgewichen wird, ist bei nicht ausreichender Ebenheit mit Pfützenbildung zu rechnen. Pfützenbildungen sind nicht mit Sicherheit auszuschließen, wenn bei geringem Gefälle und größeren Ebenheitstoleranzen ein Gegengefälle entsteht. Dies ist auch bei rauen Oberflächenstrukturen zu berücksichtigen, z.B. bei Oberflächen mit Besenstrich.

Rückhalteflächen für wassergefährdende Flüssigkeiten dürfen ohne Gefälle ausgebildet werden.

Gefälle sollen durch die geneigte Lage der Betonbodenplatte und nicht durch Ausgleichs- oder Gefälleestrich geschaffen werden. Wegen der Bearbeitung der Oberfläche, z.B. mit Glättmaschinen, kann eine gleichmäßige Gefälleführung nur schwer erreicht werden, insbesondere bei Scheitel- bzw. Gratlinien. Daher sind sternförmige Gefälleausbildungen, die zu punktförmigen Entwässerungen führen, zu vermeiden. Sicherer, aber auch schwierig, ist die Ausführung mit Verwindungen im Gefälle, also von „windschiefen" Oberflächen. Bei der Planung sind die Höhepunkte so anzugeben, dass ein Verdichten des Betons beim Abgleichen der Oberfläche möglich ist.

Größere Gefälle sind schwierig herzustellen. Beim Betonieren von Neigungen über 5 % sind sowohl die Zusammensetzung des Betons als auch die Konsistenz und das Einbaugerät darauf abzustellen.

Fugen sollten möglichst nicht überströmt werden und damit möglichst nicht im Tiefbereich des Gefälles liegen. Die Fugen würden durch dauernde Feuchtigkeit unnötig beansprucht. Außerdem besteht die Gefahr, dass die Fugenabdichtung bei mangelnder Wartung versagt, was bei kritischen Flüssigkeiten zu Beeinträchtigungen des Untergrundes führen könnte. Das Gefälle sollte daher stets von Fugen wegführen. Im Anschluss an Entwässerungsrinnen sind Fugen nicht zu vermeiden. Diese Fugen bedürfen besonderer Wartung.

6.6.2 Entwässerungsrinnen

Für die Entwässerung von Flächen ist eine Gefälleführung erforderlich, die zu den Entwässerungselementen hinführt. Entwässerungselemente können Punktentwässerungen (Gullys) oder Linienentwässerungen (Rinnen) sein. Bei Art und Ausbildung der Entwässerungen sind Forderungen des Arbeitsschutzes oder der Befahrbarkeit zu berücksichtigen. Bei stark befahrenden Flächen sind Rinnenausbildungen zu bevorzugen.

Muldenrinnen können bei geringen abzuleitenden Flüssigkeitsmengen ausgeführt werden. Sie sind bei stark wassergefährdenden Flüssigkeiten zu bevorzugen, da hierbei die Dichtigkeit der Fläche wegen fehlender Fugen nicht beeinträchtigt wird. Günstigstenfalls erfolgt die Muldenausbildung durch gegeneinander laufende Quergefälle. Hierbei entsteht die „Muldenrinne", die ein Längsgefälle aufweisen muss. Dieses Längsgefälle sollte dann in eine Punktentwässerung münden, die in einem Bereich liegt, in dem der Fahrverkehr nicht beeinträchtigt wird.

Kastenrinnen aus Ortbeton sollten mit den angrenzenden Betonbodenflächen gemeinsam betoniert werden, damit beim Rinnenanschluss keine Fugen entstehen. Die erforderliche Vertiefung der Betonbodenplatte im Rinnenbereich kann voutenförmig ausgebildet werden. Eine Voutenseite sollte mit weichen Dämmmatten abgepolstert werden, sodass eine ausreichende Verformbarkeit in horizontaler Richtung quer zu Rinne stattfinden kann. Dadurch werden mögliche Zwangbeanspruchungen vermindert (Bild 6.9).

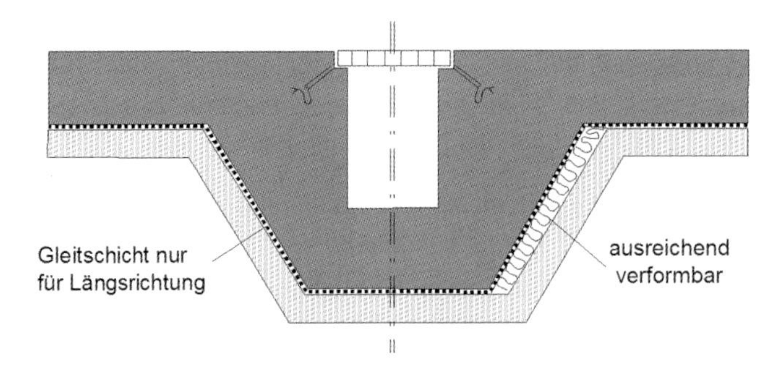

Bild 6.9:
Kastenrinne aus Ortbeton, die mit der Betonbodenplatte in einem Zug betoniert wird, sodass keine Arbeitsfugen entstehen [R22]

Kastenrinnen aus Stahlbeton-Fertigteilen sind trotz der höheren Materialkosten meistens wirtschaftlicher herzustellen als in Ortbeton auszuführen. Die Einbaukosten sind niedriger. Bei wassergefährdenden Flüssigkeiten sind jedoch Rinnen aus Stahlbeton-Fertigteilen wegen der Vielzahl an Fugen nur mit Sondermaßnahmen zulässig. Auf diese Sondermaßnahmen, z.B. Auskleidungen oder Beschichtungen, kann verzichtet werden, wenn für das Fugenabdichtungssystem die Eignung nachgewiesen wird (Bild 6.10).

Kastenrinnen aus Polymerbeton können nachträglich in Aussparungen gesetzt werden. Hierfür ist vorher unter der Rinne ein Streifen aus Beton ≥ C25/30 in Dicke der Tragschicht einzubringen, auf dem die Rinne in Mörtel verlegt wird, bei stark beanspruchten Flächen in hochfesten Vergussmörtel, z.B. Epoxidharzmörtel (Bild 6.11).

Besser ist es, die Rinnen vorher auf einen Streifen aus Beton ≥ C25/30 als Fundament zu verlegen und beim Betonieren der Betonbodenplatte direkt einzubetonieren. Dadurch wird ein genauerer Anschluss Rinne/Betonbodenplatte sichergestellt.

Rinnenelemente aus Polymerbeton sind gegen chemisch angreifende Stoffe widerstandsfähig. Der Rinnenkörper ist mit dem Rostrahmen aus nicht korrodierendem Material fest verbunden (Bild 6.12).

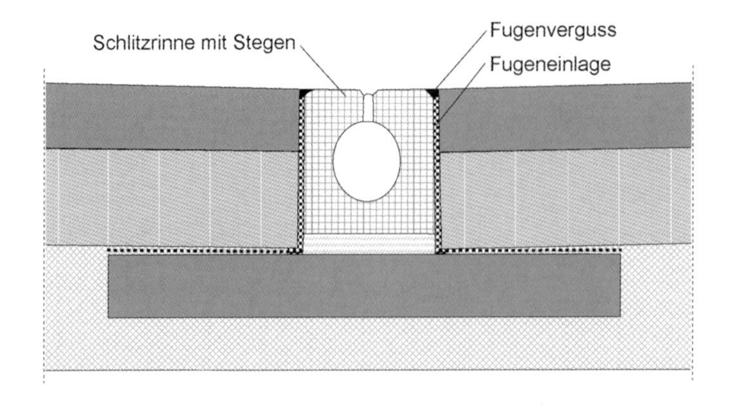

Bild 6.10:
Schlitzrinnen aus Stahlbeton-Fertigteilen für schwer belastete Verkehrsflächen (System: Birco [nach L5])

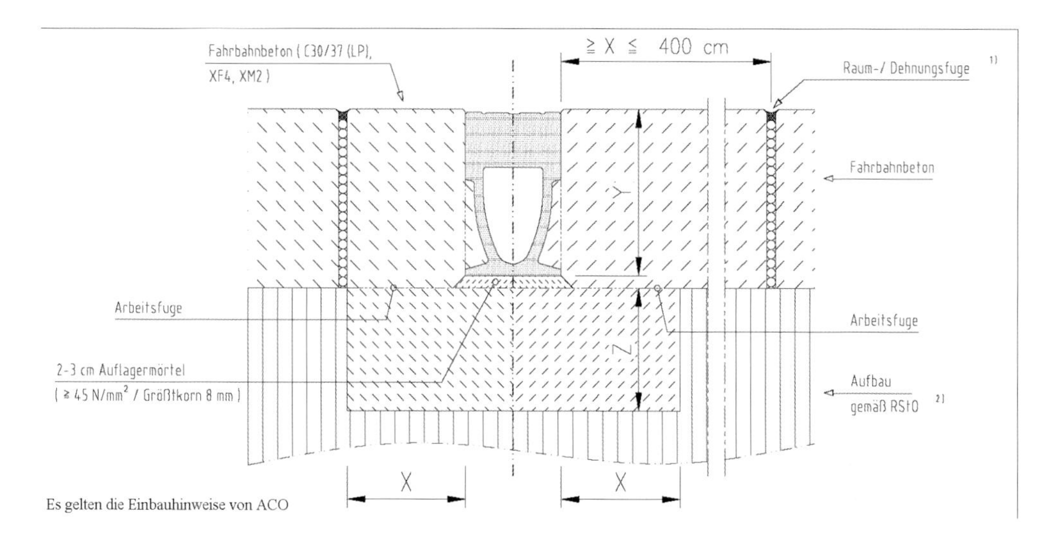

Bild 6.11:
Kastenrinne aus Polymerbeton für Belastungsklassen D400 bis F900 (System ACO Drain nach [L1])
1) siehe „Besondere Einbauhinweise" von ACO
2) Art und Dicke der Schichten, sowie Verformungsmodul, auch unterhalb des Rinnenfundamentes gemäß RStO

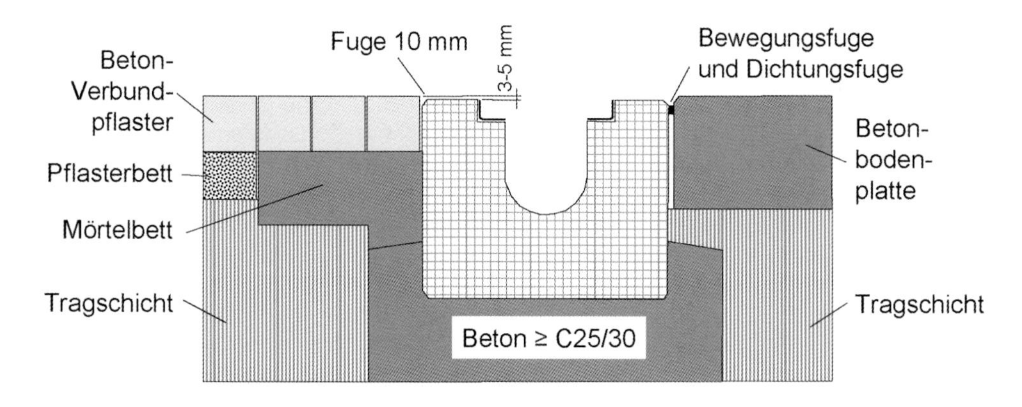

Bild 6.12:
Einbau einer Entwässerungsrinne für Belastungsklassen E 600 und F 900 mit NW 150 - 200 im Übergangsbereich zwischen Freifläche und Halle (System Birco) [nach L5]

Bei der Ausschreibung von Entwässerungsrinnen sind die Anforderungen nach DIN EN 1433/DIN V 19580 zu berücksichtigen.

Belastungsklassen für Rinnen sind in DIN EN 1433 „Entwässerungsrinnen für Verkehrsflächen – Klassifizierung, Bau- und Prüfgrundsätze, Kennzeichnung und Beurteilung der Konformität“ 2005-09 festgelegt, z.B.:

A 15	für Verkehrsflächen, die ausschließlich von Fußgängern und Radfahrern benutzt werden
B 125	für Verkehrsflächen mit normalen Pkw-Verkehr
C 250	für Randbereiche von Verkehrsflächen, die von leichten Fahrzeugen befahren werden
D 400	für Verkehrsflächen mit Lkw-Verkehr
E 600	für Flächen mit besonders hohen Radlasten, z.B. Gabelstapler-Betrieb
F 900	für besondere Flächen, z.B. Flugzeugwartungshallen und Flugbetriebsflächen

Die Zahlen 15 bis 900 geben die Prüflast für die entsprechende Belastungsklasse an, z.B. 15 kN für A 15 (1,5 t) oder 600 kN für E 600 (60 t).

Linien- oder Punktentwässerungen, z.B. aus Polymerbeton, sind als Fertigteile für alle Belastungsklassen einsetzbar.

Weiterhin regelt DIN EN 1433 die Anforderungen an die Wasserdichtheit bei Betonrinnen. Die Kennzeichnung W bezeichnet eine Wasseraufnahme von weniger als 7 % für Einzelwerte und weniger als 6,5 % für den Mittelwert. Entwässerungsrinnen, die häufig stehendem, tausalzhaltigem Wasser unter Frostbedingungen ausgesetzt sind, müssen zusätzlich als „+R“ (frost-/tausalzbeständig) gekennzeichnet sein.

6.7 Anforderungen an die Reinigungs- und Pflegeeigenschaften

Betonoberflächen können rau und griffig oder aber auch glatt hergestellt werden. Dementsprechend ist die Oberflächenbearbeitung auszuführen. Entscheidend für die Oberflächenausbildung sind die Betriebsbedingungen und die Nutzungsanforderungen. Rau und griffige Oberflächen bieten eine hohe Verkehrssicherheit, verschmutzen aber leichter und lassen sich schwerer reinigen. Glatte Oberflächen verschmutzen nicht so schnell und lassen sich leichter reinigen, können aber so glatt sein, dass eine Rutschsicherheit nicht gegeben ist (Kapitel 6.4.1).

Der Planer hat die Aufgabe, diesen Sachverhalt dem Bauherrn einer Halle bzw. Nutzer der Hallenflächen zu verdeutlichen, woraufhin von der Auftraggeberseite eine Entscheidung hinsichtlich der Oberflächenausbildung zu treffen ist.

Betonoberflächen bedürfen keiner speziellen Pflege, eine artgerechte Nutzung vorausgesetzt. Unter einer artgerechten Nutzung ist zu verstehen, dass die chemischen, mechanischen und temperaturbedingten Beanspruchungen infolge der Betriebsbedingungen im Rahmen jener Beanspruchungen liegen, für die eine Betonbodenplatte bei Planung und Herstellung ausgerüstet wurde. Gelegentlich stellt sich jedoch die Frage, ob die Reinigung und Pflege von Betonoberflächen artgerecht erfolgt. Es gibt Reinigungsmittel und -verfahren, die den Beton chemisch angreifen oder auch die mechanischen Eigenschaften ungünstig beeinflussen können.

Die Reinigungsindustrie bietet die unterschiedlichsten Reinigungs- und Pflegemittel an, unter anderem z.B.:

- Universalreiniger
- Industriereiniger
- Öl- und Fettentferner
- Kalklöser
- Rostentferner
- Wischwachs

Viele Reinigungsmittel sind Hochkonzentrate. Das ist zwar platzsparend und hinsichtlich des Verpackungsmaterials auch umweltschonend, aber wichtig ist die richtige Verdünnung vor dem Gebrauch. Manche Hochkonzentrate müssen zunächst vorverdünnt (z.B. 1:5) und dann je nach Verschmutzungsgrad nochmals nachverdünnt werden (z.B. 1:50).

Universalreiniger sind Mehrbereichsreiniger, die auch Allzweckreiniger genannt werden. Sie sind meistens alkalisch, der pH-Wert kann im stark alkalischen Bereich bei pH $\approx$ 13 liegen. Manche Universalreiniger sind hautfreundlich und bewirken zusätzlich eine Rückfettung. Andere Universalreiniger sind in starker Konzentration hautaggressiv und werden als reizend oder ätzend eingestuft. Die Wirkung kann gefährlicher sein als eine analoge Säureverätzung.

Im zugehörigen Sicherheitsdatenblatt ist die Wassergefährdungsklasse angegeben, meistens WGK 1, also schwach wassergefährdend. Sie sind im Sinne der Transportvorschriften kein Gefahrgut, aber dennoch sind die Reiniger von Gewässern und Erdreich fernzuhalten. Sie sind weitgehend biologisch abbaubar.

Universalreiniger greifen den Beton nicht an, können aber in starker Konzentration die Rutschgefahr erhöhen.

Industriereiniger sind zur Reinigung starker bis sehr starker Verschmutzungen im Industriebereich einsetzbar, z.B. bei Ölen und Fetten. Sie können als Ersatz für Lösemittelreiniger zur Entfettung angewendet werden. Auch diese Reiniger sind universell einsetzbar und enthalten Rostschutzkomponenten. Industriereiniger sind stark basisch, der pH-Wert liegt bei 11.

Die Angaben im zugehörigen Sicherheitsdatenblatt sind zu beachten. Industriereiniger greifen den Beton nicht an.

Öl- und Fettentferner entfernen Öl- und Fettverschmutzungen, sie lösen Ruß, Harze und Wachse. Öl- und Fettentferner sind in starker Konzentration hautaggressiv und werden als ätzend eingestuft. Die Wirkung kann gefährlicher sein als eine analoge Säureverätzung.

Im zugehörigen Sicherheitsdatenblatt ist die Wassergefährdungsklasse angegeben, meistens WGK 1, also schwach wassergefährdend. Sie sind im Sinne der Transportvorschriften kein Gefahrgut. Öl- und Fettlöser sind von Erdreich und Gewässern fernzuhalten, sie haben eine Giftwirkung auf Fische und Plankton. Hohe Konzentrationen können schädliche Auswirkungen auf Abwasserbehandlungsanlagen haben. Öl- und Fettlöser enthalten meistens Kalilauge. Sie sind nicht Beton angreifend.

Kalklöser dienen der Entfernung von Kalkstein. Kalklöser enthalten Säuren, meistens Phosphorsäure oder Salzsäure. Sie haben einen pH-Wert bei 1 bis 2 und sind ätzend. Ein Kontakt mit dem Kalklöser verursacht Verätzungen der Haut und insbesondere der Augen. Kalklöser entwickeln ätzende Gase und Dämpfe. Beim Verdünnen ist stets der Kalklöser ins Wasser zu geben, nie umgekehrt. Das Sicherheitsdatenblatt ist zu beachten. Kalklöser gehören in die Wassergefährdungsklasse 1 als schwach wassergefährdend. Sie sind von Gewässern und Erdreich fernzuhalten und dürfen nicht unverdünnt oder in größeren Mengen in die Kanalisation gelangen.

Kalklöser sind stark Beton angreifend. Sie werden deshalb auch nicht für die Reinigung von Betonflächen eingesetzt, können aber bei der Reinigung anderer Flächen auf den Beton gelangen. In einem derartigen Fall ist der Kalklöser unverzüglich zu entfernen und die Fläche ist mehrfach nachzuspülen. Schutzhandschuhe und Schutzbrille mit Seitenschutz tragen.

Rostentferner enthalten anorganische Säuren. Im Wesentlichen gilt hierfür das Gleiche wie bei Kalklösern. Auch Rostentferner greifen aufgrund des Säuregehalts den Beton stark an.

Wischwachs reinigt Fußbodenflächen, bildet einen elastischen Wachsfilm und wirkt schmutzabweisend. Wischwachse sind chemisch neutral und haben einen pH-Wert ≈ 7. Es sind meist umweltfreundliche Produkte, die biologisch abgebaut werden. Sie sind dennoch von Gewässern und Erdreich fernzuhalten. Wischwachse greifen den Beton nicht an, sie können aber die Rutschgefahr erhöhen. In diesem Fall ist ein Entfernen der Wachsschicht erforderlich, geeignet sind hierfür Industriereiniger.

Bild 6.13:
Nassreinigung einer Betonbodenplatte
[Foto: ISVP Lohmeyer + Ebeling]

6.8 Weitere Anforderungen

Weitere Anforderungen an Betonbodenplatten können darin bestehen, dass eine spätere Überarbeitung der Oberfläche in Aussicht genommen wird oder dass anfallende Instandsetzungen durchgeführt werden sollen.

Fehlende Rutschsicherheit kann besonders in Betrieben von Bedeutung sein, in denen mit Flüssigkeiten gearbeitet wird und wo die Oberfläche keine genügende Rauigkeit aufweist. In Kapitel 6.4.1 sind hierzu nähere Ausführungen zu finden.

Mangelnde Reinigungsfähigkeit

entsteht bei rauen Oberflächen. Je nach Nutzung der Halle und Beanspruchung der Bodenoberfläche ist eine bestimmte Rauigkeit erforderlich. Es ist daher abzuwägen, welche Anforderungen Vorrang haben: Rutschsicherheit mit Rauigkeit der Oberfläche oder hygienische Anforderungen mit Reinigungsfähigkeit. In bestimmten Produktionsbetrieben kann es daher erforderlich sein, die Betonbodenplatte mit einem zusätzlichen Belag zu versehen, der beide Anforderungen erfüllt: trittsicher und gut reinigungsfähig. Dies sind z.B. keramische Beläge, wie sie beispielsweise in Molkereien oder Schlachtereien erforderlich werden.

Staubende Betonflächen

können beispielsweise insbesondere dann entstehen, wenn die Betonoberfläche nicht geglättet, sondern gerieben wurde und bei der Herstellung keine geschlossene Oberfläche entstanden ist und keine ausreichende Nachbehandlung durchgeführt wurde. Aber auch geglättete Betonflächen führen zur Staubentwicklung, wenn durch mechanische Beanspruchungen ein Abrieb entsteht. Häufig kommt zum Abrieb der Betonoberfläche noch weiterer Abrieb durch den Fahrbetrieb (Reifenabrieb) und durch den Umschlag von Gütern (Abrieb von Kartons oder Paletten) hinzu. Selbst bei einer Beton- oder Hartstoffoberfläche mit hohem Verschleißwiderstand wird mit einem begrenzten Abrieb gerechnet. Dieser ist in den Kapiteln 3.4.1 und 6.2.3 dargestellt. Eine sinnvolle Maßnahme ist in derartigen Fällen z.B. die Vergütung der Betonoberfläche durch Verkieselung mit einem Auftrag von Natriumsilikat entsprechend Kapitel 6.3.3 oder die Versiegelung der Oberfläche. Eine Versiegelung mit Kunstharz verfestigt die Oberfläche und bringt einen geschlossenen Oberflächenfilm von 0,1 bis 0,3 mm auf die Oberfläche (Kapitel 12.1).

Fehlender Verschleißwiderstand

führt zur Staubentwicklung in der Halle und schließlich zum „Wundlaufen" der Oberfläche. Der Verschleiß zeigt sich als erstes bei Flächen mit starker mechanischer Beanspruchung der Oberfläche und in stark befahrenen oder begangenen Bereichen. Dies ist dann der Fall, wenn der entstandene Verschleißwiderstand der Betonoberfläche nicht den tatsächlich auftretenden Beanspruchungen genügt (Kapitel 3.4.1 und 6.2.3). Ursachen können falsche Festlegung des Verschleißwiderstandes oder Ausführungsmängel sein, z.B. frühes Austrocknen der Oberfläche durch fehlenden oder zu spät einsetzenden Schutz der Oberfläche bzw. ungeeignete oder unzureichende Nachbehandlung.

Im Einzelfall ist zu klären, ob ein Abschleifen der oberen Schicht mit zu geringem Verschleißwiderstand sinnvoll und zielführend ist oder eine Versiegelung der Oberfläche. Bei stark fortgeschrittenem Verschleiß kann ggf. eine Beschichtung erforderlich werden.

Unebenheiten der Betonoberfläche

bedürfen zunächst der Klärung, ob die zulässigen Ebenheitsabweichungen nach DIN 18202 eingehalten sind. Bei unzulässigen Unebenheiten oder bei Unebenheiten, die den Betriebsablauf stören, kann ein bereichsweises Abschleifen der Hochbereiche Abhilfe schaffen. Hierbei ist jedoch zunächst zu klären, ob diese Maßnahme überhaupt zielführend ist. Die Ausführung muss von erfahrenen Fachleuten vorgenommen werden, da sonst weitere Unebenheiten entstehen können. Der Auftraggeber ist darauf hinzuweisen, dass die Oberflächenstruktur und der optische Eindruck der geschliffenen Bereiche anders sind als bei den ungeschliffenen Bereichen. Es werden umso mehr Gesteinskörner zu erkennen sein, je tiefer geschliffen werden muss.

Nachträgliche Versiegelungen, Beschichtungen oder Beläge

können auf die Betonoberfläche aufgebracht werden. Erforderlich ist hierfür eine Vorbereitung der Betonoberfläche. Sie muss stets frei sein von Bestandteilen, die den Verbund beeinträchtigen können, z.B. Schmutz, Gummiabrieb, Fett, Öl, usw. Die Vorbereitung der Betonoberfläche ist auf die aufzubringende Schicht abzustimmen. Derartige Arbeiten sind stets von Fachfirmen mit entsprechender Erfahrung unter Beachtung der geltenden Merkblätter und Richtlinien sowie der Verarbeitungsrichtlinien des Herstellers auszuführen.

7 Nachweis der Gebrauchstauglichkeit und Dauerhaftigkeit

Für übliche Tragwerke des Hochbaus aus Beton und Stahlbeton werden durch DIN 1045-1 im Wesentlichen folgende Nachweise gefordert:

- *Nachweis in den Grenzzuständen der Tragfähigkeit*
  Dieser Nachweis erfasst die Bestimmung der Grenztragfähigkeit bei Beanspruchungen durch Biegung, Querkraft, Torsion und Durchstanzen einschließlich des Nachweises gegen Ermüdung – und zwar im Gültigkeitsbereich von DIN 1045 ohne Berücksichtigung der Zugfestigkeit des Betons (DIN 1045-1, Abschn. 10).
- *Nachweis in den Grenzzuständen der Gebrauchstauglichkeit*
  Ein weiterer Nachweis mit der Begrenzung der Spannungen, Begrenzung der Rissbreiten und Begrenzung der Verformungen stellt das nutzungsgerechte und dauerhafte Verhalten zum Vermeiden übermäßiger Schädigung des Betongefüges sicher (DIN 1045-1, Abschn. 11).
- *Sicherstellung der Dauerhaftigkeit*
  Dieser Nachweis ist erforderlich, damit das Tragwerk während der vorgesehenen Nutzungsdauer seine Funktion hinsichtlich der Tragfähigkeit und der Gebrauchstauglichkeit ohne wesentlichen Verlust der Nutzungseigenschaften bei einem angemessenen Instandhaltungsaufwand erfüllt (DIN 1045-1 Abschn. 6.1). Hierzu gehören die Festlegung der Expositionsklassen aufgrund der Umgebungsbedingungen und die Anforderungen an die Zusammensetzung und die Eigenschaften des Betons sowie an die Bauausführung (DIN EN 206-1 mit DIN 1045-2 und DIN 1045-3).

Bei Betonböden haben die Nachweise der Gebrauchstauglichkeit und das Sicherstellen der Dauerhaftigkeit vorrangige Bedeutung, im Gegensatz zu allgemeinen Tragwerken des Hochbaues, bei denen die Nachweise der Tragfähigkeit im Vordergrund stehen. Es geht dabei im Wesentlichen um die Nachweise, dass keine Beeinträchtigung der Gebrauchstauglichkeit durch Verformungen und Risse besteht und dass die vorgesehene Nutzungsdauer erreicht wird.

Die Gebrauchstauglichkeit von Betonbodenplatten kann insbesondere durch Risse beeinträchtigt werden. Risse entstehen, wenn die Verformungsfähigkeit des Betons überschritten wird. Dies kann durch Lasteinwirkungen, aber auch durch Zwangbeanspruchungen geschehen, z.B. infolge abfließender Hydratationswärme, Temperatureinwirkungen und/oder Schwinden des Betons. Daher sind der Verformungswiderstand der Unterkonstruktion unter der Betonbodenplatte und die Verformungsfähigkeit des Betons von besonderer Bedeutung. Solange diese Verformungen im elastischen Bereich bleiben, ist die Gebrauchstauglichkeit zu einem wesentlichen Anteil sichergestellt, denn es werden keine Risse in der Betonbodenplatte entstehen.

Eine Betonbodenplatte wird bei gleicher Beanspruchung durch Lasteinwirkungen umso mehr auf Biegung beansprucht, je nachgiebiger die Unterkonstruktion ist. Bei der Bemessung wird davon ausgegangen, dass Betonbodenplatten elastisch gelagert sind, also auf elastischer Bettung liegen. Für diese elastisch gelagerten Platten sind daher das elastische Verhalten der Unterkonstruktion und der Verformungswiderstand des Betons von besonderer Bedeutung. Gekennzeichnet werden diese Eigenschaften durch den Bettungsmodul der Unterkonstruktion und den Elastizitätsmodul des Betons.

Die Dauerhaftigkeit der Betonbodenplatte kann dadurch sichergestellt werden, dass alle einwirkenden Beanspruchungen vom Beton dauerhaft aufgenommen werden können. Das gilt für alle mechanischen und chemischen Angriffe, für Temperatureinwirkungen, für Frost- und Tausalzbeanspruchungen. Um die Dauerhaftigkeit sicherzustellen, wird die Betonbodenplatte entsprechenden Expositionsklassen zugeordnet und es wird nachgewiesen, dass die sich daraus ergebenden Anforderungen erfüllt werden, z.B. hinsichtlich Festigkeitsklasse, Wasserzementwert, Zementgehalt und erforderlichenfalls Luftporengehalt.

Für eine dauerhafte Funktionsfähigkeit der Betonbodenplatte muss davon ausgegangen werden, dass ein tragfähiger Untergrund vorhanden ist, und zwar bis in größere Tiefen des Baugrundes. Auf dem tragfähigen Untergrund wird eine Tragschicht aufgebracht. Auf der Tragschicht liegt die Betonbodenplatte, die bei der Hallennutzung direkt beansprucht wird und die die Einwirkungen aus Lasten nach unten auf die Tragschicht und in den Untergrund überträgt.

Ein Betonboden besteht als Gesamtkonstruktion mindestens aus den folgenden drei Konstruktionsteilen (Bild 4.1):

- Untergrund (Kapitel 4.2.1)
- Tragschicht (Kapitel 4.2.3)
- Betonbodenplatte (Kapitel 4.3)

Jedes der drei Konstruktionsteile muss so ausgelegt sein, dass es die Beanspruchungen aufnehmen und nach unten übertragen kann.

Im Rahmen der Vorplanung können Anhaltswerte für die erforderliche Konstruktion bei üblichen Belastungen mit begrenzten Kontaktpressungen aus Tabellen abgelesen werden (Kapitel 4). Das Ablaufschema im Kapitel 14 zeigt, wie eine Wahl der Konstruktionsteile erfolgen kann und/oder wann ein genauerer Nachweis erforderlich wird.

Bevor Nachweise für Betonbodenplatten geführt werden, muss die Tragfähigkeit des Unterbaus geklärt sein. Hierzu sind Nachweise für Untergrund und Tragschicht erforderlich.

7.1 Nachweise für Untergrund und Tragschicht

Bei der Planung von Betonböden für Lager- und Produktionshallen wird vielfach zu wenig auf eine ausreichende Tragfähigkeit des Unterbaues geachtet, oder es wird überhaupt keine Tragschicht eingebaut. In der Praxis besteht bisweilen die völlig falsche Auffassung, dass ein schlechter Unterbau durch eine einfach bewehrte Betonbodenplatte ausgeglichen werden könne, wobei eine Bewehrung lediglich konstruktiv gewählt wird, und zwar aus Betonstahlmatten mit dünnen Stäben. In diesen Fällen sind Risse in Betonbodenplatten auf nicht genügende Tragfähigkeit der Unterkonstruktion zurückzuführen.

Für die Wahl der Tragschichtart und -dicke ist die Gesamtbeanspruchung entscheidend. Die wesentlichste Beanspruchung entsteht durch Einzellasten. Dieses können sowohl bewegliche Lasten aus den Fahrzeugen und Gabelstaplern sowie auch langfristig wirkende Lasten aus Regalen oder Containern sein.

7.1.1 Verformungsmodul des Unterbaues

Die vorstehenden Ausführungen bedeuten, dass nach dem Einbauen und Verdichten die Nachweise einer dichten Lagerung von Untergrund und Tragschicht zu erbringen sind. Geeignet für die Prüfung des oberen Bereichs ist der Plattendruckversuch nach DIN 18134 [N42], der auch als Lastplattenversuch bezeichnet wird. Bei diesem Versuch wird das Einsinken einer belasteten Platte festgestellt. Daraus errechnet sich der Verformungsmodul. Der Verformungsmodul nach der ersten Belastung wird als E_{V1}-Wert angegeben, nach der zweiten Belastung als E_{V2}-Wert, jeweils in MN/m^2. Das Prüfverfahren ist in Kapitel 13 beschrieben.

Das bedeutet: Entweder werden vor Beginn einer Planung die vorhandenen Verformungsmoduln von Untergrund und Tragschicht geprüft oder – umgekehrt – es werden die erforderlichen Verformungsmoduln E_{V2} für Untergrund und Tragschicht vorgegeben und das erforderliche Verhältnis von E_{V2} / E_{V1} festgelegt. Diese Werte sind dann durch eine ausreichende Anzahl von Prüfungen auf der Baustelle nachzuweisen.

Durch Einhalten der erforderlichen Verformungsmoduln E_{V2} für Untergrund (Index U) und Tragschicht (Index T) entsprechend Tafel 7.1 und durch ein günstiges Verhältnis von E_{V2} / E_{V1} ist der Nachweis ausreichender Tragfähigkeit der Unterkonstruktion erbracht.

Für spezielle Fälle, die in diese Tabelle nicht einzuordnen sind und insbesondere bei höheren Belastungen, sind die erforderlichen Verformungsmoduln für Untergrund und Tragschicht im Zusammenwirken mit einem Sachverständigen für Erd- und Grundbau (Geotechnik) festzulegen.

Tafel 7.1: Erforderliche Verformungsmoduln E_{V2} des Untergrunds und der Tragschicht unter Betonbodenplatten [1)] [Vorschlag Lohmeyer] [L20]

Bemessungslast Einzellast Q_d [kN]	Verformungsmodul E_{V2} [N/mm^2 bzw. MN/m^2] des Untergrundes $E_{V2,U}$	Verformungsmodul E_{V2} [N/mm^2 bzw. MN/m^2] der Tragschicht $E_{V2,T}$
$\leq$ 40	$\geq$ 40	$\geq$ 80
$\leq$ 80	$\geq$ 50	$\geq$ 100
$\leq$ 100	$\geq$ 60	$\geq$ 120
$\leq$ 140	$\geq$ 80	$\geq$ 150

1) Bedingungen
Untergrund $E_{V2,U} / E_{V1,U} \leq 2{,}5$ [2)] (Gl. 7.1)
Tragschicht $E_{V2,T} / E_{V1,T} \leq 2{,}2$ [2)] (Gl. 7.2)

2) Falls die Bedingungen der Verhältniswerte $E_{V2,U} / E_{V1,U} \leq 2{,}5$ oder $E_{V2,T} / E_{V1,T} \leq 2{,}2$ nicht eingehalten werden, gilt die Forderung der ZTV SoB-StB 04 [R14]: (Gl. 7.3)
$E_{V1} \geq 0{,}6\ E_{V2}$

7.1.2 Bettungsmodul des Unterbaues

Die in diesem und im Kapitel 8 dargestellten Nachweise für Betonbodenplatten beruhen auf der Voraussetzung einer ausreichenden Tragfähigkeit der Unterkonstruktion, bestehend aus Untergrund und Tragschicht. Eine Betonbodenplatte wird bei gleicher Belastung umso mehr auf Biegung beansprucht, je nachgiebiger die Unterkonstruktion ist. Es wird angenommen, dass Betonbodenplatten elastisch gelagert sind, also auf elastischer Bettung liegen. Die Steifigkeit dieser Bettung kann durch den Bettungsmodul k_s rechnerisch erfasst werden. Der Bettungsmodul (oder die Bettungszahl) ist eine Kenngröße zur Beschreibung der Nachgiebigkeit der Oberfläche des Baugrunds und der Tragschicht unter Lasteinwirkung.

Für den Untergrund und für ungebundene Tragschichten ergibt sich der Bettungsmodul k_s aus der Sohlpressung p_0, die unter einer Lastplatte herrscht, im Verhältnis zur dabei stattfindenden Setzung s:

$$\text{Bettungsmodul } k_s = \frac{p_0}{s} \qquad [\text{kN/m}^3 \text{ oder N/mm}^3] \qquad (\text{Gl. 7.4})$$

Mit dem Elastizitätsmodul der Tragschicht E_T, dem Elastizitätsmodul des Betons E_{cm} und der Dicke h der Betonbodenplatte kann der Bettungsmodul k_s auf folgende Weise errechnet werden:

$$\text{Bettungsmodul } k_s = \frac{E_T}{0{,}83 \cdot h \cdot \sqrt[3]{(E_{cm}/E_T)}} \qquad [\text{kN/m}^3 \text{ oder MN/mm}^3] \qquad (\text{Gl. 7.5})$$

Da der Elastizitätsmodul der Tragschicht E_T schwierig festzustellen ist, kann ersatzweise vereinfacht mit dem Verformungsmodul E_{V2} gerechnet werden, der beim Plattendruckversuch nach DIN 18134 mit der Lastplatte von 300 mm festgestellt wird. Es ist der gleiche Versuch, der auch zur Überprüfung einer einwandfreien Verdichtung von Tragschichten durchgeführt werden kann, wobei die Verformungsmoduln E_{V1} und E_{V2} bestimmt werden (siehe Kapitel 13.1.3).

Voraussetzung für das Tragverhalten des Betonbodens ist eine einwandfreie Verdichtung des Untergrunds und der Tragschicht. Sofern dies erreicht ist und über ausreichend große Verformungsmoduln $E_{V2,U}$ und $E_{V2,T}$ entsprechend Tafel 7.1 nachgewiesen wurde und auch das Verhältnis von E_{V2} / E_{V1} den Anforderungen entspricht, kann mit dem Bettungsmodul k_s der anschließende Nachweis für die Betonbodenplatte erfolgen. Üblich sind Bettungsmoduln in der Größenordnung von $k_s = 15$ bis 80 MN/m^3.

Beispiel zur Erläuterung

Dicke der Betonbodenplatte $h = 22$ cm
Elastizitätsmodul des Betons C30/37 $E_{cm} = 28\,300$ N/mm²
Elastizitätsmodul der Tragschicht: $E_T \approx E_{V2} \approx 100$ MN/m² $= 100$ N/mm²

$$k_s = \frac{E_T}{0{,}83 \cdot h \cdot \sqrt[3]{(E_{cm}/E_T)}} = \frac{100}{0{,}83 \cdot 220 \cdot \sqrt[3]{28\,300/100}}$$

$k_s \approx 0{,}080$ N/mm³ $= 80$ MN/m³

Bei klaren Untergrundverhältnissen sowie guter Tragfähigkeit von Untergrund und Tragschicht kann und für Einzellasten bis 140 kN auf der sicheren Seite liegend im Allgemeinen mit folgendem Bettungsmodul k_s gerechnet werden:

Bettungsmodul $k_s \approx 0{,}050$ N/mm³ $= 50$ MN/m³ $= 50\,000$ kN/m³

Bei einem größeren Bettungsmodul für höher belastbare Tragschichten ändert sich die Biegebeanspruchung der Betonbodenplatte kaum.

Bei einem kleineren Bettungsmodul ist die Tragschicht nur geringer belastbar und/oder es treten größere Verformungen auf. Dabei nimmt die Biegebeanspruchung der Betonbodenplatte zu. Hier können Risse in der Betonbodenplatte beim Überschreiten der Biegebeanspruchbarkeit entstehen. Kleinere Bettungsmoduln und somit größere Beanspruchungen der Betonbodenplatte entstehen bei schlecht verdichtetem Untergrund oder beim Einbau weicher Wärmedämmschichten bei wärmegedämmten Betonbodenplatten.

Bei nicht klaren Baugrundverhältnissen ist stets ein anerkannter Sachverständiger für Erd- und Grundbau (Geotechnik) hinzuzuziehen und mit ihm die weitere Vorgehensweise abzustimmen.

7.2 Allgemeines zu Nachweisen für Betonbodenplatten

Die nachfolgenden Ausführungen sollen die Möglichkeiten – aber auch die Unterschiede – der Nachweisverfahren für unbewehrte und bewehrte Betonbodenplatten verdeutlichen.

Tragwerke eines Gebäudes

Die Tragwerke eines Gebäudes erfordern Nachweise zur Sicherstellung der Tragfähigkeit, der Dauerhaftigkeit und der Gebrauchstauglichkeit. Für diese Nachweise ist bei Beton- und Stahlbetontragwerken DIN 1045-1 maßgebend.

Hochregallager

Hochregallager, in denen die Hochregale mit Lagerhöhen von mehr als 7,5 m über Oberkante Betonbodenplatte hoch sind, erfordern ebenfalls einen Nachweis der Tragfähigkeit. Dieser Tragfähigkeitsnachweis hat die Standsicherheit der Regale mit großen vertikalen

Lasten zu erfassen. Aber auch horizontale Lasten infolge Anpralls an Regalstützen sowie die Lastübertragung aller Lasten in den Unterbau sind nachzuweisen. Wäre die Standsicherheit von Hochregalen nicht gegeben, bestünde Gefahr für Leben und Gesundheit der im Regallager tätigen Menschen; auch könnte großer Sachschaden entstehen.

Betonböden

Betonbodenplatten sind keine Tragwerke im Sinne der DIN 1045, wenn sie durch Fugen von den Bauteilen der Hallenkonstruktion getrennt sind.

Der Grenzzustand der Tragfähigkeit von Betonbodenplatten ist entsprechend DIN 1045 Abschnitt 5.3 nachzuweisen, wenn die Betonbodenplatten zur Tragfähigkeit der Hallenkonstruktion beitragen. Dies kann nur dann der Fall sein, wenn Betonbodenplatten mit den Tragwerken der Hallenkonstruktion verbunden werden, z.B. durch Bewehrung aus Fundamenten, Stützen, Randbalken. Derartige Verbindungen von Betonbodenplatten mit den Tragwerken der Hallenkonstruktion sind keinesfalls zu empfehlen und werden im Allgemeinen auch nicht ausgeführt. Daher müssen Betonböden nicht für den Grenzzustand der Tragfähigkeit nach DIN 1045 bemessen und nachgewiesen werden, wenn sie keinen Beitrag zur Sicherstellung der Tragfähigkeit leisten und wenn beim Versagen eines Betonbodens nichts einstürzt und die Standsicherheit des Bauwerks nicht gefährdet ist.

Im Standardfall sind Betonbodenplatten keine tragenden oder aussteifenden Bauteile im Sinne von DIN 1045-1 [N1] und DIN EN 206-1 [N4].

Begründung:

- Betonbodenplatten liegen auf einem tragfähigen Untergrund und auf einer durchgehenden Tragschicht, sie wirken z.B. als elastisch gebettete Platten;
- Betonbodenplatten tragen keine anderen Bauteile und steifen weder andere Bauteile noch das ganze Bauwerk aus, sie sind von anderen Bauteilen durch Randfugen getrennt.

Dies bedeutet jedoch nicht, dass Betonbodenplatten nicht zu bemessen wären. Im Gegenteil: Betonbodenplatten *müssen* für die auftretenden Beanspruchungen bemessen und mit besonderer Sachkunde geplant werden. Im Allgemeinen ist ein Sonderfachmann hinzuzuziehen.

Gebrauchstauglichkeit und Dauerhaftigkeit sind anders zu beurteilen als die Tragfähigkeit. Betonbodenplatten, für die ein Nachweis der Tragfähigkeit nicht erforderlich ist, erfordern im Allgemeinen jedoch Nachweise der Gebrauchstauglichkeit und ggf. der Dauerhaftigkeit.

Begründung:
Beim Versagen eines Betonbodens könnten sich für die Nutzung einer Halle größere Probleme ergeben, als wenn z. B. Mängel am Dach oder an Wänden entstünden. Durch Versagen eines Betonbodens kann der gesamte Betriebsablauf gestört werden. Daher ist für Betonbodenplatten ein Nachweis der Gebrauchstauglichkeit von besonderer Bedeutung.

Gebrauchstauglichkeit

Zum Nachweis der Gebrauchstauglichkeit gehören unter anderem die Begrenzung von Verformungen der Betonbodenplatte und die Begrenzung der Rissbreite. Da Verformungen und Risse in der Betonbodenplatte auch durch eine unzureichende Tragfähigkeit der Unterkonstruktion ausgelöst werden können, ist die Tragfähigkeit des Untergrunds und der Tragschicht nachzuweisen (Kapitel 7.1).

Der Nachweis der Gebrauchstauglichkeit von Betonbodenplatten kann nach DIN 1045 oder in Anlehnung an DIN 1045 geführt werden. Für Betonbodenplatten sind stets Anforderungen an die Gebrauchstauglichkeit in Abhängigkeit von den Nutzungsanforderungen festzulegen. Die bei der Planung vorgegebenen Nutzungsanforderungen an die Betonbodenplatte müssen erreicht werden. Eine entscheidende Bedeutung spielt bei den Nutzungsanforderungen die Rissbildung in Hallenfußböden. Falls beim Entstehen von Rissen die Betonbodenplatte die Nutzungsanforderungen nicht mehr erfüllen kann, ist eine weitgehende Rissfreiheit sicherzustellen, damit eine möglichst dauerhafte Gebrauchstauglichkeit erhalten wird.

Als Grundlage für den Nachweis der Gebrauchstauglichkeit dient folgende Grundgleichung entsprechend DIN 1055-100:

$$E_d \leq C_d \text{ bzw. } \leq 1 \quad \frac{E_d}{C_d} \qquad \text{(Gl. 7.6)}$$

Hierbei sind:

E_d Bemessungswert der Beanspruchung, z.B. die durch Einwirkungen entstehende Verformung oder Dehnung des Bauteils

C_d Bemessungswert für den Gebrauchstauglichzustand, z.B. ertragbare Verformung oder Dehnung des Betons ohne Rissbildung

Das bedeutet:
Die Bemessungswerte der Einwirkungen E_d dürfen nicht größer sein als die Bemessungswerte der Baustoffwiderstände C_d.

Rissempfindlichkeit des Betons

Durch die Rissempfindlichkeit des Betons können der Gebrauchstauglichkeit von Betonbodenplatten in besonderen Fällen sehr schnell Grenzen gesetzt werden. Entscheidend für die Rissempfindlichkeit ist einerseits die Art und Größe der Beanspruchung und andererseits die Dehnfähigkeit des Betons. Für das Bestimmen der entstehenden Betondehnung gelten die allgemein gültigen Beziehungen:

$$\varepsilon = \sigma / E \qquad \sigma = F / A \qquad \sigma = M / W \qquad \text{(Gl. 7.7)}$$

Die Zugdehnung des Betons wird mit ε_{ct} bezeichnet. Die Betondehnung $\varepsilon_{ct,Zwang}$, die infolge einer Zwangbeanspruchung als Längszugspannung entsteht und über den gesamten Querschnitt wirkt, ergibt sich aus der Zwangspannung $\sigma_{ct,Zwang}$, bezogen auf den mittleren Elastizitätsmodul des Beton E_{cm} nach Tafel 1.1:

$$\varepsilon_{ct,Zwang} = \sigma_{ct,Zwang} / E_{cm} \qquad \text{(Gl. 7.8)}$$

Die infolge einer Lasteinwirkung Q entstehende Dehnung $\varepsilon_{ct,Q}$ an der Unterseite bzw. Oberseite der Betonplatte kann aus der Biegezugspannung σ_Q infolge Belastung errechnet werden:

$$\varepsilon_{ct,Q} = \sigma_Q / E_{cm} \qquad \text{(Gl. 7.9)}$$

Durch die bei der Erwärmung der Oberfläche entstehende Verformung wird die Betonplatte gedehnt. Die Wölbdehnung $\varepsilon_{ct,w}$ kann aus der Wölbspannung σ_w und dem Elastizitätsmodul E_{cm} des Betons ermittelt werden:

$$\varepsilon_{ct,w} = \sigma_w / E_{cm} \qquad \text{(Gl. 7.10)}$$

Überlagerung der Dehnungen aus Lasteinwirkungen und Zwangbeanspruchung

Für Bauteile nach DIN 1045 ist eine Überlagerung der Dehnungen aus Lasteinwirkungen und Zwangbeanspruchungen erst dann erforderlich, wenn die resultierende Zwangdehnung 0,80 ‰ überschreitet. Bei Zwangdehnungen $\leq$ 0,80 ‰ ist es nach DIN 1045 ausreichend, wenn der Nachweis für den größeren Wert der Beanspruchung aus Zwangbeanspruchung *oder* Lasteinwirkungen erfolgt (DIN 1045-1, 11.2.4 (7).

In den Erläuterungen zu DIN 1045-1 [2] steht unter anderem zu Abschnitt 11.2.4 der DIN 1045-1:

„Für gewöhnliche Zwangbeanspruchungen infolge Schwindens und Temperaturunterschieden aus abfließender Hydratationswärme oder Witterungseinflüssen ist keine Überlagerung von Zwang- und Lastschnittgrößen erforderlich.“

Die vorstehenden Erläuterungen zur DIN 1045-1 gelten für die Berechnung der Rissbreite bei bewehrten Tragwerken.

Betonbodenplatten sind jedoch anders zu beurteilen, wenn die Gebrauchstauglichkeit der Betonbodenplatten von deren Rissefreiheit abhängig ist. Daher werden für Betonbodenplatten im Folgenden die Dehnungen aus Lasteinwirkungen und aus Zwangbeanspruchungen stets überlagert.

Hierzu zwei Anmerkungen zur weiteren Vorgehensweise bei der Ermittlung der Dehnungen für Betonbodenplatten, die rissfrei bleiben sollen:

- Der Vergleich der vorgenannten Zwangdehnung von 0,80 ‰ mit der Dehnfähigkeit des Betons von etwa 0,10 ‰ macht deutlich, dass bei Stahlbetonkonstruktionen des allgemeinen Hochbaus mit Dehnungen gerechnet wird, die um fast eine Zehnerpotenz höher liegen als die vom Beton rissfrei ertragbare Dehnung. Daher werden Stahlbetonkonstruktionen im Allgemeinen für Zustand II gemessen, also mit gerissener Zugzone. Bewehrungen helfen hier also nicht, die Gebrauchstauglichkeit im Sinne einer rissfreien Konstruktion sicherzustellen.

- Eine Überlagerung von Last- und Zwangschnittgrößen bei Temperaturunterschieden ist zwar nicht zwingend erforderlich, für Betonbodenplatten mit betriebsbedingten Temperatureinwirkungen, Sonneneinstrahlung oder Witterungseinflüssen ist eine Überlagerung jedoch dringend zu empfehlen. Damit sollen Risse und Plattenbrüche, die die Gebrauchstauglichkeit beeinträchtigen können, so weitgehend wie möglich verhindert werden.

Daraus ist zu folgern:
Bewehrungen können des Entstehen von Rissen nicht verhindern, sondern die Rissbreite nur gering halten, wenn sie kräftig genug sind. Bei Betonbodenplatten, die zur Sicherstellung der Gebrauchstauglichkeit rissfrei bleiben sollen, muss die Summe gleichzeitig entstehenden Dehnungen so weit begrenzt werden, dass die entstehenden Dehnungen unter der Bruchdehnung des Betons bleiben. Daher sind unbewehrte Betonbodenplatten der Normalfall.

Hinweis:
Ausführungen zur Bestimmung der Rissschnittgrößen sowie zu den zulässigen Dehnungen und den erforderlichen Nachweisen zeigen im Einzelnen die anschließenden Kapitel 7.3 bis 7.8.

Konstruktionsart

Zur Konstruktionsart und zum Aufbau von Betonböden wurde bereits in Kapitel 4 im Rahmen der Planung deutlich gemacht, dass der gesamte Betonboden im Wesentlichen aus den mehreren Teilen besteht (Bild 4.1):

- Untergrund:
  gut verdichtet und gleichmäßig tragfähig, sonst Bodenaustausch erforderlich
- Tragschicht:
  aus Kies, Schotter oder Verfestigung mit hydraulischen Bindemitteln für ausreichende Tragfähigkeit
- Betonbodenplatte:
  in ausreichender Dicke mit genügen hoher Betonfestigkeit für Tragfähigkeit und Dauerhaftigkeit
- ggf. Oberflächenbelag:
  für besondere Anforderungen bei bestimmter Hallennutzung, z.B. Hartstoffschicht, Oberflächenschutzsystem

Das Zusammenwirken der vorgenannten Teile des Betonbodens ist für die Funktionsfähigkeit der Gesamtkonstruktion erforderlich. Daher muss jedes dieser Teile bestimmte Anforderungen erfüllen, die bei der Planung festgelegt werden sollen oder wofür Nachweise zu erbringen sind. Die Konstruktionselemente Untergrund, Tragschicht und Betonbodenplatte müssen so bemessen werden, dass sie die Beanspruchungen aufnehmen und nach unten übertragen können, um die Gebrauchstauglichkeit sicherzustellen.

7.2.1 Unbewehrte Betonbodenplatten

Aus den Anforderungen an die Gebrauchstauglichkeit kann sich ergeben, dass die Betonbodenplatten möglichst rissfrei bleiben sollen. Das bedeutet, dass die Betonbodenplatten nicht mit gerissener Zugzone gerechnet werden dürfen. Weiterhin bedeutet dies, dass auf Bewehrung verzichtet werden kann, denn durch Bewehrung lässt sich das Entstehen von Rissen nicht vermeiden. Durch eine kräftige Bewehrung kann die Breite entstehender Risse begrenzt werden, doch diese Risse sollen erst gar nicht entstehen.

Für normale Belastungen mit Bemessungslasten bis zu 140 kN (14 t) mit geringen Lastwechseln $n \leq 5 \cdot 10^4$ und Lastpressungen auf der Betonbodenplatte bis zu 2 N/mm^2 ist im Rahmen der Vorplanung eine „vereinfachte" Festlegung der Konstruktion in folgender Weise möglich:

- einwandfrei verdichteter Untergrund nach Kapitel 4.2.1
- erforderlichenfalls Dränung nach Kapitel 4.2.2
- geeignete Tragschicht nach Kapitel 4.2.3
- Trennlage und ggf. Sauberkeitsschicht oder Schutzschicht nach Kapitel 4.2.4 bis 4.2.6
- Fugenausbildung nach Kapitel 4.4
- Anhaltswerte für unbewehrte oder bewehrte Betonbodenplatten nach Kapitel 4.5 und 4.6

Für eine „vereinfachte" Festlegung der Konstruktion sind z.B. geeignet:

- für Tragschichten: Bild 4.4
- Anhaltswerte für unbewehrte Betonbodenplatten: Tafeln 4.2, 4.6 und 4.7
- Anhaltswerte für bewehrte Betonbodenplatten: Tafeln 4.8, 4.9 und 4.10

Vorausgesetzt wird hierbei, dass sowohl der Untergrund als auch die Tragschicht einwandfrei verdichtet sind und der Einbau der Betonplatte in geschlossener Halle erfolgt. Eine fachgerechte Ausführung ist in allen Fällen selbstverständlich.

Das Ablaufschema für Planung und Nachweisführung zeigt, wie eine Wahl der Konstruktionsteile für Anhaltswerte nach entsprechenden Tafeln erfolgen kann und/oder wann ein genauerer Nachweis erforderlich wird (Kapitel 14).

Für höhere Belastungen und/oder für andere Festlegungen von Grenzzuständen und/oder für weitergehende Nachweise kann im Sinne von DIN 1045 verfahren werden. Die Anwendung von Teilbereichen der DIN 1045 ist stets sinnvoll, z.B. bei Festlegung der Beanspruchung durch die Umgebungsbedingungen (Expositionsklassen) und für die Baustoffqualitäten.

DIN 1045 gilt nicht nur für bewehrte sondern auch für unbewehrte Betonbauteile. Für unbewehrten Beton ist in DIN 1045 Abschn. 5.3.3 ist ein Teilsicherheitsbeiwert von $\gamma_c = 1{,}8$ angegeben, der die geringere Verformbarkeit des unbewehrten Betons für ständige und vorübergehende Beanspruchungssituationen berücksichtigt. Dieser Teilsicherheitsbeiwert muss jedoch für unbewehrte Betonbodenplatten, die keine tragenden Bauteile sind, nicht angesetzt werden. In den nachfolgenden Kapiteln werden spezielle Teilsicherheitsbeiwerte γ_c für unbewehrte Betonbodenplatten ermittelt und genannt.

Für ständige Einwirkungen werden nachfolgend Teilsicherheitsbeiwerte γ_G und für veränderliche Einwirkungen werden Teilsicherheitsbeiwerte γ_Q angegeben, erforderlichenfalls mit einer Lastwechselzahl φ_n.

Weitere Hinweise zu den Grenzzuständen der Gebrauchstauglichkeit gibt DIN 1045 in Abschnitt 5.4. Danach darf für den Nachweis der Gebrauchstauglichkeit bei unbewehrtem Beton im Allgemeinen ein Teilsicherheitsbeiwert für Einwirkungen von $\gamma_F = 1{,}0$ angesetzt werden. Hiervon wird Gebrauch gemacht beim Nachweis der Zwangbeanspruchung durch Reibung auf dem Unterbau. Um nicht mit zu günstigen Werten zu rechnen und auf der unsicheren Seite zu liegen, wird ein spezieller Teilsicherheitsbeiwert γ_R für die Reibungskraft bei Reibung auf dem Unterbau angesetzt (Tafel 7.12).

Die zulässige Dehnung des Betons ist als Bemessungswert für den Gebrauchszustand des Bauteils anzusehen. Daraus ergibt sich: Die durch Einwirkungen entstehenden Dehnungen $\varepsilon_{c,max}$ dürfen nicht größer werden als die zulässigen Dehnungen des Betons $\varepsilon_{c,zul}$:

$$\frac{\varepsilon_{c,max}}{\varepsilon_{c,zul}} \leq 1 \qquad \text{(Gl. 7.11)}$$

Zur Vermeidung von Rissen ist eine Begrenzung der Verformungen nötig. Zwangbeanspruchung ist in Betonbodenplatten, die möglichst rissfrei bleiben sollen, weitgehend zu vermeiden. Betonbodenplatten, bei denen die Verformungen nachgewiesen werden und bei denen die entstehenden Dehnungen die Dehnfähigkeit des Betons nicht überschreiten, können unbewehrt hergestellt werden.

Im Allgemeinen sind unbewehrte Betonbodenplatten anzustreben. Bewehrte Betonbodenplatten sollten nur dann gewählt werden, wenn diese im Hinblick auf die Beanspruchung oder die Nutzung tatsächlich erforderlich sind.

Die Nachweise für unbewehrte Betonbodenplatten werden in den Kapiteln 7.3 bis 7.9 vorgestellt.

7.2.2 Bewehrte Betonbodenplatten

Die Anordnung einer Bewehrung kann insbesondere bei zwangbeanspruchten Betonbodenplatten nötig werden. Eine Bewehrung von Betonbodenplatten ist jedoch nur sinnvoll, wenn die Gebrauchstauglichkeit durch entstehende Risse nicht beeinträchtigt und die Rissbreite auf ein enges Maß begrenzt wird.

Zur Begrenzung der Rissbreite ist eine kräftige Bewehrung erforderlich. Schwache Bewehrungen, die die Rissbreite nicht begrenzen können, haben in Betonbodenplatten keine Wirkung. Bei zwangbeanspruchten Betonbodenplatten ist die rechnerische Begrenzung der Rissbreite ein wesentlicher Nachweis. Die Bewehrung zur Begrenzung der Rissbreite infolge Zwangbeanspruchung deckt häufig die Schnittgrößen ab, die durch Lasteinwirkungen entstehen.

Die Kapitel 7.6 bis 7.8 können auch für bewehrte Betonbodenplatten angewendet werden.

Einige Nachweise speziell für bewehrte Betonbodenplatten enthält das Kapitel 7.9.

7.2.3 Vergleich bewehrter und unbewehrter Betonbodenplatten

Bei üblichen Fällen mit Bemessungslasten bis maximal 140 kN kann der Beton die Beanspruchungen allein aufnehmen und Bewehrung ist nicht erforderlich. Voraussetzung ist ein gut tragfähiger Unterbau, die Verwendung eines geeigneten Betons, eine ausreichende Plattendicke und eine einwandfreie Herstellung der Betonbodenplatte. Dies sind Voraussetzungen, die auch für bewehrte Betonböden zu erfüllen sind.

Beispiele für eine bewehrte und eine unbewehrte Betonbodenplatte gleicher Dicke und mit gleichen Biegemomenten sollen diesen Sachverhalt durch eine Vergleichsdarstellung in Tafel 7.2 verdeutlichen.

Beispiel zur Erläuterung

Eine 20 cm dicke Betonbodenplatte aus Beton C25/30 mit zweilagiger Bewehrung aus Betonstahlmatten oben und unten je 1 Q 257 A, wie sie in der Praxis leider immer noch üblich ist, nimmt theoretisch ein Biegemoment von 18 kNm/m im Zustand II auf (linke Seite der Tafel 7.2, rechnerisch mit gerissener Zugzone).

Eine Betonbodenplatte aus Beton C30/37 ohne Bewehrung nimmt jedoch bei gleicher Dicke tatsächlich ein ebenso großes Biegemoment von 18 kNm/m im Zustand I auf (rechte Seite der Tafel 7.2 bei nicht gerissener Betonbodenplatte).

Damit sollte deutlich genug zum Ausdruck kommen, dass eine übliche Bewehrung nicht zum Tragen kommt. Die tatsächliche Stahldehnung ist wesentlich geringer als die theoretisch angenommene Stahldehnung.

Um die Tragfähigkeit der Betonbodenplatte durch Bewehrung zu erhöhen, darf nicht nach Zustand II bemessen werden, wenn die Betonplatte rissfrei bleiben soll. Für eine Rissfrei-

Tafel 7.2: Beispiele für die Tragfähigkeit von 20 cm dicken Betonplatten bei elastischer Bettung mit oder ohne Bewehrung

Gegenüberstellung	Beton C25/30 mit Bewehrung Q257A unten und oben $M_{Ed,s}$ $d = 16$ $h = 20$	Beton C30/37 ohne Bewehrung $M_{Ed,0}$ $h = 20$
Nachweisart	Zustand II gerissene Zugzone	Zustand I nicht gerissene Betonbodenplatte
	mechanischer Bewehrungsgrad: $\omega_1 = \frac{A_s}{b \cdot d} \cdot \frac{f_{yd}}{f_{cd}}$ mit $f_{cd} = \alpha \cdot f_{ck} / \gamma_c$ $= \frac{2,57}{100 \cdot 16} \cdot \frac{435}{14,17} = 0,049$ $f_{cd} = 0,85 \cdot f_{ck} / 1,5$	Widerstandsmoment je m Plattenbreite: $W_c = \frac{b \cdot h^2}{6}$ (Gl. 7.12) $= \frac{100 \cdot 20^2}{6} = 6667$ cm³ je m
	bezogenes Biegemoment: $\mu_{Es,d} = 0,05$ (→ Wendehorst 32. Aufl., Tab. BT 2, S. 526)	zulässige Betondehnung: $\varepsilon_{cm,d} = \varepsilon_{cm,k} / \gamma_{cm}$ mit $\gamma_{cm} = 1,4$ (Taf. 7.4) $= 0,14 / 1,4 = 0,10$ ‰
Biegemomente	zulässiges Biegemoment für die Bewehrung: $M_{Es,d} = \mu_{Es,d} \cdot b \cdot d^2 \cdot f_{cd}$ $= 0,05 \cdot 1,0 \cdot 0,16^2 \cdot 14,17$ $M_{Es,d} > 18$ kNm/m	zulässiges Biegemoment für den Beton: $M_{Ec,d} = \varepsilon_{cm,d} \cdot E_{cm} \cdot W_c$ (Gl. 7.13a) $= 0,10 \cdot 28300 \cdot 6667 \cdot 10^{-6}$ $M_{Ec,d} > 18$ kNm/m
Dehnungen	theoretische Stahldehnung: $\varepsilon_s = f_{yd} / E_s$ $= + 435 / 210000$ $\varepsilon_s \approx 2,1$ ‰ >> 0,10 ‰	zu erwartende Betondehnung: $\varepsilon_{c,max} = M_{Ec,d} / (E_{cm} \cdot W_c)$ (Gl. 7.14b) $= 18 \cdot 10^6 / (28300 \cdot 6667)$ $\varepsilon_{c,max} = 0,095$ ‰ < 0,10 ‰

heit der Betonbodenplatte infolge Lastbeanspruchung darf die Bewehrung keine größere Dehnung als beispielsweise 0,10 ‰ erfahren.

Die zulässige Stahlspannung für die Nachweisführung einer rissfreien Betonbodenplatte müsste angesetzt werden mit:

$$f_{y,zul} = \varepsilon_s \cdot E_s = 0,10 \cdot 10^{-3} \cdot 210000 = 21 \text{ N/mm}^2 \quad \text{(Gl. 7.14)}$$

Der Querschnitt der erforderlichen Bewehrung würde mit dieser Stahlspannung mindestens betragen:

$a_{s,erf}$ $= M_{Es,d} / (f_{yd} \cdot d)$ (Gl. 7.15)
$= 16 \cdot 10\text{-}3 / (21 \cdot 0{,}17)$
$= 0{,}0045\ m^2/m = 45\ cm^2/m$

Hierfür wäre folgende Bewehrung zu wählen:
Betonstabstahl Ø 25 mm, Abstand s = 11 cm

Diese Bewehrung wäre in jeder Richtung und in jeder Lage erforderlich. Das ergäbe einen Stahlbedarf von:

$m_{s,erf}$ $= 45 \cdot 0{,}785 \cdot 4$
$= 141\ kg/m^2$

Die vorstehende Vergleichsrechnung zeigt:
Es gelingt nicht, die Tragfähigkeit einer Betonplatte durch Bewehrung zu erhöhen, wenn Risse vermieden werden müssen. Dieser Weg ist nicht zielführend. Sinnvoller ist es, Betonbodenplatten ohne Bewehrung durch Begrenzung der Betondehnung auf ein zulässiges Maß zu bemessen.

Außerdem wäre sowohl fachlich als auch sachlich schwer zu begründen, warum ein Schwerlastwagen, der mit hoher Geschwindigkeit auf unbewehrten Betonfahrbahnplatten einer Bundesautobahn fährt, beim Einbiegen auf das Gelände eines Industriebetriebs plötzlich eine bewehrte Betonbodenplatte unter den Rädern haben müsste.

7.3 Sicherheitsbeiwerte und zulässige Dehnungen für rissfreien Beton

Für den Nachweis der Gebrauchstauglichkeit sollte zunächst geklärt, ob die Betonbodenplatte möglichst ungerissen bleiben muss bzw. rissarm konstruiert werden soll oder ob Risse ohne Nutzungsbeeinträchtigung hingenommen werden können. In diesem Kapitel wird davon ausgegangen, dass Risse möglichst vermieden werden sollten. In derartigen Fällen darf die Dehnung des Betons nicht zu groß werden und die jeweils zulässige Dehnung muss eingehalten werden.

Grundlage für die Festlegung zulässiger Dehnungen sind die charakteristischen Dehnungen des Betons. Beton ist im frischen Zustand noch plastisch und nahezu unbegrenzt verformbar. Die Verformbarkeit des Betons nimmt mit zunehmender Erhärtung ab und erreicht nach einer Erhärtungszeit von 4 bis 12 Stunden ein Minimum. Bei weiterer Erhärtung nimmt die Dehnfähigkeit zu. Nach drei Tagen ist die Bruchdehnung fast doppelt so groß, wächst dann aber kaum noch weiter an. Die Bruchdehnung von Beton ist in Bild 7.1 dargestellt. Die untere Linie kann als Bruchdehnung bei zentrischer Zugbeanspruchung, die obere Linie als Bruchdehnung bei Biegebeanspruchung gedeutet werden.

Bild 7.1 zeigt die Bruchdehnung bei schnell einsetzender Zugbeanspruchung. Die Bruchdehnung ist bei langsam zunehmender Zugbeanspruchung größer. Bei Zwangbeanspruchungen ergeben sich meistens langsam zunehmende Zugbeanspruchungen, z.B. durch abfließende Hydratationswärme oder durch Schwinden des Betons. Somit sind bei Annahme dieser Bruchdehnung für alle Beanspruchungen zusätzliche Sicherheiten gegeben.

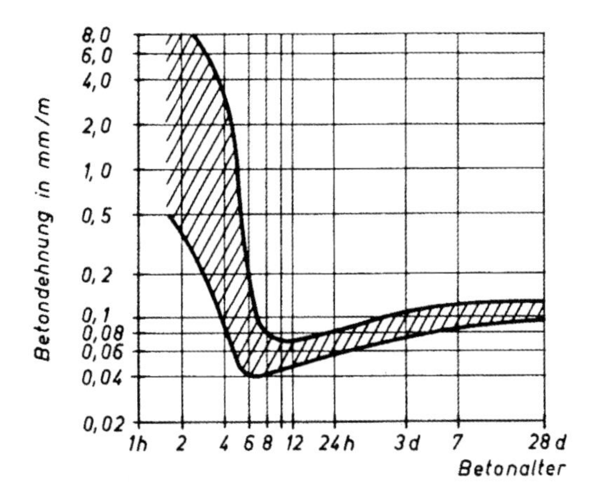

Bild 7.1: Bruchdehnung von jungem Beton bei schnell einsetzender Zugbeanspruchung [L43]

7.3.1 Dehnfähigkeit des Betons

Für Verformungsberechnungen ist der Sekantenmodul E_{cm} des Elastizitätsmoduls gemäß DIN 1045-1 Bild 22 zu verwenden, gegebenenfalls unter Berücksichtigung des Kriechens (Auslegung 22 zu DIN 1045-1 Tabelle 9). Die Dehnfähigkeit des Betons bei zentrischem Zug ist als Betondehnung ε_{ct} in Tafel 7.3 angegeben, ermittelt aus der zentrischen Zugfestigkeit f_{ctm} des Betons und dem Elastizitätsmodul E_{cm}.

7.3.1.1 Dehnfähigkeit des erhärteten Betons bei Zugbeanspruchung

Die Bruchdehnung $\varepsilon_{ct,u}$ des erhärteten Betons kann bei langsam steigernder, zentrisch wirkender Zugbeanspruchung, z.B. infolge Zwangbeanspruchung durch Schwinden und/oder Temperaturdifferenzen, als charakteristische Dehnung $\varepsilon_{ct,k}$ in folgender Größe angenommen werden:

$$\varepsilon_{ct,u} = \varepsilon_{ct,k} \approx 0{,}10 \cdot 10^{-3} = 0{,}10 \text{ mm/m} \qquad \text{(Gl. 7.16)}$$

Diese Zugdehnfähigkeit ist in Tafel 7.3 als charakterliche Betondehnung $\varepsilon_{ct,k}$ angegeben.

7.3.1.2 Dehnfähigkeit des erhärteten Betons bei Biegebeanspruchung

Die Dehnfähigkeit des Betons bei Biegebeanspruchung ist um 40 % bis 50 % größer als bei zentrischer Zugbeanspruchung. Daher kann die Bruchdehnung $\varepsilon_{cm,u}$ des erhärteten Betons bei Biegezugbeanspruchungen, wie sie z.B. durch Lasteinwirkungen entstehen, als charakteristische Dehnung $\varepsilon_{cm,k}$ angesetzt werden mit:

$$\varepsilon_{cm,u} = \varepsilon_{cm,k} \approx 0{,}14 \cdot 10^{-3} = 0{,}14 \text{ mm/m} \qquad \text{(Gl. 7.17)}$$

Diese Biegedehnfähigkeit ist in Tafel 7.3 als Betondehnung $\varepsilon_{cm,k}$ angegeben.

7.3.1.3 Dehnfähigkeit des jungen, erhärtenden Betons

Die Dehnfähigkeit des jungen Betons beim Abfließen der Hydratationswärme ist um etwa 40 % niedriger als die Dehnfähigkeit des erhärteten Betons bei zentrischem Zug. Die Bruchdehnung $\varepsilon_{cH,u}$ des erhärtenden Betons während des Abfließens der Hydratationswärme kann für die Zeit um 18 bis 24 Stunden nach dem Einbau bei langsam zunehmender Zugbeanspruchung als charakteristische Dehnung $\varepsilon_{cH,k}$ angenommen werden mit:

$$\varepsilon_{cH,u} = \varepsilon_{cH,k} \approx 0{,}06 \cdot 10^{-3} = 0{,}06 \text{ mm/m} \qquad \text{(Gl. 7.18)}$$

Diese Dehnfähigkeit des Betons ist in Tafel 7.3 als charakterliche Betondehnung $\varepsilon_{cH,k}$ angegeben.

7.3.2 Teilsicherheitsbeiwerte und Bemessungswerte der Dehnungen des Betons

Teilsicherheitsbeiwerte für den Beton sollten in Abhängigkeit von den Nutzungsbereichen und der Ausführungsart angesetzt werden. Abhängig von den Teilsicherheitsbeiwerten γ_c des Betons ergeben sich entsprechende Bemessungswerte der Dehnungen $\varepsilon_{c,d}$, die auch als zulässige Dehnungen $\varepsilon_{c,zul}$ des Betons aufgefasst werden können.

7.3.2.1 Nutzungsbereiche und Ausführungsarten

Nutzungsbereiche sind in Abhängigkeit von Anforderungen an die Rissvermeidung in Tafel 3.1 zusammengestellt und durch Beispiele für unterschiedliche Hallennutzungen verdeutlicht. Der jeweilige Nutzungsbereich ist vom Auftraggeber gemeinsam mit der Objektplanung festzulegen und vom Tragwerksplaner zu berücksichtigen.

Tafel 7.3: Dehnfähigkeit des Betons (in Anlehnung an Bild 7.1 [L43])

<table>
<tr><th colspan="2" rowspan="2">Kenngrößen</th><th colspan="3">Festigkeitsklassen</th><th colspan="3" rowspan="2">Erläuterung</th></tr>
<tr><th>C25/30</th><th>C30/37</th><th>C35/45</th></tr>
<tr><td>f_{ctm}</td><td>[N/mm²]</td><td>2,6</td><td>2,9</td><td>3,2</td><td colspan="3">mittlere Zugfestigkeit des Betons</td></tr>
<tr><td>E_{cm}</td><td>[N/mm²]</td><td>26.700</td><td>28.300</td><td>29.900</td><td colspan="3">Mittelwert des Elastizitätsmoduls als Sekantenmodul</td></tr>
<tr><td colspan="2">$\varepsilon_{ct,k} = f_{ctm} / E_{cm}$</td><td>≈ 0,10 ‰</td><td colspan="2">≥ 0,10 ‰</td><td rowspan="3">Dehnfähigkeit des Betons</td><td rowspan="2">im Betonalter von 28 Tagen</td><td>bei zentrischem Zug (Bild 7.1 untere Linie)</td></tr>
<tr><td colspan="2">$\varepsilon_{cm,k}$</td><td colspan="3">≥ 0,14 ‰</td><td>bei Biegebeanspruchung (Bild 7.1 obere Linie)</td></tr>
<tr><td colspan="2">$\varepsilon_{cH,k}$</td><td colspan="3">≥ 0,06 ‰</td><td colspan="2">beim Abfließen der Hydratationswärme</td></tr>
</table>

Ausführungsarten unterscheiden sich in Betonzusammensetzung, Ausführungsbedingungen und Umfang der Nachbehandlung.

- Ausführungsart N (normal):
  - gute Betonzusammensetzung
  - übliche Temperatureinwirkung beim Einbau der Betonbodenplatte in offenen Hallen, jedoch unter Dach, z.B.: $T \geq 10\,°C$ und $T \leq 25\,°C$
  - Beginn der Nachbehandlung nach Abschluss der Oberflächenbearbeitung entsprechend DIN 1045-3 Tabelle 2 für Expositionsklasse XM bis 70 % der charakteristischen Betondruckfestigkeit f_{ck} erreicht ist
  - Nachbehandlungsdauer entsprechend DIN 1045-3 Tabelle 2.

- Ausführungsart S (speziell):
  - spezielle Betonzusammensetzung (z.B. $w \leq 165\ kg/m^3$, $zl \leq 290\ l/m^3$),
  - besonderer Schutz des Betons beim Einbau in geschlossenen Hallen mit Vermeidung schneller Oberflächenerwärmung und -austrocknung schon während des Einbaues
  - Verhinderung direkter Sonneneinstrahlung sowie schnellen Abkühlens infolge Zugluft schon während des Einbaues
  - sofort einsetzende Nachbehandlung, z.B. durch Aufsprühen eines Nachbehandlungsfilms und Abdeckung des Betons
  - doppelt lange Nachbehandlungsdauer gegenüber DIN 1045-3 Tabelle 2

7.3.2.2 Bemessungswerte der Dehnung bei Lasteinwirkungen

Für den Nachweis der Gebrauchstauglichkeit von Betonbodenplatten in Hallen bei Zug- und Biegezugbeanspruchung durch Lasteinwirkungen ergeben sich die Bemessungswerte $\varepsilon_{ct,d}$ bzw. $\varepsilon_{cm,d}$ aus der charakteristischen Dehnung $\varepsilon_{ct,k}$ bzw. $\varepsilon_{cm,k}$ dividiert durch den jeweiligen Teilsicherheitsbeiwert γ_{ct} bzw. γ_{cm}. Die Bemessungswerte $\varepsilon_{ct,d}$ bzw. $\varepsilon_{cm,d}$ der Dehnung bei Lasteinwirkung sind in Tafel 7.4 zusammengestellt. Hierbei entsprechen die charakteristischen Dehnungen der Dehnfähigkeit des Betons nach Tafel 7.3. Die Bemessungswerte der Dehnung sind auf den Mittelwert des Elastizitätsmoduls E_{cm} nach DIN 1045-1 Tabelle 9 abgestellt (Tafel 7.3).

Bei Biegebeanspruchungen kann zusätzlich ein Dickenbeiwert γ_h eingeführt werden, mit dem das ungünstigere Tragverhalten dickerer Betonbodenplatten bei Biegung berücksichtigt wird [in Anlehnung an R30-1 und R30-6]:

$$\gamma_h = 0{,}8 + h \text{ mit } h\ [m] \quad \text{(Gl. 7.19)}$$

Der Bemessungswert der Dehnung für Biegebeanspruchung bei dickeren Platten ergibt sich dann zu:

$$\varepsilon_{cm(h),d} = \varepsilon_{cm,d} / \gamma_h \quad \text{(Gl. 7.20)}$$

Tafel 7.4: Teilsicherheitsbeiwerte und Bemessungswerte der Dehnungen
bei Lasteinwirkungen und Zwangbeanspruchungen für den Nachweis der Gebrauchstauglichkeit von Betonbodenplatten [Vorschlag Lohmeyer]

Teilsicherheitsbeiwerte und Bemessungswerte der Dehnungen	Nutzungsbereich [1] A		Nutzungsbereich [1] B		Nutzungsbereich [1] C	
	Ausführungsart [2]		Ausführungsart [2]		Ausführungsart [2]	
	N	S	N	S	N	S
Teilsicherheitsbeiwerte für Beton bei Zug γ_{ct} und bei Biegezug γ_{cm}	1,2	1,1	1,4	1,25	1,6	1,4
Bemessungswerte der Dehnung für zentrische Zugbeanspruchung: $\varepsilon_{ct,d} = \varepsilon_{ct,k} / \gamma_{ct}$	0,08	0,09	0,07	0,08	0,06	0,07
Bemessungswerte der Dehnung für Biegezugbeanspruchung: $\varepsilon_{cm,d} = \varepsilon_{cm,k} / \gamma_{cm}$	0,12	0,13	0,10	0,11	0,09	0,10
Dickenbeiwert γ_h zur Berücksichtigung der Plattendicke bei $h > 0{,}20$ m	$\gamma_h = 0{,}8 + h$ mit h [m]					

[1] Beispiele für Nutzungsbereiche A, B und C sind in Tafel 3.1 angegeben.
[2] Erläuterungen der Ausführungsarten N (normal) und S (spezial) enthält Kapitel 7.3.2.1.

7.3.2.3 Bemessungswerte der Dehnung beim Abfließen der Hydratationswärme

Die Dehnbeanspruchung des Betons beim Abfließen der Hydratationswärme nimmt im Gegensatz zu Lastbeanspruchungen langsam zu. Teilsicherheitsbeiwerte γ_{cH} und Bemessungswerte $\varepsilon_{cH,d}$ der Dehnungen des Betons beim Abfließen der Hydratationswärme enthält Tafel 7.5, jeweils in Abhängigkeit vom Nutzungsbereich und von der Ausführungsart. Die Bemessungswerte der Dehnung sind auf verringerte Werte des Elastizitätsmoduls E_{cm} abgestellt, da die Dehnfähigkeit des jungen Betons geringer ist (Kapitel 7.3.1.3).

7.3.2.4 Bemessungswerte der Dehnung bei Zwang durch Schwinden

Die Zwangbeanspruchung beim Schwinden des Betons wirkt sich im Gegensatz zu Lasteinwirkungen sehr langsam zunehmend aus (Kapitel 3.9). Bei Zwang durch Schwinden des Betons kann mit den Teilsicherheitsbeiwerten γ_{cs} und Bemessungswerten $\varepsilon_{cs,d}$ der Dehnung nach Tafel 7.6 gerechnet werden, die sich lediglich durch die Ausführungsart unterscheiden. Die Bemessungswerte der Dehnung sind auf den Mittelwert des Elastizitätsmoduls E_{cm} nach DIN 1045-1 Tabelle 9 abgestellt (Tafel 7.3).

7.3.3 Abweichungen des Elastizitätsmoduls von Beton

Hinweis:
Im Allgemeinen genügt es, mit den Mittelwerten des Elastizitätsmoduls aus Tafel 7.3 (Tabelle 9 DIN 1045) zu rechnen. Nur für ganz spezielle Anwendungsbereiche, bei denen der Einfluss der Gesteinskörnung auf den Elastizitätsmodul berücksichtigt werden soll, könnte die Bemessungsdehnung des Betons $\varepsilon_{c,d}$ mit einem zutreffenderen Elastizitätsmo-

Tafel 7.5: Teilsicherheitsbeiwerte und Bemessungswerte der Dehnungen beim Abfließen der Hydratationswärme [Vorschlag Lohmeyer]

Teilsicherheitsbeiwerte und Bemessungswerte der Dehnungen	Nutzungsbereich [1] A		Nutzungsbereich [1] B		Nutzungsbereich [1] C	
	Ausführungsart [2]		Ausführungsart [2]		Ausführungsart [2]	
	N	S	N	S	N	S
Teilsicherheitsbeiwert γ_{cH} beim Abfließen der Hydratationswärme	1,2	1,0	1,3	1,1	1,4	1,2
Bemessungswerte der Dehnung beim Abfließen der Hydratationswärme $\varepsilon_{cH,d} = \varepsilon_{cH,k} / \gamma_{cH}$	0,05	0,06	0,045	0,055	0,04	0,05

[1] Beispiele für Nutzungsbereiche A, B und C sind in Tafel 3.1 angegeben.
[2] Erläuterungen der Ausführungsarten N (normal) und S (spezial) enthält Kapitel 7.3.2.1.

Tafel 7.6: Teilsicherheitsbeiwerte und Bemessungswerte der Dehnungen bei Zwang durch Schwinden des Betons [Vorschlag Lohmeyer]

Teilsicherheitsbeiwerte und Bemessungswerte der Dehnungen	Nutzungsbereiche [1] A, B und C	
	Ausführungsart [2]	
	N	S
Teilsicherheitsbeiwert γ_{cs} bei Zwang durch Schwinden des Betons	1,2	1,0
Bemessungswerte der Dehnung beim Schwinden des Betons $\varepsilon_{cs,d} = \varepsilon_{ct,k} / \gamma_{cs}$	0,08	0,10

[1] Beispiele für Nutzungsbereiche A, B und C sind in Tafel 3.1 angegeben.
[2] Erläuterungen der Ausführungsarten N (normal) und S (spezial) enthält Kapitel 7.3.2.1.

dul ermittelt werden. Damit wären besondere Einflüsse aus der Eigenart der Gesteinskörnung zu berücksichtigen.

Der elastische Verformungswiderstand des Betons hängt ab von der Porosität des Zementsteingefüges und vom Verbund zwischen Zementstein und Gesteinskörnung, vor allem aber von der Art der Gesteinskörnung. Sofern Abweichungen von den Mittelwerten des Elastizitätsmoduls berücksichtigt werden sollen, ist eine Abstimmung der verwendeten Gesteinskörnung mit dem Transportbetonwerk notwendig. Der Planer ist in jedem Fall verpflichtet, seine Annahmen in den Ausführungsunterlagen deutlich zu benennen.

Die Angaben der Elastizitätsmodule in DIN 1045-1 gelten für Betone aus quarzitischer Gesteinskörnung, z.B. aus Rheinkies, nicht aber aus quarzitischem Sandstein. Diese Angaben stellen lediglich Richtwerte dar, sie gelten für Beton im Alter von 28 Tagen (Tafel 1.1 und 7.3). Für einige Gesteinskörnungen enthält Tafel 7.7 entsprechende Elastizitätsmodule E_g. Die für die Gesteinskörnungen angegebenen Beiwerte $\alpha_{E,g}$ beziehen sich auf den Elastizitätsmodul für quarzitisches Gestein, da diese Gesteinskörnung die Grundlage für die Mittelwerte der Elastizitätsmodule des Betons E_{cm} in DIN 1045-1 Tabelle 9 bildet, die in Tafel 7.3 angegeben sind.

Tafel 7.7: Beispiele für Elastizitätsmodul E_g in N/mm² von Gesteinskörnungen, abhängig von der Gesteinsart (Richtwerte) [L60]

Art der Gesteinskörnung	Elastizitätsmodul E_g von Gesteinskörnungen [N/mm²]	Beiwert $\alpha_{E,g}$
Basalt	≈ 96.000	≈ 1,3
Granit 1	≈ 76.000	≈ 1,2
Kalkstein, dicht	≈ 70.000	≈ 1.2
Quarzporphyr 1	≈ 65.000	≈ 1,1
Norm-Gestein, z.B. Quarzit	≈ **60.000**	≈ **1,0**
Diorit, Gabbro	≈ 50.000	≈ 0,9
Granit 2	≈ 38.000	≈ 0,8
Hochofenschlacke	≈ 34.000	≈ 0,7
Quarzporphyr 2	≈ 25.000	≈ 0,6
Sandstein, quarzitisch	≈ 20.000	≈ 0,5

Mit den Beiwerten $\alpha_{E,g}$ der Tafel 7.7 kann eine Umrechnung des in der Norm angegebenen mittleren Elastizitätsmoduls E_{cm} in einen für den einzelnen Fall zutreffenderen Elastizitätsmodul erfolgen. Rechenwert des Elastizitätsmoduls $E_{c,cal}$ erfolgen:

$$E_{c,cal} = \alpha_{E,g} \cdot E_{cm} \quad [\text{N/mm}^2] \qquad \text{(Gl. 7.21)}$$

Hierbei sind:

$E_{c,cal}$ Rechenwert des Elastizitätsmoduls, mit dem die Eigenart der Gesteinskörnung berücksichtigt werden kann
$\alpha_{E,g}$ Beiwert zur Bestimmung des Elastizitätsmoduls aus Tafel 7.7
E_{cm} Elastizitätsmodul des Betons nach DIN 1045-1 Tabelle 9 als Sekantenmodul (Tafel 1.1 und 7.3)

Auch in den Erläuterungen zur DIN 1045-1 werden Beiwerte $\alpha_{E,g}$ angegeben, die den Elastizitätsmodul der Gesteinskörnung berücksichtigen und mit denen die mittleren Elastizitätsmoduln des Betons E_{cm} modifiziert werden könnten.

Wenn ein genauerer Elastizitätsmodul ermittelt werden sollte, weil das Bauteil sehr empfindlich auf entsprechende Abweichungen reagiert (DIN 1045-1, Abschnitt 9.1.3), wären Angaben aus Untersuchungen der entsprechenden Gesteinskörnungen erforderlich.

Diese Baustoffuntersuchungen können sehr aufwendig sein. Möglich wäre dies z.B. durch experimentelle Ermittlung des Elastizitätsmoduls bei einer Erstprüfung vor der Betonanwendung, überwacht durch Produktionskontrollen während der Betonherstellung.

7.3.4 Abweichungen der zulässigen Dehnungen für Beton

Hinweis:
Im Allgemeinen genügt es, mit den zulässigen Dehnungen zu rechnen, die sich aus den Mittelwerten des Elastizitätsmoduls entsprechend Tafel 7.3 ergeben und wie sie in den Tafeln 7.4 bis 7.6 als Bemessungswerte der Dehnungen $\varepsilon_{c,d}$ angegeben sind. Nur für ganz spezielle Anwendungsbereiche, für die nicht mit diesen Bemessungswerten der Dehnungen gerechnet werden soll, könnte die zulässige Dehnung des Betons $\varepsilon_{c,zul}$ mit einem zutreffenderen Elastizitätsmodul entsprechend Abschnitt 7.3.3 ermittelt werden. Damit wären besondere Einflüsse aus der Eigenart des Betons zu berücksichtigen.

Die Bemessungswerte der Dehnung der Tafeln 7.4 bis 7.6 sind auf den Mittelwert des Elastizitätsmoduls E_{cm} nach DIN 1045-1 Tabelle 9 abgestellt (Tafe 7.3). Bei Berücksichtigung der Einflüsse der Gesteinskörnung kann die hierfür zutreffendere Dehnung des Betons $\varepsilon_{c,cal,d}$ aus dem Bemessungswert der Dehnung $\varepsilon_{c,d}$ umgerechnet werden, indem diese durch den Beiwert $\alpha_{E,g}$ dividiert wird:

$$\varepsilon_{c,cal,d} = \varepsilon_{c,d} / \alpha_{E,g} \qquad \text{(Gl. 7.22)}$$

Die vorstehenden Umrechnungen auf $\varepsilon_{c,cal,d}$ gelten für alle Bemessungswerte der Dehnung.

7.4 Teilsicherheitsbeiwerte und Bemessungsgrößen für Lasteinwirkungen

Bevor ein Nachweis durchgeführt wird, muss Klarheit über die Beanspruchung der Betonbodenplatte und die vorgesehene Nutzung der Fläche bestehen, denn von dieser Festlegung sind die Bemessungsgrößen abhängig. Dies ist an sich selbstverständlich, doch häufig erweist sich eine Festlegung der Beanspruchung als schwierig, wenn z.B. der Bauherr den künftigen Nutzer der Halle noch nicht kennt. Hier kann eventuell ein „Multifunktionsboden“ helfen (Kapitel 6.1).

Angaben zu wirkenden Lasten befinden sich in Kapitel 3.3 „Lastbeanspruchungen“. Dort sind auch Beispiele für die Zuordnung von Betonböden in drei Beanspruchungsbereiche aufgeführt, und zwar abhängig von den Verschleißbeanspruchungen, die durch Lasteinwirkungen entstehen (Tafel 3.6). Die in den Tabellen in Kapitel 3.3 genannten Lasten sind charakteristische Lasten Q_k. (Tafeln 3.2 bis 3.5). Für die Planung von Betonbodenplatten sind jedoch die so genannten Bemessungslasten Q_d maßgebend.

Um diese Bemessungslasten Q_d zu erhalten, müssen die charakteristischen Lasten Q_k mit entsprechenden Teilsicherheitsbeiwerten versehen werden. Bei diesen Teilsicherheitsbeiwerten wird unterschieden nach ständigen Lasten (Index G) und veränderlichen Lasten

(Index Q). Bei Radlasten sollte außerdem eine Lastwechselzahl φ_n berücksichtigt werden (Vorschlag Lohmeyer). Damit ergeben sich nachfolgende Lastkombinationen.

Für ständige und langfristig wirkende Lasten G_k (z.B. bei Eigenlasten und Regallasten):

$$G_d = \gamma_G \cdot G_k \qquad \text{(Gl. 7.23)}$$

Für ständige Lasten und veränderliche Lasten Q_k (z.B. bei wechselnden Stapelgütern):

$$Q_d = \gamma_G \cdot G_k + \gamma_Q \cdot Q_k \qquad \text{(Gl. 7.24)}$$

Für ständige Lasten G_k und veränderliche Lasten Q_{1k} sowie Radlasten Q_{2k} (z.B. bei häufig wechselnden Verkehrslasten):

$$Q_d = \gamma_G \cdot G_k + \gamma_Q \cdot Q_{1k} + (\gamma_Q \cdot \varphi_n) \cdot Q_{2k} \qquad \text{(Gl. 7.25)}$$

Die Lastwechselzahl φ_n sollte abhängig von der Häufigkeit der Lastwechsel n festgelegt werden. Diese Lastwechselzahl φ_n ersetzt gewissenmaßen einen Schwingbeiwert, der für freitragende Konstruktionen erforderlich ist. Hier geht es jedoch um elastisch gebettete Platten, die nicht „schwingen", wohl aber bei jedem Lastwechsel „dynamisch" beansprucht werden. Empfehlungen für die Teilsicherheitsbeiwerte γ_G und γ_Q sowie für die Lastwechselzahl φ_n enthält folgende Tafel 7.8.

Tafel 7.8: Teilsicherheitsbeiwerte γ_G und γ_Q sowie Lastwechselzahlen φ_n für Betonbodenplatten, die keine Tragwerke nach DIN 1045-1 sind.
(Vorschlag Lohmeyer, in Anlehnung an das Schaubild von Smith [13])

1	Teilsicherheitsbeiwerte γ_G und γ_Q für ständige und veränderliche Lasteinwirkungen		
	– bei ständigen Lasteinwirkungen G_k		$\gamma_G = 1{,}20$
	– bei veränderlichen Lasteinwirkungen Q_{1k}		$\gamma_Q = 1{,}35$
2	– bei Kleinförderfahrzeugen < Kategorie G1 für Radlasten Q_{2k}		$\gamma_Q = \varphi = 1{,}40$
3	Teilsicherheitsbeiwert γ_Q mit Lastwechselzahl φ_n bei Gabelstaplern Kategorie G1 bis G6 für Radlast Q_{2k}		$\gamma_Q \cdot \varphi_n$
	– bei Anzahl der Lastwechsel n	$n \leq 1 \cdot 10^3$	1,45
		$n \leq 5 \cdot 10^3$	1,50
		$n \leq 1 \cdot 10^4$	1,55
		$n \leq 5 \cdot 10^4$	1,60
		$n \leq 1 \cdot 10^5$	1,65
		$n \leq 1 \cdot 10^6$	1,70
		$n > 1 \cdot 10^6$	1,75

7.5 Nachweise zur Rissvermeidung bei unbewehrten Betonbodenplatten

7.5.1 Allgemeines zur Rissvermeidung

Trotz Durchführung rechnerischer Nachweise zur Rissvermeidung bei unbewehrten Betonbodenplatten muss klar sein, dass eine Festlegung der Konstruktion zwar sehr wohl möglich ist, aber in mathematisch exakter Weise kaum durchgeführt werden kann. Das Verhalten des Betons und die unterschiedlichen Beanspruchungsarten sind rechnerisch nur schwer zu erfassen. Auch die Lagerungsbedingungen der Betonbodenplatten auf dem Untergrund oder auf der Tragschicht sind von vielen Einflüssen abhängig, die sich einem exakten rechnerischen Nachweis entziehen.

Betonbodenplatten, bei denen Risse aufgrund der vorgesehenen Nutzung möglichst vermieden werden sollen, sind so auszubilden, dass der Beton selbst die entstehenden Beanspruchungen aus Lasteinwirkungen und Zwang ohne Rissbildung aufnehmen kann. Dies bedeutet, dass diese Betonbodenplatten keine Bewehrung erfordern, dass jedoch die infolge der Beanspruchungen entstehenden Dehnungen des Betons unterhalb der zulässigen Dehnfähigkeit des Betons bleiben müssen. Stahleinlagen sind überflüssig, da die Tragwirkung des Stahls erst bei größerer Dehnung einsetzt, wenn die Dehnfähigkeit des Betons überschritten ist. Es ist daher eine sinnvolle Vorgehensweise, bei der Nachweisführung von Betonbauteilen nicht die entstehende Biegezugspannung nachzuweisen, sondern die bei einer Zug- oder Biegezugbeanspruchung maximal entstehende Betondehnung zu ermitteln und diese einer zulässigen Betondehnung gegenüberzustellen.

Eine Nachweisführung über die Betondehnung ist deswegen sinnvoll, da sich hierbei eine bessere Übereinstimmung mit den tatsächlichen Verhältnissen ergibt, da schließlich das Überschreiten der ertragbaren Dehnung zum Riss im Betonquerschnitt führt.

Zum Vermeiden von Rissen müssen mögliche Zwangbeanspruchungen, die zusätzlich zu Lastbeanspruchungen entstehen können, gering gehalten werden. Dies geschieht durch die Anordnung von Fugen. Da Betonbodenplatten im Fugenbereich jedoch größeren Beanspruchungen ausgesetzt sind, müssen die erforderlichen Fugen sorgfältig geplant und fachgerecht ausgeführt werden (Kapitel 4.4).

Alternativ zu den nachfolgenden Vorschlägen enthält das DBV-Merkblatt „Industrieböden aus Beton für Frei- und Hallenböden“ [R30.1] einen Bemessungsvorschlag über den Nachweis der entstehenden Biegezugspannungen, bei dem sich größere Plattendicken ergeben. Jeder Planer und Ausführende hat für sein Bauprojekt zu entscheiden, welches Nachweisverfahren für den jeweils vorliegenden Fall angewendet werden soll.

7.5.2 Nachweise über die zulässige Betondehnung

Bei den Nachweisen zur Rissvermeidung sind zwei Zustände zu berücksichtigen:

- Rissvermeidung des erhärtenden Betons beim Abfließen der Hydratationswärme
- Rissvermeidung des erhärteten Betons während der Nutzung der Betonbodenplatte

Bei der Nutzung der Betonbodenplatte werden Beanspruchungen aus Biegung und zentrischem Zug auftreten, die zu überlagern sind. Hierbei darf die maximale Betondehnung $\varepsilon_{c,max}$ nicht größer werden als die zulässige Dehnung, die als Bemessungsdehnung $\varepsilon_{c,d}$ bezeichnet wird.

Bei gleichzeitigem Auftreten von Dehnungen ε_{cm} aus Biegebeanspruchung und Dehnungen ε_{ct} aus zentrischer Zugbeanspruchung ergibt sich für die Überlagerung folgende Gleichung:

$$\frac{\sum \varepsilon_{cm,max}}{\varepsilon_{cm,d}} + \frac{\sum \varepsilon_{ct,max}}{\varepsilon_{ct,d}} \leq 1 \qquad \text{(Gl. 7.26)}$$

Die Bemessungsdehnungen für Biegezugbeanspruchung $\varepsilon_{cm,d}$ und zentrischer Zugbeanspruchung $\varepsilon_{ct,d}$ sind in den Tafeln 7.4 zusammengestellt, unterschieden nach den Nutzungsbereichen A, B oder C sowie nach der Ausführungsart N oder S.

Die Zwangbeanspruchung beim Abfließen der Hydratationswärme und auch beim Schwinden des Betons kann vereinfachend als zentrischer Zugbeanspruchung angenommen werden. Die Bemessungsdehnung $\varepsilon_{cH,d}$ für das Abfließen der Hydratationswärme ist Tafel 7.5 zu entnehmen, je nach den Nutzungsbereichen A, B oder C sowie nach der Ausführungsart N oder S. Die Bemessungsdehnung $\varepsilon_{cs,d}$ für Schwinden des Betons gibt Tafel 6 in Abhängigkeit von der Ausführungsart N oder S an.

7.6 Nachweis der Biegebeanspruchung bei Lasteinwirkungen

Dieser Nachweis zum Vermeiden von Rissen bei Lasteinwirkungen dient gleichzeitig der Bemessung von Betonbodenplatten. Die maximal auftretenden Dehnungen können über verschiedene Wege ermittelt werden. Möglichkeiten hierzu bietet das Verfahren Westergaard/Eisenmann, das auch für Betonfahrbahnen und Verkehrsflächen aus Beton angewendet wird, z.B. für Betonautobahnen [L13] [L14] [L45].

Die Ermittlung von Biegemomenten kann auf der Grundlage plastischer Verfahren erfolgen, z.B. mit der Bruchlinientheorie, die in der DBV-Beispielsammlung „Stahlfaserbeton“ dargestellt wird [L10]. Die Bemessung kann auch als elastisch gebettete Platte erfolgen, wofür gut geeignete Verfahren ausgearbeitet wurden, z.B. von Bercea [L4] und Stiglat/Wippel [L36].

Auf die letztgenannten Verfahren baut ein von Niemann [L31] weiter entwickeltes Verfahren auf, das im Heft 545 des Deutschen Ausschusses für Stahlbeton veröffentlicht wurde. Auf dieses Verfahren stützen sich die nachfolgenden Berechnungen ab, ergänzt durch die Anwendung der Einflusslinien von Eisenmann [L14] und Westergaard [L45].

So, wie dem Rechenverfahren nach Westergaard/Eisenmann [L45] [L14] die Bettungsmodul-Theorie zugrunde liegt, kann auch hierbei die Berechnung der Betonbodenplatte als elastisch gebettete Platte erfolgen. Die elastischen Eigenschaften des Unterbaues können mit der Steife- bzw. Bettungsmodul-Theorie erfasst werden. Das Bettungsmodul-Verfahren liefert relativ einfache Lösungsansätze mit genügend zutreffenden Ergebnissen [L31]. Für diese Betonbodenplatten gilt die Elastizitätstheorie.

7.6.1 Bettungsmodul, elastische Länge und Belastungsradius

Das Biegemoment an der Unterseite der Betonbodenplatte im mittleren Feldbereich lässt sich mit dem Bettungsmodulverfahren bestimmen. Hierbei werden die Formänderungsbeziehungen zwischen Betonbodenplatte und Unterbau verknüpft durch die Bedingung, dass die Setzung s_e des Unterbaues direkt proportional der an der jeweiligen Stelle einwirkenden Sohlpressung p_0 ist:

Bettungsmodul $k_s = \frac{p_0}{s_e}$ [N/mm³] mit p_o [N/mm²] und s_e [mm] (Gl. 7.4)

Mit dem Elastizitätsmodul der Tragschicht E_T, dem Elastizitätsmodul des Betons E_{cm} und der Dicke der Betonbodenplatte h kann der Bettungsmodul k_s errechnet werden:

Bettungsmodul $k_s = \frac{E_T}{0{,}83 \cdot h \cdot \sqrt[3]{E_{cm}/E_T}}$ [N/mm³] mit E [N/mm²] und h [mm] (Gl. 7.10)

Für die Lastabtragung bei elastisch gebetteten Platten ist die sogenannte elastische Länge L_e eine Bemessungsgröße. Die elastische Länge L_e des Systems errechnet sich wie folgt:

$L_e = \sqrt[4]{\frac{E_{cm} \cdot h^3}{12 \cdot k_s}}$ [mm] mit E_{cm} [N/mm²], h [mm] und k_s [N/mm³] (Gl. 7.27)

Die Größe der Beanspruchung von Betonbodenplatten wird stark beeinflusst durch die Größe der Lastaufstandsfläche, und zwar: bei Radlasten durch die Radgröße und die Härte der Bereifung, bei Regallasten durch die Größe der Fußplatten unter den Regalstützen. Die Aufstandsfläche der Last bewirkt die Lastverteilung über die Plattendicke. Mit dem Belastungsradius a, der von der Lastaufstandsfläche $b \cdot c$ und von der Plattendicke h abhängig ist, wird die Lastausbreitung bis zur Mittelebene der Platte erfasst. Aus dem Verhältnis von Belastungsradius a zur elastischen Länge L_e ergibt sich der Beiwert α, der für die Größe der Biegebeanspruchung von Bedeutung ist.

Belastungsradius a:

$a = \frac{1}{2} \cdot \left(h + \sqrt{(b \cdot c)}\right)$ [mm] (Gl. 7.28)

bei rechteckiger Aufstandsfläche $b \cdot c$

Beiwert α für die Gültigkeit dieser Berechnungsart:

$\alpha = a / L_e$ Bedingung: (Gl. 7.29)
$\alpha \geq 0{,}01$ und $\alpha \leq 1{,}0$

7.6.2 Biegebeanspruchung bei drei verschiedenen Lastfällen

Die drei zu untersuchenden Lastfälle sind in Bild 7.2 für Belastungen in Plattenmitte, am Plattenrand und an der Plattenecke dargestellt.

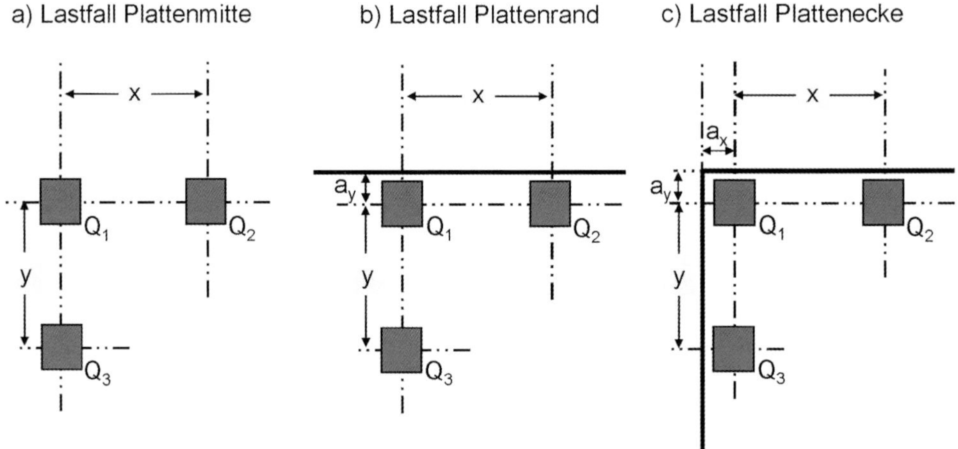

Bild 7.2:
Drei Lastfälle zur Nachweisführung für Betonbodenplatten [L45] [L14]
Für die Ermittlung der Biegemomente in Betonbodenplatten auf elastischer Bettung sind die Momentenbeiwerte λ_m für eine Einzellast in Plattenmitte mit dem Bettungsmodul-Verfahren abgeleitet worden. Hiermit kann auf vereinfachende Weise die Bestimmung der Biegemomente erfolgen.

7.6.2.1 Lastfall: Einzellasten in Plattenmitte

Mit dem Beiwert α (aus Gl. 7.29) kann der Momentenbeiwert λ_m für die Ermittlung des Biegemoments $m_{m,Q}$ errechnet werden [L31]:

Momentenbeiwert

$\lambda_m = 0{,}18 \cdot [\log (1/\alpha) + 0{,}295]$ (Gl. 7.30)

Das Biegemoment $m_{m,Q}$ für den Lastfall „Einzellast in Plattenmitte" errechnet sich für x- und y-Richtung wie folgt:

$m_{m,xy,Q} = \lambda_m \cdot Q_d$ (Gl. 7.31)

Hierbei sind:

$m_{m,xy,Q}$ Biegemoment beim Lastfall „Einzellast in Plattenmitte" [kNm/m]
λ_m Momentenbeiwert nach Gleichung 7.30 [L31]
Q_d Bemessungswert der Einzellast in Plattenmitte [kN]

Einfluss aus weiteren Einzellasten in Plattenmitte

Die Vergrößerung des Biegemoments aus der Einzellast Q_1 erfolgt durch weitere Lasten, z.B. durch die zweite Radlast Q_2 eines Gabelstaplers und durch eine querab stehende Regallast Q_3. Die Einflüsse dieser zusätzlichen Lasten kann mit den zugehörigen Beiwerten λ_2 und λ_3 nach Bild 7.3 erfolgen. Hierbei wird bei der zweiten und dritten Last vom Abstand zur ersten Last ausgegangen. Wie in Bild 7.2 dargestellt, ist x der Abstand zwischen Q_1 und Q_2 sowie y der Abstand zwischen Q_1 und einer querab stehenden Last Q_3 (z.B. Regallast). Der Einfluss der querab stehenden Last Q_3 kann mithilfe der oberen Kurve aus Bild 7.3 abgelesen werden.

Momentenbeiwerte

$\lambda_{m,x}$ für das Moment in x-Richtung mit dem Verhältnis x / L_e (Bild 7.3)
$\lambda_{m,y}$ für das Moment in y-Richtung mit dem Verhältnis y / L_e (Bild 7.3)

Zusätzliches Biegemoment in x-Richtung für eine zweite Last:

$$\Delta m_{mx,Q2} = \lambda_{m,x2} \cdot Q_2 \quad \text{[kNm/m]} \qquad \text{(Gl. 7.32)}$$

mit $\lambda_{m,x2}$ für untere Kurve

Zusätzliches Biegemoment in x-Richtung für eine dritte querab stehende Last:

$$\Delta m_{mx,Q3} = \lambda_{m,x3} \cdot Q_3 \quad \text{[kNm/m]} \qquad \text{(Gl. 7.33)}$$

mit $\lambda_{m,x3}$ für obere Kurve

Bemessungs-Biegemoment $m_{m,d}$ in Plattenmitte in x-Richtung:

$$m_{mx,d} = m_{m,Q1,d} + \Delta m_{mx,Q2,d} + \Delta m_{mx,Q3,d} \quad \text{[kNm/m]} \qquad \text{(Gl. 7.34)}$$

Bemessungs-Biegemoment $m_{m,d}$ in Plattenmitte in y-Richtung:

$$m_{my,d} = m_{m,Q1,d} + \Delta m_{my,Q2,d} + \Delta m_{my,Q3,d} \quad \text{[kNm/m]} \qquad \text{(Gl. 7.34a)}$$

Bei Zwillingsrädern anstelle von Einzelrädern wird die Biegebeanspruchung bei gleicher Achslast geringer, bedingt durch die bessere Lastverteilung.

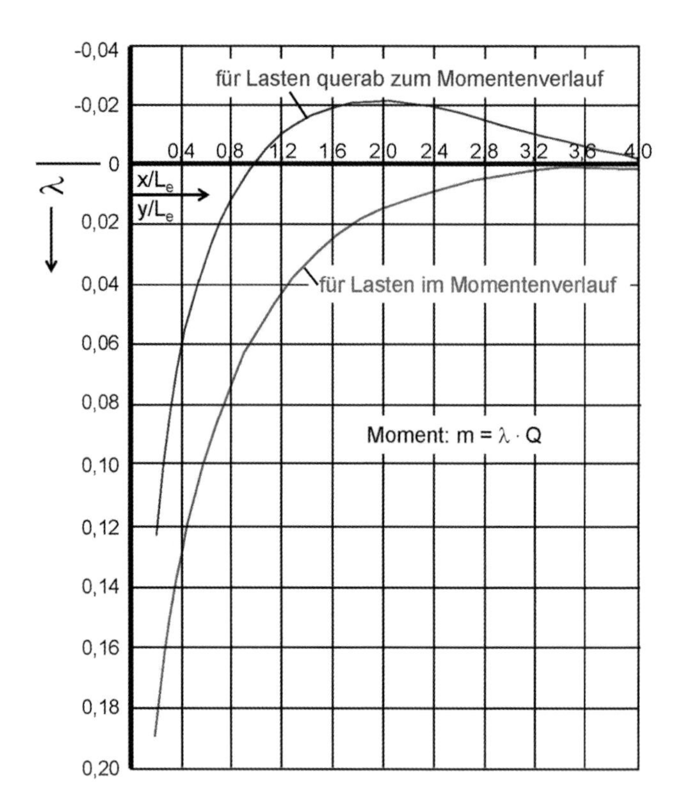

Bild 7.3: Einflusslinien für Belastungen in Plattenmitte zur Bestimmung der Biegemomente in Richtung des Momentenverlaufs und querab zum Momentenverlauf [nach Westergaard] [L45] [L14]

7.6.2.2 Lastfall: Einzellasten am Plattenrand

Das Biegemoment $m_{r,Q}$ für die Last Q_1 zur Ermittlung der Biegezugbeanpruchung an der Unterseite der Betonbodenplatte am Plattenrand bzw. an der Fuge zwischen zwei benachbarten Platten kann vereinfachend aus dem Biegemoment in Plattenmitte nach Gleichung 7.35 ermittelt werden, denn es ist (in Anlehnung an [L14] [L45]) fast doppelt so groß wie das Biegemoment in Plattenmitte:

$$m_{r,Q} \approx \lambda_r \cdot \kappa_Q \cdot m_{m,Q} \quad \text{[kNm/m]} \quad \text{mit } \lambda_r = 1{,}8 \qquad \text{(Gl. 7.35)}$$

Hierbei ist κ_Q der Lastfaktor für die Verringerung der Biegebeanspruchung durch Querkraftübertragung an Fugen entsprechend Tafel 7.9 in Kapitel 7.6.3.

Der Einfluss weiterer Einzellasten Q_2 und Q_3 auf das Biegemoment am Plattenrand kann sinngemäß wie bei dem Lastfall Plattenmitte ermittelt werden, wiederum mit den Einflusslinien des Bildes 7.3.

Momentenbeiwerte für weitere Lasten:

$\lambda_{r,x}$ für das Verhältnis x / L_e (Bild 7.3)
$\lambda_{r,y}$ für das Verhältnis y / L_e (Bild 7.3)

Zusätzliches Biegemoment für 2. Last im Momentenverlauf:

$$\Delta m_{r,Q2} = \lambda_{r,x2} \cdot \kappa_Q \cdot Q_2 \quad \text{[kNm/m]} \quad \text{(Gl. 7.36)}$$

Zusätzliches Biegemoment für querab stehende 3. Last:

$$\Delta m_{r,Q3} = \lambda_{r,x3} \cdot \kappa_Q \cdot Q_3 \quad \text{[kNm/m]} \quad \text{(Gl. 7.37)}$$

Bemessungs-Biegemoment $m_{r,d}$ am Plattenrand:

$$m_{r,d} = m_{r,Q1,d} + \Delta m_{r,Q2,d} + \Delta m_{r,Q3,d} \quad \text{[kNm/m]} \quad \text{(Gl. 7.38)}$$

7.6.2.3 Lastfall: Einzellasten an der Plattenecke

Das Biegemoment $m_{e,Q}$ für die Last Q_1 zur Ermittlung der Biegezugbeanpruchung an der Unterseite der Betonbodenplatte am Plattenrand bzw. an der Fuge zwischen zwei benachbarten Platten kann vereinfachend aus dem Biegemoment in Plattenmitte nach Gleichung 7.39 ermittelt werden, denn es ist (in Anlehnung an [L14] [L45]) etwas mehr als doppelt so groß wie das Biegemoment in Plattenmitte:

$$m_{e,Q} \approx \lambda_e \cdot \kappa_Q \cdot m_{m,Q} \quad \text{[kNm/m]} \quad \text{mit } \lambda_e = 2{,}1 \quad \text{(Gl. 7.39)}$$

Der Einfluss weiterer Einzellasten Q_2 und Q_3 auf das Biegemoment an der Plattenecke kann ebenfalls mit den Einflusslinien des Bildes 7.3 ermittelt werden.

Momentenbeiwerte für weitere Lasten:

$\lambda_{e,x}$ für das Verhältnis x / L_e (Bild 7.3)
$\lambda_{e,y}$ für das Verhältnis y / L_e (Bild 7.3)

Zusätzliches Biegemoment für 2. Last im Momentenverlauf:

$$\Delta m_{e,Q2} = \lambda_{e,x2} \cdot \kappa_Q \cdot Q_2 \quad \text{[kNm/m]} \quad \text{(Gl. 7.40)}$$

Zusätzliches Biegemoment für querab stehende 3. Last:

$$\Delta m_{e,Q3} = \lambda_{e,x3} \cdot \kappa_Q \cdot Q_3 \quad \text{[kNm/m]} \quad \text{(Gl. 7.41)}$$

Bemessungs-Biegemoment $m_{e,d}$ am Plattenrand:

$$m_{e,d} = m_{e,Q1,d} + \Delta m_{e,Q2,d} + \Delta m_{e,Q3,d} \quad \text{[kNm/m]} \quad \text{(Gl. 7.42)}$$

7.6.2.4 Einsenkung der Betonbodenplatte an der Plattenecke

Die größte Einsenkung der Betonbodenplatte tritt auf, wenn eine Last auf der Plattenecke am Fugenkreuz steht. Dabei entsteht auch die größte Sohlpressung unterhalb der Betonbodenplatte auf der Tragschicht.

Einsenkung s_e bei Belastung der Plattenecke durch die Bemessungslast $Q_{1,d}$:

$$s_e = (1,1 - 0,88 \cdot a/L_e) \cdot \frac{Q_{1,d}}{k_s \cdot L_e^2} \quad [mm] \quad \text{(Gl. 7.43)}$$

mit $Q_{1,d}$ [N], k_s [N/mm³],
a [mm], s_e [mm]

Die Verringerung der Einsenkung durch Lastübertragung an Scheinfugen kann über den Lastfaktor κ_Q berücksichtigt werden:

$$s_e' = \kappa_Q \cdot s_e \quad \text{(Gl. 7.43a)}$$

Pressung p_0 unterhalb der Betonbodenplatte infolge Einsenkung s_e':

$$p_0 = k_s \cdot s_e' \quad [N/mm^2] \quad \text{(Gl. 7.4)}$$

mit k_s[N/mm³] und s_e' [mm]

7.6.3 Verringerung der Biegebeanspruchung durch Querkraftübertragung an Fugen

Die Verringerung der Biegebeanspruchungen und der Einsenkungen der Betonbodenplatte an Fugen kann durch eine Querkraftübertragung an den Fugen auf Nachbarplatten erfolgen. Diese Querkraftübertragung ist in ihrer Wirkung von der Ausbildung der Fugen abhängig.

Die Verformungen der Betonbodenplatten werden durch die Querkraftübertragung verringert und damit auch die Beanspruchungen der Betonbodenplatten im Bereich der Fugen (Bild 4.12). Für die Querkraftübertragung ist es entscheidend, ob die Fugen als Scheinfugen, Pressfugen, bewehrte Fugen, verzahnte Fugen oder verdübelte Fugen ausgebildet werden.

Der Wirksamkeitsgrad κ_W zum Verringern der Einsenkung und der sich daraus ergebende Latfaktor κ_Q können je nach Fugenausbildung rechnerisch abgeschätzt werden. Hierbei ist die Verringerung der Querkraftübertragung ist etwa halb so groß wie der Wirksamkeitsgrad κ_W [nach L14]. Damit ergibt sich der Lastfaktor κ_Q für die Verringerung des Lasteinwirkung

$$\kappa_Q = 1 - \kappa_W / 2 \quad \text{(Gl. 7.44)}$$

Der Lastfaktor κ_Q bedeutet:
Wenn eine Fuge beispielsweise eine Wirksamkeit der Lastübertragung von 70 % mit $\kappa_W = 0{,}70$ hat, beträgt der Lastfaktor $\kappa_Q = 1 \quad \kappa_W / 2 = 0{,}65$. Die Biegemomente am Plattenrand m_r und an der Plattenecke m_e können um diesen Lastfaktor verringert werden.

Reduzierung der Biegemoments m_r am Plattenrand:

$$m_{r,red} = \kappa_Q \cdot m_r \quad \text{(Gl. 7.45)}$$

Reduzierung der Biegemoments m_e auf der Plattenecke:

$$m_{e,red} = \kappa_Q \cdot m_e \qquad \text{(Gl. 7.46)}$$

Die von der Ausbildung der Fugen abhängigen Lastfaktoren κ_Q sind in Tafel 7.9 zusammengestellt.

7.6.3.1 Kraftübertragung durch Rissverzahnung bei Scheinfugen

Scheinfugen in unbewehrten Betonbodenplatten können unterhalb des Fugenschnittes eine wirksame Rissverzahnung behalten, wenn sich die Scheinfugen nicht zu weit öffnen. Durch die Rissverzahnung ist eine Querkraftübertragung im Fugenbereich auf die Nachbarplatte möglich. Die Wirksamkeit einer Rissverzahnung kann im Wesentlichen durch folgende Maßnahmen beeinflusst werden:

- der Verformungsmodul des Unterbaues (E_{V2}-Wert) sollte möglichst groß sein
- die wirksame Plattendicke unterhalb des Fugenschnitts ist bei dicken Platten größer als bei dünnen Platten
- die Öffnung der Scheinfuge sollte möglichst gering sein, z.B. durch nicht zu große Fugenabstände

Lastfaktoren κ_Q für Scheinfugen sind abhängig von der Plattendicke und der Fugenöffnungsweite in Tafel 7.9 zusammengestellt.

7.6.3.2 Kraftübertragung durch Verzahnung bei Pressfugen

Verzahnungen bei Pressfugen (Arbeitsfugen oder Tagesfeldfugen) können unterschiedlich ausgebildet werden.

Raue Stirnseiten der Betonbodenplatten können eine Querkraftübertragung in der Fuge ermöglichen, wenn sich die Fugen nicht zu weit öffnen. Dafür sind geringe Fugenabstände $\leq$ 6 m und eine genügend große Rautiefe erforderlich (z.B. über vorübergehend eingelegtes Streckmetall nach Kapitel 4.4.5). Außerdem müssen günstige Herstellbedingungen herrschen (z.B. Ausführung S speziell entsprechend Tafel 4.7).

Verzahnung über entsprechende Fugenprofile kann bei dickeren Betonbodenplatten mit $h \geq$ 24 cm ausgeführt werden (Bild 4.11). Für eine Querkraftübertragung sollten die Fugenabstände nicht größer als 6 m sein. Unter diesen Voraussetzungen kann mit einem günstigen Lastfaktor κ_Q für die Querkraftverringerung gerechnet werden.

Lastfaktoren κ_Q für Pressfugen sind abhängig von der Fugenausbildung in Tafel 7.9 zusammengestellt.

7.6.3.3 Kraftübertragung durch Rissverzahnung mit Bewehrung

Bei schwach bewehrten Betonbodenplatten mit Stahlquerschnitten $a_s \leq$ 5 cm²/m (z.B. Betonstahlmatten Q 424 A oder geringer) gilt für die Rissverzahnung das Gleiche wie bei unbewehrten Betonbodenplatten.

Bei stark bewehrten Betonbodenplatten mit freier Rissbildung, z.B. mit einem Stahlquerschnitt $a_s \geq$ 8,0 cm²/m, werden enge Rissbreiten entstehen. Hierbei bleibt im Allgemeinen eine gute Rissverzahnung bestehen. Es kann ein Lastfaktor κ_Q für die Querkraftverringerung entsprechend Tafel 7.9 angenommen werden. Bei verfestigten Tragschichten ist dadurch eine Verringerung der Plattendicke möglich.

7.6.3.4 Kraftübertragung durch Verdübelung der Fugen

Mittig in die Betonbodenplatte eingebaute Dübel können am wirkungsvollsten zu einer Querkraftübertragung beitragen (Kapitel 4.4.7). Die Dübel stellen einerseits für die Lastübergänge eine gleiche Höhenlage der Betonbodenplatten im Fugenbereich sicher, sollen aber andererseits Längsbewegung der Betonbodenplatten nicht behindern. Als Dübel sind glatte Rundstähle zu verwenden, z.B. Ø 25 mm, Länge 500 mm (Bild 4.15). Der Abstand der äußeren Dübel vom parallel verlaufenden Plattenrand sollte 25 cm betragen, die darauf folgenden Dübel sollten bei häufigen Lastwechseln in Hauptfahrspuren ebenfalls in 25 cm Abstand eingebaut werden (z.B. 4 oder 5 Dübel). Für die anderen Dübel außerhalb von Fahrspuren genügen Abstände von 50 cm (Bild 4.16).

Tafel 7.9: Zusammenstellung der Lastfaktoren κ_Q zur Verringerung der Querkraft bei unterschiedlichen Fugenarten und Verzahnungen [1)] [Vorschlag Lohmeyer]

Fugenart und Verzahnung			Lastfaktor κ_Q
Scheinfugen	in unbewehrten Platten mit Rissverzahnung bei Plattendicken h ≤ 200 mm, Fugenöffnung	≈ 3 mm ≈ 2 mm ≈ 1 mm	$\kappa_Q \approx$ 1,00 $\kappa_Q \approx$ 0,90 $\kappa_Q \approx$ 0,80
	bei Plattendicken h ≥ 240 mm, Fugenöffnung	≈ 3 mm ≈ 2 mm ≈ 1 mm	$\kappa_Q \approx$ 0,90 $\kappa_Q \approx$ 0,80 $\kappa_Q \approx$ 0,70
Pressfugen	mit rauen Stirnseiten (z.B. Streckmetall) bis 7,5 m Fugenabstand		$\kappa_Q \approx$ 0,75
	mit Profilierung für Verzahnung (z.B. nach Bild 4.11)		$\kappa_Q \approx$ 0,60
ohne Fugen	mit freier Rissbildung bei Rissverzahnung in bewehrten Platten mit Stahlquerschnitten $a_s \geq$ 8,0 cm²/m		$\kappa_Q \approx$ 0,60
alle Fugen	mit Verdübelung Dübel Ø 25 mm, Länge 500 mm		$\kappa_Q \approx$ 0,55

1) Für Fugen ohne Lastübertragung beträgt der Lastfaktor κ_Q = 1,0

Derartig eingebaute Dübel bewirken, dass eine gute Querkraftübertragung erfolgt und daher mit dem Lastfaktor $\kappa_Q = 0{,}55$ entsprechend Tafel 7.9 gerechnet werden kann. Das bedeutet, dass die Querkraft auf 55 % ihres Werts verringert werden kann.

7.6.4 Maximale Dehnung bei Lasteinwirkungen

Aus den ermittelten Biegebeanspruchungen errechnet sich für das jeweils maximale Bemessungs-Biegemoment m_d die maximal entstehende Dehnung als wirksame Dehnung des Betons mit folgender Gleichung:

$$\varepsilon_{cm,max} = \frac{6 \cdot m_d}{b \cdot h^2 \cdot E_{cm}} \qquad \text{(Gl. 7.47)}$$

Hierbei sind:

$\varepsilon_{cm,max}$ maximale Dehnung des Betons bei Biegebeanspruchung durch Lasteinwirkungen
m_d maßgebendes Bemessungs-Biegemoment [MNm/m] nach Gleichungen 7.34, 7.38 oder 7.42
b Plattenbreite [m]
h Plattendicke [m]
E_{cm} Elastizitätsmodul des Betons [MN/m² bzw. N/mm²] nach Tafel 7.3 (oder in Sonderfällen $E_{c,cal}$ nach Gleichung 7.21)

Die maximalewirksame Dehnung $\varepsilon_{cm,max}$ des Betons darf nicht größer sein als die zulässige Dehnung $\varepsilon_{cm,d}$ nach folgender Gleichung:

$$\frac{\varepsilon_{cm,max}}{\varepsilon_{cm,d}} \leq 1 \qquad \text{(Gl. 7.11)}$$

Hiermit ist der Nachweis erbracht, dass in den Betonbodenplatten bei Biegebeanspruchung rechnerisch keine Biegerisse zu erwarten sind. Je größer der Abstand von 1 ist, umso größer ist die vorhandene Sicherheit gegen das Entstehen von Rissen bzw. die Reserve für Zwangbeanspruchungen.

7.6.5 Nachweis des Durchstanzwiderstandes

Der Durchstanzwiderstand $V_{R,d}$ einer bewehrten Betonplatte setzt sich aus dem Traganteil des Betons $V_{R,c,d}$ und dem Traganteil der Bewehrung $V_{R,s,d}$ zusammen. Bei einer unbewehrten Betonplatte entspricht der Traganteil des Betons dem Gesamtwiderstand.

Der Traganteil des Betons $V_{R,c,d}$ ist mit folgender Gleichung zu ermitteln [L48]:

$$V_{R,c,d} = \frac{0{,}062}{\gamma_{cV}} \cdot \sqrt{A_{col} \cdot h} \cdot (L_e/h)^a \cdot f_{ck}^{0{,}62} \cdot \kappa_T \qquad \text{(Gl. 7.48)}$$

Hierbei sind:

$V_{R,c,d}$	Bemessungswert des Betontraganteils [kN]
γ_{cV}	$= 1{,}4$ Teilsicherheitsbeiwert für Beton bei Durchstanzbeanspruchung
A_{col}	Querschnitt des Stützenfußes [cm^2]
h	Dicke der Betonbodenplatte [cm]
L_e	elastische Länge [cm], vereinfachend für den Abstand der Momenten-Nulllinie vom Stützenmittelpunkt
a	$= -0,5 \cdot \frac{\sqrt{A_{col}}}{h}$ (Gl. 7.49)
f_{ck}	charakteristische Zylinderdruckfestigkeit [MN/m^2 bzw. N/mm^2]
κ_T	Maßstabsfaktor $= \sqrt{1 + 500/h}$ mit h in [cm]

Der Bemessungswert der einwirkenden Stützenkraft $V_{E,d}$ darf nicht größer werden als der Durchstanzwiderstand $V_{Rc,d}$. Andernfalls ist Bewehrung erforderlich:

$$V_{E,d} \leq V_{Rc,d} \qquad \text{(Gl. 7.51)}$$

Hiermit ist der Nachweis erbracht, dass infolge Durchstanzens rechnerisch keine Risse zu erwarten sind. Außerdem wird durch den Vergleich von $V_{E,d}$ und $V_{R,c,d}$ deutlich, welche Sicherheit vorhanden ist.

7.7 Nachweise für zentrischen Zwang bei unbewehrten Betonbodenplatten

Zentrischer Zwang in Betonbodenplatten kann durch zwei unterschiedliche Ursachen entstehen, wenn sich die Betonbodenplatte nicht völlig frei bewegen kann:

- in erhärtenden Betonbodenplatten innerhalb der ersten Tage nach dem Betoneinbau durch abfließende Hydratationswärme
- in erhärteten Betonbodenplatten im Laufe der Zeit durch Schwinden des Betons infolge Austrocknens

Entscheidend für die Größe der Zwangbeanspruchung ist auch die Konstruktion der Betonbodenplatte:

- volle Zwangbeanspruchung entsteht, wenn die Betonbodenplatte mit anderen Bauteilen verbunden ist, sodass das Verkürzungsbestreben verhindert wird
- teilweise Zwangbeanspruchung entsteht, wenn die Betonbodenplatte sich auf der Unterlage bewegen kann, so dass eine Verkürzung möglich ist

7.7.1 Dehnbeanspruchung beim Abfließen der Hydratationswärme

Die Temperaturverhältnisse bei der Herstellung von Betonbodenplatten haben einen wesentlichen Einfluss auf die Größe von Zugbeanspruchungen, die schon während der Erhärtung des Betons entstehen. Daher ist der Zeitpunkt der Herstellung mit den dabei herrschenden Umgebungsbedingungen von wesentlicher Bedeutung für das Entstehen von Zugbeanspruchungen und somit für die Rissgefahr.

Mit zunehmender Erhärtung des Betons ändern sich die Betoneigenschaften. Dies trifft sowohl für die Bruchdehnung als auch für den Elastizitätsmodul zu. Maßgebend für das Rissverhalten sind die zulässige Betondehnung $\varepsilon_{cH,zul}$ und Elastizitätsmodul $E_{cm,t}$ zum Zeitpunkt der größten Erwärmung durch Hydratation. Dieser Zeitpunkt ist maßgebend, weil beim nachfolgenden Abkühlen die Zugbeanspruchung der Betonbodenplatte beginnt.

Die zulässige Betondehnung $\varepsilon_{cH,zul}$ ist in Tafel 7.6 für den zutreffenden Nutzungsbereich und die jeweilige Ausführungsart angegeben. Der Elastizitätsmodul für den Zeitpunkt der größten Erwärmung kann mit dem Beiwert $\alpha_{c,t}$ der Tafel 7.10 ermittelt werden. Der Zeitpunkt der maximalen Temperatur durch Hydratation ist abhängig von der Art des verwendeten Zements und von der Bauteildicke h. In Tafel 7.11 sind Richtwerte hierzu angegeben.

$$E_{cm,t} = \alpha_{c,t} \cdot E_{cm,28} \qquad \text{(Gl. 7.52)}$$

Die Dehnbeanspruchung einer Betonbodenplatte ist abhängig von der Behinderung einer Gleitbewegung auf dem Unterbau. Diese Behinderung wird hervorgerufen durch den Reibungsbeiwert μ_d zwischen Unterbau und Betonbodenplatte. Rechengrößen für Reibungsbeiwerte μ_0 sind in Tafel 7.12 angegeben. Maßgebend ist die Rechengröße der Reibung μ_d für die erste Verschiebung der Betonbodenplatte auf dem Unterbau.

Tafel 7.10: Beispiele für die Entwicklung des Elastizitätsmoduls von jungem Beton, bezogen auf den E-Modul nach 28 Tagen, bei Verwendung von Zement CEM I 32,5 R [L43]

Alter des Betons	$\alpha_{c,t} = E_{cm,t} / E_{cm,28}$
8 Stunden	$\approx$ 0,10
12 Stunden	$\approx$ 0,25
16 Stunden	$\approx$ 0,45
24 Stunden	$\approx$ 0,65
36 Stunden	$\approx$ 0,80
2 Tage	$\approx$ 0,85
14 Tage	$\approx$ 1,00

Bei Verwendung von Zement CEM II 32,5 R oder CEM III 32,5 N-LH ist für den Beiwert $\alpha_{c,t}$ die für CEM I 32,5 R entsprechende Zeit zugrunde zu legen.

Tafel 7.11: Beispiele für den Zeitpunkt der maximalen Temperatur nach Einbau des Betons [Vorschlag Lohmeyer]

Bauteildicke h	Zeit bis zum Erreichen des Temperaturmaximums $t_{(max\ T)}$		
	CEM I 32,5 R	CEM II 32,5 R	CEM III 32,5 N-LH
≈ 0,20 m	≈ 18 Stunden	≈ 21 Stunden	≈ 25 Stunden
≈ 0,40 m	≈ 22 Stunden	≈ 25 Stunden	≈ 30 Stunden
≈ 0,60 m	≈ 26 Stunden	≈ 30 Stunden	≈ 34 Stunden
≈ 0,80 m	≈ 29 Stunden	≈ 33 Stunden	≈ 38 Stunden
≈ 1,00 m	≈ 32 Stunden	≈ 36 Stunden	≈ 42 Stunden

Für den Nachweis der Rissfreiheit beim Abfließen der Hydratationswärme ergibt sich die maximale Dehnbeanspruchung $\varepsilon_{cH,max}$ über die allgemein gültige Beziehung $\varepsilon = \sigma / E$ (Gl. 7.5) mit folgender Gleichung:

$$\varepsilon_{cH,max} = \frac{\mu_d \cdot \kappa_{cH} \cdot p_0 \cdot L_F/2}{h \cdot E_{cm,t}} \cdot 10^{-3} \qquad \text{(Gl. 7.53)}$$

Hierbei sind:

μ_d $= \gamma_R \cdot \mu_0$ mit μ_0 als Rechengröße des Reibungsbeiwerts nach Tafel 7.12
κ_{cH} Abminderungsfaktor für Spezialbetone,
im Allgemeinen ist $\kappa_{cH} = 1{,}0$
p_0 Sohlpressung unter der Betonbodenplatte [MN/m² bzw. N/mm²]
L Plattenlänge bzw. Fugenabstand [m]
h Plattendicke [m]
$E_{cm,t}$ Elastizitätsmodul zum Zeitpunkt der maximalen Temperatur nach Tafel 1.1
sowie Tafel 7.10 und 7.11 [MN/m² bzw. N/mm²]

Der Nachweis ist erbracht, wenn die maximal entstehende Dehnung $\varepsilon_{cH,max}$ nicht größer wird als die zulässige Dehnung $\varepsilon_{cH,zul}$ nach Tafel 7.6:

$$\frac{\varepsilon_{cH,max}}{\varepsilon_{cH,zul}} \leq 1 \qquad \text{(Gl. 7.24)}$$

Je nach Größe der maximal wirksamen Dehnung $\varepsilon_{cH,max}$ beim Abfließen der Hydratationswärme kann sich ergeben, dass eine größere zulässige Dehnung $\varepsilon_{cH,zul}$ erforderlich ist. Eine Erhöhung der zulässigen Dehnung kann durch Wahl der Ausführungsart S (speziell) gegenüber der Ausführungsart N (normal) entsprechend Tafel 7.6 geschehen.

7.7.2 Dehnbeanspruchung bei behinderter Schwindverkürzung

Zentrischer Zwang in erhärteten Betonbodenplatten entsteht im Wesentlichen durch Schwinden des Betons, wenn die Schwindverkürzung behindert wird. Die Größe des Gesamtschwindens $\varepsilon_{cs,\infty}$, das sich aus den Anteilen Schrumpfdehnung $\varepsilon_{cas,\infty}$ und Trocknungsschwinddehnung $\varepsilon_{cds,\infty}$ zusammensetzt, lässt sich nach den Bildern 3.7 und 3.8 ermitteln. Stark vereinfacht kann das Gesamtschwinden mit $\approx$ 0,4 ‰ bis 0,5 ‰ angenommen werden (Kapitel 3.9):

$$\varepsilon_{cs,\infty} = \varepsilon_{cas,\infty} + \varepsilon_{cds,\infty} \approx 0{,}4 \text{ mm/m bis } 0{,}5 \text{ mm/m} \qquad \text{(Gl. 3.8)}$$

Die Gesamtschwinddehnung $\varepsilon_{cs,\infty}$, ist diejenige Schwinddehnung, die während der Gesamtzeit des Schwindens erfolgt. Davon erfolgt die Schrumpfdehnung ε_{cas} innerhalb der ersten Tage nach der Betonherstellung. Die Trocknungsschwinddehnung ε_{cds} erstreckt sich hingegen über einen langen Zeitraum, der bei Betonbodenplatten üblicher Bauteildicke je nach den Umgebungsbedingungen bis zu 5 Jahren betragen kann. Das Zeichen ∞ könnte zur Annahme führen, dass das Schwinden über eine unendlich lange Zeit stattfindet, das ist jedoch nur theoretisch der Fall.

Die Größe der Schwinddehnung von 0,4 ‰ bis 0,5 ‰ macht deutlich, dass die Schwinddehnung um ein Mehrfaches größer ist als die Bruchdehnung den Betons.

Durch das Schwinden des Betons entsteht Zwang in der Betonbodenplatte, der zu einer weitgehend zentrischen Zugbeanspruchung führt, wenn sich die Betonbodenplatte nicht frei verkürzen kann. Eine teilweise Behinderung des Verkürzungsbestrebens wird immer entstehen, da die Betonbodenplatte für eine Verkürzung die Reibung auf dem Unterbau überwinden muss. Für eine teilweise Behinderung ist außer der Rauhigkeit des Unterbaues auch die Größe der Pressung der Betonbodenplatte auf dem Unterbau maßgebend. Die Rauhigkeit der Grenzfläche zwischen Unterbau und Betonbodenplatte kann durch einen Reibungsbeiwert gekennzeichnet werden.

7.7.2.1 Reibungsbeiwerte auf dem Unterbau

Für die Größe der Zwangbeanspruchung in Betonbodenplatten ist die Art der Lagerung auf dem Unterbau maßgebend. Tafel 7.12 enthält Reibungsbeiwerte μ_0 zur Bestimmung der rechnerischen Zugkraft, die in einer Betonbodenplatte durch Reibung auf dem Unterbau entstehen kann. Dies setzt allerdings voraus, dass sich die Betonbodenplatte auf dem Unterbau bewegen kann. Die Betonbodenplatte muss daher eine ebene Unterseite haben und darf nicht mit anderen Bauteilen verbunden sein.

7.7.2.2 Maximal wirksam werdende Dehnung bei Zwang durch Reibung

Eine vollständige Behinderung des Verkürzungsbestrebens kann durch eine Verbindung der Betonbodenplatte mit anderen Bauteilen entstehen. Eine volle Behinderung entsteht aber auch, wenn sich die Betonbodenplatte auf der Unterkonstruktion nicht bewegen kann, weil sie z.B. unterschiedliche Dicken aufweist und sich dadurch auf der Unterkonstruktion verhakt.

Tafel 7.12: Rechengrößen für Reibungsbeiwerte μ_0 [nach R22]

Unterkonstruktion [1]	Gleitschicht / Trennlage	Reibungsbeiwert μ_0 für 1. Verschiebung	Reibungsbeiwert μ für wiederholte Verschiebung
Kiestragschicht ohne Sandbett	keine	1,4 ... 2,1	1,3 ... 1,5
Sandbett auf Tragschicht	keine	0,9 ... 1,1	0,6 ... 0,8
	Noppenbahn	(0,8 ... 1,0)	
	1 Lage PE-Folie [2]	(0,5 ... 0,7) [4]	
gebundene Tragschicht (flügelgeglättet)	1 Lage PE-Folie [2]	(0,8 ... 1,4) [4]	
	2 Lagen PE-Folie [2]	0,6 ... 1,0	0,3 ... 0,75
	PTFE-beschichtete Folie [2]	0,2 ... 0,5	0,2 ... 0,3
gebundene Tragschicht	Bitumenschweißbahn [3]	(0,35 ... 0,7) [4]	
	Dickbitumen [3]	(0,03 ... 0,2) [4]	
Sicherheitsbeiwert für Reibung	$\gamma_R = 1{,}35$		
Bemessungswert der Reibung	$\mu_d = \gamma_R \cdot \mu_0$		

[1] Für die Oberfläche der Unterkonstruktion ist eine profilgerechte Lage erforderlich (Kapitel 9.3.2).
[2] PE = Polyethylen, PTFE = Polytetraflour-Ethylen
[3] Die Wirksamkeit bitumenhaltiger Gleitschichten ist nur bei ausreichender Schichtdicke und Temperaturen > 10 °C in der Gleitschicht gegeben.
[4] Die Reibungsbeiwerte in Klammern sind Erfahrungswerte, siehe auch [L62]

Bei langsamer Steigerung der Einwirkungen – wie dies bei einer Zwangbeanspruchung durch Schwinden im Allgemeinen der Fall ist – kann mit einem teilweisen Abbau des entstehenden Zwangs durch Kriechen und Relaxation gerechnet werden.

Zur Vereinfachung wird vorgeschlagen, die Beiwerte für Kriechen φ_K (phi $_K$) und für Relaxation Ψ_R (psi $_R$) zu einer gemeinsamen Beiwertkombination $\varphi_K + \Psi_R$ zusammenzufassen. Mit dieser Beiwertkombination für den Abbau des Zwangs durch Kriechen und Relaxation können die entstehenden Zugbeanspruchungen im Betonquerschnitt vermindert werden.

$$\varphi_K + \Psi_R = 0{,}70 \qquad \text{(Gl. 7.54)}$$

Die Dehnbeanspruchung einer Betonbodenplatte, die nicht mit anderen Bauteilen verbunden ist und keine Verhakungen mit dem Unterbau erfährt, ist abhängig von der Behinderung einer Gleitbewegung auf dem Unterbau. Diese Behinderung kann rechnerisch erfasst werden durch einen Reibungsbeiwert μ, der den Bewegungswiderstand in der Grenzzone zwischen Unterbau und Betonbodenplatte erfasst. Maßgebend ist der Reibungsbeiwert μ_0 für die erste Verschiebung, die aus der ursprünglichen Lagerung der

Betonbodenplatte erfolgt. Die Größe der in der Betonbodenplatte bei Reibung auf dem Unterbau entstehenden Dehnung $\varepsilon_{ct,max}$ infolge zentrischen Zwangs ist nach Gleichung 7.55 zu berechnen:

$$\varepsilon_{ct,max} = \frac{\mu_d \cdot \kappa_S \cdot (\varphi_k + \psi_R) \cdot p_0 \cdot L_F/2}{h \cdot E_{cm}} \cdot 10^{-3} \qquad \text{(Gl. 7.55)}$$

Hierbei sind:

μ_d	Bemessungswert für die Reibung $\mu_d = \gamma_R \cdot \mu_0$ mit $\gamma_R = 1{,}35$ als Sicherheitsbeiwert für Reibung und $\mu_0 =$ Rechengröße des Reibungsbeiwerts nach Tafel 7.12
κ_S	Beiwert für Spezialbetone mit anderem Schwindverhalten
$\varphi_K + \Psi_R$	$= 0{,}70$ als vereinfachter Beiwert für den Abbau der Zwangbeanspruchung durch Kriechen und Relaxation
p_0	Sohlpressung unter der Betonbodenplatte [MN/m² bzw. N/mm²]
L	Plattenlänge bzw. Fugenabstand [m]
h	Plattendicke [m]
E_{cm}	Elastizitätsmodul des Betons nach Tafel 7.3 [MN/m² bzw. N/mm²]

7.7.3 Dehnung bei Überlagerung von Last- und Zwangbeanspruchungen

Betonbodenplatten sind jedoch anders zu beurteilen als übliche Tragkonstruktionen des Hochbaus, wenn die Gebrauchstauglichkeit der Betonbodenplatten von deren Rissefreiheit abhängig ist (Kapitel 7.2). Daher werden die Dehnungen bei gleichzeitigem Auftreten von Biegebeanspruchungen durch Lasteinwirkung und zentrischer Zugbeanspruchung durch Zwang überlagert. Nach DIN 1045-1, 11.2.4 (7) wäre eine Überlagerung erst dann erforderlich wäre, wenn die Zwangdehnung 0,80 ‰ überschreitet. Dies würde für Betonbodenplatten jedoch bedeuten, dass mit Rissen gerechnet wird, da diese Dehnung von 0,80 ‰ um ein Mehrfaches größer ist als die Bruchdehnung des Betons von 0,09 ‰ bis 013 ‰ (Tafel 7.4 und 7.6).

Für die Überlagerung gilt folgende Gleichung:

$$\frac{\sum \varepsilon_{cm,max}}{\varepsilon_{cm,zul}} + \frac{\sum \varepsilon_{ct,max}}{\varepsilon_{ct,zul}} \leq 1 \qquad \text{(Gl. 7.26)}$$

Die zulässigen Betondehnungen $\varepsilon_{cm,zul}$ und $\varepsilon_{ct,zul}$ sind mit den Gleichungen 7.19 bzw. 7.20 in Kapitel 7.3.4 zu ermitteln, unter Verwendung der Bemessungswerte der Dehnungen aus den Tafeln 7.4 und 7.6.

Hinweis:
Ein Beispiel für unbewehrte Betonbodenplatten mit dem Nachweis der Gesamtdehnung durch Überlagerung der Dehnungen bei Lastbeanspruchung und Schwinden enthält Kapitel 8.1.1.

7.8 Nachweis der Biegebeanspruchung bei Temperatureinwirkungen

Temperaturdifferenzen, die beim Erwärmen oder Abkühlen einer Betonbodenplatte entstehen, bewirken Verformungen. Diese Verformungen zeigen sich als Verwölbungen, wenn eine ungleichmäßige Temperaturverteilung innerhalb der Plattendicke stattfindet. Ungleichmäßige Erwärmungen können z.B. bei Sonneneinstrahlung entstehen, ungleichmäßige Abkühlungen bei Platten im Freien z.B. durch kalten Wind oder Gewitterschauer. Dadurch werden zusätzliche Biegebeanspruchungen in den Betonbodenplatten hervorgerufen.

Temperaturbedingte Verformungen können die Verformungen durch Lasteinwirkungen überlagern, wenn sie gleichzeitig wirksam werden.

Bei Erwärmung der Betonbodenplatte von oben, z.B. durch Sonneneinstrahlung oder betriebsbedingte Temperatureinflüsse, entstehen Temperaturverteilungen entsprechend Bild 7.4. Dabei entstehen Aufwölbungen: Der mittlere Bereich der Plattenlänge hebt sich hoch, die Betonbodenplatte buckelt auf [L14].

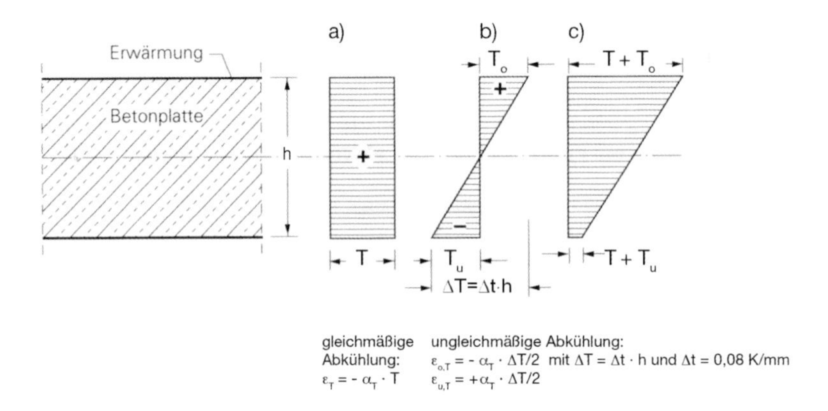

Bild 7.4:
Betonbodenplatte bei Erwärmung von oben:
a) gleichmäßige Temperaturverteilung durch gesamte Erwärmung
b) ungleichmäßige Temperaturverteilung bei schneller Erwärmung der Oberfläche
c) gesamte Temperaturverteilung

Betonbodenplatten, die an der Oberfläche schnell abgekühlt werden, erfahren ebenfalls eine ungleichmäßige Temperaturverteilung, die Bild 7.5 zeigt. Bei einer Abkühlung der Oberseite entstehen Aufschüsselungen, ebenso bei Austrocknung der Plattenoberseite. Die Ecken und Ränder der Betonbodenplatten heben sich ab.

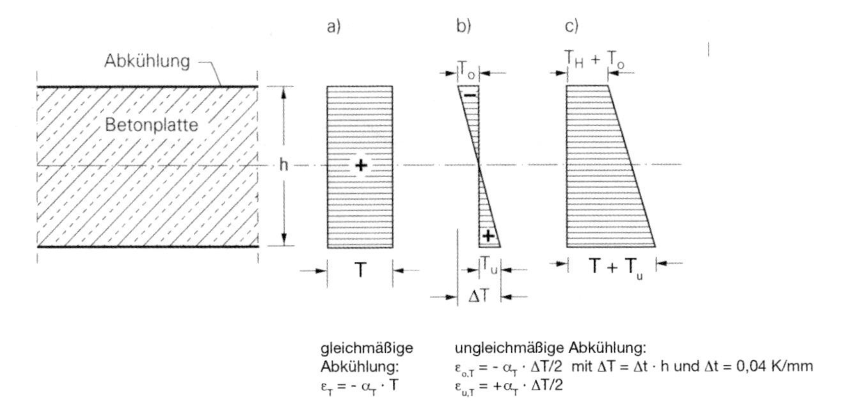

Bild 7.5:
Betonbodenplatte bei schneller Abkühlung von oben:
a) gleichmäßige Temperaturverteilung
b) ungleichmäßige Temperaturverteilung bei schneller Abkühlung der Oberfläche
c) gesamte Temperaturverteilung

7.8.1 Temperaturgradienten Δt

Es kann damit gerechnet werden, dass die Temperaturdifferenz bei Sonneneinstrahlung und Windstille aufgrund der Wärmeleitfähigkeit des Betons maximal 0,08 Kelvin je 1 mm Bauteiltiefe beträgt. Dies ist der Temperaturgradient Δ t des Betons bei Erwärmung [L14]:

$$\Delta t_{Erwärmung} \approx 0{,}08 \text{ K/mm} \qquad \text{(Gl. 7.56)}$$

Der Temperaturgradient Δt ist bei Abkühlung etwa halb groß:

$$\Delta t_{Abkühlung} \approx 0{,}04 \text{ K/mm} \qquad \text{(Gl. 7.57)}$$

Mit diesen Temperaturgradienten können die Temperaturverteilungen in der Betonbodenplatte und auch die Temperaturbeanspruchungen berechnet werden.

7.8.2 Verformungen und kritische Plattenlänge L_{crit}

Dem Aufwölben und Aufschüsseln wirkt das Eigengewicht der Betonbodenplatten entgegen. Dadurch entstehen die größten Biegezugbeanspruchungen im Bereich der mittleren Plattenlänge: bei Aufwölbungen an der Plattenunterseite, bei Aufschüsselungen hingegen an der Plattenoberseite. Aufgrund des unterschiedlichen Temperaturgradienten sind bei Aufwölbungen die Dehnungen an der Plattenoberseite größer als die Dehnungen an der Plattenunterseite bei Aufschüsselungen. In Eck- und Randbereichen von Betonbodenplatten sind witterungsbedingte Biegezugbeanspruchungen unbedeutend und können vernachlässigt werden.

Ungünstig sind in den meisten Fällen die im mittleren Bereich der Plattenlänge beim Aufwölben entstehenden Dehnungen an der Plattenunterseite.

Der bei einer oberen Erwärmung entstehenden Aufwölbung des mittleren Bereichs der Plattenlänge wirkt die Eigenlast der Platte entgegen. Von einer bestimmten Plattenlänge an wird die Platte in der Mitte wieder auf der Unterlage aufliegen. Diese Länge wird als kritische Länge L_{crit} bezeichnet. Die beim Verwölben entstehenden Biegebeanspruchungen sind hierbei am größten. Das Verformungsbild und der Beanspruchungsverlauf sind abhängig von der Plattenlänge in Bild 7.6 dargestellt [L14].

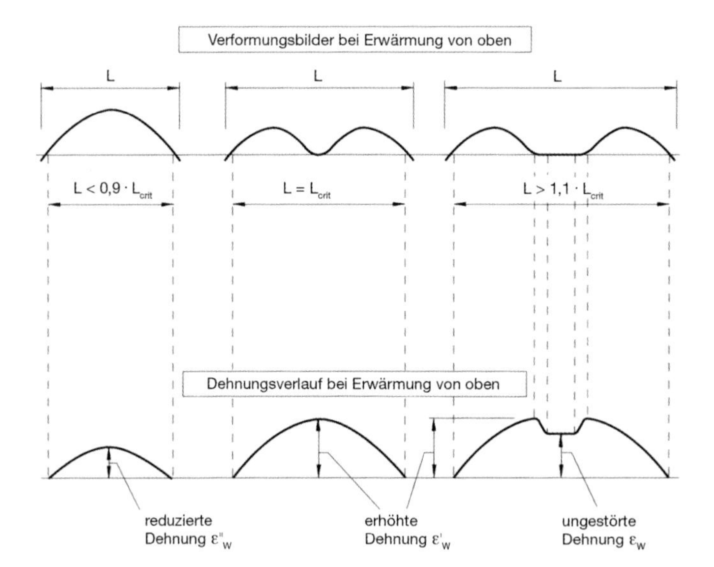

Bild 7.6: Verformungen von Betonbodenplatten und Beanspruchungsverlauf bei Erwärmung von oben in Abhängigkeit von der Plattenlänge L_F in Bezug zur kritischen Plattenlänge L_{crit}

Bei Betonbodenplatten im Freien sollte die tatsächliche Plattenlänge L_F nicht im Bereich der kritischen Plattenlänge L_{crit} liegen, da hierbei die entstehenden Beanspruchungen durch Aufwölben am größten sind. Daher sollte die Forderung gelten:

$$L_F < 0{,}9 \cdot L_{crit} \quad \text{oder} \quad L_F > 1{,}1 \cdot L_{crit} \tag{Gl. 7.58}$$

Bei Plattenlängen $L_F < 0{,}9\ L_{crit}$ kann mit einer reduzierten Wölbbeanspruchung gerechnet werden, da die Biegezugbeanspruchungen an der Plattenoberseite einen geringeren Wert erreichen.

Unter Berücksichtigung der Verformung beim Erwärmen und der Rückverformung infolge Eigengewicht kann die kritische Länge für quadratische Platten mit folgender Gleichung ermittelt werden [nach L14]:

$$L_{crit} \approx 230 \cdot h \cdot \sqrt{(\alpha_T \cdot \Delta t \cdot E_{cm})} \tag{Gl. 7.59}$$

Hierbei sind:

L_{crit} kritische Plattenlänge bei Verwölbungen [m]
h Plattendicke [m]
α_T Temperaturdehnzahl $\alpha_T = 10^{-5}$/K
Δt Temperaturgradient $\Delta t \approx 0{,}08$ K/mm
E_{cm} Elastizitätsmodul des Betons nach Tafel 7.3 [N/mm² bzw. MN/m²]

Für quadratische Platten mit $L_F / B_F \leq 1{,}25$ ergibt sich folgende kritische Länge L_{crit}:

$L_{crit} \approx 37 \cdot h$ [m] mit h [m] (Gl. 7.60)

Für rechteckige Platten mit $L_F / B_F > 1{,}25$ bis $L_F / B_F \leq 1{,}5$ erhält man in gleicher Weise:

$L_{crit} \approx 34 \cdot h$ [m] mit h [m] (Gl. 7.61)

Damit wird deutlich, dass die kritische Längen von quadratischen Betonbodenplatten unter Sonneneinstrahlung bei Plattendicken von h = 200 mm bis 260 mm bei 7,5 m bis 9,5 m liegen.

Für rechteckige Platten mit $L_F / B_F > 1{,}25$ ergeben sich kritische Längen je nach Plattendicke schon zwischen 6,5 m bis 8,5 m. Diese durchaus üblichen Plattenlängen sollten verkürzt werden, so dass mit einer verringerten Wölbbeanspruchung gerechnet werden kann.

7.8.3 Größe der Dehnungen und der Wölbmomente

7.8.3.1 Erhöhte Wölbdehnung ε_w''

Aus Bild 7.7 ist zu ersehen, dass die Wölbdehnung bei Platten mit der kritischen Länge L_{crit} im mittleren Bereich größer sind als die ungestörte Wölbdehnung bei längeren Platten im mittleren Bereich. Dies ist darin begründet, dass der Krümmungsverlauf bei ungleichmäßiger Erwärmung (kreisförmig) nicht mit dem Krümmungsverlauf infolge Eigengewichts (parabelförmig) übereinstimmt. Vereinfacht kann mit einer um 20 % größeren erhöhten Wölbdehnung ε_w'' gegenüber der ungestörten Wölbdehnung ε_w gerechnet werden [L14]:

$\varepsilon_w'' \approx 1{,}2 \cdot \varepsilon_w$ [‰] (Gl. 7.62)

Dieser Bereich der erhöhten Wölbdehnung sollte in der Praxis vermieden werden.

7.8.3.2 Ungestörte Wölbdehnung ε_w

Betonbodenplatten mit Abmessungen über der 1,1-fachen kritischen Länge ($L_F > 1{,}1\ L_{crit}$) haben im mittleren Bereich einen nicht gekrümmten Abschnitt, der auf der Unterlage aufliegt (Bild 7.6). Für diesen Bereich lässt sich die ungestörte Wölbdehnung ε_w berechnen, wobei der vorhandene zweiachsige Verformungszustand über die Querdehnzahl μ_c berücksichtigt wird:

$$\varepsilon_w = \frac{1}{1-\mu_c} \cdot \frac{h \cdot \Delta t}{2} \cdot \alpha_T \qquad \text{(Gl. 7.63)}$$

Hierbei sind:

ε_w	ungestörte Wölbdehnung im mittleren Längenbereich		
μ_c	Querdehnzahl	μ_c	$= 0{,}2$
h	Plattendicke [mm]		
Δt	Temperaturgradient	Δt	$\approx 0{,}08$ K/mm
α_T	Temperaturdehnzahl	α_T	$= 10^{-5}$/K

Mit den vorstehenden Werten ergibt sich folgende ungestörte Wölbdehnung ε_w:

$$\varepsilon_w \approx 0{,}5 \cdot h \quad [‰] \quad \text{mit h [m]} \qquad \text{(Gl. 7.63)}$$

7.8.3.3 Reduzierte Wölbdehnung ε_w'

Bei Betonbodenplatten mit Sonneneinstrahlung bringt die Verkürzung der Plattenlängen unter die kritische Länge L_{crit} den Vorteil einer reduzierten Wölbdehnung ε_w', wie dies aus Bild 7.7 zu erkennen ist. Die Plattenlänge soll die Bedingung der Gleichung 7.59 einhalten mit $L_F < 0{,}9\ L_{crit}$. Die reduzierte Wölbdehnung ist von der Auflagerlänge der Betonbodenplatte abhängig. Die Auflagerlänge der Betonbodenplatte kann beidseitig mit je 0,20 m angenommen werden. Daraus ergibt sich die reduzierte Wölbdehnung ε_w':

$$\varepsilon_w' = \left(\frac{L_F - 0{,}40}{0{,}9 \cdot L_{crit}}\right)^2 \cdot \varepsilon_w \quad [‰] \quad \text{mit } L_F \text{ und } L_{crit} \text{ [m]} \qquad \text{(Gl. 7.65)}$$

7.8.3.4 Wölbmomente m_w

Die bei einseitiger Erwärmung entstehenden Biegemomente m_w bzw. m_w' in Betonbodenplatten (z.B. durch Sonneneinstrahlung im Freien) sind in Abhängigkeit vom Verhältnis des Fugenabstands L_F zur Plattenbreite B_F (quadratische oder rechteckige Plattenabmessungen) und abhängig von der Plattendicke h in Tafel 7.13 zusammengestellt.

Tafel 7.13: Wölbmomente m_w' und m_w durch Temperaturdifferenzen infolge Erwärmung von oben (z.B. durch Sonneneinstrahlung bei Platten im Freien) [nach L14]

Wölbmomente m_w' und m_w bei quadratischen Platten $L_F / B_F \leq 1{,}25$	Wölbmomente m_w' und m_w bei rechteckigen Platten $L_F / B_F > 1{,}25$
reduziertes Wölbmoment für $L_F \leq 33$ h: $m_w' = 2{,}5 \cdot h \cdot (L_F - 0{,}40)^2$ (Gl. 7.66)	reduziertes Wölbmoment für $L_F \leq 30$ h: $m_w' = 3{,}2 \cdot h \cdot (L_F - 0{,}40)^2$ (Gl. 7.67)
ungestörtes Wölbmoment für $L_F \geq 41$ h: $m_w = 2700 \cdot h^3$ (Gl. 7.68)	ungestörtes Wölbmoment für $L_F \geq 38$ h: $m_w = 2700 \cdot h^3$ (Gl. 7.69)

L_F = Plattenlänge [m]; h = Plattendicke [m]; m_w = Wölbmoment [kNm/m]

7.8.4 Nachweis der Dehnung bei Überlagerung von Last- und Wölbbeanspruchung

Diese Wölbmomente m_w bzw. m_w' nach Tafel 7.13 sind mit den Biegemomenten aus Lasteinwirkung $m_{m,d}$ zu überlagern, wenn diese Momente gleichzeitig auftreten können:

$$m_d = m_{m,d} + m_w \qquad \text{mit } m_{m,d} \text{ nach Gleichung 7.31} \qquad \text{(Gl. 7.70)}$$

Aus dem durch Überlagerung ermittelten maximalen Biegemoment m_d errechnet sich die maximal wirksam werdende Dehnung $\varepsilon_{cm,max}$ des Betons mit Gleichung 7.47:

$$\varepsilon_{cm,max} = \frac{6 \cdot m_d}{b \cdot d^2 \cdot E_{cm}} \qquad \text{(Gl. 7.47)}$$

Die maximale Dehnung $\varepsilon_{cm,max}$ des Betons entsprechend Gleichung 7.47 darf nicht größer sein als die nach Gleichung 7.11 ermittelte zulässige Dehnung $\varepsilon_{cm,d}$:

$$\frac{\varepsilon_{cm,max}}{\varepsilon_{cm,d}} \leq 1 \qquad \text{(Gl. 7.11)}$$

Hinweis:
Ein Beispiel für unbewehrte Betonbodenplatten im Freien mit dem Nachweis der Gesamtdehnung durch Überlagerung der Dehnungen bei Last- und Temperaturbeanspruchung enthält Kapitel 8.1.2.

7.9 Nachweis zur Begrenzung der Rissbreite bei bewehrten Betonbodenplatten

7.9.1 Allgemeines zu Rissen

Die erste Gefahr der Rissbildung besteht für Beton durch das Entstehen von innerem Zwang, wodurch netzartige Risse entstehen können. Dies betrifft unbewehrte und bewehrte Betonflächen gleichermaßen. Gegen Risse dieser Art helfen keine Bewehrungen. Um der Entstehung netzartiger Risse entgegenzuwirken, sind frühzeitige Schutzmaßnahmen des erhärtenden Betons notwendig (Kapitel 10.5).

Der nächste risserzeugende Anlass ist durch das Abfließen der Hydratationswärme über den gesamten Bauteilquerschnitt gegeben. Diese Temperaturabnahme erzeugt eine Zwangbeanspruchung in der gesamten Betonbodenplatte. Diese wirkt sich durch eine Volumenverringerung aus, wodurch sich die Betonbodenplatte verkürzen will. Der dabei entstehende Zwang führt zu einer Zugbeanspruchung, wenn das Verkürzungsbestreben behindert wird. Kapitel 7.8 zeigt eine Möglichkeit für den Nachweis der Zugbeanspruchung beim Abfließen der Hydratationswärme. Dieser Nachweis setzt voraus, dass die maximal entstehende Dehnung $\varepsilon_{ct,max}$ nicht größer wird als die zulässige Dehnung $\varepsilon_{cH,zul}$ nach Tafel 7.6. Sofern dies nicht erreicht werden kann, besteht die Gefahr der Rissbildung.

Betonbodenplatten werden stets dann reißen, wenn die Dehnfähigkeit des Betons überschritten wird. Dies ist in der Regel bei der Beanspruchung bewehrter Platten der Fall, weil die mögliche Stahldehnung höher angenommen wird als es die Dehnfähigkeit des Betons zulässt. Es wird sozusagen mit Rissen gerechnet, wenn Zustand II „gerissene Zugzone" angesetzt wird, auch wenn hierbei nur mikrofeine Risse entstehen.

Zur Vermeidung von Rissen müsste die Dehnung des Stahls wegen des Verbundes zwischen Beton und Stahl auf die Dehnfähigkeit des Betons begrenzt werden. Das ist jedoch nicht praktikabel und wäre völlig unwirtschaftlich. Wegen der geringen Dehnfähigkeit des Betons muss eine Bewehrung zum *Vermeiden von Rissen* wesentlich umfangreicher sein als eine Bewehrung zur *Begrenzung der Rissbreite* beim Entstehen von Rissen. Aber schon eine Bewehrung zur Begrenzung der Rissbreite entsprechend DIN 1045-1 ist sehr umfangreich.

Das bedeutet, dass üblich bewehrte Betonbodenplatten bei voller Ausnutzung des Stahlbetonquerschnitts stets Risse aufweisen werden. Zwar kann versucht werden, diese Risse mit entsprechend hohem Aufwand klein zu halten, aber dennoch ist dem Auftraggeber schon bei der Planung klarzumachen, dass die Betonbodenplatte später Risse bekommen wird. Diese Risse beeinträchtigen nicht die Tragfähigkeit und kaum die Dauerhaftigkeit, sie können jedoch je nach Nutzung der Halle die Gebrauchstauglichkeit beeinflussen. Hierauf wurde bereits in Kapitel 4.4.1 eingegangen.

7.9.2 Nachweis für den Risszustand

Bei Durchführung des Nachweises auf Biegung infolge Lastbeanspruchung kann sehr schnell festgestellt werden, dass der Betonquerschnitt nur gering bewehrt werden muss. Beispiele mit Nachweisen verdeutlichen die Situation. Bei üblichen Biegenachweisen, wie sie im Stahlbetonbau bei tragenden Bauteilen im Allgemeinen zur Anwendung kommen, wird von der Ausnutzung der Stahlspannung ausgegangen. Hierbei wird allerdings der Beton so stark gedehnt, dass seine Bruchdehnung überschritten wird und er reißen muss. Wird andererseits die Betonplatte nur bis unter die Bruchdehnung des Betons gedehnt, ist diese Dehnung für den Stahl im Verbundquerschnitt nur sehr gering. Am Tragwiderstand der Betonplatte kann der Stahl bis zum Bruch des Betons überhaupt nicht wirksam werden. Das bedeutet: Dem Beton allein bleibt die Aufnahme der wirkenden

Schnittgrößen vorbehalten, und zwar bis zu dem Zeitpunkt, bei dem seine Bruchdehnung erreicht wird und Risse entstehen.

Das Bewehren üblich beanspruchter Betonbodenplatten kann nur dann einen Sinn haben, wenn beim Nachweis vom Risszustand ausgegangen wird. Zur Begrenzung der Rissbreite sollte die Stahldehnung gering gehalten werden.

Ergebnis:
Bei bewehrten Platten kann das Entstehen von Rissen nicht verhindert werden, es lässt sich durch Bewehrung nur noch die Rissbreite begrenzen.

Andererseits bedeutet dies, dass bei ausreichend bewehrten Betonbodenplatten mit etwas größeren Fugenabständen gearbeitet werden kann. Diese Möglichkeit kann bei bewehrten Betonbodenplatten genutzt werden, da jede erforderliche Fuge auch eine Schwachstelle darstellt, die gegebenenfalls bei intensiver Nutzung der Fläche eher zu Problemen führen kann als Risse bei fugenlosen Flächen. Größere Fugenabstände bedeuten aber auch, dass Zwangbeanspruchungen entstehen können, die unbedingt berücksichtigt werden müssen.

Im Fugenbereich durchlaufende untere Bewehrungslagen sind jedoch kein ausreichend geeignetes Mittel, um Querkräfte zwischen benachbarten Platten ausreichend zu vermindern.

Beim Nachweis der Zwangbeanspruchung sollten nach Möglichkeit die häufig auftretenden Überfestigkeiten des Betons berücksichtigt werden.

Begründung:
Bei Überfestigkeiten fällt auch die Zugfestigkeit des Betons größer aus, wodurch mehr Bewehrung zur Begrenzung der Rissbreite benötigt wird. Es ist daher empfehlenswert, mit dem 95 %-Quantilwert anstelle mit der mittleren Zugfestigkeit f_{ctm} zu rechnen. Andererseits kann bei langsamer Steigerung der Einwirkungen – wie dies bei Zwangbeanspruchung im Allgemeinen der Fall ist – von einem Abbau der Zugspannungen durch Kriechen und Relaxation gerechnet werden.

Zur Vereinfachung wird vorgeschlagen, die Beiwerte für Kriechen φ_K (phi $_K$) und Relaxation Ψ_R (psi $_R$) zu einer gemeinsamen Beiwertkombination $\varphi_K + \Psi_R = 0{,}70$ zusammenzufassen. Mit dieser Beiwertkombination für den Abbau des Zwangs durch Kriechen und Relaxation können die entstehenden Spannungen im Betonquerschnitt und im Stahlquerschnitt vermindert werden.

7.9.3 Bewehrung zur Begrenzung der Rissbreite

In bewehrten Betonbodenplatten sollten Zwangbeanspruchungen nach Möglichkeit vermieden, mindestens aber gering gehalten werden. Wenn jedoch bewehrte Betonbodenplatten außer Lasteinwirkungen auch einer Zwangbeanspruchung ausgesetzt werden, ist eine geeignete *Bewehrung zur Begrenzung der Rissbreite* nachzuweisen. Hierbei ist im Einzelfall zu entscheiden, ob die Rissbreite für die größere Dehnung aus Lasteinwirkungen *oder* Zwangbeanspruchung nachgewiesen werden soll oder ob aus Gründen der Gebrauchstauglichkeit die Dehnungen *aller* Beanspruchungen überlagert werden sollen.

Hinweis:
Bewehrung kann das Entstehen von Rissen nicht verhindern, bestenfalls jedoch deren Rissbreite begrenzen.

7.9.3.1 Mindestbewehrung bei vermindertem Zwang

Um Risse in bewehrten Betonbodenplatten zu vermeiden, sollte die in der Betonbodenplatte entstehende Zugkraft $n_{ct,max}$ kleiner bleiben als die vom Betonquerschnitt a_{ct} mit der wirksamen Betonzugfestigkeit $f_{ct,eff}$ aufnehmbare Zugbeanspruchung entsprechend folgender Gleichung:

$$n_{ct,d} < n_{ct,eff} \qquad n_{ct,d} < a_{ct} \cdot f_{ct,eff} \qquad \text{(Gl. 7.71)}$$

Die für diesen Fall erforderliche Mindestbewehrung a_s ist für die nachgewiesene Betonzugspannung $\sigma_{ct,d}$ zu ermitteln (DIN 1045-1, Abschn. 11.2.2, Gleichung 127):

$$a_s = k_c \cdot k \cdot f_{ct,eff} \cdot a_{ct} / \sigma_s \qquad \text{(Gl. 7.72)}$$

Hierbei sind:
a_s Mindestbewehrung des auf Zug beanspruchten Bauteilquerschnitts
k_c Beiwert zur Berücksichtigung der Spannungsverteilung innerhalb des Betonquerschnitts
k Beiwert zur Berücksichtigung von nichtlinearen Betonzugspannungen
$f_{ct,eff}$ wirksame Zugfestigkeit des Betons zum Zeitpunkt des Auftretens von Rissen
a_{ct} Betonquerschnitt, der auf Zug beansprucht wird und an der Rissbildung beteiligt ist
σ_s zulässige Stahlspannung der Betonstahlbewehrung zur Begrenzung der Rissbreite, abhängig vom Grenzdurchmesser d_s^* nach Tafel 7.14

Der höchstzulässige Stabdurchmesser d_s der Bewehrung muss auf die Stahlspannung σ_s abgestimmt sein. Dies hat über den Grenzdurchmesser d_s^* entsprechend Tafel 7.14 zu erfolgen, wenn nicht ein anderes Verfahren zur Bestimmung der erforderlichen Bewehrung angewendet wird. Ein anderes Verfahren, das auf DIN 1045-1 aufbaut, wird in Kapitel 7.9.3.2 dargestellt.

7.9.3.2 Bestimmen der erforderlichen Bewehrung

Das Ermitteln der erforderlichen Bewehrung für die Begrenzung der Rissbreite kann mit den Diagrammen von Meyer + Meyer erfolgen [L28]. Die Diagramme geben die Bewehrungsquerschnitte für die Plattenoberseite a_{si} und die Plattenunterseite a_{sa} in Abhängigkeit von der Bauteildicke h und vom Stabdurchmesser d_s an. Die Bilder 7.8 und 7.9 geben zwei dieser 240 Diagramme wieder (Diagramme 1.1.1-23 und 1.1.1-28). Die Diagramme gelten für Beton C30/37 mit Zement CEM 32,5 R bei einer Betondeckung von c = 40 mm sowie einer charakteristischen Rissbreite $w_k = 0{,}20$ mm. Bild 7.7 gilt für einen Festigkeitsbeiwert $k_{zt} = 0{,}50$ bei zentrischem Zwang aus Hydratationswärme. Bild 7.8 ist gültig für

Tafel 7.14: Grenzdurchmesser d_s^* bzw. Höchstwerte der Stabdurchmesser $d_{s,max}$ von Betonstählen zur Begrenzung der Rissbreiten bei Zwang- und/oder Lastbeanspruchung (nach DIN 1045-1 Tabelle 20 [N1], erweitert nach [R30,10])

Stahlspannung σ_s [N/mm²]	Grenzdurchmesser der Bewehrungsstäbe d_s^* [mm] [1)] in Abhängigkeit vom Rechenwert der Rissbreite w_k				
	$w_k = 0{,}40$ [mm]	$w_k = 0{,}30$ [mm]	$w_k = 0{,}20$ [mm]	$w_k = 0{,}15$ [mm]	$w_k = 0{,}10$ [mm]
100	–	–	72	54	36
120	–	75	50	37	25
140	73	55	37	28	18
160	56	42	28	21	14
180	44	33	22	17	11
200	36	27	18	14	9
220	30	22	15	11	7,5
240	25	19	13	9	6
260	21	16	11	8	5
280	18	14	9	7	5
300	16	12	8	6	4
320	14	11	7	5	4
340	13	9	6	5	–
360	11	8	6	4	–
380	10	7,5	5	4	–
400	9	7	5	3	–
420	8	6	4	–	–
450	7	5	4	–	–

einen Festigkeitsbeiwert $k_{zt} = 1{,}0$ bei spätem Zwang infolge Verbindung der Betonbodenplatte mit anderen Bauteilen.

Für andere Verhältnisse als sie in den beiden Diagrammen dargestellt sind, kann eine Umrechnung des abgelesenen Bewehrungsquerschnittes $a_{s1,Diagr}$ auf den erforderlichen Bewehrungsquerschnitt $a_{s1,erf}$ nach Gleichung 7.73 erfolgen [L28]:

$$a_{s1,erf} \approx a_{s1,Diagr} \cdot \sqrt{\frac{k_{zt,eff} \cdot w_{k,Diagr}}{k_{zt,Diagr} \cdot w_{k,zul}}} \qquad \text{(Gl. 7.73)}$$

Hierbei sind:

$a_{s1,erf}$ Bewehrung auf einer Querschnittseite in cm^2/m
$a_{su} = a_{so}$: erforderliche Bewehrung unten und oben in der Betonbodenplatte
$a_{s1,Diagr}$ Bewehrung aus Diagramm Bild 7.8 oder 7.9, abgelesen für die Plattendicke h und den Stabdurchmesser d_s der Bewehrung
k_{zt} $= \sigma_{ct,max} / f_{ctm}$ (Gl. 7.74)
Festigkeitsbeiwert aus dem Verhältnis der Zugspannung $\sigma_{ct,max}$, die zum Zeitpunkt der Zwangeinwirkung vorhanden ist, bezogen auf den Mittelwert der Zugfestigkeit f_{ctm} der entsprechenden Festigkeitsklasse des Betons nach Tafel 1.1
$k_{zt,eff}$ = Festigkeitsbeiwert, der aufgrund der vorhandenen Verhältnisse wirksam ist
$k_{zt,Diagr} = 0{,}5 = k_{zt,H}$ Festigkeits-Zeitbeiwert entsprechend Diagramm Bild 7.8
$k_{zt,Diagr} = 1{,}0$ Festigkeits-Zeitbeiwert entsprechend Diagramm Bild 7.9
w_k charakteristische, rechnerische Rissbreite
$w_{k,zul}$ = zulässige rechnerische Rissbreite (Empfehlung: $w_{k,zul} \leq 0{,}15$ mm)

Anmerkung:
Es ist zu empfehlen, den wirksamen Festigkeits-Zeitbeiwert $k_{zt,eff} = \sigma_{ct,max} / f_{ctm}$ stets zu ermitteln und hierfür möglichst zutreffende Werte anzusetzen. Hierbei sind je nach Lagerung der Betonbodenplatte, verwendetem Zement und Nachbehandlung der Betonoberfläche drei Situationen zu unterscheiden, für die ein Nachweis zu führen ist:

1. $k_{zt,eff} < 0{,}5$ bis $k_{zt,eff} \geq 0{,}2$ (Gl. 7.75)

Voraussetzungen für Festigkeits-Zeitbeiwerte $k_{zt,eff}$ zwischen 0,5 bis hinunter auf 0,2:

a) Die Betonbodenplatten müssen sich auf dem Unterbau bewegen können, sie dürfen also nicht mit anderen Bauteilen verbunden sein und haben nur die Reibung auf dem Unterbau zu überwinden (Reibungsbeiwerten nach Tafel 7.12).
b) Die Ausführung hat unter den Bedingungen S zu erfolgen (S = speziell, nach Kapitel 7.3.2.1 und Tafel 7.5)

2. $k_{zt,eff} \geq 0{,}6$ (Gl. 7.76)

Dieser Festigkeits-Zeitbeiwert gilt für den vollen Hydratationszwang in Betonbodenplatten, wenn sich die Betonbodenplatten nicht auf dem Unterbau bewegen können und wenn der Beton außerdem nicht aus Zement mit niedriger Hydratationswärme hergestellt wird.

3. $k_{zt,eff} = 1{,}0$ (Gl. 7.77)

Dieser Festigkeits-Zeitbeiwert für vollen Zwang ist für Betonbodenplatten anzunehmen, die spätem Zwang ausgesetzt werden, weil sie mit anderen Bauteilen verbunden sind und wenn Zugkräfte in die Bodenplatte eingeleitet werden, z.B. Horizontalkräfte aus Hallenstützen oder Rahmenfüßen.

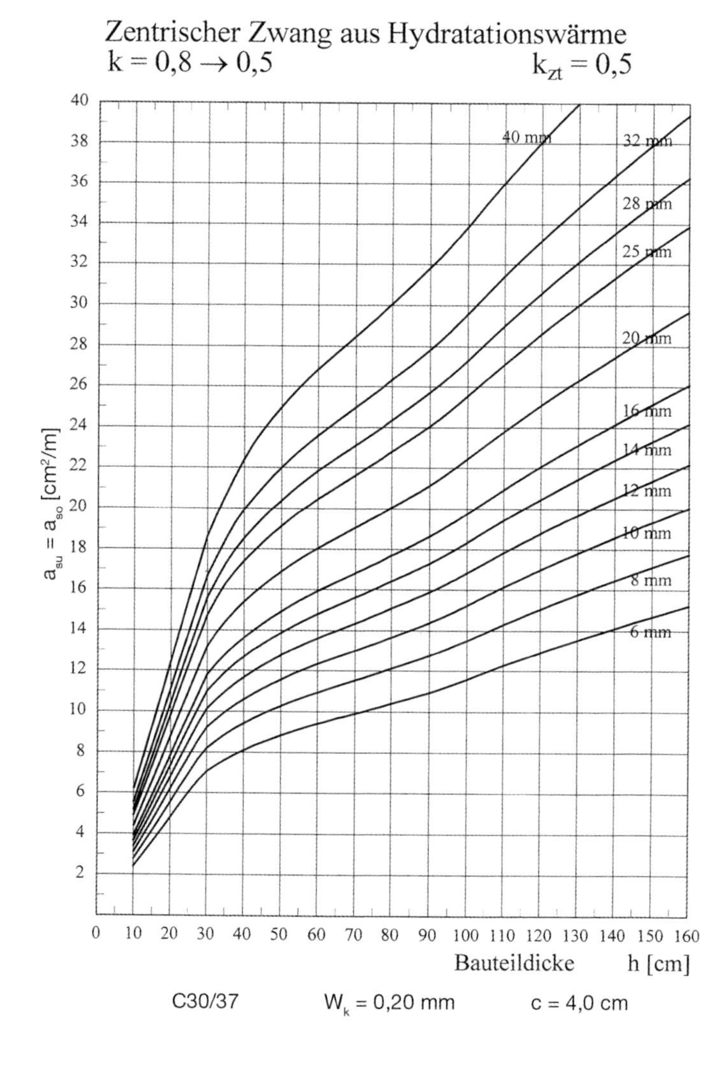

Bild 7.7:
Diagramm zum Bestimmen der Bewehrung für die Begrenzung der Rissbreite bei zentrischem Zwang durch Abfließen der Hydratationswärme [L28]
Das Diagramm ist gültig für:
$k_{zt,Diagr} = k_{zt,H} = 0,5$
$w_{k,Diagr} = 0,20$ mm

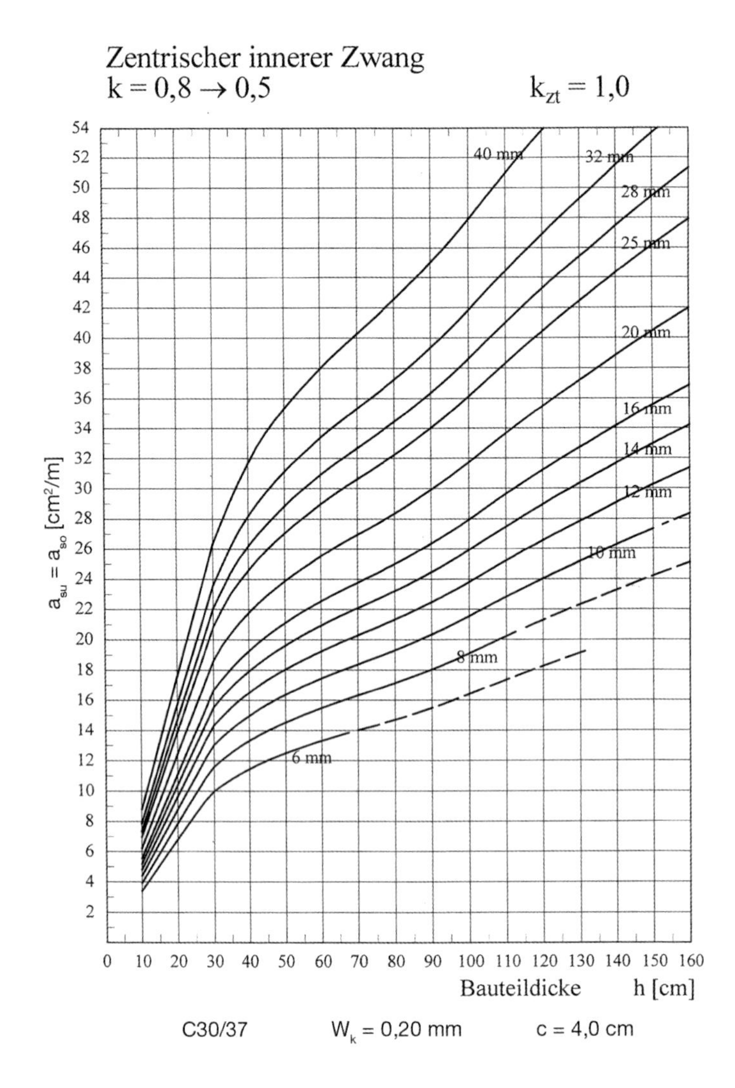

Bild 7.8:
Diagramm zum Bestimmen der Bewehrung für die Begrenzung der Rissbreite bei spätem Zwang infolge Verbindung der Betonbodenplatte mit anderen Bauteilen [L28]
Das Diagramm ist gültig für:
$k_{zt,Diagr} = 1,0$
$w_{k,Diagr} = 0,20$ mm

Hinweise:
Entsprechende Beispiele für die vorgenannten Situationen enthält Kapitel 8.2 als Nachweis für bewehrte Betonbodenplatten.

Das Ermitteln der Bewehrung für verminderten Hydratationszwang soll nur dann erfolgen, wenn die hierfür erforderlichen betontechnologischen Maßnahmen zum Geringhalten der Hydratationswärme mit den ausführungstechnischen Maßnahmen (Ausführung S) in der Leistungsbeschreibung erfasst werden.

Eine Verringerung des Festigkeits-Zeitbeiwertes $k_{zt,eff}$ sollte nur bis zu einem Wert von $k_{zt,eff} \geq 0,2$ erfolgen, damit die absolute Mindestbewehrung nicht unterschritten wird [L28].

8 Nachweise für Betonbodenplatten

Zum Nachweis der Gebrauchstauglichkeit von Betonbodenplatten bestehen zwei Möglichkeiten, die sich unterscheiden:

- Betonbodenplatten mit normalen Belastungen bei üblichen Nutzungs- und Beanspruchungsverhältnissen
- Betonbodenplatten mit höheren Belastungen und/oder besonderen Nutzungen und Beanspruchungen

Diese beiden Möglichkeiten werden nachfolgend kurz dargestellt.

Für normale Belastungen mit Bemessungslasten bis zu 140 kN (14 t) mit geringen Lastwechseln $n \leq 5 \cdot 10^4$ und Lastpressungen auf der Betonbodenplatte bis zu 2,0 N/mm² wurde die vereinfachte Festlegung der Konstruktion als Anhaltswerte für die Vorplanung in Kapitel 4 gezeigt:

- einwandfrei verdichteter Untergrund nach Kapitel 4.2.1
- erforderlichenfalls Dränung nach Kapitel 4.2.2
- geeignete Tragschicht nach Kapitel 4.2.3 und Bild 4.4
- Trennlage und ggf. Sauberkeitsschicht oder Schutzschicht nach Kapitel 4.2.4 bis 4.2.6
- Fugenausbildung nach Kapitel 4.4
- unbewehrte oder bewehrte Betonbodenplatten nach Kapitel 4.5 und 4.6

Geeignet für die vereinfachte Festlegung der Konstruktion sind z.B. Bild 4.4 sowie für unbewehrte Betonbodenplatten die Tafeln 4.2, 4.6 und 4.7 und für bewehrte Betonbodenplatten die Tafeln 4.8, 4.9 und 4.10.

Vorausgesetzt wird hierbei, dass sowohl der Untergrund als auch die Tragschicht einwandfrei verdichtet sind und der Einbau der Betonplatte in geschlossener Halle erfolgt. Eine fachgerechte Ausführung ist in allen Fällen selbstverständlich.

Sofern die Vereinfachungen und die Anhaltswerte, die zur Festlegung von Plattendicke und Betonqualität in Tafel 4.6 und 4.8 für die Vorplanung angegeben sind, nicht ausreichen, kann ein genauerer Nachweis unbewehrter oder bewehrter Betonbodenplatten nach Kapitel 7 durchgeführt werden. Beispiele hierzu zeigen im Folgenden die Vorgehensweise.

Für höhere Belastungen und/oder für andere Festlegung von Grenzzuständen und/oder für weitergehende Nachweise der Gebrauchstauglichkeit enthält Kapitel 7 die Grundlagen für die verschiedenen Nachweisverfahren mit den zugehörigen Teilsicherheitsbeiwerten. Allgemeines zu den Nachweisverfahren bei Betonböden beinhaltet Kapitel 7.2. Daraus ist zu entnehmen, dass unbewehrte Betonbodenplatten der Normalfall sind und bewehrte Betonbodenplatten nur dann gewählt werden sollten, wenn dies im Hinblick auf die Beanspruchung oder die Nutzung tatsächlich erforderlich ist.

Das Ablaufschema für Planung und Nachweisführung in Kapitel 14 zeigt, wie eine Wahl der Konstruktionsteile nach entsprechenden Tafeln (Kapitel 4) erfolgen kann und/oder wann genauere Nachweise zu führen sind (Kapitel 7).

8.1 Nachweise für unbewehrte Betonbodenplatten

Die Nachweise für unbewehrte Betonbodenplatten gründen auf der Ausnutzung der Dehnfähigkeit des Betons über eine zulässige Bemessungsdehnung. Unbewehrte Betonbodenplatte bieten die Grundlage für Hallenfußböden und Flächen im Freien, die möglichst rissfrei bleiben sollen. Zur Vermeidung von Rissen ist eine Begrenzung der Verformungen nötig. Der Nachweis, dass die entstehenden Dehnungen nicht größer werden als die zulässige Dehnung, ist Hauptbestandteil des Berechnungsverfahrens für unbewehrte Betonbodenplatten (Beispiele Kapitel 8.1.1 und 8.1.2).

Bei unbewehrten Betonbodenplatten kann die Dehnfähigkeit des Betons sowohl für die Biegezugbeanspruchung als auch für die zentrischer Zugbeanspruchung rechnerisch in Ansatz gebracht werden. Die Nachweisführung kann daher über die Dehnfähigkeit nach Zustand I erfolgen als Nachweis für Beton mit nicht gerissener Zugzone. Damit sind unbewehrte Betonplatten möglich, denn bei einer Begrenzung der entstehenden Dehnungen auf die Dehnfähigkeit des Betons würde eine Bewehrung, wenn sie im Beton eingebaut wäre, so gut wie nicht beansprucht.

Die Nachweisführung für Betonböden sollte stets so erfolgen, dass bei den Betonbodenplatten möglichst Risse vermieden werden können. Deshalb darf bei den auftretenden Beanspruchungen die Bruchdehnung des Betons nicht erreicht werden. Die auftretenden Dehnungen dürfen nicht größer werden als die zulässige Dehnung des Betons, unabhängig von der Biegezugfestigkeit des Betons.

Die Ermittlung der Biegebeanspruchung erfolgt für elastisch gebettete Platten nach dem Verfahren von
Niemann [L31], das auf den Verfahren von Stiglat/Wippel [L36] und
Bercea [L4] aufbaut und im DAfStb-Heft 545 des Deutschen Ausschusses für Stahlbeton veröffentlicht wurde.

Selbstverständlich gibt es andere Bemessungsverfahren, die dann auch zu etwas anderen Ergebnissen führen können. Den Ablauf der Nachweisführung zeigen zwei Beispiele:

- Beispiel 1: Betonbodenplatte in geschlossenen Halle (Kapitel 8.1.1)
- Beispiel 2: Betonbodenplatte im Freien (Kapitel 8.1.2)

8.1.1 Beispiel für unbewehrte Betonbodenplatten in Hallen

Der Nachweis für die Gebrauchstauglichkeit einer 22 cm dicken Betonbodenplatte aus Beton C30/37 erfolgt für die angegebene Nutzung und Beanspruchung mit nachstehenden Werten.

Hinweis:
Bei sommerlichen Temperaturen wäre die Verwendung eines Betons mit langsamer Festigkeitsentwicklung sinnvoll, der die Bedingung $r = f_{cm,2} / f_{cm,28} \leq 0{,}30$ erfüllt. In diesem Beispiel wird jedoch wegen relativ niedriger Außentemperaturen ein Zement CEM II 32,5 R mit schnellerer Festigkeitsentwicklung gewählt.

a) Nutzung und Beanspruchung

Anwendungsgebiet *B* (mittlere Anforderungen an die Rissvermeidung)
Ausführung *N* (normal)
Expositionsklasse XM2

– Gabelstapler G3, zul. Gesamtgewicht		$= 69$ kN	(Tafel 3.2)
– Nenntragfähigkeit		$= 25$ kN	
– charakteristische Radlast	Q_k	$= 32$ kN	
– Bemessungsradlast Gabelstapler	$Q_{1,d}$	$= Q_{2,d} = (\lambda_Q \cdot \varphi_n) \cdot Q_k = 1{,}75 \cdot 32 \approx 56$ kN	
– Abstand der Räder in der Lastachse	x_R	$= 1{,}00$ m $= 1.000$ mm	
– Lastaufstandsfläche des Rades bei Luftbereifung	$b_R \cdot c_R$	$= 200 \cdot 200$ mm	
– Kontaktpressung unter dem Rad	p	$= 1{,}4$ N/mm^2	
– Lastwechselzahl Staplerbetrieb	n_{ges}	$= 30/h \cdot 8\,h/d \cdot 200\,d/a \cdot 25\,a \approx 1.200.000 = 1{,}2 \cdot 10^6$	
– Sicherheitsbeiwert, Lastwechselzahl	$\gamma_Q \cdot \varphi_n$	$= 1{,}75$	(Tafel 7.8)
– Regallast am Fahrbereich	$G_{3,k}$	$= 28$ kN	
– Bemessungslast für Regale	$G_{3,d}$	$= \gamma_G \cdot G_{3,k} = 1{,}20 \cdot 29 \approx 35$ kN	
– Größe der Regalstützen-Fußplatten	$b_S \cdot c_S$	$= 160 \cdot 160$ mm	
– min. Abstand Radlast/Regalstütze	y	$= 0{,}45$ m $= 450$ mm	
– Abstand der Regalstützen in Längsrichtung	$L_{Stütze}$	$= 1{,}20$ m $= 1.200$ mm	

b) Beton und Konstruktion

Betonfestigkeitsklasse C30/37
Gemisch der Gesteinskörnung mit Prüfbericht für Elastizitätsmodul E_g
Zement CEM II 32,5 R

– Betondruckfestigkeit	f_{ck}	$= 30$ N/mm^2	
– Teilsicherheitsbeiwerte	γ_{cm}, γ_{ct}	$= 1{,}4$	(Tafel 7.4)
– Teilsicherheitsbeiwert H-Wärme	γ_{cH}	$= 1{,}3$	(Tafel 7.5)
– Dehnfähigkeit Beton	ε_{cm}	$= 0{,}14$ ‰	(Tafel 7.3)
– Bemessungswerte der Dehnung	$\varepsilon_{cm,d}$	$= 0{,}10$ ‰	(Tafel 7.4)
	$\varepsilon_{ct,d}$	$= 0{,}07$ ‰	(Tafel 7.4)
	$\varepsilon_{cH,d}$	$= 0{,}045$ ‰	(Tafel 7.5)
	$\varepsilon_{cs,d}$	$= 0{,}08$ ‰	(Tafel 7.6)
– E-Modul des Betons, Mittelwert	E_{cm}	$= 28.300$ N/mm^2	(Tafel 7.3)
– E-Modul der Gesteinskörnung	E_g	$= 50.000$ N/mm^2	(Tafel 7.7)
– Beiwert für modifizierten E-Modul	$\alpha_{E,g}$	$= 0{,}9$	

- modifizierter E-Modul des Betons $E_{c,cal} = \alpha_{E,g} \cdot E_{cm} = 0{,}9 \cdot 28.300 \approx 25.500$ N/mm²
- Dicke der Betonbodenplatte $h = 220$ mm $= 0{,}22$ m
- Dickenbeiwert für Biegung $\lambda_h = 0{,}8 + h = 0{,}8 + 0{,}22 = 1{,}02$ (Gl. 7.19)
- Plattenlänge (Fugenabstand) $L_F / B_F = 6{,}50$ m / 6,50 m
- Reibungsbeiwert auf Sandbett $\mu_d = \gamma_R \cdot \mu_0 = 1{,}35 \cdot 1{,}1 = 1{,}49$ (Tafel 7.12)
- Lastfaktor für Kraftübertragung an Scheinfugen durch Dübel $\kappa_Q = 0{,}55$ (Tafel 7.9)
- Betonoberfläche mit Hartstoffen
- Tragschicht KTS 100 $E_{V2,T} = 100$ N/mm² $= 100$ MN/m²

c) Zulässige Dehnungen des Betons

Zulässige Dehnung für Biegezugbeanspruchung:

$$\varepsilon_{cm,zul} = \frac{\varepsilon_{cm,d}}{\gamma_h} \cdot \frac{E_{cm}}{E_{c,cal}} = \frac{0{,}10}{1{,}02} \cdot \frac{28.300}{25.500} \quad \text{(Gl. 7.20 und 7.21)}$$

$$\varepsilon_{cm,zul} = 0{,}109\ ‰$$

Zulässige Dehnung der Schwindbeanspruchung für Nutzungsbereich B und Ausführungsart N (Tafel 7.6):

$$\varepsilon_{cs,zul} = \varepsilon_{cs,d} \cdot E_{cm} / E_{c,cal} = 0{,}08 \cdot 28.300 / 25.500$$
$$\varepsilon_{cs,zul} = 0{,}089\ ‰$$

Zulässige Dehnung beim Abfließen der Hydratationswärme für Nutzungsbereich B und Ausführungsart N (Tafel 7.5):

$$\varepsilon_{cH,zul} = \varepsilon_{cH,d} \cdot E_{cm} / E_{c,cal} = 0{,}045 \cdot 28.300 / 25.500$$
$$\varepsilon_{cH,zul} = 0{,}050\ ‰$$

d) Dehnbeanspruchung beim Abfließen der Hydratationswärme

Zeitpunkt der maximalen Temperatur für Zement CEM II 32,5 R (Tafel 7.11):

$t_{(maxT)} \approx 21$ Stunden
Beiwert $\alpha_{c,t} = 0{,}50$ (Tafel 7.10)

Elastizitätsmodul des jungen Betons beim Abfließen der Hydratationswärme:

$$E_{cm,t} = \alpha_{c,t} \cdot E_{c,cal,28} = 0{,}50 \cdot 25.500 \quad \text{(Gl. 7.52)}$$
$$E_{cm,t} = 12.750 \text{ N/mm}^2$$

Pressung auf dem Unterbau durch Eigenlast der Betonbodenplatte:

$p_0 = h \cdot \gamma_c$ mit Rohwichte des Betons $\gamma_c = 25$ kN/m³
$= 0{,}22 \cdot 25 = 5{,}5$ kN/m² $= 5{,}5 \cdot 10^{-3}$ MN/m²

Maximale Dehnbeanspruchung:

$$\varepsilon_{c,H,vorh} = \frac{\mu_d \cdot p_0 \cdot L/2}{h \cdot E_{cm,t}} = \frac{1,49 \cdot 5,5 \cdot 10^{-3} \cdot 6,50/2}{0,220 \cdot 12.750} \quad \text{(Gl. 7.53)}$$

$$\varepsilon_{c,H,vorh} = 0,0095 \cdot 10^{-3} = 0,0095\ ‰$$

$$\frac{\varepsilon_{c,H,vorh}}{\varepsilon_{c,H,zul}} = \frac{0,0095\ ‰}{0,050\ ‰} = 0,19 < 1 \quad \text{(Gl. 7.26)}$$

e) Dehnbeanspruchung infolge behinderter Schwindverkürzung

Pressung auf dem Unterbau mit zusätzlicher Auflast aus 35 Regalstützen:

$$p_d = p_0 + G_{3,d} \cdot n / (L_F \cdot B_F) = 5,5 + 35 \cdot 10 / (6,50 \cdot 6,50)$$
$$= 13,8\ kN/m^2$$

Maximale Dehnbeanspruchung:

$$\varepsilon_{cs,vorh} = \frac{\mu_d \cdot (\varphi_K + \psi_R) \cdot p_d \cdot L_F/2}{h \cdot E_{c,cal}} \quad \text{(Gl. 7.55)}$$

$$= \frac{1,49 \cdot 0,70 \cdot 13,8 \cdot 10^{-3} \cdot 6,50/2}{0,220 \cdot 25.500}$$

$$\varepsilon_{cs,vorh} = 0,008 \cdot 10^{-3} \approx 0,008\ ‰$$

f) Beiwerte für die Biegebeanspruchung

Bettungsmodul k_s:

$$k_s = \frac{E_{V2,T}}{0,83 \cdot h \cdot \sqrt[3]{(E_{c,cal}/E_{V2,T})}} \quad \text{(Gl. 7.5)}$$

$$k_s = \frac{100}{0,83 \cdot 220 \cdot \sqrt[3]{(25.500/100)}}$$

$$k_s = 0,086\ N/mm^3 = 86\ MN/m^3$$

Ermittlung der elastischen Länge L_e:

$$L_e = \sqrt[4]{\frac{E_{c,cal} \cdot h^3}{12 \cdot k_s}} \quad \text{(Gl. 7.27)}$$

$$L_e = \sqrt[4]{\frac{25.500 \cdot 220^3}{12 \cdot 0,086}}$$

$$L_e = 716\ mm$$

Belastungsradius a für die Lastausbreitung bis zur Mittelebene der Platte:

$$a_R = \frac{1}{2} \cdot \left(h + \sqrt{b \cdot c}\right) \qquad \text{(Gl. 7.28)}$$

$$a_R = \frac{1}{2} \cdot \left(220 + \sqrt{200 \cdot 200}\right)$$

$$a_R = 210 \text{ mm}$$
$$a_S = 190 \text{ mm}$$

Beiwert α für Gültigkeit dieser Berechnungsart mit $0{,}01 \geq \alpha_{zul} \leq 1{,}0$:

$$\alpha_R = a_R / L_e = 210 / 716 = 0{,}29 > 0{,}01 \text{ und } < 1{,}0 \qquad \text{(Gl. 7.29)}$$
$$\alpha_S = a_S / L_e = 190 / 716 = 0{,}27 > 0{,}01 \text{ und } < 1{,}0 \qquad \text{(Gl. 7.29)}$$

Die ungünstigste Laststellung ergibt sich aus beiden Radlasten $Q_{1,d}$ und $Q_{2,d}$ eines Gabelstaplers neben einer Regalstütze $G_{3,d}$.

Momentenbeiwerte:

für 1. Radlast $Q_{1,d}$: $\lambda_m = 0{,}18 \cdot [\log(1/\alpha) + 0{,}295]$ (Gl. 7.30)
$= 0{,}18 \cdot [\log(1/0{,}29) + 0{,}295]$
$\lambda_m = 0{,}15$
für 2. und 3. Last: λ_{x2} mit $x_2 = 1.000$ mm für $x / L_e = 1.000 / 716 = 1{,}40$
λ_{x3} mit $y_3 = 450$ mm für $y / L_e = 450 / 716 = 0{,}63$
für 2. Radlast $Q_{2,d}$: $\lambda_{x2} = 0{,}034$ aus Bild 7.3 (untere Kurve)
für Regallast $G_{3,d}$: $\lambda_{x3} = 0{,}03$ aus Bild 7.3 (obere Kurve)

g) Biegemomente und Dehnungen für den Lastfall Plattenmitte:

Die ungünstigste Laststellung für Belastung des mittleren Plattenbereichs entsteht bei gemeinsamer Belastung durch Gabelstapler mit den beiden Radlasten $Q_{1,d}$ und $Q_{2,d}$ und einer querab stehenden Regalstütze mit ihrer Last $G_{3,d}$ entsprechend Bild 7.2 a). Hierfür wird das Bemessungs-Biegemoment an der Unterseite der Betonbodenplatte nachgewiesen.

Aus den vorstehenden Momentenbeiwerten ist zu ersehen, dass sich das größte Biegemoment als Tangentialmoment mit der Regallast ergibt.

Biegemoment für 1. Radlast $Q_{1,d}$ in x-Richtung:

$$m_{m,Q1} = \lambda_m \cdot Q_{1,d} = 0{,}15 \cdot 56{,}0 \qquad \text{(Gl. 7.31)}$$
$$m_{m,Q1} = 8{,}40 \text{ kNm/m}$$

Zusätzliches Biegemoment für Radlast $Q_{2,d}$:

$$\Delta m_{m,Q2} = \lambda_{x2} \cdot Q_{2,d} = 0{,}034 \cdot 56{,}0 \qquad \text{(Gl. 7.32)}$$
$$\Delta m_{m,Q2} = 1{,}90 \text{ kNm/m}$$

Zusätzliches Biegemoment für querab stehende Regallast $G_{3,d}$:

$$\Delta m_{m,G3} = \lambda_{x3} \cdot G_{3,d} \approx 0{,}03 \cdot 35{,}0 \qquad \text{(Gl. 7.33)}$$
$$\Delta m_{m,G3} = 1{,}05 \text{ kNm/m}$$

Bemessungs-Biegemoment für Lastfall Plattenmitte:

$$m_{m,d} = m_{m,Q1} + \Delta m_{m,Q2} + \Delta m_{m,G3} = 8{,}40 + 1{,}90 + 1{,}05 \qquad \text{(Gl. 7.34)}$$
$$m_{m,d} = 11{,}35 \text{ kNm/m}$$

Vorhandene Biegedehnung in Plattenmitte:

$$\varepsilon_{cm,m} = \frac{6 \cdot m_{m,d}}{b \cdot h^2 \cdot E_{c,cal}} = \frac{6 \cdot m_{m,d} \cdot 10^{-3}}{1{,}0 \cdot 0{,}22^2 \cdot 25.500} \qquad \text{(Gl. 7.47)}$$
$$\varepsilon_{cm,m} = m_{m,d} \cdot \kappa_M \cdot 10^{-6} \quad \text{mit } \kappa_M = 4{,}86 \text{ aus Gl. 7.47} \qquad \text{(Gl. 8.1)}$$

$$\varepsilon_{cm,m} = 11{,}35 \cdot 4{,}86 \cdot 10^{-6} = 0{,}055 \cdot 10^{-3}$$
$$\varepsilon_{cm,m} = 0{,}055 \text{ ‰}$$

h) Überlagerung der Dehnungen bei Lastbeanspruchung und Schwinden

vorhandene Biegedehnung
aus Belastung in Plattenmitte: $\varepsilon_{cm,m} = 0{,}064$ ‰
vorhandene Längsdehnung
durch behinderte Schwindverkürzung: $\varepsilon_{cs,m} = 0{,}008$ ‰

Nachweis der Gesamt-Dehnbeanspruchung bei Überlagerung der Dehnungen:

$$\frac{\varepsilon_{cm,m}}{\varepsilon_{cm,zul}} + \frac{\varepsilon_{cs}}{\varepsilon_{cs,zul}} \leq 1 \qquad \text{(Gl. 7.26)}$$

$$\frac{0,055\ ‰}{0,109\ ‰} + \frac{0,008\ ‰}{0,089\ ‰} = 0,51 + 0,09 = 0,60 < 1$$

i) Biegemomente und Dehnungen für den Lastfall Plattenrand

Für den Lastfall Plattenrand werden beide Räder des Gabelstaplers nebeneinander am Plattenrand stehend als Lasten $Q_{1,d}$ und $Q_{2,d}$ angesetzt. Außerdem wird daneben eine Regallast $G_{3,d}$ angenommen.

Lastfaktor κ_Q für Kraftübertragung in Scheinfugen durch Verdübelung der befahrenen Scheinfugen:

$\kappa_Q \approx 0{,}55$ (Tafel 7.9)

Bemessungs-Biegemoment für Lastfall Plattenrand:

$m_{r,d} \approx \lambda_r \cdot \kappa_Q \cdot m_{m,d} = 1{,}8 \cdot 0{,}55 \cdot 11{,}35$
$m_{r,d} \approx 11{,}24$ kNm/m

Nachweis der Betondehnung am Plattenrand:

$\varepsilon_{cm,r} = m_{r,d} \cdot \kappa_M \cdot 10^{-6}$ (Gl. 8.1)
$\approx 11{,}24 \cdot 4{,}86 \cdot 10^{-6}$
$\varepsilon_{cm,r} \approx 0{,}055 \cdot 10^{-3} = 0{,}055$ ‰

$$\frac{\varepsilon_{cm,r}}{\varepsilon_{cm,zul}} \approx \frac{0,055\ ‰}{0,109\ ‰} \approx 0,50 < 1 \qquad \text{(Gl. 7.26)}$$

j) Biegemoment und Dehnungen für den Lastfall Plattenecke

Für den Lastfall Plattenecke wird ein Rad des Gabelstaplers auf die Plattenecke gestellt und das zweite Rad daneben am Plattenrand. Querab der Lastachse des Gabelstaplers wird eine Regallast $G_{3,d}$ auf dem anderen Plattenrand angenommen.

Lastfaktor κ_Q für Kraftübertragung durch Dübel:

$\kappa_Q \quad \approx 0{,}55$ (Tafel 7.9)

Bemessungs-Biegemoment $m_{e,d}$ an der Plattenecke:

$$m_{e,d} \approx \lambda_e \cdot \kappa_Q \cdot m_{m,d} = 2{,}1 \cdot 0{,}55 \cdot 11{,}35 \approx 13{,}11 \text{ kNm/m}$$

Nachweis der Betondehnung an der Plattenecke:

$$\varepsilon_{cm,e} = m_{e,d} \cdot \kappa_M \cdot 10^{-6} \approx 13{,}11 \cdot 4{,}86 \cdot 10^{-6} \qquad \text{(Gl. 8.1)}$$

$$\varepsilon_{cm,e} \approx 0{,}064 \cdot 10^{-3} = 0{,}064\ ‰$$

$$\frac{\varepsilon_{cm,e}}{\varepsilon_{cm,zul}} \approx \frac{0{,}064\ ‰}{0{,}109\ ‰} \approx 0{,}58 < 1$$

k) Einsenkung der Betonbodenplatte an der Plattenecke

Maximale Einsenkung s_e bei Laststellung auf Plattenecke (Gl. 7.43):

$$s_e = (1{,}1 - 0{,}88 \cdot \alpha / L_e) \cdot \frac{Q_d}{k_s \cdot L_e^2}$$

$$= (1{,}1 - 0{,}88 \cdot 210/716) \cdot \frac{56.000}{0{,}086 \cdot 716^2}$$

$$s_e = 1{,}07 \text{ mm}$$

Verringerung der Einsenkung durch Lastübertragung an Scheinfugen:

$$s_e' = \kappa_Q \cdot s_e = 0{,}55 \cdot 1{,}07$$

$$s_e' = 0{,}59 \text{ mm}$$

Pressung unterhalb der Betonbodenplatte infolge Einsenkung der Plattenecke:

$p_0 \quad = k_s \cdot s_e' = 0{,}086 \cdot 0{,}59 = 0{,}051\ \text{N/mm}^2$
$p_0 \quad = 51\ \text{kN/m}^2$

l) <u>Nachweis des Durchstanzwiderstandes für Beton C30/37</u>

Charakteristische Betondruckfestigkeit:

$f_{ck} \quad = 30\ \text{N/mm}^2$

Fläche des Regalstützenfußes:

$A_{col} \quad = 16 \cdot 16 = 256\ \text{cm}^2$

Exponent:

$$a \quad = -0{,}5 \cdot \frac{\sqrt{A_{col}}}{h} = -0{,}5 \cdot \frac{\sqrt{(16 \cdot 16)}}{22} = -0{,}364 \qquad \text{(Gl. 7.49)}$$

Maßstabsfaktor:

$$k_T \quad = \sqrt{(1 + 500/h)} = \sqrt{1 + 500/22} = 4{,}87$$

Teilsicherheitsbeiwert:

$\gamma_{cV} \quad = 1{,}4$ (Tafel 7.4)

Durchstanzwiderstand der Betonplatte ohne Bewehrung für Beton C30/37
mit $f_{ck} = 30\ \text{N/mm}^2 = 3{,}0\ \text{kN/cm}^2$:

$$V_{R,c,d} = \frac{0{,}062}{\gamma_{cV}} \cdot \sqrt{(A_{col})} \cdot h \cdot (L_e/h)^a \cdot f_{ck}^{0{,}62} \cdot k_T \qquad \text{(Gl.7.48)}$$

$$= \frac{0{,}062}{1{,}4} \cdot \sqrt{(16 \cdot 16)} \cdot 22 \cdot (71{,}6/22)^{-0{,}364} \cdot 3{,}0^{0{,}62} \cdot 4{,}87$$

$V_{R,c,d} = 98\ \text{kN}$
$G_d \quad = 35\ \text{kN}$

$$\frac{G_d}{V_{R,c,d}} = \frac{35}{98} = 0{,}36 < 1$$

m) <u>Zusammenfassende Anmerkungen</u>

Der Nachweis der Dehnungen zeigt, dass die Betonbodenplatte in Plattenmitte am stärksten beansprucht wird, und zwar durch Biegebeanspruchung und Schwinden infolge behinderter Dehnung bei ständig wirkenden Regallasten. Das Verhältnis der vorhandenen Dehnung $\varepsilon_{c,m}$ zur zulässigen Dehnung $\varepsilon_{c,zul}$ mit 0,58 ist kleiner als 1.

Konzentrierte Lasten treten unter den Rädern und unter den Regalfüßen auf. Der Nachweis des Durchstanzwiderstandes zeigt, dass diese Beanspruchung bei genügend großer Aufstandsfläche gering ist.

8.1.2 Beispiel für unbewehrte Betonbodenplatten im Freien

Eine Betonbodenplatte im Freien wird durch die gleichen Gabelstapler wie im vorigen Beispiel genutzt. Die Anzahl der Lastwechsel ist jedoch geringer und es wirken keine Regallasten, aber Beanspruchungen durch Frost-Tausalz und Sonneneinstrahlung sind zu berücksichtigen.

a) Nutzung und Beanspruchung

– Anwendungsgebiet B (mittlere Anforderungen an die Rissvermeidung)			
– Ausführung N (normal)			
– Expositionsklassen XF4, XM2			
– Gabelstapler G3, zul. Gesamtgewicht		= 69 kN	(Tafel 3.2)
– Nenntragfähigkeit		= 25 kN	
– charakteristische Last	$Q_{1,k}$	= 32 kN	
– Lastwechsel Staplerbetrieb	n_{ges}	$= 3 / h \cdot 8\ h / d \cdot 200\ d / a \cdot 20\ a$ $= 96.000 \approx 1{,}0 \cdot 10^5$	
– Sicherheitsbeiwert, Lastwechselzahl	$\gamma_Q \cdot \varphi_n$	= 1,65	(Tafel 7.8)
– Bemessungsradlast des Staplers	$Q_{1,d}$	$= Q_{2,d} = (\lambda_Q \cdot \varphi_n) \cdot Q_k = 1{,}65 \cdot 32$ ≈ 54 kN	
– Abstand der Räder in der Lastachse	x	= 1,00 m = 1.000 mm	
– Lastaufstandsfläche des Rades bei Vollgummi-Bereifung	$b \cdot c$	$= 200 \cdot 200$ mm	
– Kontaktpressung unter dem Rad	p	= 1,35 N/mm^2	

b) Beton und Konstruktion

Betonfestigkeitsklasse C30/37 LP
Betonzusammensetzung mit Korngruppe 11/22 aus Hartsteinsplitt
Gemisch der Gesteinskörnung mit Prüfbericht für Elastizitätsmodul
Zement CEM II 32,5 R

– Betondruckfestigkeit	f_{ck}	= 30 N/mm^2	
– Betonzugfestigkeit	f_{ctm}	= 2,9 N/mm^2	
– Teilsicherheitsbeiwert	γ_{cm}	= 1,4	(Tafel 7.4)
– Dehnfähigkeit Beton	ε_{cm}	= 0,14 ‰	(Tafel 7.3)
– Bemessungswerte der Dehnung	$\varepsilon_{cm,d}$	= 0,10 ‰	(Tafel 7.4)
	$\varepsilon_{ct,d}$	= 0,07 ‰	(Tafel 7.4)
	$\varepsilon_{cH,d}$	= 0,045 ‰	(Tafel 7.5)
	$\varepsilon_{cs,d}$	= 0,08 ‰	(Tafel 7.6)
– E-Modul des Betons, Mittelwert	E_{cm}	= 28.300 N/mm^2	(Tafel 7.3)

– E-Modul der Gesteinskörnung	E_g	$= 65.000\ N/mm^2$	
– Beiwert für modifizierten E-Modul	$\alpha_{E,g}$	$= 1{,}1$	(Tafel 7.7)
– modifizierter E-Modul des Betons	$E_{c,cal}$	$= \alpha_{E,g} \cdot E_{cm} = 1{,}1 \cdot 28.300$ $\approx 31.100\ N/mm^2$	
– Dicke der Betonbodenplatte	h	$= 260\ mm = 0{,}26\ m$	
– Dickenbeiwert für Biegung	γ_h	$= 0{,}8 + h = 0{,}8 + 0{,}26 = 1{,}06$	
– Plattenlänge (Fugenabstand)	L_F	$= 4{,}80\ m$	
– Plattenbreite	B_F	$= 4{,}50\ m$	
– Reibungsbeiwert auf Sandbett	μ_d	$= \gamma_R \cdot \mu_0 = 1{,}35 \cdot 1{,}1$ $= 1{,}49$	(Tafel 7.12)
– Tragschicht KTS 100	$E_{V2,T}$	$= 100\ N/mm^2 = 100\ MN/m^2$	

c) *Zulässige Dehnungen des Betons*

zulässige Dehnung für Biegezugbeanspruchung:

$$\varepsilon_{cm,zul} = \frac{\varepsilon_{cm,d}}{\gamma_h} \cdot \frac{E_{cm,d}}{E_{c,cal}} = \frac{0,10}{1,06} \cdot \frac{28.300}{31.100} \quad \text{(Gl. 7.20 und 7.21)}$$

$$\varepsilon_{cm,zul} = 0{,}086\ ‰$$

Zulässige Dehnung beim Abfließen der Hydratationswärme:

$$\varepsilon_{c,H,zul} = \varepsilon_{c,H,d} \cdot E_{cm} / E_{c,cal} = 0{,}045 \cdot 28.300 / 31.100$$

$$\varepsilon_{c,H,zul} = 0{,}041\ ‰$$

d) Dehnbeanspruchung beim Abfließen der Hydratationswärme

Zeitpunkt der maximalen Temperatur für Zement CEM I 32,5 R (Tafel 7.11):

$t_{(maxT)} \approx 18$ Stunden
Beiwert $\alpha_{c,t} = 0{,}50$ (Tafel 7.10)

Elastizitätsmodul des jungen Betons beim Abfließen der Hydratationswärme:

$E_{cm,t} = \alpha_{c,t} \cdot E_{cm,28} = 0{,}50 \cdot 31.100$
$E_{cm,t} \approx 15550\ N/mm^2$

Pressung auf dem Unterbau durch Eigenlast der Betonbodenplatte:

$p_0 = h \cdot \lambda_c$ mit Rohwichte des Betons $\gamma_c = 25\ kN/m^3$
$p_0 = 0{,}26 \cdot 25 = 6{,}5\ kN/m^2 = 6{,}5 \cdot 10^{-3}\ MN/m^2$

Maximale Dehnbeanspruchung:

$$\varepsilon_{c,H,vorh} = \frac{\mu_d \cdot p_0 \cdot L/2}{h \cdot E_{cm,t}} = \frac{1{,}35 \cdot 1{,}1 \cdot 6{,}5 \cdot 10^{-3} \cdot 4{,}80/2}{0{,}260 \cdot 15.550} \quad \text{(Gl. 7.55)}$$

$$\varepsilon_{c,H,vorh} \approx 0{,}006 \cdot 10^{-3} = 0{,}006\ ‰$$

$$\frac{\varepsilon_{c,H,vorh}}{\varepsilon_{c,H,zul}} = \frac{0{,}006\ ‰}{0{,}041\ ‰} = 0{,}15 < 1$$

e) Beiwerte für die Biegebeanspruchung

Bettungsmodul k_s:

$$k_s = \frac{E_{V2,T}}{0{,}83 \cdot h \cdot \sqrt[3]{(E_{c,cal} / E_{V2,T})}} \quad \text{(Gl. 7.5)}$$

$$k_s = \frac{100}{0{,}83 \cdot 260 \cdot \sqrt[3]{(31.100 / 100)}}$$

$$k_s = 0{,}07\ N/mm^3$$

Ermittlung der elastischen Länge L_e:

$$L_e = \sqrt[4]{\left(\frac{E_{c,cal} \cdot h^3}{12 \cdot k_s}\right)} \qquad \text{(Gl. 7.27)}$$

$$= \sqrt[4]{\left(\frac{31.100 \cdot 260^3}{12 \cdot 0,07}\right)}$$

$$L_e = 898 \text{ mm}$$

Belastungsradius a für die Lastausbreitung bis zur Mittelebene der Platte:

$$a = \frac{1}{2} \cdot \left(h + \sqrt{(b \cdot c)}\right) \qquad \text{(Gl. 7.28)}$$

$$= \frac{1}{2} \cdot \left(260 + \sqrt{(200 \cdot 200)}\right)$$

$$a = 230 \text{ mm}$$

Beiwert α für Gültigkeit dieser Berechnungsart mit $0,01 \geq \alpha_{zul} \leq 1,0$:

$$\alpha = a / L_e = 230 / 898 = 0,256 > 0,01 \text{ und } < 1,0 \qquad \text{(Gl. 7.29)}$$

Momentenbeiwerte:

für 1. Radlast $Q_{1,d}$: $\lambda_m = 0,18 \cdot [\log(1/\alpha) + 0,295]$ (Gl. 7.30)

$= 0,18 \cdot [\log(1/0,254) + 0,295]$

$\lambda_m = 0,16$

für 2. Radlast $\lambda_{m,x}$ mit $x = y = 1.000$ mm für $x / L_e = 1.000 / 898 = 1,10$

$\lambda_{m,x} \approx 0,05$ für Lastfall Plattenmitte aus Bild 7.3

f) Biegemomente und Dehnungen für den Lastfall Plattenmitte:

Die ungünstigste Laststellung für Belastung des mittleren Plattenbereichs ergibt sich aus beiden Radlasten des Gabelstaplers. Hierfür wird das Bemessungs-Biegemoment nachgewiesen.

Biegemoment für 1. Radlast:

$$m_{m,Q1} = \lambda_m \cdot Q_{1,d} = 0,16 \cdot 54,0 \qquad \text{(Gl. 7.31)}$$

$$m_{m,Q1} = 8,64 \text{ kNm/m}$$

Zusätzliches Biegemoment durch 2. Radlast:

$$\Delta m_{m,Q2} = \lambda_{m,x} \cdot Q_{2,d} = 0,05 \cdot 54,0 \qquad \text{(Gl. 7.32)}$$

$$\Delta m_{m,Q2} = 2,70 \text{ kNm/m}$$

Bemessungs-Biegemoment für Lastfall Plattenmitte:

$m_{m,d} = m_{m,Q1} + \Delta m_{m,Q2} = 8{,}64 + 2{,}70$
$m_{m,d} = 11{,}34$ kNm/m

Vorhandene Biegedehnung in Plattenmitte:

$$\varepsilon_{cm,m} = \frac{6 \cdot m_{m,d}}{b \cdot d^2 \cdot E_{c,cal}} = \frac{6 \cdot m_{m,d} \cdot 10^{-3}}{1{,}0 \cdot 0{,}26^2 \cdot 31.100} \qquad \text{(Gl. 7.47)}$$

$\varepsilon_{cm,m} = m_{m,d} \cdot \kappa_M \cdot 10^{-6}$ mit $\kappa_M = 2{,}85$ aus Gl. 7.47 (Gl. 8.1)
$\varepsilon_{cm,m} = 11{,}34 \cdot 2{,}85 \cdot 10^{-6}$
$\varepsilon_{cm,m} = 0{,}032 \cdot 10^{-3} = 0{,}032$ ‰

g) Biegemomente und Dehnungen für den Lastfall Plattenrand

Die ungünstigste Laststellung am Plattenrand ergibt sich, wenn beide Räder des Gabelstaplers nebeneinander am Plattenrand stehen.

Das Bemessungs-Biegemoment an der Unterseite des Plattenrandes wird nachfolgend ermittelt.

Bemessungs-Biegemoment für Lastfall Plattenrand:

$m_{r,d} = \lambda_r \cdot \kappa_Q \cdot m_{m,d} = 1{,}8 \cdot 1{,}0 \cdot 11{,}34$
$m_{r,d} = 20{,}41$ kNm/m

Nachweis der Betondehnung am Plattenrand:

$\varepsilon_{cm,r} = m_{r,d} \cdot \kappa_M \cdot 10^{-6} = 20{,}41 \cdot 2{,}85 \cdot 10^{-6}$ (Gl. 8.1)
$\varepsilon_{cm,r} = 0{,}058 \cdot 10^{-3} = 0{,}058$ ‰

$$\frac{\varepsilon_{cm,r}}{\varepsilon_{cm,zul}} = \frac{0{,}058\ ‰}{0{,}086\ ‰} = 0{,}67 < 1$$

h) Biegemoment und Dehnungen für den Lastfall Plattenecke

Die ungünstigste Laststellung bei diesem Lastfall ergibt sich, wenn eine Radlast direkt auf der Plattenecke steht.

Das Bemessungs-Biegemoment an der Oberseite der Plattenecke wird nachfolgend ermittelt.

Bemessungs-Biegemoment für Lastfall Plattenecke:

$m_{e,d} = \lambda_e \cdot \kappa_Q \cdot m_{m,d} = 2{,}1 \cdot 1{,}0 \cdot 11{,}34$
$m_{e,d} = 23{,}81$ kNm/m

Nachweis der Betondehnung an der Plattenecke:

$\varepsilon_{cm,e} = m_{e,d} \cdot \kappa_M \cdot 10^{-6} = 23{,}81 \cdot 2{,}85 \cdot 10^{-6}$ (Gl. 8.1)

$\varepsilon_{cm,e} = 0{,}068 \cdot 10^{-3} = 0{,}068$ ‰

$$\frac{\varepsilon_{cm,e}}{\varepsilon_{cm,zul}} = \frac{0,068\ ‰}{0,086\ ‰} = 0,79 < 1$$

i) Einsenkung der Betonbodenplatten an der Plattenecke

Maximale Einsenkung s_e bei Laststellung auf Plattenecke:

$$s_e = (1,1 - 0,88 \cdot \alpha/L_e \cdot \frac{Q_d}{k_s \cdot L_e^2}$$

$$= (1,1 - 0,88 \cdot 0,256 \cdot \frac{54.000}{0,07 \cdot 898^2}$$

$s_e = 0{,}78$ mm

Pressung unterhalb der Betonbodenplatte infolge Einsenkung der Plattenecke:

$p_0 = k_s \cdot s_e = 0{,}07 \cdot 0{,}78 = 0{,}055$ N/mm²
$= 55$ kN/m²

Der Nachweis für den Lastfall Plattenecke zeigt, dass die zulässige Dehnung nicht überschritten wird. Zur Verbesserung der Situation und zur Verringerung der Platteneinsenkung könnten die Plattenecken mit Dübeln versehen werden, damit eine Kraftübertragung auf Nachbarplatten entsteht.

j) Wölbmomente und Dehnungen durch Sonneneinstrahlung

Seitenverhältnis: $L_F / B_F = 4{,}80 / 4{,}50 = 1{,}07 \leq 1{,}25$ quadratische Platten
Dickenverhältnis: $L_F / h = 4{,}80 / 0{,}26 = 18{,}5 \leq 33\ h$ reduziertes Wölbmoment

Reduziertes Wölbmoment (Tafel 7.13):

$m_w' = 2{,}5 \cdot h \cdot (L_F - 0{,}40)^2 = 2{,}5 \cdot 0{,}26 \cdot (4{,}80 - 0{,}40)^2$
$m_w' = 12{,}58$ kNm/m

Nachweis der Dehnung durch Wölbbeanspruchung bei Sonneneinstrahlung:

$\varepsilon_{cm,w} = m_w' \cdot \kappa_M \cdot 10^{-6}$ (Gl. 8.1)
$= 12{,}58 \cdot 2{,}85 \cdot 10^{-6}$
$\varepsilon_{cm,w} = 0{,}036 \cdot 10^{-3} = 0{,}036$ ‰

k) Gesamtdehnung aus Last- und Temperaturbeanspruchung durch Sonneneinstrahlung

Nachweis der Gesamt-Dehnbeanspruchung in Plattenmitte

Dehnung aus Lastbeanspruchung: $\varepsilon_{cm,m} = 0{,}032 \cdot 10^{-3} = 0{,}032$ ‰
Dehnung aus Sonneneinstrahlung: $\varepsilon_{cm,w} = 0{,}036 \cdot 10^{-3} = 0{,}036$ ‰

Gesamtdehnung aus Lastbeanspruchung und Sonneneinstrahlung:

$$\frac{\varepsilon_{\text{cm,m}} + \varepsilon_{\text{cm,w}}}{\varepsilon_{\text{cm,zul}}} = \frac{(0,032 + 0,036)\ ‰}{0,086\ ‰} = 0,79 < 1 \qquad \text{(Gl. 7.26)}$$

l) <u>Zusammenfassende Anmerkungen</u>

Der Nachweis der Dehnungen zeigt, dass die Betonbodenplatte sowohl in Plattenmitte als auch an der Plattenecke ungefähr gleichgroß beansprucht wird. Die größte Beanspruchung entsteht in Plattenmitte durch Lasteinwirkungen und Aufwölben infolge Sonneneinstrahlung. Das Verhältnis der vorhandenen Dehnung zur zulässigen Dehnung liegt bei 0,79 und ist somit trotz Überlagerung der Dehnungen aus Biegebeanspruchung und Temperatureinwirkungen kleiner als 1.

Da die maximal entstehenden Dehnungen in allen Bereichen der Betonbodenplatte kleiner bleiben als die jeweils zulässige Dehnung, sind die Nachweise der Gebrauchstauglichkeit der Betonbodenplatte im Zustand I und auch zur Rissvermeidung erbracht.

8.2 Nachweise für bewehrte Betonbodenplatten

Für den Nachweis der Gebrauchstauglichkeit bei bewehrten Betonbodenplatten genügt im Allgemeinen ein Nachweis der Rissbreite. Diese zulässige Rissbreite ist aufgrund der Nutzungsanforderungen gemeinsam mit dem Nutzer des Hallenfußbodens festzulegen.

Der Nachweis der Gebrauchstauglichkeit für Betonbodenplatten zeigt, dass bei einer Begrenzung der Rissbreite auf ein enges Maß meistens kräftige Bewehrungen erforderlich werden. Schwache Bewehrungen, die die Rissbreite nicht begrenzen können, haben in Betonbodenplatten keine Wirkung.

Zu bedenken ist außerdem, dass sich mit zunehmenden Anforderungen an eine geringe Rissbreite die rechnerisch angenommene Rissbreite deutlich von der tatsächlich möglichen Rissbreite an der Betonbodenoberfläche unterscheidet [R30.1]. Für Risse aus Lasteinwirkungen und Zwangbeanspruchung – insbesondere bei wechselnden Beanspruchungen - ist die Leistungsfähigkeit der Rissformel in DIN 1045-1 begrenzt. Daher muss mindestens mit nachfolgenden Überschreitungsmengen gerechnet werden:

- bei Rissbreiten $w_k = 0{,}3$ mm : Überschreitungsmenge ≈ 10 %
- bei Rissbreiten $w_k = 0{,}2$ mm : Überschreitungsmenge ≈ 20 %
- bei Rissbreiten $w_k = 0{,}1$ mm : Überschreitungsmenge ≈ 30 %

Die rechnerische Begrenzung der Rissbreite ist bei zwangbeanspruchten Betonbodenplatten ein wesentlicher Nachweis. Die Bewehrung zur Begrenzung der Rissbreite deckt häufig die Schnittgrößen ab, die durch Lasteinwirkungen entstehen.

Insbesondere bei zwangbeanspruchten Betonbodenplatten kann die Anordnung einer Bewehrung erforderlich werden. Zu klären wäre allerdings zunächst, ob sich die Zwangbeanspruchungen nicht vermeiden lassen. Wenn sich Zwangbeanspruchungen in Betonbodenplatten nicht vermeiden lassen, sind die Betonbodenplatten zunächst für die entstehende Zwangbeanspruchung zu bemessen und es ist der Nachweis zur Begrenzung der Rissbreite zu führen. Danach kann der Nachweis zur Aufnahme der Schnittgrößen aus den Lastbeanspruchungen erfolgen. Dies ist dann der normale Nachweis der Tragfähigkeit, wie er für bewehrte Stahlbetonbauteile üblich ist.

Beim Nachweis der Tragfähigkeit von Betonbodenplatten ist stets von den maximalen Einwirkungen durch Einzellasten auszugehen. Eine Bemessung mit gleichmäßig verteilten Lasten – wie dies bei Geschossdecken üblich ist – führt bei Betonbodenplatten zu keinen zutreffenden Beanspruchungen. Begründung: Betonbodenplatten liegen vollflächig auf dem Unterbau auf und sollten daher als elastisch gebettete Platten gerechnet werden.

Die Ermittlung der Biegebeanspruchung kann wie bei unbewehrten Betonbodenplatten (Kapitel 8.1) für elastisch gebettete Platten erfolgen. Hierfür kann das Verfahren von Niemann [L31], das auf den Verfahren von Stiglat/Wippel [L36] und Bercea [L4] aufbaut und im DAfStb-Heft 545 des Deutschen Ausschusses für Stahlbeton veröffentlicht wurde, angewendet werden.

Schon bei der Planung bewehrter Betonbodenplatten sollte klar sein, dass in der Betonbodenplatte stets Risse entstehen werden, wenn die Zugfestigkeit des Betons überschritten wird. Dies ist in der Regel bei bewehrten Platten der Fall, da die Stahldehnung höher angesetzt wird als es die Dehnfähigkeit des Betons zulässt. Dies wurde bereits in den Kapiteln 7.1.1 bis 7.1.3 und in Tafel 7.1 verdeutlicht.

Daraus ergibt sich die logische Folgerung: Eine Bewehrung zum *Vermeiden von Rissen* muss wegen des Verbundes zwischen Beton und Stahl wesentlich umfangreicher sein als eine Bewehrung zur *Begrenzung der Rissbreite* entstehender Risse. Aber schon eine Bewehrung zur Begrenzung der Rissbreite entsprechend DIN 1045-1 ist sehr umfangreich.

Üblich bewehrte Betonbodenplatten werden bei voller Ausnutzung des Stahlbetonquerschnitts stets Risse aufweisen. Deren Breite kann zwar begrenzt werden, aber die Risse werden deutlich sichtbar sein und sie können je nach Nutzung der Halle die Gebrauchstauglichkeit beeinflussen oder eine anspruchsvolle Nutzung sogar unmöglich machen. Außerdem ist zu bedenken, dass die Risskanten ausbrechen können, insbesondere bei Inselbildungen durch Rissverzweigungen. Daher ist der Auftraggeber schon bei der Planung auf künftig entstehende Risse hinzuweisen.

Dennoch haben bewehrter Betonbodenplatten auch Vorteile:

Sofern mit einer Rissentstehung gerechnet wird und Risse nicht als Mangel angesehen werden, weil die Gebrauchstauglichkeit durch Risse nicht beeinträchtigt wird, sind bewehrte Platten mit größere Feldlängen möglich, es kann auf einen Teil der Fugen verzichtet werden.

8.2.1 Beispiel für bewehrte Betonbodenplatten bei Zwang infolge Hydratationswärme *mit* Bewegungsmöglichkeit auf dem Untergrund

Für den Fall, dass eine Betonbodenplatte ohne Verbindung mit anderen Bauteilen hergestellt wird und sich auf dem Unterbau bewegen kann, muss beim Verkürzen zunächst nur die Reibung zum Unterbau überwunden werden, z. B. beim Abfließen der Hydratationswärme. Falls hierbei die zulässige Dehnung des Betons überschritten wird, ist eine Bewehrung zur Begrenzung der Rissbreite erforderlich. Die erforderliche Bewehrung zur Aufnahme der entstehenden Zugkraft infolge Hydratationszwang in der Betonbodenplatte kann rechnerisch nachgewiesen werden, wie es das folgende Beispiel darstellt. Die Bewehrung zur Begrenzung der Rissbreite kann außerdem zur Aufnahme von Lastbeanspruchungen genutzt werden.

Beispiel zur Erläuterung

Im Folgenden wird der Nachweis für eine bewehrte Betonbodenplatte gezeigt, die durch Zwang infolge abfließender Hydratationswärme in den ersten Tagen nach der Herstellung beansprucht wird. Die Betonbodenplatte liegt auf einer Sauberkeitsschicht, die über einer Schottertragschicht mit Sandausgleich eingebaut wird. Beim Verkürzungsbestreben der Betonbodenplatte wird eine Verschiebung zwischen Sauberkeitsschicht und Sandausgleich erfolgen, denn zwischen Sauberkeitsschicht und Betonbodenplatte wird wegen der rauen Oberseite der Sauberkeitsschicht kaum eine Verschiebung stattfinden können.

Die Betonbodenplatte erhält im Gegensatz zur Betonbodenplatte des Beispiels 8.1.1 keine Fugen in der Fläche, lediglich Randfugen zur Trennung von anderen Bauteilen. Es wird der übliche Zement CEM II 32,5 R mit hoher Anfangsfestigkeit (R) verwendet.

Bedingung: Eine rechnerische Rissbreite von $w_k \leq 0{,}15$ mm wird zugelassen.

a) Nutzung und Beanspruchung:

- Anwendungsgebiet B (mittlere Anforderungen an die Rissvermeidung)
- Ausführung N (normal)
- Beanspruchung durch Abfließen der Hydratationswärme
- spätere Nutzung durch Gabelstaplerverkehr und Regallasten
- Expositionsklassen XC1, XM2

b) Beton und Konstruktion

– Betonfestigkeitsklasse C30/37			
– Zement CEM I 32,5 R			
– Betondruckfestigkeit	f_{ck}	$= 30\ N/mm^2$	
– spätere Betonzugfestigkeit:	f_{ctm}	$= 2,9\ N/mm^2$	
– Betondruckfestigkeit	f_{ck}	$= 30\ N/mm^2$	
– Bemessungswerte der Dehnung	$\varepsilon_{ct,d}$	$= 0,07$ ‰	(Tafel 7.4)
	$\varepsilon_{cH,d}$	$= 0,045$ ‰	(Tafel 7.5)
	$\varepsilon_{cs,d}$	$= 0,08$ ‰	(Tafel 7.6)
– E-Modul des Betons, Mittelwert	E_{cm}	$= 28.300\ N/mm^2$	(Tafel 1.1)
– Zeit des Temperaturmaximums:	$t_{(maxT)}$	= 21 Stunden	(Tafel 7.11)
– Verhältniswert der E-Moduln:	$\alpha_{c,t}$	$= E_{cm,t} / E_{cm,28} = 0,50$	(Tafel 7.10)
– E-Modul bei $t_{(maxT)}$:	$E_{cm,H}$	$= \alpha_{c,t} \cdot E_{cm} = 0,50 \cdot 28.300$	
		$= 14.150\ N/mm^2$	
– wirksame Zugfestigkeit bei Hydratation:	$f_{ct,eff}$	$= 0,5 \cdot f_{ctm} = 1,45\ N/mm^2$	
– Dicke der Bodenplatte	h_b	$= 180\ mm$	
– Betondeckung der Bewehrung	c_{nom}	$= 40\ mm,\ d_1 = 52\ mm$	
– statische Höhe	d	$= h_b - d_1 = 180 - 52 \approx 128\ mm$	
– Plattenlänge	L_F	$= 28,0\ m$	
– rechnerische Rissbreite	w_k	$\leq 0,15\ mm$	
Reibungsbeiwert für Sandbett	μ_d	$= \gamma_R \cdot \mu_0 = 1,35 \cdot 1,1$	(Tafel 7.12)
		$= 1,49$	
	B_F / L_F	$= 28\ m / 28\ m$	

c) Zugbeanspruchung beim Abfließen der Hydratationswärme

Pressung unter der Betonbodenplatte mit Sauberkeitsschicht ohne Auflast:

$p_0 = h_b \cdot \gamma_{c,b} + h_s \cdot \gamma_{c,s} = 0{,}18 \cdot 25 + 0{,}05 \cdot 22 = 5{,}6\ kN/m^2$

Zugkraft in der Betonbodenplatte:

$n_{ct} = \mu_d \cdot p_0 \cdot L_F / 2 = 1{,}35 \cdot 1{,}1 \cdot 5{,}6 \cdot 28{,}0 / 2 = 116{,}4\ kN/m$

Zugspannung in der Betonbodenplatte:

$\sigma_{ct,vorh} = n_{ct} / a_{ct} = 116{,}4 / (0{,}18 \cdot 1{,}0) = 647\ kN/m^2$
$= 0{,}65\ N/mm^2 < f_{ct,eff} = 1{,}45\ N/mm^2$

d) Entstehende Betondehnung beim Abfließen der Hydratationswärme

Vorhandene Betondehnung zum Zeitpunkt $t_{(maxT)}$:

$\varepsilon_{cH,vorh} = \sigma_{ct,vorh} / E_{cm,H} = 0{,}65 / 14.150 = 0{,}046 \cdot 10^{-3}$
$\varepsilon_{cH,vorh} = 0{,}046\ ‰$

zulässige Dehnung beim Abfließen der Hydratationswärme:

$\varepsilon_{cH,zul} = \varepsilon_{cH,d} = 0{,}045\ ‰$

$$\frac{\varepsilon_{cH,vorh}}{\varepsilon_{cH,zul}} = \frac{0,046\ ‰}{0,045\ ‰} = 1,02 > 1$$

Da die rechnerisch entstehende Dehnung die zulässige Dehnung überschreitet, besteht keine Risssicherheit. Daher muss beim Abfließen der Hydratationswärme mit dem Entstehen von Rissen gerechnet werden. Dies erfordert den Einbau einer Bewehrung, um die entstehenden Risse in ihrer Breite zu begrenzen.

e) Ermittlung der Bewehrung zur Begrenzung der Rissbreite

Die Ermittlung der erforderlichen Bewehrung zur Begrenzung der Rissbreite kann mit Hilfe von Diagrammen erfolgen [L28] (Kapitel 7.9).

Bild 7.9 gilt für den Beiwert $k_{zt,Diagr} = 0{,}5$ und eine Rissbreite von $w_k = 0{,}20$ mm. Für die hier vorliegenden Verhältnisse ist eine Umrechnung des Bewehrungsquerschnitts, der aus dem Diagramm entnommen wird, erforderlich.

f) Umrechnung des Bewehrungsquerschnitts auf die vorhandenen Verhältnisse

Folgender Bewehrungsquerschnitt kann für eine Plattendicke von h = 180 mm mit Stabdurchmesser $d_s = 8$ mm aus Diagramm Bild 7.9 abgelesen werden:

$a_{s1,Diagr} = 5{,}2\ cm^2/m$ oben und unten

Wirksamer Beiwert k_{zt}:

$k_{zt} = \sigma_{ct,vorh} / f_{ctm} = 0{,}65 / 2{,}9$

$k_{zt} = 0{,}22$

Bewehrungsquerschnitt nach Umrechnung mit Gleichung 7.73:

$$a_{s1} \approx a_{s1,Diagr} \cdot \sqrt{\frac{k_{zt,eff} \cdot w_{k,Diagr}}{k_{zt,Diagr} \cdot w_{k,zul}}}$$

$$a_{s1} \approx 5{,}2 \cdot \sqrt{\frac{0{,}22 \cdot 0{,}20}{0{,}5 \cdot 0{,}15}}$$

$$a_{s1} \approx 5{,}2 \cdot 0{,}77 \approx 4{,}0 \text{ cm}^2/\text{m}$$

Gewählte Bewehrung:
Betonstahlmatten Q 424 A jeweils oben und unten mit $a_{s1} = 4{,}24$ cm²/m

$a_{s,ges} \approx 4{,}24 \cdot 2 = 8{,}48$ cm²/m

g) Zulässiges Biegemoment bei Lasteinwirkungen im Zustand II

Mechanischer Bewehrungsgrad:

$$\omega_1 = \frac{a_{sl}}{b \cdot d} \cdot \frac{f_{yd}}{f_{cd}} \quad \text{mit } f_{yd} = 435 \text{ N/mm}^2 \text{ und } f_{cd} = \alpha \cdot f_{ck} / \gamma_c = 0{,}85 \cdot 30 / 1{,}5 = 17{,}0 \text{ N/mm}^2$$

$$\omega_1 = 4{,}24 \cdot 10^{-4} \cdot 435 / (1{,}0 \cdot 0{,}128 \cdot 17{,}0) = 0{,}085$$

Bezogenes Biegemoment (ohne Überlagerung durch Schwinden des Betons):

$\mu_{Ed,s} = 0{,}085$

Zulässiges Biegemoment:

$$m_{Ed,s} = \mu_{Ed,s} \cdot b \cdot d^2 \cdot f_{cd} = 0{,}085 \cdot 1{,}00 \cdot 0{,}128^2 \cdot 17{,}0$$
$$m_{Ed,s} = 23{,}7 \cdot 10^{-3} \text{ MNm/m}$$
$$= 23{,}7 \text{ kNm/m}$$

h) Zusammenfassende Anmerkungen

Die rechnerisch vorhandene Betondehnung überschreitet die zulässige Betondehnung. Daher besteht Rissgefahr und es ist eine Bewehrung zur Begrenzung der Breite entstehender Risse erforderlich. Diese Bewehrung mit Betonstahlmatten Q 424 A oben und unten ist in der Lage, die Breite entstehender Risse auf rechnerisch $w_k = 0{,}15$ mm zu begrenzen.

Die Bewehrung zur Begrenzung der Rissbreite kann zur Aufnahme von Biegemomenten aus Lasteinwirkungen herangezogen werden.

Zum Vergleich:
Das größte Biegemoment, das bei Radlasten von $Q_d = 56$ kN und Regallasten $G_d = 35$ kN entsteht, wurde im Beispiel 8.1.1 für die unbewehrte Betonbodenplatte an der Plattenecke mit $m_{r,d} = 13{,}11$ kNm/m ermittelt. Das Biegemoment, das die erforderliche Bewehrung für die Begrenzung der Rissbreite aufnehmen kann, ist mit $m_{Ed,s} = 23{,}7$ kNm/m rund 1,8-mal so groß. Das bedeutet, dass die Bewehrung, die zur Begrenzung der Rissbreite erforderlich ist, bei der Aufnahme von Lasteinwirkungen nicht ausgenutzt wird und dass aber trotzdem Risse entstehen werden.

8.2.2 Beispiel für bewehrte Betonbodenplatten bei Zwang infolge Hydratationswärme *ohne* Bewegungsmöglichkeit auf dem Untergrund

Bei Begrenzung der Rissbreite auf einen festgelegten rechnerischen Wert kann unter Verwendung eines bestimmten Stabdurchmessers der erforderliche Bewehrungsbedarf nachgewiesen werden. An einem Beispiel wird dies für Zwangbeanspruchung infolge abfließender Hydratationswärme bei fehlender Bewegungsmöglichkeit der Betonbodenplatte verdeutlicht.

Beispiel zur Erläuterung

Das Beispiel zeigt den Nachweis für eine bewehrte Betonbodenplatte, die sich bei Zwangbeanspruchung infolge abfließender Hydratationswärme auf dem Untergrund nicht bewegen kann, weil einerseits die Unebenheiten der Plattenunterseite zu groß sind und andererseits Verbindungen mit anderen Bauteilen bestehen.

Bedingung: Es wird eine rechnerische Rissbreite von $w_k \leq 0{,}15$ mm zugelassen.

a) Nutzung und Beanspruchung

- Anwendungsgebiet *B* (mittlere Anforderungen an die Rissvermeidung)
- Ausführung *N* (normal)
- Expositionsklassen XC1, XM2
- Beanspruchung durch abfließende Hydratationswärme ohne Lasteinwirkung
- spätere Nutzung durch Gabelstaplerverkehr und Regallasten

b) Beton und Bewehrung

- Betonfestigkeitsklasse C30/37
- Zement CEM II 32,5 R
- Betondruckfestigkeit, Mittelwert $f_{ctm} = 2{,}90$ N/mm²
- wirksame Betonzugfestigkeit $f_{ct,eff} = 0{,}5 \cdot f_{ctm} = 1{,}45$ N/mm²
- Dicke der Bodenplatte $h_b = 180$ mm
- Betondeckung der Bewehrung $c_{nom} = 40$ mm, $d_1 = 55$ mm
- statische Höhe $d = h_b - d_1 = 180 - 55 \approx 125$ mm
- rechnerische Rissbreite $w_k \leq 0{,}15$ mm
- Beiwert $k_{zt,cal}$ (Gl. 7.76) $k_{zt,eff} = \kappa \cdot k_{zt} = 1{,}2 \cdot 0{,}5 = 0{,}6$

c) Ermittlung der Bewehrung zur Begrenzung der Rissbreite

Die Ermittlung der erforderlichen Bewehrung zur Begrenzung der Rissbreite kann mit Hilfe der Diagramme von Meyer + Meyer erfolgen [L28] (Kapitel 7.9).

Bild 7.9 gilt für den Beiwert $k_{zt,Diagr} = 0{,}5$ für vollen Hydratationszwang beim Abfließen der Hydratationswärme. Für die hier vorliegenden Verhältnisse ist eine Umrechnung des Bewehrungsquerschnitts erforderlich, der aus dem Diagramm zu entnehmen ist.

d) Umrechnung des Bewehrungsquerschnitts auf die vorhandenen Verhältnisse

Folgender Bewehrungsquerschnitt ist für eine Plattendicke von h = 180 mm mit Stabdurchmesser $d_s = 10$ mm aus Diagramm Bild 7.9 abzulesen:

$a_{s1,Diagr} = 5{,}8\ \text{cm}^2/\text{m}$ oben und unten

Bewehrungsquerschnitt nach Umrechnung mit Gleichung 7.73:

$$a_{s1} \approx a_{s1,Diagr} \cdot \sqrt{\frac{k_{zt,eff} \cdot w_{k,Diagr}}{k_{zt,Diagr} \cdot w_{k,zul}}}$$

$$a_{s1} \approx 5{,}8 \cdot \sqrt{\frac{0{,}6 \cdot 0{,}20}{0{,}5 \cdot 0{,}15}}$$

$$a_{s1} \approx 5{,}8 \cdot 1{,}26 \approx 7{,}3\ \text{cm}^2/\text{m}$$

Gewählte Bewehrung:
Listenmatten 100·10 / 100·10 oben und unten mit $a_{s1} = 7{,}85\ \text{cm}^2/\text{m}$

$$a_{s,ges} \approx 7{,}85 + 7{,}85 = 15{,}70\ \text{cm}^2/\text{m}$$

e) Zulässiges Biegemoment aus Lasteinwirkungen

Mechanischer Bewehrungsgrad:

$$\omega_1 = \frac{a_{s1}}{b \cdot d} \cdot \frac{f_{yd}}{f_{cd}} \qquad \text{mit } f_{yd} = 435\ \text{N/mm}^2 \quad \text{und } f_{cd} = \alpha \cdot f_{ck} / \lambda_c = 0{,}85 \cdot 30 / 1{,}5 = 17{,}0\ \text{N/mm}^2$$

$$\omega_1 = 7{,}85 \cdot 10^{-4} \cdot 435 / (1{,}0 \cdot 0{,}125 \cdot 17{,}0) = 0{,}161$$

Bezogenes Biegemoment:

$$\mu_{Eds} = 0{,}173$$

Zulässiges Biegemoment:

$$m_{Ed,s} = \mu_{Eds} \cdot b \cdot d^2 \cdot f_{cd} = 0{,}173 \cdot 1{,}00 \cdot 0{,}125^2 \cdot 17{,}0$$

$$m_{Ed,s} = 46 \cdot 10^{-3}\ \text{MNm/m}$$

$$= 46\ \text{kNm/m}$$

f) Zusammenfassende Anmerkungen

Die rechnerisch vorhandene Betondehnung ist größer als die zulässige Betondehnung. Daher besteht erhöhte Rissgefahr und es ist eine Bewehrung zur Begrenzung der Breite entstehender Risse erforderlich. Diese Bewehrung mit Betonstahlmatten Ø 10 mm und s = 100 mm in beiden Richtungen sowie oben und unten kann die Rissbreite auf $w_k = 0{,}15$ mm begrenzen.

Diese Bewehrung zur Begrenzung der Rissbreite kann zur Aufnahme von Biegemomenten aus Lasteinwirkungen herangezogen werden.

Zum Vergleich:
Das größte Biegemoment, das mit Radlasten von $Q_d = 56$ kN und Regallasten $G_d = 35$ kN entsteht, wurde im Beispiel 8.1.1 mit $m_{m,d} = 11{,}35$ kNm/m ermittelt. Das von der erforderlichen Bewehrung für die Begrenzung der Rissbreite aufnehmbare Biegemoment von $m_{Ed,s} = 46$ kNm/m ist mehr als 4-mal so groß. Das bedeutet, dass die für die Begrenzung der Rissbreite erforderliche Bewehrung bei der Aufnahme der Lasteinwirkungen nicht ausgenutzt wird und trotzdem Risse entstehen werden.

8.2.3 Beispiel für bewehrte Betonbodenplatten bei spätem Zwang *ohne* Bewegungsmöglichkeit auf dem Untergrund

Betonbodenplatten werden ungünstigenfalls spätem Zwang ausgesetzt, wenn jegliche Bewegungsmöglichkeit auf dem Untergrund während der Nutzungszeit ausgeschlossen ist. Dies ist z.B. bei Verbindung der Betonbodenplatte mit anderen Bauteilen der Fall oder auch bei nicht ebener Unterseite, insbesondere bei Höhenversprüngen und Vertiefungen. Die Grundlagen für die Nachweise bei spätem Zwang sind im Kapitel 7.9 dargelegt.

Entstehende und zulässige Betondehnung beim Schwinden des Betons

Zu den Auswirkungen und der Größe des Schwindens wurden Einzelheiten in Kapitel 3.9 und 7.5 ausgeführt. Die Größe des Gesamtschwindens $\varepsilon_{cs,\infty}$, das sich aus der Schrumpfdehnung $\varepsilon_{cas,\infty}$ und der Trocknungsschwinddehnung $\varepsilon_{cds,\infty}$ zusammensetzt, kann stark vereinfacht angegeben werden mit:

$$\varepsilon_{cs,\infty} = (\varepsilon_{cas,\infty} + \varepsilon_{cds,\infty}) \approx 0{,}40 \text{ bis } 0{,}50 \text{ mm/m} \qquad \text{(Gl. 3.8)}$$

Mit Hilfe der Bilder 3.7 und 3.8 kann das Schwinden etwas genauer ermittelt werden, wenn die Zementart, die Betonfestigkeit und die relative Luftfeuchte in der Halle bekannt sind.

Schrumpfdehnung $\varepsilon_{cas,\infty}$ nach Bild 3.7:

$$\varepsilon_{cas,\infty} \approx 0{,}10\ ‰$$

Trocknungsschwinddehnung $\varepsilon_{cds,\infty}$ zum Zeitpunkt $t = \infty$ nach Bild 3.8:

$$\varepsilon_{cds,\infty} \approx 0{,}35\ ‰$$

Dieses Gesamtschwinden $\varepsilon_{cs,\infty}$ tritt während der Gesamtzeit des Schwindens ein. Die Schrumpfdehnung ε_{cas} erfolgt innerhalb der ersten Tage, die Zeit der Trocknungsschwinddehnung $\varepsilon_{cds,\infty}$ erstreckt sich über einen längeren Zeitraum, der bei Betonbodenplatten üblicher Bauteildicke bis zu 5 Jahren betragen kann.

Da Belastungen erst nach dem Abklingen der Schrumpfdehnung ε_{cas} wirken, wird nur die länger wirksame Trocknungsschwinddehnung $\varepsilon_{cds,\infty}$ dem Bemessungswert der Schwinddehnung $\varepsilon_{cs,d}$ gegenübergestellt. Die Trocknungsschwinddehnung wird sich nicht vollständig einstellen, weil ein Teil des Schwindens durch Kriechen und Relaxation abgebaut wird. Dieser Anteil kann mit mindestens 30 % angenommen werden. Daher gilt hierfür:

$$\varphi_K + \Psi_R = 0{,}70 \qquad \text{(Gl. 7.54)}$$

Anzusetzende Schwinddehnung für den erhärteten Beton zur Überlagerung mit den Lastbeanspruchungen:

$$\varepsilon_{cs,vorh} = \varepsilon_{cds,\infty} \cdot (\varphi_K + \Psi_R) = 0{,}35 \cdot 0{,}7$$
$$= 0{,}25\ ‰ < 0{,}8\ ‰$$

also ist nach DIN 1045-1, 11.2.4 (7) eine Überlagerung mit der Dehnung aus Lasteinwirkungen nicht erforderlich

Zulässige Dehnung des Betons bei Ausführungsart N nach Tafel 7.6:

$$\varepsilon_{cs,zul} = \varepsilon_{cs,d} = 0{,}08\ ‰$$

Nachweis:

$$\frac{\varepsilon_{cs,vorh}}{\varepsilon_{cs,zul}} = \frac{0,25\ ‰}{0,08\ ‰} = 3,1 > 1$$

Es bestehen keine Zweifel: Die Schwinddehnung ist stets um ein Vielfaches größer als die zulässige Dehnung des Betons. Daher werden beim Schwinden des Betons stets Risse entstehen, wenn sich das Betonbauteil nicht verkürzen kann und folglich dem Zwang durch Schwinden ausgesetzt wird. Daher muss beim Verhindern der Bewegungsmöglichkeit stets mit Rissen gerechnet werden und es ist der Einbau einer Bewehrung erforderlich, wenn die Breite der entstehenden Risse begrenzt werden soll.

Beispiel zur Erläuterung

Der folgende Nachweis gilt für eine bewehrte Betonbodenplatte, die sich bei später Zwangbeanspruchung (z.B. durch Schwinden des Betons) auf dem Untergrund nicht bewegen kann, da Verbindungen mit anderen Bauteilen bestehen und/oder die Unebenheiten der Plattenunterseite zu groß sind.

Anforderung:
Begrenzung der Rissbreite auf $w_k = 0{,}15$ mm bei spätem Zwang.

a) Nutzung und Beanspruchung:

- Anwendungsgebiet *B* (mittlere Anforderungen an die Rissvermeidung)
- Ausführung *N* (normal)
- Expositionsklassen XC1, XM2
- Beanspruchung infolge späten Zwangs durch Schwinden des Betons bei vollständiger Behinderung von Längsbewegungen

b) Beton und Bewehrung:

– Betonfestigkeitsklasse C30/37			
– Betonzugfestigkeit, Mittelwert	f_{ctm}	$= 2{,}90$ N/mm^2	
– Betonzugfestigkeit als 95 %-Quantil	$f_{ctk;0,95}$	$= 3{,}80$ N/mm^2	
– Dicke der Bodenplatte	h_b	$= 180$ mm	
– Betondeckung der Bewehrung	c_{nom}	$= 40$ mm, $d_1 = 58$ mm	
– statische Höhe	d	$= h_b - d_1 = 180 - 58 = 122$ mm	
– Plattenlänge	L_F	$= 28{,}0$ m	
– rechnerische Rissbreite	w_k	$\leq 0{,}15$ mm	
– wirksame Dicke beim Schwinden	h_s	$= 2 \cdot h_b = 360$ mm	
– Bemessungswert der Schwinddehnung	$\varepsilon_{cs,d}$	$= 0{,}08$ ‰	(Tafel 7.6)
– Beiwertkombination für den Abbau des Zwangs durch Kriechen und Relaxation	$\varphi_K + \Psi_R$	$= 0{,}70$	

c) Ermittlung der Bewehrung zur Begrenzung der Rissbreite:

Die Ermittlung der erforderlichen Bewehrung für die Begrenzung der Rissbreite kann mit Hilfe der Diagramme von Meyer + Meyer erfolgen [L28] (Kapitel 7.9.3).

Aus Bild 7.10 wird folgender Bewehrungsquerschnitt für Plattendicke h = 180 mm und Stabdurchmesser $d_s = 12$ mm abgelesen:

Bewehrungsquerschnitt:

$a_{s1,Diagr} = 9{,}5$ cm^2/m oben und unten

Bewehrungsquerschnitt nach Umrechnung mit Gleichung 7.78:

$$a_{s1} \approx a_{s1,Diagr} \cdot \sqrt{\frac{w_{k,Diagr}}{w_{k,zul}}}$$

$$a_{s1} \approx 9,5 \cdot \sqrt{\frac{0,20}{0,15}}$$

$$a_{s1} \approx 9{,}5 \cdot 1{,}15 \approx 10{,}9 \text{ cm}^2\text{/m}$$

Gewählte Bewehrung:
Listenmatten 200·12d / 100·12 oben und unten mit $a_{s1} = 11{,}31\ cm^2/m$

$a_{s,ges} = 2 \cdot 11{,}31 = 22{,}62\ cm^2/m$

d) Zulässiges Biegemoment aus Lasteinwirkungen

Mechanischer Bewehrungsgrad:

$$\omega_1 = \frac{a_{s1}}{b \cdot d} \cdot \frac{f_{yd}}{f_{cd}} \quad \text{mit } f_{yd} = 435\ N/mm^2 \quad \text{und } f_{cd} = \alpha \cdot f_{ck} / \gamma_c = 0{,}85 \cdot 30 / 1{,}5 = 17{,}0\ N/mm^2$$

$$\omega_1 = 11{,}31 \cdot 10^{-4} \cdot 435 / (1{,}0 \cdot 0{,}122 \cdot 17{,}0) = 0{,}24$$

Bezogenes Biegemoment: $\mu_{Eds} = 0{,}21$

Zulässiges Biegemoment:

$$m_{Ed,s} = \mu_{Eds} \cdot b \cdot d^2 \cdot f_{cd} = 0{,}21 \cdot 1{,}00 \cdot 0{,}122^2 \cdot 17{,}0$$
$$m_{Ed,s} = 53{,}1 \cdot 10^{-3}\ MNm/m$$
$$= 53{,}1\ kNm/m$$

e) Zusammenfassende Anmerkungen

Diese Bewehrung von 11,31 cm^2/m in jeder Richtung oben und unten stellt gleichzeitig den oberen Grenzwert für eine bewehrte und 18 cm dicke Betonbodenplatte infolge Zwangbeanspruchung für eine zulässige Rissbreite von $w_k = 0{,}15$ mm dar.

Der Einbau einer derartigen Bewehrung in eine Betonbodenplatte deckt infolge des Temperaturgradienten außerdem den Biegezwang durch Temperatureinwirkungen ab, z.B. bei Erwärmung infolge Sonneneinstrahlung oder Temperatursturz infolge Gewitterschauer.

Lediglich bei einer Überlagerung der Last- und Zwangbeanspruchungen kann sich eine Vergrößerung der Bewehrung ergeben. Im Einzelfall ist zu entscheiden, ob eine Überlagerung vorgenommen werden soll oder darauf verzichtet werden kann. Entsprechend DIN 1045-1, 11.2.4 (7) wäre im vorliegenden Fall eine Überlagerung nicht erforderlich, denn die rechnerische Schwinddehnung $\varepsilon_{cs,vorh}$ ist mit 0,25 ‰ kleiner als der vorgesehene Grenzwert von 0,80 ‰ (Kapitel 7.2).

Zum Vergleich:
Das größte Biegemoment, das mit Radlasten von $Q_d = 56$ kN und Regallasten $G_d = 35$ kN entsteht, wurde im Beispiel 8.1.1 für eine unbewehrte Betonbodenplatte von 22 cm Dicke mit $m_{m,d} = 11{,}35$ kNm/m ermittelt. Das von der erforderlichen Rissbewehrung aufnehmbare Biegemoment $m_{Ed,s} = 53{,}1$ kNm/m ist 4,7-mal so groß und wird daher bei der Aufnahme der Lasteinwirkungen nicht ausgenutzt.

8.3 Nachweise für Betonbodenplatten mit Stahlfasern

8.3.1 Nachweis für unbewehrte Betonbodenplatten mit Stahlfaserzugabe

Stahlfaserbeton ist ein Beton nach DIN 1045, dem zum Erreichen bestimmter Eigenschaften Stahlfasern zugegeben werden [R25] [R30.6 - 30.8] [R45]. Die Stahlfasern gelten derzeit nur als Zusatzstoff, nicht als Bewehrung. Insofern wird Stahlfaserbeton auch als unbewehrter Beton angesehen [L31]. Dies wird sich voraussichtlich durch Veröffentlichung der DAfStb-Richtlinie „Stahlfaserbeton" ändern. Diese Richtlinie ist zurzeit als Ergänzung zu DIN 1045 in Bearbeitung.

Beispiele für stahlfaserbewehrte Betonbodenplatten, wie diese in Kapitel 4.5 für unbewehrte und in Kapitel 4.6 für mattenbewehrte Betonbodenplatten angegeben sind, können derzeit nicht genannt werden. Das Gleiche gilt für die rechnerischen Nachweise für stahlfaserbewehrten Betonbodenplatten, solange die DAfStb-Richtlinie „Stahlfaserbeton" [R25] noch in Bearbeitung ist. Damit Betonbodenplatten auch jetzt gebaut werden können, sind die erforderlichen Nachweise von den Stahlfaser-Herstellern vorzulegen.

8.3.2 Vereinfachter Nachweis für bewehrte Bodenplatten mit Stahlfaserzugabe

Bewehrtem Beton können zum Erreichen bestimmter Eigenschaften zusätzlich Stahlfasern zugegeben werden. Von Meyer + Meyer [L28] wurden Faktoren für die Abminderung der Bewehrung aus Stabstahl oder Betonstahlmatten genannt, wenn dem Beton zusätzlich Stahlfasern zugegeben werden. Diese Abminderungsfaktoren κ wurden herausgegeben als Ergänzung der Diagramme zur Rissbreitenbegrenzung (Bilder 7.9 und 7.10), und zwar auf der Grundlage des 22. Entwurfs der DAfStb-Richtlinie „Stahlfaserbeton" [R25].

Die Abminderungsfaktoren κ ergeben sich aus folgender Gleichung:

$$a_{s,red} = a_{s,erf} \cdot (1 - f_{eq,ctk,l} / f_{ctm}) \qquad \text{(Gl. 8.3)}$$

Mit Hilfe der Werte aus Tafel 8.1 ergibt sich eine vereinfachte Form dieser Gleichung:

$$a_{s,red} = a_{s,erf} \cdot \kappa \qquad \text{(Gl. 8.4)}$$

Hierbei sind:

$a_{s,erf}$ erforderlicher Stahlquerschnitt ohne Stahlfasern aus Bild 7.9 bzw. 7.10
$a_{s,red}$ reduzierter Stahlquerschnitt bei Verwendung von Stahlfasern
$f_{eq,ctk}$ äquivalente Zugfestigkeit des Stahlfaserbetons in Abhängigkeit von der Faserbetonklasse
f_{ctm} Mittelwert der zentrischen Zugfestigkeit des Betons nach Tafel 1.1

Die errechneten Abminderungsfaktoren κ sind in Tafel 8.1 zusammengestellt [L28]. Diese Abminderungsfaktoren κ können für die entsprechende Festigkeitsklasse des Betons und für die Faserbetonklasse direkt abgelesen werden.

Tafel 8.1: Abminderungsfaktoren κ für den Betonstahl bei Zusatz von Stahlfasern [L28 nach R25]

Festigkeitsklasse des Betons			C20/25	C25/30	C30/37	C35/45	C40/50
Mittelwert der zentrischen Zugfestigkeit f_{ctm} [N/mm²]			2,2	2,6	2,9	3,2	3,5
Umrechnung bezogen auf Beton C30/37 ohne Fasern			0,87	0,95	1,0	1,05	1,1
			Abminderungsfaktor κ				
Faserbetonklasse =	äquivalente Zugfestigkeit $f_{eq,ctk,l}$	0,4	0,71	0,80	0,86	0,92	0,97
		0,6	0,63	0,73	0,79	0,85	0,91
		0,8	0,55	0,66	0,72	0,79	0,85
		1,0	0,47	0,58	0,66	0,72	0,79
		1,2	0,40	0,51	0,59	0,66	0,72
		1,4	0,32	0,44	0,52	0,59	0,66
		1,6	0,24	0,37	0,45	0,53	0,60
		1,8	0,16	0,29	0,38	0,46	0,53
		2,0	0,08	0,22	0,31	0,39	0,47

Beispiel zur Erläuterung mit Begrenzung der Rissbreite für die Verwendung von Betonstahlmatten + Stahlfasern bei spätem Zwang ohne Bewegungsmöglichkeit der Betonbodenplatte auf dem Untergrund

Ausgangswerte (wie Beispiel in Kapitel 8.2.3, jedoch mit Stahlfasern):

- Betonfestigkeitsklasse C30/37
- Zement CEM II/B 32,5 R
- mittlere Zugfestigkeit des Betons $f_{ctm} = 2{,}9$ N/mm²
- äquivalente Zugfestigkeit des Stahlfaserbetons $f_{ceq,ctk,l} = 1{,}0$ N/mm²
- Faserbetonklasse 1,0
- Sohlplatte $h = 180$ mm
- Betondeckung $c_v = 40$ mm
- Stabdurchmesser $d_s = 8$ mm
- zentrischer äußerer Zwang (später Zwang), z.B. beim Schwinden des Betons mit: $k_{zt} = 1{,}2$
- Anforderung an zulässige Rissbreite $w_k = 0{,}15$ mm

Bewehrung nach Bild 7.10 für $d_s = 8$ mm:

$a_{s1,Diagr} = 7{,}4$ cm²/m

Umrechnung für Rissbreite $w_{k,zul} = 0{,}15$ mm

$a_{s1} = 7{,}4 \cdot 1{,}15 = 8{,}45$ cm²/m

Abminderungsfaktor κ für Stahlfasern nach Tafel 8.1:

$\kappa = 0{,}59$

Erforderliche Bewehrung:

$a_{s1,red} = a_{s1} \cdot \kappa = 8{,}5 \cdot 0{,}59 = 5{,}02\ cm^2/m$

Bewehrung gewählt:

Q 524 A mit $a_{s1,vorh} = 5{,}24\ cm^2/m$ jeweils unten und oben
+ Stahlfasern für Faserbetonklasse 1,2 nach Angaben des Herstellers

8.4 Nachweise für Betonbodenplatten mit Spannlitzen

Betonbodenplatten mit Spannlitzen bieten als einzige Konstruktionsart die Möglichkeit, Betonbodenplatten mit großen Abmessungen fugenlos und ohne Risse herzustellen. Mit großer Sicherheit kann das Entstehen von Rissen verhindert werden, wenn die gesamte Betonbodenplatte in Längs- und Querrichtung durch Spannlitzen unter Druck gesetzt wird.

Bei einem Nachweis der Gebrauchstauglichkeit sollte zunächst von einer unbewehrten Betonbodenplatte ausgegangen werden. Ein derartiges Nachweisbeispiel ist in Kapitel 8.1.1 dargestellt. Für die Wahl der Spannlitzen ist als nächstes zu entscheiden, welches Ziel erreicht werden soll:

- Begrenzung der Rissbreite
- Verringerung der Rissgefahr
- mögliches Vermeiden von Rissen
- große Sicherheit gegen entstehende Risse

Aus den vorstehend genannten Anforderungen ergibt sich der Höhe der Betondruckspannung, die durch Spannlitzen aufzubringen ist. Der Grad der Vorspannung kann bis zum vollständigen Überdrücken der rechnerisch entstehenden Zugspannung erhöht werden. Dabei ist zu entscheiden, ob die aus Lastbeanspruchungen entstehende Biegezugspannung mit der durch Zwangbeanspruchung entstehenden Längszugspannung überlagert werden soll. In diesem Fall wäre dann die Gesamtspannung zu überdrücken, wenn eine große Sicherheit gegen entstehende Risse verlangt wird.

Diese Vorgehensweise kann bei jenen Flächen sinnvoll sein, die dem Umgang mit wassergefährdenden Stoffen dienen sollen und bei denen gefährdende Stoffe nicht in den Baugrund und ins Grundwasser gelangen dürfen, z.B. nach dem Wasserhaushaltsgesetz WHG § 19 g.

Beispiel zur Erläuterung

Die Betonbodenplatte des Beispiels in Kapitel 8.1.1 wird unten den Gesichtspunkten des Grundwasserschutzes betrachtet. Die Betonbodenplatte soll daher ohne Fugen hergestellt werden und rissfrei bleiben. Die Gesamtfläche von 800 m² erhält keine Fugen. Lediglich an den Rändern der Betonbodenplatte sind an den Randaufkantungen auch Randfugen auszubilden, damit keine Verbindung mit anderen Bauteilen besteht.

In Abstimmung mit dem Bauherrn und den zuständigen Behörden wird vom Planer festgelegt, dass die entstehenden Zugspannungen durch Spannlitzen vollständig überdrückt werden sollen.

Die Betonbodenplatte wird auf eine gebundene Tragschicht mit flügelgeglätteter Oberfläche auf 2 Lagen PE-Folie gelegt. Der Reibungsbeiwert wird entsprechend Tafel 7.12 mit $\mu_0 = 0{,}7$ angenommen. $\mu_d = \gamma_R \cdot \mu_0 = 1{,}35 \cdot 0{,}7 = 0{,}95$.

a) Ausgangswerte

– Betonfestigkeitsklasse C30/37 als FD-Beton		
– Betondruckfestigkeit	f_{ck}	$= 30\ N/mm^2$
– zentrische Zugfestigkeit	$f_{ctk;0,05}$	$= 2{,}0\ N/mm^2$
– w/z-Wert nach DAfStb-RiLi [R20]	w/z	$\leq 0{,}50$
– Dicke der Betonbodenplatte	h	$= 220\ mm$
– Platte ohne Fugen	A	$= 800\ m^2$
– Plattenlänge	L_x	$= 50\ m$
– Plattenbreite	L_y	$= 16\ m$
– Bemessungsradlast Gabelstapler	$Q_{1,d}$	$= Q_{2,d} = (\gamma_Q \cdot \varphi_n) \cdot Q_k = 1{,}75 \cdot 32 \approx 56\ kN$
– Bemessungslast Regale	G_d	$= \gamma_G \cdot G_k = 1{,}35 \cdot 26 \approx 35\ kN$
– Pressung aus Regalen je Plattenfeld	P_{Regal}	$= n \cdot G_d / (L_x \cdot L_y) = 180 \cdot 35 / (50{,}0 \cdot 16{,}0) \approx 7{,}9\ kN/m^2$
– Gesamtpressung unter Plattenfeld	p_d	$= \gamma_G \cdot h \cdot \gamma_c + p_{Regal} = 1{,}35 \cdot 0{,}22 \cdot 25 + 7{,}9 \approx 15{,}3\ kN/m^2$

b) Schnittgrößen für die Nachweisführung

Bemessungs-Biegemomente aus Lasteinwirkungen (aus Beispiel 8.1.1):

Lastfall: Lasten in Plattenmitte	$m_{m,d}$	$= 11{,}35\ kNm/m$
Lastfall: Lasten am Plattenrand	$m_{r,d}$	$= 11{,}24\ kNm/m$
Lastfall: Last auf der Plattenecke	$m_{e,d}$	$= 13{,}11\ kNm/m$

Widerstandsmoment der Betonplatte:

$$w_c = b \cdot h^2 / 6 = 100 \cdot 22^2 / 6 = 8.067\ cm^3/m$$

Biegespannungen aus Lasteinwirkungen:

Lasten in Plattenmitte: $\sigma_{cm,m} = m_{m,d} / W_c = 11{,}35 \cdot 10^3 / 8.067 = 1{,}41\ N/mm^2$

Lasten am Plattenrand: $\sigma_{cm,r} = m_{r,d} / W_c = 11{,}24 \cdot 10^3 / 8.067 = 1{,}39\ N/mm^2$

Last auf der Plattenecke: $\sigma_{cm,e} = m_{e,d} / W_c = 13{,}11 \cdot 10^3 / 8.067 = 1{,}63\ N/mm^2$

Zugkraft in der Betonbodenplatte:

$n_{ct,x} = \gamma_R \cdot \mu_0 \cdot p_d \cdot L_x / 2 = 1{,}35 \cdot 0{,}7 \cdot 15{,}3 \cdot 50{,}0 / 2 = 361{,}4\ kN/m$

$n_{ct,y} = \gamma_R \cdot \mu_0 \cdot p_d \cdot L_y / 2 = 1{,}35 \cdot 0{,}7 \cdot 15{,}3 \cdot 16{,}0 / 2 = 115{,}7\ kN/m$

c) Betonzugspannungen

Längszugspannung in Feldmitte aus Zwang:

$$\sigma_{ct,x} = \frac{n_{ct,x}}{h \cdot b} \cdot 10^{-3} = \frac{361{,}4}{0{,}22 \cdot 1{,}00} \cdot 10^{-3}$$

$$\sigma_{ct,x} = 1{,}64\ N/mm^2$$

$$\sigma_{ct,y} = \frac{n_{ct,y}}{h \cdot b} \cdot 10^{-3} = \frac{115{,}7}{0{,}22 \cdot 1{,}00} \cdot 10^{-3}$$

$$\sigma_{ct,y} = 0{,}53\ N/mm^2$$

Maximale Gesamtspannungen in Feldmitte:

$\sigma_{c,x,max} = \sigma_{cm,m} + \sigma_{ct,x} = 1{,}41 + 1{,}64 = 3{,}05\ N/mm^2$

$\sigma_{c,y,max} = \sigma_{cm,m} + \sigma_{ct,y} = 1{,}41 + 0{,}53 = 1{,}94\ N/mm^2$

d) Anmerkungen

Diese Betonzugspannungen von 3,05 N/mm^2 bzw. 1,94 N/mm^2 überschreiten bzw. erreichen das 5 %-Quantil der Betonzugfestigkeit von $f_{ctk;0,05} = 2{,}0\ N/mm^2$.

Daraus ist der folgender Schluss zu ziehen und es sind entsprechende Planungsvorgaben abzuleiten:

- Ohne Vorspannung sind Trennrisse zu erwarten, die zur Durchlässigkeit der Betonbodenplatte führen werden.
- Mit Vorspannungen in Längs- und Querrichtung der Betonbodenplatte sind Risse zu vermeiden.
- Die Vorspannung muss allerdings groß genug sein. Günstig ist es, die Vorspannung so einzustellen, dass mögliche Zugspannungen in voller Größe überdrückt werden, damit sie erst gar nicht entstehen. Dafür ist durch die Spannlitzen in x-Richtung eine Druck-

spannung von mindestens 3,05 N/mm² und in y-Richtung von mindestens 1,94 N/mm² aufzubringen.

e) Erforderliche Spannkraft je Spannlitze

$F_{t,zul}$ = 210 kN je Litze (diese Angabe ist beim Hersteller zu erfragen)

Erforderliche Spannkraft in x-Richtung je m Plattenseite:

$F_{t,x,erf} = a_c \cdot \sigma_{c,x,max} = 220 \cdot 1.000 \cdot 3{,}05 \cdot 10^{-3}$
$= 671$ kN/m

Erforderliche Anzahl n und Abstand s der Spannlitzen in x-Richtung je m Plattenseite:

$n_{x,erf} = F_{t,x,erf} \,/\, F_{t,zul} = 671 / 210 = 3{,}20$
$s_{x,zul} \leq 1.000 / 3{,}20 \leq 310$ mm Litzenabstand

Erforderliche Spannkraft in y-Richtung je m Plattenseite:

$F_{t,y,erf} = a_c \cdot \sigma_{c,y,max} = 220 \cdot 1.000 \cdot 1{,}94 \cdot 10^{-3}$
$= 427$ kN/m

Erforderliche Anzahl n und Abstand s der Spannlitzen in y-Richtung je m Plattenseite:

$n_{y,erf} = F_{t,y,erf} \,/\, F_{t,zul} = 427 / 210 = 2{,}03$
$s_{y,zul} \leq 1.000 / 2{,}03 \leq 490$ mm Litzenabstand

Die Spannlitzen sollten früh genug die erforderliche Vorspannung erhalten, sodass die bei abfließender Hydratationswärme entstehenden Zwangspannungen überdrückt werden. Damit kann der Beton auch während der Erhärtungsphase rissfrei bleiben. Bereits 24 Stunden nach Fertigstellung der Betonbodenplatte sollte in Längsrichtung und Querrichtung eine Anfangs-Vorspannung von mindestens 0,8 N/mm² aufgebracht werden.

Die Anfangs-Vorspannkraft erfordert folgende Spannkräfte:

– in x-Richtung $F_{t,x,Hydr} \geq s_x \cdot h \cdot \sigma_{c,min} = 0{,}310 \cdot 0{,}22 \cdot 0{,}8 \cdot 10^3$
≥ 55 kN je Spannlitze

– in y-Richtung $F_{t,y,Hydr} \geq s_y \cdot h \cdot \sigma_{c,min} = 0{,}490 \cdot 0{,}22 \cdot 0{,}8 \cdot 10^3$
≥ 86 kN je Spannlitze

8.5 Nachweise für gewalzte Betonbodenplatten

Gewalzte Betonbodenplatten sind unbewehrte Betonbodenplatten. Sie sind für fugenlose Betonböden gut geeignet (Kapitel 4.7.2). Diese Art der Betonbodenplatten stellen eine besondere Bauart dar und sollten nur von Spezialunternehmen hergestellt werden, die diese Betonböden einschließlich einer oberen Deckschicht anbieten.

Die Dicke der Betonbodenplatte ist im Allgemeinen so groß wie die Dicke anderer unbewehrter Betonbodenplatten (Kapitel 4.5). In Tafel 4.6 sind die Dicken für unbewehrte Betonbodenplatten angegeben. Die Anwendung gewalzter Betonbodenplatten sollte auf den Beanspruchungsbereich 1 begrenzt werden (Tafel 4.6). Eine Anwendung für höhere Beanspruchungsbereiche ist im Spezialfall mit dem Hersteller detailliert abzuklären. Die Plattendicke sollte jedoch mindestens 18 cm betragen.

Die erforderlichen Nachweise für die Gebrauchstauglichkeit des Betonbodens bei den vorgesehenen Beanspruchungen sind von dem Spezialunternehmen zu erbringen, das die gewalzte Betonbodenplatte herstellt.

8.6 Auswahl fugenloser Betonbodenplatten

Fugenlose Betonbodenplatten können im Sonderfall nur von Spezialunternehmen ausgeführt werden und sind nicht der Normalfall. Von der Bauherrenseite kann an den Planenden der Wunsch nach einer fugenlosen Betonbodenplatte herangetragen werden. Es ist dann die Aufgabe des Planenden zu klären, ob dies überhaupt möglich ist – und wenn ja – mit welcher Konstruktion diesem Wunsch im Einzelfall entsprochen werden kann. Es ist also zunächst die Frage zu klären, warum eine Betonbodenplatte fugenlos sein soll und welchem Zweck sie zu dienen hat.

So könnten z.B. folgende Gründe für eine fugenlose Betonbodenplatte sprechen:

- Fugen stören den späteren Betriebsablauf,
  der auf der Betonbodenplatte stattfinden soll;
- durch die Art der Nutzung werden Kantenabbrüche an Fugen befürchtet;
- die während der Nutzungszeit erforderliche Fugenpflege wird als lästig angesehen;
- die Abdichtung der Fugen ist aufwendig und unsicher.

Weiterhin sind Fragen zur Bewertung von Rissen durch den Planenden in Zusammenarbeit mit dem Nutzer des Hallenfußbodens abzuklären:

- Müssen Risse mit großer Sicherheit vermieden werden?
- Können entstehende Risse hingenommen werden?
- Mit welcher Rissbreite soll gerechnet werden?

Unbewehrte Betonbodenplatten scheiden für fugenlose Flächen aus, da bei unbewehrten fugenlosen Flächen zahlreiche und teilweise breite Risse zu erwarten wären.

Mattenbewehrte Betonbodenplatten erfordern je nach zulässiger Rissbreite umfangreiche Bewehrungen. Hierfür wären Listenmatten erforderlich, da Lagermatten diesen Bewehrungsgrad nicht abdecken. Diese Betonbodenplatten könnten unwirtschaftlich sein, es sei denn, dass Spezialverfahren angewendet werden (Kapitel 8.2).

Stabstahlbewehrte Betonbodenplatten ließen sich mit hohen Bewehrungsquerschnitten herstellen, wenn eine bestimmte Rissbreite gesichert werden soll. Auch hier sind die Wirtschaftlichkeit und/oder der Einsatz eines Spezialverfahrens zu prüfen.

Faserbewehrte Betonbodenplatten würden einen hohen Faseranteil erforderlich machen, wenn keine breiteren Risse entstehen dürfen (Kapitel 8.3). Derartige Betone lassen sich kaum verarbeiten. Auch hierfür sind Spezialverfahren erarbeitet worden.

Vorgespannte Betonbodenplatten sind eine gute und sinnvolle Lösung für fugenlose Betonbodenplatten, die keine Risse aufweisen dürfen. Für das Aufbringen einer Druckspannung werden Spannlitzen verwendet (Kapitel 8.4). Die Kosten hierfür sind häufig günstiger als bei schlaff bewehrten Betonbodenplatten, sofern das entsprechende Unternehmen in der Ausführung dieser Art von Betonbodenplatten einschlägige Erfahrungen besitzt.

Gewalzte Betonbodenplatten sind für fugenlose Betonbodenplatten geeignet (Kapitel 4.7.2) Gewalzte Betonbodenplatten werden von Unternehmen hergestellt, die hierauf spezialisiert sind. Die Oberseite der gewalzten Platte erhält eine obere Deckschicht. Vom Spezialunternehmen sollte auch der Nachweis für die auftretenden Beanspruchungen vorgelegt werden. Dieser Nachweis kann dann der weiteren Planung zugrunde gelegt werden.

Betonbodenplatten mit fester Verbindung zum Unterbau können eine sinnvolle und ggf. auch wirtschaftliche Lösung im Rahmen eines Spezialverfahrens sein, wenn dazu die Voraussetzungen gegeben sind (Kapitel 4.7.3). Erforderlich ist eine feste Verzahnung mit dem Unterbau. Mit dem ausführenden Spezialunternehmen ist im Einzelfall genauestens abzuklären, wie diese Voraussetzungen geschaffen werden können. Außerdem ist es erforderlich, dass vom ausführenden Unternehmen eine Gewährleistung für eine Oberfläche der Betonbodenplatte abgegeben wird, die keine Risse über einem bestimmten Grenzwert aufweist, z.B. $w \leq 0{,}15$ mm.

Zusammengefasst bedeutet dies für fugenlose Betonbodenplatten:

Anspruchsvolle Flächen, bei denen Risse nach Möglichkeit vermieden oder in ihrer Breite sehr eng begrenzt werden müssen, sind auf folgende Arten ausführbar:

- Vorgespannte Betonbodenplatten mit einer Druckvorspannung durch Spannlitzen sind vorzugsweise rissfrei herstellbar. Die Oberfläche wird fertig hergestellt, gescheibt oder geglättet, je nach Oberflächenbeanspruchung ohne oder mit Hartstoffen.
- Gewalzte Betonbodenplatten mit einer oberen Deckschicht als Gesamtsystem können von spezialisierten Unternehmen hergestellt werden, die eine Gewährleistung für das Schließen von Rissen übernehmen, sofern einzelne Risse entstehen sollten.
- Stark bewehrte Betonbodenplatten mit fester Verbindung zum Unterbau durch Anwendung von Spezialverfahren, wobei eine zulässige Rissbreite festgelegt werden sollte.

8.7 Nachweise für wärmegedämmte Betonböden

8.7.1 Nachweis für Dämmplatten aus extrudiertem Polystyrolschaum (XPS)

Extruderschaumplatten XPS nach DIN EN 13165 sind in der Bauregelliste B Teil 1 erfasst und können als Perimeterdämmung eingesetzt werden. Sie erfüllen im eingebauten Zustand die Anforderungen an schwerentflammbare Baustoffe der Baustoffklasse B nach DIN 4102-1. Der Rechenwert der Wärmeleitfähigkeit beträgt in den Wärmeleitfähigkeitsgruppen 035 und 040:

- Wärmeleitfähigkeit $\lambda_R = 0{,}035$ W/(m·K) bzw. $\lambda_R = 0{,}040$ W/(m·K)

Der Bettungsmodul k_s kann berechnet werden aus dem Verhältnis der Druckspannung σ_{zul} für Dauerdruckbelastung bezogen auf die Zusammendrückung Δd bei maximaler Stauchung, berechnet aus der Stauchung ε multipliziert mit der Dicke der Dämmplatte d. In Anlehnung an Gleichung 7.4 ergibt sich damit:

$$\text{Bettungsmodul } k_s = \frac{\sigma_{zul}}{\varepsilon \cdot d} \qquad \text{(Gl. 8.5)}$$

Beispiel zur Erläuterung

Für eine 80 mm dicke Dämmplatte mit einer Stauchung von 3 % (Zulassung des Deutschen Instituts für Bautechnik Berlin DIBt) und mit einer zulässigen Druckspannung von $\sigma_{zul} = 0{,}18$ N/mm^2 errechnet sich folgender Bettungsmodul k_s:

$$\text{Bettungsmodul } k_s = \frac{\sigma_{zul}}{\varepsilon \cdot d} = \frac{0{,}18}{0{,}03 \cdot 80} = 0{,}075 \text{ N/mm}^3 = 75 \text{ MN/m}^3$$

Dieser Bettungsmodul liegt in der Größenordnung, wie er für gute mineralische Tragschichten angenommen werden kann (Kapitel 7.1.2, Gleichung 7.5). Entscheidend für das tatsächliche Verhalten ist aber auch, wie die Dämmplatten auf dem Untergrund aufgelagert sind, ob sie z.B. satt eingebettet wurden. Wenn dies nicht der Fall ist, muss zusätzlich zur Stauchung der Dämmplatten mit größeren Setzungen gerechnet werden, sodass der Bettungsmodul kleiner angesetzt werden sollte.

Die Betonbodenplatte kann unter Berücksichtigung der in vorstehender Gleichung 8.3 aufgeführten Beziehung für den Bettungsmodul in der Weise nachgewiesen werden, wie dies bei den anderen Betonbodenplatten gezeigt wurde (Beispiele Kapitel 8.1 und 8.2).

8.7.2 Nachweis für Dämmplatten aus Schaumglas (CG)

Schaumglasplatten CG nach DIN EN 13167 sind in der Bauregelliste B Teil 1 aufgeführt. Sie erfüllen im eingebauten Zustand die Anforderungen an nicht brennbare Baustoffe der Baustoffklasse A 1 nach DIN 4102-1. Der Rechenwert der Wärmeleitfähigkeit beträgt in den Wärmeleitfähigkeitsgruppen 040 und 045:

- Wärmeleitfähigkeit $\lambda_R = 0{,}040$ W/(m·K) bzw. $\lambda_R = 0{,}045$ W/(m·K)

Die Dicke der Schaumglasplatten darf 40 mm nicht unterschreiten und 120 mm nicht überschreiten. Ein Steifemodul wird in den Zulassungen nicht angegeben, da das Material steifer als der unter der Betonbodenplatte liegende Baugrund ist. Als zulässige Druckspannung kann mit $\sigma_{zul} = 0{,}16$ N/mm^2 gerechnet werden, sofern nicht höhere Werte in den Zulassungen des Deutschen Instituts für Bautechnik Berlin DIBt angegeben sind.

Entscheidend für das tatsächliche Tragverhalten ist auch hierbei die Lagerung der Dämmplatten auf dem Untergrund. Erforderlich ist eine satte Einbettung in Heißbitumen auf einer vorbereiteten Sauberkeitsschicht aus Beton. Danach sind die Plattenoberflächen mit einem vollflächigen Heißbitumenanstrich zu versehen.

Für den Nachweis der Gebrauchstauglichkeit einer Betonbodenplatte auf Schaumglasdämmung ist der Bettungsmodul des Untergrundes maßgebend. Die Betonbodenplatte kann somit in der bekannten Weise unter Berücksichtigung der in Gleichung 7.5 aufgeführten Beziehung für den Bettungsmodul nachgewiesen werden (Beispiele Kapitel 8.1 und 8.2).

8.7.3 Nachweis für Schüttungen aus Schaumglas-Schotter (SGS)

Für die Verwendung einer Schüttung aus Schaumglas-Schotter als Wärmedämmschicht ist eine Allgemeine bauaufsichtliche Zulassung erforderlich. In den Zulassungen sind sowohl die Materialkennwerte als auch die Rechenwerte für die Nachweise angegeben. Dies können folgende Angaben sein:

- Die Planungsdicke ist die Mindestdicke der im Verhältnis $v = 1{,}3 : 1$ verdichteten Wärmedämmschicht.
- Die Dicke der verdichteten Wärmedämmschicht darf 150 mm nicht unterschreiten und 500 mm nicht überschreiten.
- Die zulässige Druckspannung beträgt $\sigma_{zul} = 0{,}08$ N/mm^2 = 80 kN/m^2
- Bei Einhaltung der zulässigen Druckspannung kann angenommen werden, dass eine Stauchung von 3 % nicht überschritten wird.

Die verdichtete Schicht aus Schaumglas-Schotter wirkt durch die enge Verzahnung der einzelnen Bruchstücke wie eine lastabtragende Schottertragschicht. Hierbei können E_{V2}-Werte als Verformungsmodul erreicht werden von:

- $E_{V2} = 50$ MN/m^2

Der Bettungsmodul kann angesetzt werden mit:

- $k_s = 15$ MN/m^3 bei etwa 18 cm Schichtdicke

Für die Verwendung vorstehender Werte ist ein Nachweis des Herstellers vorzulegen.

9 Herstellen der Unterkonstruktion

Mit diesem Kapitel beginnt die Darstellung der Bauausführung von Betonböden. Die Ausführung von Betonböden erfordert Fachkenntnisse und Erfahrung. Dies wird häufig unterschätzt. Eine richtige Einschätzung des erforderlichen Arbeitsaufwandes ist jedoch nötig, wenn dauerhaft funktionsfähige Hallen- und Freiflächen entstehen sollen.

Betonböden für Produktions- und Lagerhallen oder Freiflächen sind zwischen den Gebieten des allgemeinen Hochbaues und des Straßenbaues angesiedelt. Die einzelnen Arbeitsvorgänge haben häufig mehr mit Tiefbauarbeiten zu tun, als es die Beschäftigten im Hochbau gewohnt sind. Daraus ergeben sich Schwierigkeiten. Hinzukommt, dass dieses gelegentlich auch für die Planenden bei der Festlegung der Konstruktion zutrifft.

Die Herstellung von Betonböden sollte daher nur von Fachfirmen ausgeführt werden. Dies trifft für die verschiedenen Teilgewerke zu, die auch in VOB Teil C getrennt dargestellt sind, wie z.B.:

- Erdarbeiten DIN 18300
- Dränarbeiten DIN 18308
- Tragschichtarbeiten (Oberbauarbeiten) DIN 18315 und DIN 18316
- Beton- und Stahlbetonarbeiten DIN 18331
- Estricharbeiten (Hartstoffschicht) DIN 18353

Die Objektüberwachung hat dafür zu sorgen, dass jede der Fachfirmen ihr Teilgewerk fachgerecht ausführt, überwacht und dokumentiert, damit schließlich eine förmliche Abnahme der ausgeführten Leistung erfolgen kann.

Die Dauerhaftigkeit des gesamten Betonbodens hängt sehr wesentlich von der Tragfähigkeit des Untergrundes und der Tragschicht ab. Eine gute Tragfähigkeit der Betonbodenplatte kann nur erreicht werden, wenn ein geeigneter Untergrund und eine richtig gewählte Tragschicht sorgfältig verdichtet sind. Wichtig ist außerdem die Entwässerung durch eine richtig verlegte Dränung, wenn dieses die Wasserverhältnisse im Baugrund vor Ort erfordern.

9.1 Vorbereiten des Untergrundes

Die Anforderungen an den Untergrund sind in Kapitel 4.2.1 beschrieben. Maßgebend ist der für die maximale Belastung zutreffende Verformungsmodul des Untergrunds $E_{V2,U}$ entsprechend Tafel 13.1 sowie das Verhältnis $E_{V2,U} / E_{V1,U} \leq 2{,}5$. Bei der Ausführung ist sicherzustellen, dass diese Anforderungen eingehalten werden.

Für die Ausführung der Arbeiten am Untergrund gilt VOB Teil C DIN 18300 „Erdarbeiten". Dort ist der Boden entsprechend seinem Zustand in Bodenklassen eingestuft. Anstehende Bodenarten der Klasse 1 (Oberboden, Boden mit organischen Bestandteilen) und der Klasse 2 (fließende Bodenarten) sind als tragender Untergrund nicht geeignet. Bodenarten der Klasse 3 sind nicht bindige bis schwach bindige Sande, Kiese und Sand-Kies-Gemische, die gut geeignet sind. Bodenarten der Klassen 4 und 5 (schwer lösbare, bindige Bodenarten) müssen ggf. ausgebaut oder stabilisiert werden, wenn sie stark durchfeuchtet sind. Fels und vergleichbare Bodenarten der Klassen 6 und 7 sind gut geeignet. Sie erfordern einen oberflächigen Ausgleich mit Feinkies oder Sand, wenn keine Tragschicht aufgebracht wird.

Ungeeignete Bodenarten (z.B. Mutterboden, Torf, Schlamm, Ton) und Hindernisse (z.B. Baumstümpfe, Baumwurzeln, Bauwerksreste) sind zu entfernen. Vertiefungen in der Gründungssohle sind aufzufüllen. Der Füllboden ist so zu verdichten, dass er möglichst so dicht liegt wie der anstehende Boden, damit ein gleichmäßig tragender Untergrund entsteht (Kapitel 4.2.1).

Für das Verdichten sollte der Feuchtegehalt des Untergrundes im Bereich des optimalen Wassergehalts liegen. Untergrund und Füllboden müssen genügend feucht, aber nicht zu nass sein, z.B. erdfeucht. Das Verdichten soll maschinell erfolgen. Dazu ist geeignetes Gerät nötig. Das Rüttelgerät muss eine ausreichend große Verdichtungsleistung besitzen. Es sollte möglichst eine Fliehkraft von $F \geq 20$ kN haben, z.B. Rüttelplatte AT 2000.

Aufschüttungen sind lagenweise einzubauen und zu verdichten. Trockenes Aufschüttmaterial ist ggf. anzufeuchten, damit es verdichtbar ist. Schütthöhe und Anzahl der Arbeitsgänge beim Verdichten sind nach Art und Größe der Verdichtungsgeräte und der Bodenart festzulegen (Schütthöhe höchstens 30 cm). Die Verdichtung hat so zu erfolgen, dass beim späteren Anliefern und Einbringen des Tragschichtmaterials das Befahren des Untergrundes ohne große Spurbildung durch Lkw möglich ist (Kapitel 13.1.2). Die Verdichtungswirkung ist durch Plattendruckversuche nach DIN 18134 nachzuweisen. Bereiche mit unzureichenden Ergebnissen sind nachzuverdichten und erneut zu prüfen.

Als Nachweis einer ausreichenden Verdichtung des Untergrundes sind die Prüfberichte über die durchgeführten Plattendruckversuche der Bauleitung des Bauherrn vorzulegen (Kapitel 13.1). Lastabhängige Anforderungen an den erforderlichen Verformungsmodul des Untergrundes $E_{V2,U}$ sowie an das Verhältnis $E_{V2,U} / E_{V1,U} \leq 2{,}5$ sind in Tafel 13.1 angegeben.

Hinweis:
Bei ungünstigen bzw. unklaren Untergrundverhältnissen und großen Belastungen ist eine genauere Erkundung des Untergrunds sowie das Prüfen der Verdichtungswirkung durch ein Erd- und Grundbauinstitut erforderlich, damit die Gefahr späterer Setzungen verringert wird.

Das Planum des Untergrundes ist höhengerecht und horizontal oder im vorgeschriebenen Längs- und Quergefälle herzustellen. Abweichungen der Oberfläche des Untergrundes von der Sollhöhe dürfen an keiner Stelle mehr als 3 cm betragen, der rechnerische Mittelwert muss der Sollhöhe entsprechen. Die Prüfung erfolgt durch Nivellement.

9.2 Herstellen der Dränung

Für die Ausführung der Dränarbeiten gilt DIN 4095 „Baugrund; Dränung zum Schutz baulicher Anlagen“ [N18]. Außerdem ist die VOB „Vergabe und Vertragsordnung für Bauleistungen“ maßgebend mit DIN 18308 „Dränarbeiten“ [N47].

Die erforderlichen Dränmaßnahmen werden bei der Planung festgelegt (Kapitel 4.2.2). Vorhandenes Grundwasser oder Schichtenwasser oder stauendes Niederschlagswasser müssen gefasst und abgeleitet werden, bevor es einen Schaden am Betonboden verursacht. Für die Ableitung des Wassers werden Dränrohrleitungen mit einer Nennweite DN 100 (Ø 100 mm) verwendet. Dieses können poröse Filterrohre aus Beton oder geschlitzte Kunststoffrohre sein. Sie sind mit 0,5 % Gefälle zu verlegen, bei Hallen möglichst als Ringleitung entlang der Außenfundamente. Eine Auflagerung auf Fundamentvorsprüngen ist unzulässig. Bei Freiflächen ist die Frostschutzschicht bis an die Dränleitung heranzuführen.

Die Rohrsohle ist am Hochpunkt mindestens 20 cm unter Oberfläche Betonbodenplatte anzuordnen. In keinem Fall darf der Rohrscheitel die Oberfläche der Betonbodenplatte überschreiten. Die Dränleitungen sind mindestens 15 cm dick von Kiessand (z.B. 0/8 mm) zu umhüllen.

Bei Richtungswechseln der Dränleitung sollen Spülrohre DN 300 in einem Abstand von höchstens 50 m angeordnet werden. Die Dränleitungen laufen zu einem Übergabeschacht DN 1000, von dort in den Vorfluter. Erforderlichenfalls ist die Ableitung gegen Stau aus dem Vorfluter zu sichern, z.B. durch eine Rückstauklappe, die bei Hochwasser wirksam wird.

9.3 Einbau der Tragschicht

Für die Herstellung der Tragschichten sollte VOB Teil C DIN 18315 „Verkehrswegebauarbeiten, Oberbauschichten ohne Bindemittel“ [N48] oder DIN 18316 „Verkehrswegebauarbeiten, Oberbauschichten mit hydraulischen Bindemitteln“ [N49] vereinbart werden. Es können jedoch auch besondere Regelungen getroffen werden, z.B. für die Tragschichtdicke oder die profilgerechte Lage der Tragschicht.

Nach Kapitel 3.2 der jeweiligen VOB hat der Auftragnehmer bei seiner Prüfung des Untergrundes erforderlichenfalls Bedenken anzumelden, z.B. insbesondere bei folgenden Feststellungen:

- offensichtlich unzureichende Tragfähigkeit;
- Abweichungen von der planmäßigen Höhenlage, Neigung oder Ebenheit;
- schädliche Verschmutzungen;
- Fehlen notwendiger Entwässerungseinrichtungen.

In der Praxis wird diese Regelung der VOB leider häufig nicht beachtet.

Die Anforderungen an die Tragschicht sind in Kapitel 4.2.3 beschrieben. Bei der Ausführung ist sicherzustellen, dass diese Anforderungen eingehalten werden.

Das Anliefern des Tragschichtmaterials hat so zu erfolgen, dass das Planum des Untergrundes nicht zu stark aufgewühlt wird. Erforderlichenfalls muss nachplaniert werden. Das Verteilen des Tragschichtmaterials kann von Hand oder maschinell geschehen. Das Material muss so verteilt werden, dass nach der Verdichtung die geforderte Einbaudicke vorhanden ist.

9.3.1 Verdichtung

Die Tragschicht ist gleichmäßig zu verdichten, und zwar maschinell durch Walzen oder schwere Rüttelplatten. Zum Verdichten muss das Tragschichtmaterial die geeignete Feuchte haben. Erdfeuchtes Material lässt sich besser verdichten als zu trockenes Material. Eine gute Verdichtung kann nur dann erfolgen, wenn die Feuchte im Bereich des optimalen Wassergehalts liegt.

Das Rüttelgerät (Doppelvibrationswalzen oder Vibrationsplatten) sollte eine Mindestfliehkraft (Rüttelkraft) von $F \geq 20$ kN haben, z.B. Rüttelplatte AT 2000. Die Überprüfung der gleichmäßigen Verdichtung ist besonders wichtig (Kapitel 13.1).

Als Nachweis einer ausreichenden Verdichtung der Tragschicht sind die Prüfberichte über die durchgeführten Plattendruckversuche der Bauleitung des Bauherrn vorzulegen (Kapitel 13.1). Lastabhängige Anforderungen an den erforderlichen Verformungsmodul der Tragschicht $E_{V2,T}$ sowie an das Verhältnis $E_{V2,T} / E_{V1,T} \leq 2{,}2$ sind in Tafel 13.1 angegeben.

Tragschichten mit hydraulischen Bindemitteln sind mindestens drei Tage lang nach der Herstellung gegen Austrocknen zu schützen oder ständig feucht zu halten.

9.3.2 Profilgerechte Lage

Die Oberfläche der Tragschicht ist höhengerecht und horizontal oder im vorgeschriebenen Längs- und Quergefälle herzustellen. Abweichungen der Oberfläche von der Sollhöhe dürfen an keiner Stelle mehr als 2 cm betragen.

Hinweis:
Diese Forderung ist besonders vertraglich zu vereinbaren, denn im Gegensatz hierzu lassen die „Allgemeinen Technischen Vertragsbedingungen für Bauleistungen (ATV)“ der VOB Abweichungen von 3 cm zu.

Der rechnerische Mittelwert der Höhenlage muss der Sollhöhe entsprechen. Minderdicken in der Betonbodenplatte durch Abweichungen von der Sollhöhe der Tragschicht müssen vermieden werden. Die Prüfung erfolgt durch Nivellement.

9.3.3 Frostschutzschichten (FSS)

Jede Kies- oder Schottertragschicht kann die Funktion einer Frostschutzschicht übernehmen (Kapitel 4.2.3). Dazu ist es jedoch erforderlich, dass die Frostschutzschicht als Sickerschicht Anschluss an die Dränrohrleitung besitzt, damit Grund-, Sicker- oder Schichtenwasser abgeführt werden kann (Kapitel 9.2). Da die Frostschutzschicht (FSS) an der Tragfähigkeit der Betonbodenplatte beteiligt ist, muss auch die Frostschutzschicht einwandfrei verdichtet werden (Kapitel 13.1).

9.3.4 Kiestragschichten (KTS)

Sie werden aus hohlraumarmen, korngestuften Kies-Sand-Gemischen der Körnung 0/32 mm, 0/45 oder 0/56 mm hergestellt. Der im Hochbau leider häufig verwendete „Füllsand" ist hierfür nicht geeignet. Das Gemisch darf also nicht zu viel Feinkorn enthalten. Andererseits muss so viel Feinkorn vorhanden sein, dass beim Verdichten frostempfindlicher Boden von unten nicht eindringen kann.

Entsprechend der Kornzusammensetzung und Kornabstufung des Gemisches können Kiestragschichten bei vollständiger Verdichtung unterschiedliche Tragfähigkeiten erreichen. Je dichter die Lagerung durch gute Kornabstufung ist, umso mehr Tragfähigkeit kann erreicht werden.

Die dichte Lagerung ist durch Plattendruckversuch nach DIN 18134 [N42] zu prüfen. Maßgebend ist der für die maximale Belastung zutreffende Verformungsmodul der Tragschicht $E_{V2,T}$ entsprechend Tafel 13.1. Beim Plattendruckversuch wird das Einsinken einer belasteten Platte festgestellt und als Verformungsmodul angegeben. Der Verformungsmodul nach der ersten Belastung wird als E_{V1}-Wert bezeichnet und nach der zweiten Belastung als E_{V2}-Wert angegeben, jeweils in MN/m^2 (Prüfverfahren in Kapitel 13). Mit dem festgestellten Verformungsmodul E_{V2} kann die Kiestragschicht (KTS) bezeichnet werden:

- E_{V2}-Wert $\geq$ 80 MN/m^2 $\rightarrow$ KTS 80
- E_{V2}-Wert $\geq$ 100 MN/m^2 $\rightarrow$ KTS 100
- E_{V2}-Wert $\geq$ 120 MN/m^2 $\rightarrow$ KTS 120

Für Kiestragschichten muss das Verhältnis von E_{V2} zu E_{V1} höchstens 2,2 betragen: $E_{V2,T} / E_{V1,T} \leq 2{,}2$

9.3.5 Schottertragschichten (STS)

Sie werden aus hohlraumarmen, korngestuften Schotter-Splitt-Sand-Brechsand-Gemischen der Körnung 0/32, 0/45 oder 0/56 mm hergestellt. Sinngemäß wie bei Kiestragschichten können auch Schottertragschichten STS nach ihrer Tragfähigkeit bezeichnet werden, angegeben durch den Verformungsmodul als E_{V2}-Wert:

- E_{V2}-Wert $\geq$ 120 MN/m^2 $\rightarrow$ STS 120
- E_{V2}-Wert $\geq$ 150 MN/m^2 $\rightarrow$ STS 150
- E_{V2}-Wert $\geq$ 180 MN/m^2 $\rightarrow$ STS 180

Für Schottertragschichten muss das Verhältnis von E_{V2} zu E_{V1} höchstens 2,2 betragen: $E_{V2,T} / E_{V1,T} \leq 2{,}2$

Die Tragfähigkeiten von Schottertragschichten sind wegen der besseren Verzahnung höher als bei Kiestragschichten. Auch hier ist eine gute Verdichtung bei optimalem Feuchtegehalt wichtig. Die Verdichtung lässt sich wegen der guten Kornverteilung und Kornverzahnung gut erreichen.

9.3.6 Verfestigungen

Geeignete *Sand- oder Kiesböden*, die vor Ort anstehen, können auf wirtschaftliche Weise durch Einmischen von Zement oder anderen hydraulischen Bindemitteln (z.B. Tragschichtbinder nach DIN 18506) verfestigt werden. Besonders geeignet ist hydrophobierter Zement.

Bei grobkörnigen Böden ist der Bindemittelgehalt bei Eignungsprüfungen zu ermitteln, und zwar für eine 7-Tage-Druckfestigkeit von 4 N/mm^2.

Bei stark huminhaltigen Böden ist für die Beurteilung die Druckfestigkeit nach 28 Tagen maßgebend. Sie soll 6 N/mm^2 betragen.

Bei gemischt- und feinkörnigen Böden und bei Böden mit brüchigem, porösem oder angewittertem Korn ist die Bindemittelmenge aufgrund von Frostprüfungen zu bestimmen, wenn diese Bodenverfestigung als Tragschicht für Flächen im Freien zur Anwendung kommt.

Der Bindemittelgehalt für Bodenverfestigungen liegt im Allgemeinen bei 80 bis 120 kg Bindemittel je m^3 Gemisch.

Je nach Art des Einmischens werden zwei Bauarten unterschieden:

- Bodenverfestigungen im Baumischverfahren
- Bodenverfestigungen im Zentralmischverfahren

Im Baumischverfahren hergestellte Bodenverfestigungen sind besonders bei Einsatz eines geeigneten Gerätes und bei großen Flächen sehr wirtschaftlich.

Bei der Herstellung wird auf den vorhandenen, profilgerecht einplanierten Boden das Bindemittel in der erforderlichen Menge gleichmäßig verteilt aufgestreut. Danach fährt das Mischfahrzeug (eine spezielle Bodenfräse) über die Fläche und reißt den Boden auf, zerkleinert ihn und mischt das Bindemittel mit dem eventuell erforderlichen Wasser ein. Die nachfolgende Verdichtung erfolgt am zweckmäßigsten mit Gummiradwalzen.

Im Zentralmischverfahren hergestellte Bodenverfestigungen sind dann wirtschaftlich, wenn entsprechendes Bodenmaterial günstig vorhanden ist und wenn z.B. wegen der Platzverhältnisse oder wegen zu kleiner Flächen kein spezielles Verteil- und Mischgerät eingesetzt werden kann.

Das Bindemittel wird dem vorhandenen Boden oder Kiessand in einer Mischanlage mit dem noch eventuell erforderlichen Wasser zugemischt und von dort in Fahrzeugen zur Einbaustelle angeliefert. Die Verdichtung erfolgt durch Walzen oder schwere Rüttelplatten. Dieses Verfahren ist also auch für kleinere Flächen wirtschaftlich.

9.3.7 Betontragschichten

Als Betontragschicht können Betone z.B. der Festigkeitsklasse C8/10 oder C12/15 nach DIN 1045 eingesetzt werden. Im Gegensatz zu den vorgenannten Tragschichten kommt hier eine Gesteinskörnung nach DIN EN 12620 zur Anwendung. Die anzustrebende mittlere Festigkeit des Betons beträgt mindestens 15 N/mm^2. Der Zementgehalt liegt je nach Kornzusammensetzung bei 190 bis 210 kg/m^3 und wird bei einer Erstprüfung festgelegt. Jedes Transportbetonwerk ist auf die Lieferung dieses Betons eingerichtet. Die Verdichtung erfolgt wie bei den anderen Tragschichten mit Walzen oder Rüttelplatten.

Bei höheren Betonfestigkeitsklassen als 20 N/mm^2 müssen in dieser Tragschicht Schein- oder Pressfugen hergestellt werden, und zwar an den Stellen, wo auch die Fugen in der Betonplatte liegen.

9.4 Einbau einer Sauberkeitsschicht

Der Einbau einer Sauberkeitsschicht ist stets dann erforderlich, wenn bewehrte Betonbodenplatten, Betonbodenplatten auf Wärmedämmschichten oder Betonbodenplatten mit Einbauten (z.B. für Unterflurförderungen) planerisch vorgesehen werden.

Eine Sauberkeitsschicht ist auch dann notwendig, wenn zur Verringerung der Reibung auf dem Unterbau eine Gleitschicht eingebaut werden soll. Hierfür muss die Oberfläche der Sauberkeitsschicht flügelgeglättet sein. Sie darf keine Grate und Versätze aufweisen, die zu Verzahnungen führen könnten. Als Ebenheitsanforderung gilt DIN 18202 Tabelle 3 Zeile 2 (Tafel 6.13).

Die Sauberkeitsschicht kann hergestellt werden aus Beton C8/10 oder C12/15 gemäß DIN 1045. Sie soll etwa 5 cm dick sein. Bei hydraulisch gebundenen Tragschichten ist eine Sauberkeitsschicht nicht zwingend erforderlich, wenn die Oberseite der Tragschicht die gestellten Anforderungen erfüllt.

Übliche Baufolien sind kein Ersatz für eine Sauberkeitsschicht. Das Verlegen von dicken Folien als Sauberkeitsschicht, z.B. Noppenfolien, erleichtert den Baufortschritt, sollte aber nur dann zum Einsatz kommen, wenn für das verwendete Material ein Prüfzeugnis für den jeweiligen Anwendungsbereich vorhanden ist. Dieses Prüfzeugnis hat der Hersteller vorzulegen.

9.5 Verlegen von Trennlagen und Gleitschichten

Als Trennlagen und Gleitschichten sind geeignete Materialien zu verwenden, die vom Planer vorzugeben sind.

Für Trennlagen kann z.B. Geotextil-Vlies verwendet werden; so wird ein unterseitiges Austrocknen des Betons ermöglicht. Die Trennlage verhindert das Eindringen von Unterbaumaterial in den Beton und das Wegsickern von Zementleim aus dem Beton in den Unterbau. Folien ($d = 0{,}3$ mm) als Trennlage begünstigen insbesondere bei dünnen Platten ($d < 20$ cm) die Gefahr des Aufschüsselns an den Rändern von Betonbodenplatten. Trennlagen ersetzen nicht eine Sauberkeitsschicht. Sie entsprechen auch nicht einer Gleitschicht.

Für Gleitschichten eignen sich beispielsweise Folien. Dies können z.B. zwei Lagen PE-Folie je 0,3 mm dick oder eine Lage PTFE-Folie oder eine Lage Bitumenbahn sein (Kapitel 4.2.6). Noppenfolien ersetzen keine Gleitschicht.

Die Trennlagen und Gleitschichten sind fachgerecht einzubauen. Sie sind vollflächig zu verlegen und dürfen keine Falten schlagen. Das Verschieben der Trennlagen und Gleitschichten beim Betonieren muss verhindert werden. Zweckmäßig ist das Verkleben der Stöße mit Klebeband.

Vom Planer ist vorzugeben, ob auf der Gleitschicht eine Schutzschicht einzubauen ist. Geeignet hierfür wären z.B. 5 cm dicker Beton $\geq$ C12/15, mindestens 3 cm dicker Estrich $\geq$ CT-C15-F3 oder Bauschutzmatten $\geq$ 6 mm aus Polyurethan-Kautschuk.

9.6 Einbau von Bewehrung, Dübeln und Ankern

Bei vielen Betonbodenplatten sind Bewehrungen nicht erforderlich. Dies gilt insbesondere für gering und belastete Betonbodenplatten mit üblichen Fugenabständen (Kapitel 4.5). Erforderliche Bewehrungen werden bei Festlegung der Konstruktion von der Planung vorgegeben. Ob in den Fugen Dübel zur Querkraftübertragung erforderlich sind, muss ebenfalls bei der Planung geklärt werden (Kapitel 4.4.7). Anker können dann nötig sein, wenn die Gefahr besteht, dass Betonplatten auseinander wandern. Dieses kann besonders bei Randplatten von Freiflächen der Fall sein (Kapitel 4.4.8). Für die Anordnung von Dübeln und Ankern sind dem ausführenden Unternehmen eindeutige Unterlagen zur Lage, Anzahl sowie zu Abständen anzugeben und im Fugenplan darzustellen (Kapitel 4.4.11).

Bild 9.1: Verlegen von Folien auf einer Tragschicht als Trennlage [Werkfoto: GORLO Industrieboden GmbH & Co. KG]

9.6.1 Bewehrung

Für bewehrte Betonbodenplatten werden im Allgemeinen Betonstahlmatten verwendet (Kapitel 4.6.1). In besonderen Fällen, z.B. bei sehr hohen Belastungen, kann Stabstahlbewehrung erforderlich werden, ggf. auch als Ergänzung der Mattenbewehrung (Kapitel 4.6.4). Besondere Vorteile bei fugenlosen Betonbodenplatten ergeben sich durch den Einbau von Spannlitzen für vorgespannte Betonbodenplatten (Kapitel 4.7.4).

Mattenbewehrung muss als untere und obere Bewehrung eingebaut werden. Beim Verlegen von Betonstahlmatten können in Übergreifungsbereichen starke Bewehrungskonzentrationen entstehen. Es ist darauf zu achten, dass dadurch das Einbringen des Betons nicht erschwert oder das Einhalten der Betondeckung verhindert wird. Stattdessen kann es sinnvoller sein, Listenmatten zu verwenden. Im Bedarfsfall sollte dieses schon bei der Planung vorgesehen werden. Betonstahlmatten aus zu dünnen Stäben sind ungeeignet und müssen vermieden werden. Der einwandfreie Einbau solcher Matten ist fachgerecht kaum zu praktizieren. Die schwächsten Mattenbewehrungen für Betonbodenplatten sollten Lagermatten Q524 A sein. Geringere Bewehrungen sind nicht imstande, die Breite entstehender Risse wesentlich zu begrenzen (Kapitel 4.6.1 und 7.5). Wenn durch die Planung dünne Matten vorgesehen sind oder in Übergreifungsbereichen nicht ordnungsgemäß einbaubare Bewehrungskonzentrationen entstehen, sollte das ausführende Unternehmen vor Ausführungsbeginn hiergegen schriftlich Bedenken anmelden.

Tafel 9.1: Wahl der Abstandhalter für Expositionsklassen nach DIN 1045 und DBV-Merkblatt [nach R30.4]

<table>
<tr><th rowspan="2">Besondere Anforderungen an den Abstandhalter</th><th colspan="6">Expositionsklassen nach DIN EN 206/1 und DIN 1045-2</th></tr>
<tr><th>alle XC</th><th>alle XD</th><th>alle XS</th><th>XF1, XF3</th><th>XF2, XF4</th><th>alle XA</th></tr>
<tr><td>Frost-Tau-Widerstand</td><td rowspan="3">-</td><td rowspan="2">-</td><td>-</td><td>F</td><td>F</td><td rowspan="2">-</td></tr>
<tr><td>Temperaturbeanspruchung</td><td>T</td><td>T</td><td>T</td></tr>
<tr><td>Widerstand gegen chemischen Angriff</td><td>A</td><td>A</td><td>-</td><td>A</td><td>A</td></tr>
</table>

Die Bewehrung ist vor dem Betonieren so zu verlegen, dass sie beim Betonieren nicht verschoben oder hinuntergedrückt wird. Die untere Bewehrung ist durch Abstandhalter aus Faserzement oder Kunststoff zu sichern. Linienförmige Abstandhalter sind zweckmäßig, sollen aber versetzt und nicht in einer Reihe angeordnet werden. Zu berücksichtigen ist dabei die ausreichende Tragfähigkeit der Abstandhalter. Nach dem DBV-Merkblatt Abstandhalter [R30.4] sind hierfür Abstandhalter der Leistungsklasse L2 erforderlich. Je nach Bauaufgabe müssen die Abstandhalter erforderlichenfalls besondere Anforderungen erfüllen (Tafel 9.1):

- erhöhter Frost-Tausalzwiderstand (F), z.B. bei befahrenen Freiflächen;
- Eignung für Bauteile, die Temperaturbeanspruchungen (T) ausgesetzt sind, z.B. Freiflächen;
- hoher Wassereindringwiderstand,
- hoher Widerstand gegen chemische Angriffe (A).

Die obere Bewehrung ist durch Unterstützungen zu halten, die auf der unteren Bewehrung stehen.

Die planmäßig vorgegebene Betondeckung der Bewehrung ist einzuhalten. Hierfür gilt DIN 1045-1. Es wird empfohlen, bei der Betondeckung unten mindestens $c_{nom} \geq 3$ cm und oben $c_{nom} \geq 4$ cm vorzusehen. Das erforderliche Vorhaltemaß zwischen Verlegemaß (Nennmaß c_{nom}) und Mindestmaß c_{min} lässt sich im Allgemeinen nicht einhalten, wenn von der Planung keine Sauberkeitsschicht vorgesehen wurde.

Stahlfaserbewehrung kann in besonderen Fällen sinnvoll sein, im Normalfall werden Betonplatten nicht bewehrt (Kapitel 4.6.2). Die Fugenabstände können gegenüber unbewehrten Betonbodenplatten nicht vergrößert werden. Sie sind bei faserbewehrten Betonbodenplatten nach Tafel 4.7 zu wählen. Fugenabstände über 7,5 m sind möglich, wenn die Ausführungsart S eingehalten wird und eine kräftigere Faserbewehrung zum Einsatz kommt. Dies kann z.B. von Faserbetonklassen $\geq$ F1,4/1,2 nach [R30.6] erwartet werden. Zusätzlich ist der Einbau einer Gleitschicht entsprechend Kapitel 9.5 erforderlich, wenn die Rissgefahr gemindert werden soll.

Bei unvermeidbaren einspringenden Ecken sollte eine zusätzliche Stabstahlbewehrung eingelegt werden, z.B. oben und unten diagonal je 4 Ø 14 mm. Das gilt auch für Ecken von Aussparungen, Schächten, Kanälen usw., die nicht durch Fugen gesichert sind.

Faserbewehrung hat gegenüber Mattenbewehrung den Vorteil, dass vor dem Betoneinbau keine Bewehrung verlegt werden muss. Die Stahlfasern werden dem Beton beim Mischen im Werk oder dem Mischfahrzeug auf der Baustelle zugegeben. Die Bewehrung wird sozusagen mit dem Beton eingebaut. Eine besondere Abdeckung der Unterkonstruktion (z.B. bei gebundener Tragschicht) oder der Trennlage durch eine Sauberkeitsschicht ist nicht erforderlich.

Einige Stahlfasern reichen mit einem Ende bis an die Betonoberfläche oder liegen flach unter der Oberfläche. Hierdurch kann die Nutzung des Betonbodens beeinträchtigt werden, und es entstehen kleine Rostflecken. Je nach Nutzung der Halle sollte die Betonoberfläche mit einer Deckschicht versehen werden. Dieses kann eine Hartstoffschicht nach Kapitel 6.3.2 sein.

Spannstahlbewehrung kann zusätzlich zur Mattenbewehrung vorgesehen werden, wenn fugenlose Betonbodenplatten hergestellt werden sollen. Spannstahlbewehrung kann aber auch als alleinige Bewehrung wirksam sein, wenn die Gefahr des Entstehens von Rissen beim Abfließen der Hydratationswärme während des anfänglichen Erhärtens oder beim nachfolgenden Schwinden vermindert werden soll. Die Spannstahlbewehrung kann als Litzenbewehrung mit Kunststoffummantelung oder als Einzelspannglieder in Metallhüllrohren eingebaut werden (Kapitel 4.6.3). Die Spannlitzen sind meistens rechtwinklig zueinander in zwei Richtungen erforderlich. Sie sind also kreuzweise anzuordnen, liegen stets in Höhenmitte der Platte und sind vor dem Betonieren vollständig zu verlegen. Die Spannlitzen müssen durch Abstandhalter in der Höhenlage gesichert werden.

Nur in besonderen Fällen sind Spannstähle erforderlich, die später in Hüllrohre eingezogen werden. An einem Ende werden die Spannglieder mit einer entsprechenden Ankerplatte einbetoniert, während das andere Ende zum Spannen bis zum ausreichenden Erhärten frei bleiben muss, und zwar so, dass die Spannvorrichtung angesetzt werden kann. GEWI-Stähle können von Hand mit Drehmomentenschlüsseln gespannt werden, während sonst Spannpressen erforderlich sind.

Zur Vermeidung von Schwind- und Temperaturrissen sowie im Hinblick auf ein schnelles Weiterarbeiten an den Spannbereichen ist es zweckmäßig, möglichst frühzeitig die Vorspannung aufzubringen. Dies ist jedoch erst zulässig, wenn durch Erhärtungsprüfung nachgewiesen ist, dass die Betondruckfestigkeit ausreichend groß genug ist. Die erforderlichen Werte sind durch die Planung vorzugeben. Der richtige Zeitpunkt für das erste Spannen kann bei normalen Erhärtungsbedingungen bereits nach zwei Tagen, bei früh hochfestem Beton schon nach 18 Stunden erreicht sein.

9.6.2 Dübel

Dübel im Fugenbereich sollen eine Querkraftübertragung ermöglichen und außerdem die gleiche Höhenlage benachbarter Platten sicherstellen, sie dürfen jedoch die Längsbewegung der Platte nicht behindern. Dazu müssen die Dübel exakt eingebaut sein, also genau in Höhenmitte der Platte liegen und parallel in Richtung der Plattenachse angeordnet werden. Damit eine Längsbewegung im Fugenbereich möglich ist, soll jeder Dübel mit einer gleichmäßigen Kunststoffbeschichtung versehen sein.

Als Dübel sind glatte Rundstähle Ø 25 mm von 500 mm Länge zu verwenden. Der Abstand der äußeren Dübel ist vom Planer vorzugeben und bei der Ausführung einzuhalten (Kapitel 4.4.7 und Bild 4.8).

Bei Bewegungsfugen (Raumfugen) ist auf ein Ende der Dübel jeweils eine Blech- oder Kunststoffhülse zu stecken, damit sich die Dübel beim Verkleinern der Randfugen infolge Plattenausdehnungen nicht stauchen (Bild 4.15). Für das Verlegen der Dübel sind besondere Dübelkörbe zweckmäßig, die den Dübeln die richtige Lage sichern. Dübelkörbe und Dübel werden vor dem Betonieren verlegt und miteinander verbunden, sodass ein Verschieben während des Betonierens nicht möglich ist. Die Dübel werden durch die Fugeneinlage durchgeführt, wobei die Fugeneinlage durch die Seitenschalung gehalten wird. Alternativ können auch Schraubdübel verwendet sein. Dieses ist z.B. in Fällen sinnvoll, wo die Gefahr des Verbiegens herausstehender Dübel aus dem erstbetonierten Bauteilabschnitt besteht, bevor das weitere Anbetonieren erfolgt.

Bei Pressfugen können Dübelkörbe und Dübel gleicher Art wie bei Bewegungsfugen (Raumfugen) verwendet werden. Für die Dübel ist jedoch keine Hülse erforderlich, da die Pressfugen ohnehin keine Verlängerung der Betonplatten gestatten. Die Dübel werden durch die Abschalung gesteckt und sind durch Dübelkörbe in waage- und fluchtrechter Lage zu halten. Nicht parallel eingebaute oder verbogene Dübel bewirken eine Verankerung der benachbarten Platten, wodurch es zu Rissen an anderen Stellen der Platten infolge Zwangbeanspruchung kommen kann.

Bei nicht eindruckfester Tragschichtoberfläche kann es zweckmäßig sein, gegen Wegsacken des Dübelkorbes einen Streifen reißfestes Geotextil-Vlies unter den Dübelkörben zu verlegen.

9.6.3 Anker

In besonderen Fällen (z.B. an Randplatten im Freien) können Anker erforderlich werden.

Anker sollen das Auseinanderwandern der Platten verhindern, wie dies z.B. bei Betonplatten am Rand von Freiflächen im Laufe der Zeit geschehen kann. Die Anker werden ebenfalls in der Mitte der Plattendicke eingebaut und hierzu bei geschalten Fugen durch die Seitenschalung gesteckt. Damit ein einfaches Ausschalen möglich ist, sollen sie ebenfalls rechtwinklig zur Fuge angeordnet werden. Die Anker können auch mit einem abgebogenen Schenkel entlang der Schalung eingebaut werden, sodass dieser Ankerschenkel nach dem Entschalen rechtwinklig zurückgebogen wird.

Anker sind aus Rippenstahl Ø 16 mm zu verwenden, sie haben eine Länge von 600 mm. Erforderlich sind mindestens drei Anker je Platte, jeweils ein Anker vor den Plattenenden und ein Anker mittig. Bei großen Plattenlängen sollte der Abstand höchstens 2 m betragen.

9.7 Einbau von Wärmedämmschichten

9.7.1 Verlegen von Dämmplatten

Zum einwandfreien Verlegen von Dämmplatten ist eine feste und ebene Unterlage erforderlich. Beispiele für Wärmedämmstoffe sind in Kapitel 4.10.3 angegeben.

Extrudierte Polystyrol-Hartschaumplatten (XPS) können direkt in ein verdichtetes Sandbett auf der Tragschicht verlegt werden. Das Sandbett sollte etwa 3 cm dick sein. Die Stufenfalze an den Plattenstößen müssen dicht anschließen.

Schaumglasplatten werden entweder direkt auf einem verdichteten Sandbett verlegt oder auf einer Sauberkeitsschicht aus Beton in Heißbitumen. Hierfür sind die Angaben in der Leistungsbeschreibung maßgebend, die auf Angaben des Herstellers beruhen sollten.

Polystyrol-Hartschaumplatten (EPS) erfordern als Unterlage eine Sauberkeitsschicht aus Beton, wenn aufgrund der örtlichen Verhältnisse eine Abdichtung gegen aufsteigende Feuchte erforderlich ist. Angaben der Allgemeinen bauaufsichtlichen Zulassung sind einzuhalten.

Allgemein ist beim Verlegen von Dämmplatten zu beachten:

- Dämmplatten nur einlagig in der erforderlichen Dicke verlegen.
- Dämmplatten dürfen sich nicht verschieben, die Stöße müssen dicht bleiben.
- Dämmplatten dürfen nicht aufschwimmen, dies kann besonders bei unbewehrten Betonbodenplatten leicht geschehen.
- Dämmplatten dürfen beim Verlegen der Bewehrung und beim Einbau des Betons nicht beschädigt werden.
- Auf der Wärmedämmung sollte stets eine Trennlage verlegt werden.
- Bei bewehrten Betonbodenplatten, die ohne Schutzschicht direkt auf der Trennlage über den Dämmplatten eingebaut werden, sind zum Verlegen der Bewehrung stets spezielle Abstandhalter mit großen Aufstandsflächen zu verwenden.

9.7.2 Einbau von Schüttungen aus Schaumglas-Schotter (SGS)

Verwendet werden darf nur geeignetes Material mit allgemeiner bauaufsichtlicher Zulassung. Angaben der Allgemeinen bauaufsichtlichen Zulassung sind einzuhalten. Der Hersteller muss Unterlagen zur Qualitätssicherung vorlegen, z.B. Übereinstimmungszertifikat, Überwachungsberichte zur werkseigenen Produktionskontrolle und zur Fremdüberwachung. Nach Vorbereitung und Verdichtung des Untergrundes auf die erforderliche Einbaudicke und Tragfähigkeit kann die Schüttung aus Schaumglas-Schotter aufgebracht werden. Hierbei sollte der Schaumglas-Schotter mit der Schaufel des Radladers zunächst auf eine schmale Fläche verteilt werden. Die Einbauhöhe beträgt das 1,3-fache der erforderlichen Schichtdicke, z.B. 260 mm Einbauhöhe für 200 mm Dämmschichtdicke.

Danach sollte die Schüttung mit der Schaufel des Radladers leicht angedrückt werden, sodass bereits eine ebene Fläche entsteht. Die anschließende Verdichtung sollte mit einer doppelläufigen Glattwalze nicht rüttelnd erfolgen.

Bei der Verdichtung sollte die Walze vorwärts und rückwärts nicht in derselben Spur fahren, sondern mit einem seitlichen Versatz nur leicht überlappend. In einem zweiten Arbeitsgang ist diese Verdichtungsart rechtwinklig zum ersten Arbeitsgang solange zu wiederholen, bis die gewünschte Einbauhöhe erreicht ist. Entstandene Unebenheiten lassen sich mit der Walze durch wiederholtes Überfahren ausgleichen.

Bei kleineren Flächen kann die Verdichtung auch mit einer leichten Rüttelplatte erfolgen (z.B. Wacker WP 1550). Bei der Verdichtung ist die Rüttelplatte stets vorwärts zu bewegen, und zwar im Kreis von außen nach innen.

9.7.3 Dämmschicht aus Porenleichtbeton

Eingesetzt werden darf nur geeignetes Material mit allgemeiner bauaufsichtlicher Zulassung. Die Angaben der Allgemeinen bauaufsichtlichen Zulassung sind einzuhalten. Der Hersteller muss Unterlagen zur Qualitätssicherung vorlegen, z.B. Übereinstimmungszertifikat, Überwachungsberichte zur werkseigenen Produktionskontrolle und zur Fremdüberwachung. Porenleichtbeton mit Schaumbildner kann direkt auf der Tragschicht eingebaut werden. Er wird als Transportbeton angeliefert, jedoch nicht alle Transportbetonwerke sind in der Lage, Porenleichtbeton herzustellen. Der Porenleichtbeton ist pumpfähig und in weicher bis fließfähiger Konsistenz leicht verarbeitbar und ohne Verdichtung einfach auf Höhe abzuziehen. Dämmwirkung und Druckfestigkeit des Porenleichtbetons sind abhängig von der Rohdichte ρ_R. Daher ist die Rohdichte beim Einbau zu überwachen und zu dokumentieren. Beispiele zur Wärmeleitfähigkeit in Abhängigkeit der Rohdichte und der Druckfestigkeit enthält Kapitel 4.10.3.

9.8 Einbau von Heizrohren und -leitungen

In der Regel werden Heizrohre und -leitungen in gewerblich und industriell genutzten Hallen direkt in der Betonbodenplatte integriert. Für den Einbau von Heizrohren und -leitungen bei Betonböden mit Flächenheizungen werden von den Herstellern bestimmte Trägerelemente geliefert, die auf das Heizsystem abgestimmt sind. Bei mattenbewehrten Betonbodenplatten können die Heizrohre bzw. die Heizleitungen an den Bewehrungsmatten befestigt werden. Die zugehörigen Einbauanleitungen sind zu beachten.

Vor dem Betonieren ist die Heizanlage einer Dichtheitsprüfung zu unterziehen (VOB DIN 18380). Hierzu ist ein hydraulischer Abgleich der einzelnen Heizkreise erforderlich.

Die Heizrohre und -leitungen müssen beim Betonieren satt in den Beton eingebettet werden. Dies geschieht durch einfaches Einbetonieren. Durch die Befestigung und das Gewicht der Bewehrung muss ein Aufschwimmen der Heizrohre verhindert werden.

Hierzu ist es hilfreich, die Heizrohre vor dem Betonieren zu füllen, um mehr Eigenlast zu erhalten. Bei der Verdichtung des Betons durch Rüttler ist auf die Heizelemente Rücksicht zu nehmen, damit sie nicht verschoben oder gar beschädigt werden.

Die Höhenlage ist von der Nutzung der Halle und von der statischen Beanspruchung abhängig. Aus statischer Sicht ist die Höhenlage der Heizelemente im mittleren Bereich der Betonbodenplatte am wenigsten störend (Biegespannung gleich Null).

Bei der Höhenlage der Heizrohre und -leitungen ist die Einrichtung der Halle zu berücksichtigen. Regal- und Maschinenverankerungen können durch Bohrungen in der Betonbodenplatte erfolgen. Der Heizungsfachplaner muss über die erforderlichen Verankerungen in der Betonbodenplatte informiert sein. Sollten Verankerungen bis in die Ebene der Heizelemente reichen, sind die Heizelemente in diesem Bereich auszusparen.

Nach ausreichendem Erhärten des Betons und vor Fertigstellung der Fugen sollte die Betonbodenplatte auf die Temperatur der vollen Heizleistung aufgeheizt werden. Damit kann schon zu diesem Zeitpunkt festgestellt werden, ob sich die Betonbodenplatte schadensfrei ausdehnt und verkürzt. Das Aufheizen sollte stufenweise mit täglicher Steigerung der Vorlauftemperatur um etwa 5 °C erfolgen. Die maximale Temperatur sollte mindestens sieben Tage lang ohne Nachtabsenkung beibehalten werden. Das Abheizen sollte in Temperaturstufen von täglich höchstens 10 °C erfolgen.

Über das Auf- und Abheizen sollte vom Auftraggeber ein Protokoll gefertigt werden. Darin sind die Aufheizdaten mit den jeweiligen Vorlauftemperaturen, die maximale Vorlauftemperatur und die Abheizdaten mit den jeweiligen Vorlauftemperaturen zu dokumentieren. Dieses Protokoll zum Funktionsheizen sollte den Beteiligten ausgehändigt werden.

Bei Industrieböden sind häufig Verankerungen z.B. bei Hochregallagern oder Maschinen in der Betonbodenplatte notwendig. Der Heizungsfachplaner ist rechtzeitig darüber zu informieren, wie tief die Verankerungen in die Betonplatte eindringen und hat dieses erforderlichenfalls bei der Planung der Heizrohr- bzw. Heizleitungsebene berücksichtigen. Bei dünnen Platten mit tiefen Verankerungen müssen die Heizrohre bzw. -leitungen in diesem Bereich erforderlichenfalls ausgespart werden. Um eine Halle flexibel nutzen zu können, ist es in diesen Fällen sinnvoll, dickere Betonbodenplatten vorzusehen.

Weitergehende Informationen zu Flächenheizungen enthält u.a. die „Richtlinie zur Herstellung beheizter Fußbodenkonstruktionen im Gewerbe- und Industriebau“ des Bundesverbandes Flächenheizungen e.V. (BVF) [R48].

9.9 Einbau von Entwässerungsrinnen und Einbauteilen

9.9.1 Entwässerungsrinnen

Vom Planer ist festzulegen, welche Rinnenart für die Linienentwässerung hergestellt werden soll. Möglich sind Muldenrinnen, Kastenrinnen aus Ortbeton (Bild 6.9), Kastenrinnen aus Fertigteilen oder Polymerbeton (Bild 6.10) oder Entwässerungsrinnen mit speziellen Rinnenelementen (Bild 6.11). Die örtlichen Verhältnisse erfordern ggf. bestimmte Einbauarten. Diese sind vom Planer zu prüfen und zu berücksichtigen. Erforderlich ist auch die Festlegung der zutreffenden Belastungsklasse nach DIN EN 1433/DIN V 19580 (Kapitel 6.6.2).

Vorfertigte Entwässerungsrinnen müssen für eine ausreichende Tragfähigkeit auf einem ausreichend breiten Fundament gegründet sein, z.B. auf einem mindestens 15 cm hohen Betonstreifen aus Beton $\geq$ C25/30 (Bild 6.11). Die jeweiligen Einbauanleitungen der Hersteller sind zu beachten.

Die Entwässerungselemente sind mit einer Traverse an den dafür vorgesehenen Verlegehülsen zu transportieren. Die Rinnenteile sind passend auf Höhe zu versetzen oder nach Einbauanweisung 3 bis 5 mm tiefer als Oberkante Betonbodenplatte einzubauen.

Am Rinnenstoß in Längsrichtung sind die Entwässerungselemente mit einem Falz versehen. Dieser Falz kann nach dem Verlegen mit kunststoffmodifiziertem Mörtel oder mit speziellem elastischem Verfugungsmaterial geschlossen werden.

Beim Verdichten der angrenzenden Flächen ist sicherzustellen, dass keine mechanische Beschädigungen der Rinnenelemente erfolgt.

Zum Vermeiden von Kantenabplatzungen sind die angrenzenden Flächen mit einer Anschlussfuge zu versehen: im Außenbereich bei Beton-Verbundpflaster mit einer 10 mm breiten Pflasterfuge, bei Betonbodenplatten mit einer 10 mm breiten Raumfuge. Drei Reihen des anschließenden Beton-Verbundpflasters sollten im Mörtelbett verlegt werden.

Quer zur Entwässerungsrinne verlaufende Fugen in der Betonbodenplatte sollten so gewählt werden, dass sie auf einen Rinnenstoß zulaufen.

Als Anforderung für die Wasserdichtheit ist gemäß DIN EN 1433 „Entwässerungsrinnen für Verkehrsflächen" bei Betonrinnen eine Wasseraufnahme < 7 % für Einzelwerte und $< 6{,}5$ % für den Mittelwert einzuhalten und wird durch die Kennzeichnung W ausgewiesen. Entwässerungsrinnen, die häufig stehendem, tausalzhaltigem Wasser unter Frostbedingungen ausgesetzt sind, müssen zusätzlich als „+R" (frost-/tausalzbeständig) gekennzeichnet sein.

9.9.2 Einbauteile, Schächte, Kanäle

Für andere Einbauteile, auch für Punktentwässerungen durch Gullys oder für den Sinkkasten bei Linienentwässerung gilt sinngemäß das Gleiche wie unter Kapitel 9.9.1.

Schächte und Kanäle, die bis Oberkante Betonbodenplatte geführt werden, müssen vor dem Einbau der Tragschicht und der Betonbodenplatte auf passende Höhe hergestellt sein. Böschungsbereiche sind nach dem Verfüllen so zu verdichten, dass eine gleichmäßige Tragfähigkeit sichergestellt ist. Sollte dies nicht in gleicher Weise maschinell möglich sein, sind diese Bereiche mit einem tragfähigen Material aufzufüllen, z.B. mit Magerbeton $\geq$ C8/10. Das gilt auch für den Böschungsbereich bei Stützenfundamenten (Bild 4.2).

Alle Einbauteile, Schächte, Kanäle, Stützen usw. sind durch Bewegungsfugen von der Betonbodenplatte zu trennen. Bei der Fugenausbildung ist darauf zu achten, dass keine einspringenden Ecken entstehen (Bilder 4.5 bis 4.7). Entsprechend ist die Fugenführung schon bei der Planung festzulegen. Der Ausführende sollte darauf bestehen, einen Fugenplan vom Planer zu erhalten. Sollte er selbst einen Fugenplan erstellen, ist diesem Fugenplan vom Planer verantwortlich zuzustimmen.

10 Herstellen von Betonbodenplatten

Beton wird in der Regel als Transportbeton hergestellt und als Ortbeton verarbeitet. Das bedeutet, dass der Beton im Werk zusammengesetzt, gemischt und von dort in Fahrmischern zur Baustelle transportiert wird. Der Betoneinbau erfolgt durch das ausführende Unternehmen. Häufig übernehmen aber auch Spezialunternehmen als Subunternehmer für das Bauunternehmen diese Arbeit. Einwandfreie Betonbodenplatten erfordern sowohl ein einwandfreies Herstellen des Betons als auch ein sorgfältiges Einbauen des Betons.

10.1 Bestellen und Abnahme des Betons

Voraussetzung für das Gelingen einer Betonbodenplatte ist eine genaue Abstimmung zwischen dem Hersteller und dem Verarbeiter des Betons, also zwischen Transportbetonwerk und ausführendem Bauunternehmen. Dazu gehören insbesondere:

- Festlegen der genauen Betonzusammensetzung (Expositionsklassen, Druckfestigkeit, besondere Anforderungen an die Gesteinskörnung, Betonzusätze, Größtkorn der Gesteinskörnung);
- Vereinbaren des Nachweises der Blutneigung des Betons, Grenzwert der Blutwassermenge $M_{bw} \leq 2$ kg/m^3 (Kapitel 13.3 [R30]);
- Vereinbaren einer bestimmten Konsistenzklasse (F-Klasse);
- Ergänzung der Konsistenzangabe durch einen Zielwert des Ausbreitmaßes mit begrenzter Abweichung, z.B. $\pm$20 mm;
- Betonierbeginn (Datum, Uhrzeit) und voraussichtliches Betonierende;
- stündliche Betonmenge (m^3/h);
- Abstimmung des Betoneinbaues auf die stündlich abzunehmende Betonmenge;
- Abstimmung der Oberflächenbearbeitung auf die Menge des eingebauten Betons.

Genaue Absprachen helfen, unnötige Probleme von vornherein zu vermeiden.

Bei der Anlieferung des Betons sind zunächst die Lieferscheine mit den Angaben der Bestellung zu vergleichen. Einige Lieferscheine nach neuer DIN 1045/DIN EN 206-1 enthalten dafür nur unzureichende Angaben. Daher wird empfohlen, bei Vertragsabschluss mit einem Herstellerwerk genaue Angaben für die Nennung von Einzeldaten (z.B. Hersteller, Art, Gehalt von Zement, Gesteinskörnungen und Betonzusätzen, Wassergehalt, Mehlkorn- und Mörtelgehalt) auf Lieferscheinen festzulegen.

Bei der Übergabe an der Einbaustelle muss der Beton die vereinbarte Konsistenz aufweisen. An der Einbaustelle muss die Konsistenz des Betons gleichmäßig sein. Der bei der Erstprüfung festgelegte Wasserzementwert darf nicht überschritten werden.

Ohne vorherige Abstimmung mit dem zuständigen Betontechnologen des Transportbetonwerks darf kein Wasser zugegeben werden. Eine zusätzliche Wasserzugabe würde eine

Qualitätsminderung des Betons bedeuten: Die Rissgefahr würde erhöht, verstärkte Absandungen der Betonoberfläche wären möglich.

Für Änderungen bei der Betonzusammensetzung auf der Baustelle muss der Fahrer des Fahrmischers eine Anweisung vom Werk erhalten. Rückfragen können sich z.B. ergeben, wenn die Konsistenz des Betons zu steif ist. Hierfür kann und sollte erforderlichenfalls Fließmittel FM nach Anweisung des Werks zugegeben werden. Die Verantwortung für die Zusammensetzung des Betons bleibt beim Transportbetonwerk, solange der Beton den Fahrmischer nicht verlassen hat. Für abweichende Regelungen wären besondere Vereinbarungen zu treffen. Der Fahrer des Fahrmischers soll in diesem Fall die Wasserzugabe auf dem Lieferschein eintragen und unterschreiben lassen.

Der Beton muss vor Erstarrungsbeginn fertig verarbeitet sein. Das Befördern des Betons zur Baustelle, das Fördern des Betons auf der Baustelle und das Einbauen des Betons sind daraufhin aufeinander abzustimmen.

In der Regel wird heute üblicherweise Pumpbeton eingesetzt (Bild 10.1). Gelegentlich ist das Fördern des Betons zur Einbaustelle auch mit dem Transportbetonfahrzeug selbst oder mit Krankübel oder mit speziellen Fahrzeugen möglich.

Für Pumpbeton können die Förderleitungen über mehrere hundert Meter Länge auch durch unwegsames Gelände und entlang der Halle verlegt werden. Auf diese Weise werden sowohl die Tragschicht als auch die Trennschicht geschont. Auch der Einbau der Betonbodenplatte in fertigen Hallen wird auf diese Weise weder durch das Dach noch durch andere, einengende Verhältnisse gestört.

Die Betonpumpe ist auf die erforderliche Förderleistung (Menge und Entfernung) abzustimmen. Beim Pumpen des Betons sind große Leistungen zu erreichen. Der Beton soll besonders gleichmäßig zusammengesetzt sein und stetig angeliefert werden, um Störungen im Pumpbetrieb (Verstopfer) zu vermeiden. Wenn das ausführende Unternehmen den Betoneinbau über Pumpen vornehmen will, muss dieses mit dem Herstellerwerk abgestimmt sein. Nur so kann sichergestellt werden, dass der Beton für den Pumpbetrieb richtig zusammengesetzt ist.

Transportbeton aus Fahrmischern oder Fahrzeugen mit Rührwerkzeug soll spätestens 90 Minuten nach der ersten Wasserzugabe vollständig entladen sein, soweit nicht Verzögerer VZ verwendet werden. Infolge von Witterungseinflüssen (z.B. warmes Wetter) oder bei Fließmittelzugabe ist ein beschleunigtes Versteifen des Betons möglich. Dieses ist entsprechend zu berücksichtigen und kann kürzere Zeiten bis zum Entladen des Betons erfordern, z.B. nur die halbe Zeit.

Hinweis:
Immer häufiger werden Betonbodenplatten in großen Tagesleitungen über 1.000 m^2 hergestellt. Solche Leistungen sind möglich, wenn auf der Baustelle ausreichende Platzverhältnisse gegeben sind. Voraussetzungen für solche Leistungen sind ein geeigneter Beton und eine hervorragende Logistik. Als Beton eignet sich beispielsweise ein leicht verdichtbarer Spezialbeton mit Zugabe aller Stoffe im Transportbetonwerk, z.B. auch des Fließmittels und ggf. des Verzögerers sowie der Stahlfasern. Zur Logistik gehört in beson-

Bild 10.1: Einbau des Betons mit der Betonpumpe [Werkfoto: GORLO Industrieboden GmbH & Co. KG]

derem Maße die Abstimmung zwischen den liefernden Transportbetonwerken, den zur Verfügung stehenden Transportbetonfahrzeugen, dem Einsatz von Betonpumpen und dem Einbaupersonal sowie den Einbaugeräten auf der Baustelle.

10.2 Einbau des Betons

Beim Herstellen von Betonbodenplatten sollte die Halle allseitig geschlossen sein. Das Dach soll dicht sein. Fenster-, Tür- und Toröffnungen sollten notfalls mit Folie geschlossen werden. Zugluft ist zu vermeiden. Falls dies nicht möglich ist oder der Einbau im Freien erfolgen muss, sind besondere Maßnahmen erforderlich.

Vorab ist zu klären, in welcher Weise der Beton eingebracht werden soll. Personal ist stets so vorzuhalten, dass erforderlichenfalls der Beton an zwei oder drei Arbeitsbereichen gleichzeitig eingebaut werden kann. Dies gilt insbesondere bei größeren Betonierabschnitten und höheren Temperaturen.

Tagesfelder sind durch Schalung bzw. durch besondere Fugenprofile zu begrenzen. Die Fugen sind als Pressfugen auszubilden. Keinesfalls darf der Beton am Ende eines Tagesabschnitts abgeböscht werden.

Im Allgemeinen wird der Beton mit Betonpumpen eingebracht oder die Fahrmischer bringen den Beton direkt bis zur Einbaustelle. Bei der Anlieferung und beim Einbau des Betons ist darauf zu achten, dass Tragschichten nicht verformt werden, sich Trenn- und Gleitschichten nicht verschieben und die Folien keine Falten schlagen oder reißen. Gebundene Tragschichten, bei denen keine Folien eingebaut wurden, müssen vor dem Aufbringen des Betons gründlich genässt werden. Ansonsten würde dem Beton vorzeitig Wasser entzogen werden, welches zum Erhärten fehlt. Hinzu kommt, dass das nach unten sickernde Wasser die Luft aus der Unterlage verdrängen und die aufsteigende Luft zur Blasenbildung im Beton und an der Oberfläche führen würde.

Der Einbau des Betons muss so erfolgen, dass die in der Planung festgelegte Dicke der Betonbodenplatte trotz aller Schwierigkeiten an jeder Stelle erzielt wird. Dieses gilt unter Berücksichtigung der einzuhaltenden zulässigen Ebenheitstoleranzen, insbesondere bei Gefälle der Oberfläche und ungenauer Höhenlage der Tragschicht (Kapitel 6.5 Tafel 6.13).

10.2.1 Verteilen und Verdichten des Betons

Der Beton ist ohne Verzögerungen direkt nach der Anlieferung abzunehmen und zügig einzubauen. Dazu gehören eine ausreichende Verdichtung und das ebene Abziehen der Oberfläche. Die Konsistenz des Betons muss der Verdichtungsarbeit der eingesetzten Geräte entsprechen. In der Regel werden zum Verdichten Rüttelbohlen eingesetzt. Das Abziehen der Betonoberfläche erfordert entweder höhengenaue Lehren, Seitenschalungen oder vorher gefertigte Betonflächen für die Führung der Rüttelbohle. In der Regel werden über dem Beton angeordnete Abziehlehren verwendet, die von speziellen Böcken gehalten werden und zu versetzen sind. Die Betonoberfläche geht unter diesen Lehren ungehindert durch. Die Rüttelbohle ist zwischen den Abziehlehren eingehängt, wird auf den Abziehlehren geführt und läuft auf Rollen, mit denen die seitlichen Konsolen bestückt sind (Bild 10.2).

Kommen besondere Einbauverfahren zum Einsatz, z.B. lasergeführte Betonfertiger oder das Laser-Screed-Verfahren, entfallen die konventionellen Rüttelbohlen (Bild 10.3 und 10.4).

Ohne den Einsatz von Spezialgeräten sollten die Abziehbreiten bei hoher Ebenheitsforderung möglichst 6 m nicht überschreiten. Ebene Oberflächen sind nur durch exaktes Abziehen erzielbar.

Das sorgfältige Einhalten der geeigneten Konsistenz und die möglichst gleichmäßige Schütthöhe sollen sicherstellen, dass der Beton auf ganzer Fläche gleichmäßig und vollständig verdichtet wird.

Wird beim ersten Arbeitsgang kein gleichmäßiger Oberflächenschluss erreicht, ist auf die Fehlstellen Frischbeton aufzutragen. Ein weiterer Verdichtungsdurchgang soll dann den erforderlichen Oberflächenschluss erzielen. Das Aufbringen von Mörtel oder Wasser oder das Pudern mit Zement ist kein geeignetes Verfahren zur Herstellung des Oberflächenschlusses. Dies ist unzulässig,

Das Personal darf nicht unnötig im Frischbeton herumstehen oder durch den eingebrachten Beton laufen, da dieses der späteren Betonoberfläche schadet. Die Folge sind Entmischungen und Anreicherungen von Zementschlämme im oberen Bereich.

Vorteilhaft kann auch der Einsatz einer Handpatsche zur Nachglättung sein (Bild 10.5).

Bild 10.2:
Verdichtung des Betons mit der Rüttelbohle
[Werkfoto: NOGGERATH & Co. Betontechnik GmbH]

Bild 10.3:
Handgezogener, lasergesteuerter Screeder beim Abziehen des Betons
[Werkfoto: GORLO Industrieboden GmbH & Co. KG]

Bild 10.4:
Screeder beim Abziehen des Betons
[Werkfoto: Romex AG]

Bild 10.5:
Nachglättung mit der Handpatsche
[Werkfoto: NOGGERATH & Co. Betontechnik GmbH]

10.2.2 Herstellung von Neigungen

Längs- bzw. Querneigungen der Betonoberfläche $> 5\,\%$ sind schwieriger herzustellen. Die Konsistenz des Betons ist entsprechend steifer einzustellen. Außerdem kann es wegen des besseren Zusammenhalts vorteilhaft sein, mit gebrochener Gesteinskörnung zu arbeiten und möglichst grobkörniges Material zu verwenden. Ein zweilagiger Einbau kann nötig werden, obwohl ein einlagiger Einbau im Allgemeinen vorzuziehen ist. Darüber hinaus ist das Ansteifen des Betons abzuwarten, bevor das endgültige Abziehen der Betonoberfläche erfolgt.

Ein besonderes Einbauverfahren ergibt sich bei Verwendung einer Nivellier-Glättwalze. Bei starken Neigungen kann auf eine Deckschalung verzichtet werden, die zu verankern wäre und aufwändig herzustellen ist. Außerdem sind Lufteinschlüsse an der Betonoberseite nicht zu vermeiden. Beim Einsatz einer Nivellier-Glättwalze an steilen Neigungen ist eine seitliche Stirnschalung erforderlich, auf denen die Nivellier-Glättwalze laufen kann. Damit wird der Beton seitlich gehalten und es ist eine genaue Höhenlage der Oberfläche vorgegeben. Der Einbau des Betons, der ein gutes Zusammenhaltevermögen haben muss, kann abschnittweise von oben beginnen. Bei der Nivellier-Glättwalze wird anstelle einer Rüttelwirkung nur die Gleitreibung genutzt. Die Nivellier-Glättwalze zieht die Betonoberfläche nach oben drehend ab. Die Walze hat nach oben gerichtete Drehungen, wodurch die Betonoberfläche geglättet wird. Neigungen bis 45° sind möglich (Bild 10.6).

10.2.3 Beton mit Fließmittel

Für Betonböden ist Beton mit Fließmittel im Bereich der Konsistenzklasse F3 gut geeignet, ggf. im Grenzbereich der Konsistenzklassen F3/F4. Das Ausbreitmaß sollte möglichst 450 mm nicht überschreiten, auf jeden Fall aber nicht größer als 500 mm sein. Bei Beton mit gebrochener Gesteinskörnung (Splitt) ist das Ausbreitmaß unbedingt auf 450 mm zu begrenzen. Es ist anzustreben, das Ausbreitmaß mit einer Genauigkeit von ± 20 mm einzuhalten. Dieser Beton mit leicht verarbeitbarer, weicher Konsistenz kann durch leichtes Rütteln verdichtet werden.

Bild 10.6:
Nivellier-Glättwalze beim Einsatz
[Foto: ISVP Lohmeyer + Ebeling]

Betonbodenplatten sollten möglichst nicht mit fließfähigem Beton der Konsistenzklasse ≥ F5 hergestellt werden, da hierbei die Gefahr von Entmischungen mit Schlämmebildung an der Oberfläche groß ist. Der Einbau von noch weicherem Beton, z.B. von leicht verdichtbarem Spezialbeton, muss Spezialfirmen vorbehalten bleiben.

Bei Beton mit Fließmittel, der im Nutzungszustand Frost-Taumittel-Beanspruchungen ausgesetzt wird, sollte der Luftporengehalt um 0,5 bis 1,0 Vol.-% höher angesetzt werden, damit der geforderte Luftporengehalt nach Zumischen des Fließmittels tatsächlich vorhanden ist. Bei Verwendung eines Größtkorns von 16 mm sollte der Luftporengehalt – wie im Betonstraßenbau nach [R53] – grundsätzlich um 0,5 Vol.-% höher liegen.

Die Zugabe des Fließmittels (FM) zum Beton erfolgt auf der Baustelle direkt vor der Verarbeitung, spätestens jedoch 45 Minuten nach der Wasserzugabe. Eine Zugabe an der Auslauföffnung des Fahrmischers ist in der Regel ungeeignet. Die Fließmittelmenge ist abhängig von der Konsistenz und muss bei der Erstprüfung festgelegt werden. Sie beträgt üblicherweise etwa zwischen 8 bis 15 cm^3 je kg Zement. Während der Bauausführung ist die Zugabemenge des Fließmittels den Erfordernissen (z.B. Temperaturänderungen) anzupassen. Bei der Zugabe sollte auf eine möglichst gleichmäßige Verteilung des Fließmittels über den Beton im Fahrmischer geachtet werden.

Nach der Zugabe ist der Beton im Fahrmischer so lange zu mischen, bis das Fließmittel vollständig untergemischt und eine gleichmäßige Betonmischung entstanden ist. Bei Fahrmischern sollte eine Mischzeit von 5 Minuten nicht unterschritten werden.

Die verflüssigende Wirkung der meisten Fließmittel ist auf 30 bis 60 Minuten nach dem Zumischen des Fließmittels begrenzt. Die Baustelle muss sich darauf bei Abnahme und Verarbeitung des Betons einrichten.

Die erforderliche Konsistenz des Betons wird durch mehrere Faktoren beeinflusst:

- Art des Betons,
- Frischbetontemperatur
- Art des Abziehens und der Verdichtung,
- Art der Oberflächenbearbeitung,
- Neigung der Betonoberfläche.

Bei sommerlichen Temperaturen über 20 °C kann eine weichere Konsistenz zweckmäßig sein. Größere Neigungen erfordern eine steifere Konsistenz.

Weiterhin kann bei hohen Temperaturen die Verzögerung des Erstarrungsverhaltens hilfreich sein oder sogar erforderlich werden. Insbesondere für eine spätere Nachverdichtung des Betons (z.B. durch besondere Oberflächenbearbeitung am nächsten Tag) ist eine Verzögerung vorteilhaft, z.B. durch Zugabe eines Erstarrungsverzögerers VZ. Die Zugabe kann gleichzeitig mit dem Fließmittel kurz vor der Übergabe des Betons erfolgen. Die Menge des zuzugebenden Zusatzmittels (Fließmittel + Verzögerer) hängt von der Erstprüfung ab.

Hinweis:
In neuerer Zeit werden Betone mit Spezial-Fließmitteln angeboten, bei denen das Fließmittel im Transportbetonwerk zugegeben werden kann, weil deren verflüssigende Wirkung länger anhält, z.B. Fließmittel auf PCE-Basis. Die Betonherstellung und die Betonverarbeitung sind hierbei ganz besonders aufeinander abzustimmen und es müssen umfangreiche Erfahrungen mit diesem Beton vorliegen. Daher dürfen nur Spezialfirmen mit der Ausführung beauftragt werden, die zunächst auf der Baustelle Probeflächen im Maßstab 1:1 herzustellen haben. Hierbei ist auch die Gefahr einer Sinterhautbildung abzuklären, insbesondere bei Betonoberflächen, die nicht unmittelbar nach dem Einbau vor Witterungseinflüssen geschützt werden. Außerdem ist ein eventuell auftretendes thixotropes Verhalten des Betons beim Glätten der Oberfläche zu klären, ebenso die Auswirkungen des Fließmittels bei LP-Beton.

10.2.4 Früh hochfester Beton

In besonderen Fällen kann es erforderlich sein, die neue Betonbodenplatte sehr bald in Betrieb zu nehmen. Der Einsatz eines früh hochfesten Betons ermöglicht eine leichte Nutzung bereits nach 24 Stunden, die volle Belastung ungefähr nach 48 Stunden.

Vorteile von früh hochfestem Beton mit Fließmittel sind:

- frühe Nutzung ohne lange Sperrzeiten,
- weniger Personal- und Gerätekosten, jedoch höhere Materialkosten,
- leichte Verarbeitung ohne schwere Einbau- und Verdichtungsgeräte.

Um eine frühe Belastbarkeit zu erzielen, ist eine geeignete Betonzusammensetzung festzulegen. Anhaltswerte dafür sind:

- Zement mit hoher Frühfestigkeit:
  Zemente der Festigkeitsklasse CEM 42,5 R,
- höherer Zementgehalt:
  im Allgemeinen $z \leq 370$ kg/m^3, aber abhängig vom Wasserzementwert und vom Wasseranspruch der Gesteinskörnung,
- niedriger Wasserzementwert:
  Wasserzementwert $w/z \leq 0{,}40$ für eine schnelle Festigkeitsentwicklung,
- Ausgangskonsistenz: Ausbreitmaß $\approx$ 300 mm,
- größere Fließmittelmenge:
  Fließmittelmenge $\approx$ 1,5 bis 3% vom Zementgewicht zur Erzielung einer ausreichenden Fließfähigkeit bei geringem Wassergehalt,
- Art des Fließmittels:
  Das Fließmittel darf die Festigkeitsentwicklung nicht verzögern,
- Verarbeitungskonsistenz:
  Das Ausbreitmaß nach Fließmittelzugabe sollte bei 450 mm liegen und 480 mm nicht überschreiten,
- günstige Kornzusammensetzung:
  Optimierung von Zusammensetzung und Art der Gesteinskörnung für einen möglichst geringen Wasseranspruch. Ausfallkörnungen haben sich oft als ungünstig erwiesen,
- höhere Frischbetontemperatur:
  Frischbetontemperatur beim Einbau > 20 °C, jedoch ≤ 30 °C.

Die Festigkeitsentwicklung des Betons ist von der Beton- und Lufttemperatur abhängig. Die erforderlichen Erstprüfungen sind daher bei den zu erwartenden Temperaturverhältnissen durchzuführen. Mischen, Einbauen und Abziehen des Betons unterscheiden sich nicht wesentlich vom normalen Beton mit Fließmittel. Zu berücksichtigen ist jedoch die kürzere Verarbeitbarkeitszeit.

Folgende Hinweise sind besonders zu beachten:

- Zeitspanne zwischen Mischen des Betons im Betonwerk und Zumischen des Fließmittels auf der Baustelle möglichst ≤ 30 Minuten. Grund: Die verflüssigende Wirkung des Fließmittels ist im Allgemeinen umso schwächer, je mehr die Hydratation des Zements fortgeschritten ist.
- Zeitspanne zwischen Fließmittelzugabe und abschließender Verarbeitung verkürzt sich auf 20 bis 30 Minuten. Grund: Die verflüssigende Wirkung des Fließmittels lässt wegen des geringeren Wassergehaltes und der größeren Fließmittelmenge schneller nach.
- Nachdosierungen von Wasser sind unzulässig.

Tafel 10.1: Festigkeitsentwicklung bei Lufttemperaturen um +15 °C für früh hochfeste Betone mit Fließmittel mit günstiger Betonzusammensetzung

Zeit in Tagen	Betondruckfestigkeit [N/mm²]
1	≈ 20
2	≈ 35
3	≈ 45
7	≈ 50

Die schnellere Festigkeitsentwicklung ist im Wesentlichen auf die höhere Frühfestigkeit des Zements und den niedrigen Wasserzementwert zurückzuführen. Der relativ hohe Zementgehalt kann leicht dazu führen, dass die obere Grenze des Mehlkorngehalts von 430 kg/m³ erreicht wird. Betone mit Mehlkorngehalten über 430 kg/m³ sollten nicht eingesetzt werden.

Tafel 10.1 zeigt die Festigkeitsentwicklung bei Lufttemperaturen um +15 °C für früh hochfeste Betone mit Fließmittel mit günstiger Betonzusammensetzung.

Erstprüfungen zeigen die tatsächliche Festigkeitsentwicklung im Einzelfall. Eine wesentliche Festigkeitszunahme über die 7-Tage-Festigkeit hinaus ist kaum zu erwarten.

10.2.5 Beton mit Vakuumbehandlung

Eine zweckmäßige Bauweise bei Betonbodenplatten für Produktions- und Lagerhallen bietet unter anderem auch die Vakuumbehandlung (Bild 10.7 und Bild 10.8). Dieses ist keine Form der Nachbehandlung, sondern Teil eines besonderen Einbauverfahrens, welches sich direkt nach dem Einbauen und Verdichten anschließt. Dabei wird ein Teil des Anmachwassers abgezogen und so der Wasserzementwert verringert. Dieser Vorgang führt zu einer Steigerung der Betonqualität. Beurteilungsmaßstab eines durch Vakuumverfahren behandelten Betons ist daher nicht der Wasserzementwert des Ausgangsbetons, sondern der nach der Vakuumbehandlung erzielte Wasserzementwert. Durch Rückrechnung des bei der Vakuumbehandlung abgezogenen Wassers kann der erreichte w/z-Wert bestimmt werden.

Vorteile einer Vakuumbehandlung sind:

- klar steuerbarer und taktförmiger Arbeitsablauf,
- Erhöhung der Früh- und Endfestigkeit,
- Verringerung des Schwindens,
- Begrenzung des Mehlkorngehalts und des Sandgehalts entsprechend Tafel 10.2.

In der Regel kann der Beton mit Betonpumpen zur Einbaustelle gefördert werden. Dabei sind je nach Art des Einbaues und des Abziehens Betone in plastischer oder weicher

Tafel 10.2: Mögliche Begrenzung des Mehlkorngehalts und des Sandgehalts

Größtkorn	Mehlkorngehalt 0/0,125 mm	Sandgehalt 0/2 mm
32 mm	$\leq$ 360 kg/m^3	$\leq$ 520 kg/m^3
22 mm	$\leq$ 380 kg/m^3	$\leq$ 560 kg/m^3
16 mm	$\leq$ 400 kg/m^3	$\leq$ 560 kg/m^3

Konsistenz mit Ausbreitmaßen von a = 360 bis 450 mm gut geeignet. Der Wassergehalt des Ausgangsbetons sollte $\leq$ 180 kg/m^3 sein. Wasserreicher Beton ist unzulässig.

Die Einbautruppe für die Vakuumbehandlung ist personell auf Einbauart und einwandfreie Bearbeitung der Betonoberfläche abzustellen. Die nachstehenden, taktartig aufeinander folgenden Arbeitsgänge sind zu berücksichtigen:

- Fördern, Einbringen, Verteilen, Verdichten und Abziehen des Betons,
- Vakuumbehandlung des Betons (Vakuumierung),
- ggf. Auftragen und Einarbeiten einer Hartstoffschicht,
- maschinelles Abgleichen und Glätten in mehreren Übergängen,
- Nachbehandlung des Betons,
- Schneiden der Fugen.

Frost- und tausalzbeaufschlagte Betonflächen, z.B. im Freien, bei denen eine Vakuumbehandlung durchgeführt werden soll, müssen auch bei Vakuumbeton stets mit Luftporenbildnern LP hergestellt werden. Der Luftporengehalt ist um 1 Vol.-% zu erhöhen, da ein Teil der künstlichen Luftporen bei der Vakuumbehandlung abgesaugt werden kann: $p_m \geq 5{,}5$ Vol.-%.

Die Arbeitsgänge für die Durchführung einer Vakuumbehandlung lassen sich in nachfolgenden Punkten zusammenfassen:

- Verlegung von Filtermatten (Saugschalung) auf die verdichtete und frisch abgezogene Betonfläche. Achtung: Die Kanten der Saugschalungen müssen an allen vier Seiten auf dem Beton dicht aufliegen. Das dicht auf dem Beton liegende Filtergewebe verhindert vollständig, dass Feinstbestandteile des Betons (Zement, Mehlkorn) mit dem Wasser abfließen.
- Erzeugung eines Unterdrucks durch die Vakuumpumpe von 0,1 bis 0,2 bar. Die Differenz zum normalen Luftdruck wirkt als Druckkraft auf den Beton. Der Differenzdruck von 0,8 bis 0,9 bar (80 bis 90 kN/m^2) erzielt durch statische Verdichtung eine dichtere Lagerung des Betongefüges.

- Dauer der Vakuumbehandlung: etwa 1 bis 2 Minuten je cm Betontiefe. Dabei sollen etwa 0,3 l Wasser je m^2 Betonfläche und je 1 cm Plattendicke abgesaugt werden. Beim Einsatz mehrerer Saugschalungen, im Wechsel an die Vakuumpumpe angeschlossen, kann bei zwei- bis dreimaligem Umsetzen je Stunde eine Fläche von 50 bis 100 m^2 vakuumbehandelt werden.
- Weitere Oberflächen-Bearbeitung direkt nach der Vakuumbehandlung.

10.2.6 Gewalzter Beton

Betonbodenplatten, die aus gewalztem Beton hergestellt werden sollen, benötigen für den Einbau einen steifen Beton. Dazu kommt entweder ein Straßenfertiger zum Einsatz oder der Beton wird in üblicher Weise verteilt und eingeebnet. Das Verdichten wird mit einer Glattmantel- oder Gummiradwalze durchgeführt (Bild 10.9).

Bild 10.7: Betonbodenplatte während der Vakuumbehandlung [Werkfoto: NOGGERATH & Co. Betontechnik GmbH]

Bild 10.8: Entfernen der Filtermatten nach der Vakuumbehandlung [Werkfoto: NOGGERATH & Co. Betontechnik GmbH]

Bild 10.9: Verdichtung von gewalztem Beton [Werkfoto: RINOL Deutschland GmbH, DFT Industrieboden GmbH]

Gewalzter Beton kann nur dort mit ausreichender Sicherheit eingebaut werden, wo ein Verdichten mit Walzen ohne Behinderung des Walzvorganges (z.B. durch Stützen, Kanäle, Schächte) möglich ist. Die Konsistenz für den Einbau soll sehr steif sein, damit die Walzen nicht einsinken. Hierzu ist nur ein geringer Wasserbedarf nötig, der so einen günstigen Wasserzementwert mit niedriger Zementmenge ermöglicht. Durch Walzen lassen sich bei genügender Verdichtung mit Zementmengen von etwa 250 kg/m^3 Festigkeiten von $\approx$ 30 N/mm^2 erzielen.

Um eine einwandfreie Verdichtung zu ermöglichen, soll der Wassergehalt des Betons deutlich unter dem optimalen Wassergehalt der einfachen Proctordichte liegen. Der optimale Wassergehalt ist durch Versuche zu bestimmen. Bei der Betonzusammensetzung für zu walzende Betone sind gut abgestufte Korngemische notwendig. Damit keine Verdichtungsunterschiede und Festigkeitsschwankungen entstehen, sollte die gewählte Sieblinie während der Ausführung möglichst konstant eingehalten werden. Dabei soll der Kornanteil 0/2 mm $\geq$ 25 Gew.-% am Gesamtgemisch betragen, um einen ausreichenden Oberflächenschluss zu ermöglichen. Der Kornanteil $<$ 0,063 mm sollte $\leq$ 5 Gew.-% betragen. Für frostbeanspruchte Flächen ist Material mit hohem Frostwiderstand zu verwenden.

Betonbodenplatten aus gewalztem Beton benötigen eine Deckschicht bzw. Verschleißschicht. Ohne Deckschicht ist die nicht ebene und nicht vollständig geschlossene Oberflächenstruktur nur bei untergeordneten Nutzungen ausreichend.

10.3 Bearbeitung der Betonoberfläche

Eine Oberflächenbearbeitung der Betonbodenplatte gehört zur Vervollständigung des Betonbodens. Sie soll dem Zweck und der Nutzung des Betonbodens entsprechen. Je nach Bearbeitung sind unterschiedliche Oberflächenstrukturen herstellbar: von rau bis glatt. Im Wesentlichen unterscheidet man folgende Bearbeitungsmöglichkeiten:

- Aufbringen eines Besenstrichs,
- Abziehen, Abscheiben bzw. Abreiben des eingebauten Betons,

- Glätten der Betonoberfläche,
- Schleifen des Betons.

10.3.1 Besenstrich

Die Oberflächenbearbeitung durch Besenstrich kann bei Freiflächen die sinnvollste Art der Oberfläche liefern: Die Oberfläche ist rau und griffig, ob im trockenen oder im feuchten Zustand. Diese Struktur hat sich z.B. auch bei Schnellverkehrsstraßen im öffentlichen Straßenverkehr bewährt.

Durch den Besenstrich erhält die abgezogene Betonoberfläche eine Feinstruktur. Dafür wird ein Besen über den Beton gezogen, und zwar Streifen neben Streifen in einer Richtung. Die Art des verwendeten Besens bestimmt die Rauheit der Oberflächenstruktur:

- Stahlbesen
- Piassavabesen
- Haarbesen

Ein harter Stahlbesen erzeugt eine andere Struktur als ein nicht so harter Piassavabesen oder ein weicher Haarbesen. Wichtig ist der richtige Zeitpunkt für das Aufbringen des Besenstrichs. Der Beton muss soweit angesteift sein, dass bei Einsatz des Besens eine griffige und raue Oberfläche entsteht und diese Struktur erhalten bleibt. Dabei wird ein Teil der Zementschlämme von der oben liegenden Gesteinskörnung entfernt. Bei einem zu feuchten Besen erhält die Oberfläche zusätzlich Wasser, die Dauerhaftigkeit wird negativ beeinflusst. Daher muss dieses vermieden werden.

Insbesondere für Flächen mit Anforderungen an eine erhöhte Rutschsicherheit ist diese Art der Oberflächenbearbeitung sinnvoll und wirtschaftlich herzustellen. Der Besenstrich kann bei jeder Einbauart, mit Ausnahme der Vakuumbehandlung, als abschließende Oberflächenbearbeitung erfolgen.

10.3.2 Abgleichen (Abscheiben, Abreiben)

Ein maschinelles Abgleichen wird auch als Abscheiben oder Abreiben bezeichnet. Dies kann in jenen Fällen erfolgen, wo ein Besenstrich eine zu raue Oberfläche und das Glätten eine nicht genügend raue Oberfläche liefern würde. Die Oberfläche hat nach dem Abgleichen die typische Sandpapierstruktur, ähnlich, wie sie von einem abgeriebenen Putz bekannt ist.

Die Arbeitsvorgänge für das Abgleichen können im Anschluss an das Verdichten des Betons und Abziehen der Betonoberfläche durchgeführt werden, wenn der Beton genügend angesteift ist. Dieser Zeitpunkt ist gut abzupassen. Bei der Vakuumbehandlung kann das Abgleichen sofort nach dem Entfernen der Absaugmatten erfolgen. Die Arbeitstakte sind hierbei sehr gut steuerbar.

Beim Abgleichen sind mehrere Arbeitsgänge erforderlich. Das Abgleichen erfolgt durch Geräte mit Tellerscheiben. Größere Unebenheiten können nicht mehr ausgeglichen werden, es können aber auch kaum zusätzliche Vertiefungen entstehen.

Eine abgeriebene Oberfläche eignet sich gut für eine nachfolgende Oberflächenbehandlung durch eine Versiegelung oder Beschichtung. Sie ist aber auch die Vorstufe für ein nachfolgendes Glätten der Oberfläche.

10.3.3 Glätten

Das Glätten der Betonoberfläche erfolgt ebenfalls maschinell, und zwar nach vorherigem Abscheiben. Hierfür eignen sich Flügelglätter, die ähnlich wie Geräte mit Tellerscheiben eingesetzt werden (Bilder 10.10 und 10.11). Es entsteht eine kellenglatte Oberfläche, ähnlich wie bei einem geglätteten Estrich (Bild 10.12).

Der Zeitpunkt des Glättens richtet sich nach Ansteifverhalten des Betons. Gute Oberflächen entstehen bei wiederholtem Glätten nach Erstarrungsbeginn. Mehrere Glättvorgänge sind erforderlich.

Das Glätten von Oberflächen muss häufig im Zusammenhang mit den Anforderungen an die Rutschhemmung gesehen werden. Eine Bewertung der Rutschgefahr kann erforderlich sein (Kapitel 6.4.1). Abhängig von den Betriebsbedingungen oder der Reinigung der Flächen können intensiv geglättete Oberflächen zur Rutschgefahr führen.

Bild 10.10:
Glätten einer Betonoberfläche mit einem einfachen handgeführten Flügelglätter [Werkfoto: NOGGERATH & Co. Betontechnik GmbH]

Bild 10.11: Glätten einer Betonoberfläche mit einem größeren handgeführten Flügelglätter [Werkfoto: GORLO Industrieboden GmbH & Co. KG]

Bild 10.12: Glätten einer Betonoberfläche mit einem gesteuerten Doppelglätter [Werkfoto: NOGGERATH & Co. Betontechnik GmbH]

10.3.4 Schleifen

Das maschinelle Schleifen der Oberfläche ist eine bisher wenig genutzte Möglichkeit der Oberflächenbearbeitung (Bild 10.13). Bei besonderen Anforderungen an das optische Erscheinungsbild der Oberfläche (Sichtbetoneigenschaften) sollten vor der Ausführung ausreichend große Probeflächen angelegt werden, die als Referenzflächen dienen können. Diese besondere Leistung ist vertraglich zu vereinbaren.

Niedrigtouriges Schleifen

Das Schleifen sollte zu einem frühen Zeitpunkt mit einem langsam laufenden Gerät erfolgen. Betonböden mit Unebenheiten können damit nicht verbessert werden. Dieses würde nur dann gelingen können, wenn Grate oder ähnliche Erhöhungen abzuschleifen wären.

Das Schleifen der Oberfläche soll dazu führen, dass die obere Zementsteinschicht von etwa 1 mm Dicke entfernt und die abriebfestere Gesteinskörnung freigelegt und dadurch die Verschleißfestigkeit der Betonoberfläche verbessert wird.

Diese niedrigtourige Art des Schleifens steht im Gegensatz zum üblichen Schleifen. Für diese Schleifart werden spezielle Schleifgeräte eingesetzt. Mit einem Gerät ist eine Leistung von $\approx$ 40 m^2/h und mehr zu erzielen.

Bild 10.13:
Geschliffene Betonoberfläche mit rot gefärbtem Zementstein für den Verwaltungsbereich eines Gebäudes
[Foto: ISVP Lohmeyer + Ebeling]

Der Beginn für das Schleifen sollte so früh wie möglich erfolgen, jedoch ohne das dabei die Gesteinskörnung herausgerissen wird. Hierfür eignet sich am besten ein Zeitraum von ein bis zwei Tagen nach der Herstellung.

Hochtouriges Schleifen

Bei hochtourigem Schleifen kann die obere Zementsteinschicht bis in die Grobkörnung hinein entfernt werden. Dies erzeugt eine Oberfläche, die durch das Zusammenwirken des Zementsteins und der Gesteinskörnung auch die Farbe des Gesamteindrucks bestimmt. Es entsteht eine dem Terrazzo ähnliche Oberfläche, wie sie auch vom Betonwerkstein bekannt ist. Das Schleifen sollte so früh wie möglich beginnen, es dürfen jedoch keine Gesteinskörner herausgerissen werden. Der günstigste Zeitpunkt ist im Allgemeinen etwa drei Tage nach dem Einbau des Betons. Die Bearbeitungstiefe liegt zwischen 3 mm bis 5 mm. Die letzten Schleifvorgänge können Feinschliffe sein. Die Oberfläche kann mit feinsten Schleifmitteln bis zum Glanz bearbeitet werden. Dies wird auch als Polieren einer Oberfläche bezeichnet. Es entsteht die sogenannte Naturpolitur [L50].

10.3.5 Strahlen

Strahlen mit Strahlgut entfernt ebenfalls die obere Zementsteinschicht. Je nach Art und Dauer des Strahlens entsteht eine Tiefenwirkung, bei der auch der Zementstein zwischen den Gesteinskörnern entfernt wird. Dadurch entsteht eine griffige Oberflächenstruktur (Bild 10.14). Als Strahlgut werden Sand bzw. Hartstoffe verwendet (Sandstrahlen) oder es kommen Stahlkugeln zum Einsatz (Kugelstrahlen). Auch Wasser-Sand-Gemische sind einsetzbar. Die Bearbeitungstiefe liegt zwischen 2 mm bis 3 mm.

Flammstrahlen ist eine besondere Art der Oberflächenbearbeitung. Hierbei wird die Oberfläche nach dem Erhärten des Betons mit einem Flammengerät bei Temperaturen über 3000 °C bearbeitet. Die obere Zementmörtelschicht wird entfernt und bei Verwendung

Bild 10.14:
Gestrahlte Betonoberfläche [Fotos: ISVP Lohmeyer + Ebeling]
a) Kugelstrahlgerät im Einsatz
b) gestrahlte Oberfläche

von quarzitischem Gestein springen die obersten Kuppen der Körnung ab. Die entstehende Oberfläche ist sehr rau und griffig. Die Bearbeitungstiefe liegt zwischen 4 mm bis 8 mm.

10.3.6 Auswaschen

Auswaschen entfernt die oberste Zementmörtelschicht vor dem Erhärten des Zements. Ausgewaschene Flächen werden auch als Waschbeton bezeichnet. Die Tiefenwirkung des Auswaschens darf nur bis zu einem Drittel der groben Gesteinskörnung reichen. Diese Oberflächenbearbeitung lässt die Farbe der Gesteinskörnung in ihrer natürlichen Farbwirkung erscheinen. Die Bearbeitungstiefe liegt zwischen 4 mm bis 6 mm.

10.3.7 Profilgerechte Lage

Zunächst sollte geprüft werden, wie die vom Planer vorgegebene profilgerechte Lage der Oberfläche einzuhalten ist und welche Verfahren zur Oberflächengestaltung eingesetzt werden müssen. Sollte sich dabei herausstellen, dass ein unverhältnismäßig hoher Aufwand erforderlich wird, der bei der Kalkulation aufgrund der Leistungsbeschreibung nicht vorauszusehen war, bedarf dies einer Abstimmung (Kapitel 6.5).

Die Oberfläche ist höhengerecht und horizontal oder im vorgeschriebenen Längs- und Quergefälle herzustellen. Abweichungen von der Sollhöhe dürfen an keiner Stelle mehr als 20 mm betragen. Dieses entspricht DIN 18202, Zeile 2, bei einem Messpunktabstand von 15 m mit einem zulässigen Stichmaß 20 mm.

Für Ableitflächen im Geltungsbereich der DAfStb-Richtlinie „Betonbau beim Umgang mit wassergefährdenden Stoffen“ [R22] gilt DIN 18202, Zeile 3.

10.3.8 Gefälle

In der Regel ist für Betonbodenplatten für Produktions- und Lagerhallen kein Gefälle notwendig. In besonderen Fällen, z.B. bei Ableitflächen für wassergefährdende Flüssigkeiten (Kapitel 6.6.1) ist zur einwandfreien Entwässerung ein Gefälle von mindestens 2,0 % anzuordnen und zwar direkt durch entsprechende Oberflächenausbildung der Betonbodenplatte. Das Gefälle soll nicht durch einen Ausgleichs- oder Gefälleestrich geschaffen werden.

Sternförmige Gefälleausbildungen sind ungeeignet, da die Oberflächen nicht mit Rüttelbohlen abgezogen werden können. Windschiefe Oberflächen mit Verwindungen im Gefälle sind durch entsprechend unterschiedliche Höhenlage der Abziehlehren schwierig herzustellen, aber möglich.

Fugen sollten nicht im Tiefbereich des Gefälles liegen, da dauernde Feuchtigkeit die Fugen beansprucht. Das Gefälle sollte daher stets von Fugen weggeführt werden.

10.3.9 Ebenheit

Die Ebenheitstoleranz der Oberfläche der Betonbodenplatte soll bei einem Abstand der Messpunkte von 1 m höchstens 8 mm, bei 4 m Abstand höchstens 12 mm betragen (Tafel 6.13 Zeile 2) [R30.1, R42]. Für fertige Oberflächen wird von den Autoren empfohlen, die Anforderungen nach DIN 18202, Zeile 3, bzw. erforderlichenfalls Zeile 4 zu vereinbaren. Dieses entspricht bei einem Abstand der Messpunkte von 1 m höchstens 4 mm, bei 4 m Abstand höchstens 10 mm (Tafel 6.13 Zeile 3) bzw. bei einem Abstand der Messpunkte von 1 m höchstens 3 mm, bei 4 m Abstand höchstens 9 mm (Tafel 6.13 Zeile 4).

Sprünge und Absätze innerhalb einer festgelegten Oberflächenstruktur sind zu vermeiden. Hierunter ist aber nicht die durch Flächengestaltung bedingte Struktur zu verstehen.

Für weitergehende Anforderungen an die Ebenheit, z.B. für Lagersysteme mit leitliniengeführten Flurförderfahrzeugen nach DIN 15185 [N38], sind besondere Vereinbarungen erforderlich (Tafel 6.14). Hier bedarf es einer sehr genauen Oberflächenausbildung. Nach Meinung der Autoren sind diese extremen Anforderungen an die Ebenflächigkeit über übliche betontechnologische Einbauverfahren in der Regel nicht zielsicher herstellbar. Die Herstellung z.B. in den Fahrgassen bei Hochregallagern kann nur mit erheblichem Aufwand über eine zusätzlich einzubauende Schicht gelingen, z.B. Kunstharzestrich, aber auch Zementestrich oder Hartstoffschicht (Kapitel 6.5.2).

10.4 Oberflächen mit Hartstoffen

Hartstoffe erhöhen den Widerstand gegen rollende, stoßende oder schlagende Beanspruchungen. Sofern nicht für die Betonherstellung insgesamt harte Gesteinskörnungen verwendet werden, können entweder Hartstoffe im Einstreuverfahren eingearbeitet oder Hartstoffschichten aufgebracht werden.

10.4.1 Hartstoffeinstreuungen

Durch Einarbeiten von Hartstoffen kann die Oberflächenfestigkeit eines Betons aus normaler Gesteinskörnung verbessert werden. Dabei kann das Einstreuverfahren für die Beanspruchungsbereiche 1 und 2 nach Tafel 3.7 infrage kommen. Damit können die Betonoberflächen den Beanspruchungen der Expositionsklassen XM1 und ggf. auch XM2 genügen. Für die Expositionsklasse XM3 wird in DIN 1045-1 nur allgemein der Einsatz von Hartstoffen gefordert. Eine weitere Differenzierung hierzu gibt das DBV-Merkblatt [R30.1, Tabelle 1] und Tafel 3.7. Die Festlegung der Expositionsklasse XM3 fordert danach für eine Hartstoffeinstreuung die Mindestdruckfestigkeitsklasse C35/45. Die Oberflächenvergütung durch Hartstoffeinstreuung ist nicht mit einer Hartstoffschicht nach DIN 18560-7 vergleichbar.

Die Betonbodenplatte sollte mindestens ein Beton der Festigkeitsklasse C25/30 nach DIN 1045-1 mit einem Wasserzementwert $w/z \leq 0{,}55$ aufweisen. Bereits beim Betoneinbau ist zu berücksichtigen, dass die spätere Oberfläche für das Einstreuen und Einarbeiten des Hartstoffes die erforderliche Ebenheit erhält (Tafel 6.13 Zeile 2 oder 3). Das Einbringen des Hartstoffs sollte so früh wie möglich erfolgen, d.h., am besten direkt nach dem Abziehen der Betonoberfläche, sobald der Beton begehbar ist.

Hartstoffe sind in einer Mindestmenge von wenigstens 3 kg/m^2, besser 4 kg/m^2 aufzubringen. Die aufzubringende Einstreumenge je m^2 ist in der Leistungsbeschreibung anzugeben. Eine genaue Schichtdicke ist mit diesem Verfahren zielsicher nicht herstellbar. Aus der genannten Auftragsmenge kann sich im Idealfall, d.h. nur bei sehr sorgfältiger Arbeitsweise, eine ganzflächige und voll deckende Hartstoffschicht mit einer „Schichtdicke" von etwa 2 mm ergeben. Die „Schichtdicke" ist kleiner als das Größtkorn des Hartstoffs und auch als die einer genormten Hartstoffschicht nach DIN 18560-7 (Tafel 6.5). Die Hartstoffe sind mit einer Einstreuvorrichtung gleichmäßig aufzubringen, z.B. mit einem sogenannten Spreader (Einstreuwagen) (Bilder 10.15 und 10.16). Das Aufstreuen von Hand in der früher angewendeten „Sähmann-Methode" ist abzulehnen.

Bild 10.15: Handgeführter Spreader (Einstreuwagen) zum gleichmäßigen Verteilen der Hartstoffeinstreuung [Werkfoto: NOGGERATH & Co. Betontechnik GmbH]

Bild 10.16:
Maschinengeführter Spreader (Einstreuwagen) zum gleichmäßigen Verteilen der Hartstoffeinstreuung [Werkfoto: Rinol Deutschland GmbH]

Das Einarbeiten der Hartstoffe wird beim ersten Scheibvorgang vorgenommen. In der Regel schließen sich daran weitere Scheib- oder Glättvorgänge an.

Je nach Einbauverarbeiten für die Betonbodenplatte ergeben sich einige zu beachtende Punkte:

- Beim Einbau von *Beton mit Fließmittel* ist das Ansteifen abzuwarten, das einsetzt, wenn das Fließmittel die verflüssigende Wirkung verliert. Das Fließmittel darf nicht zu Entmischungen und zur Anreicherung von Schlämme an der Oberfläche führen. Die Betonoberfläche darf nicht zu weich und wasserreich, aber auch nicht zu steif und wasserarm sein (Kapitel 10.2.3).
- Bei der *Vakuumbehandlung des Betons* kann das Einstreuen und Einarbeiten sofort nach Beendigung des Wasserabsaugens erfolgen (Kapitel 10.2.5).
- Verbesserungen des Verschleißwiderstandes eines normalen Betons sind mit dem Einstreuverfahren möglich. Verschleißwerte, die denen von Hartstoffschichten entsprechen, können im Allgemeinen von Einstreuungen nicht erzielt werden (Kapitel 6.3.1).

Luftporenbetone, die als Betone mit hohem Frost-Taumittel-Widerstand hergestellt sind, sollten möglichst keine Hartstoffeinstreuungen erhalten. Einerseits können durch intensives Glätten die Luftporen in der obersten Schicht stark verringert werden, wodurch der Frost-Taumittel-Widerstand eingeschränkt würde. Andererseits wurden in der Baupraxis häufiger schollenartige Ablösungen des obersten Hartstoffbereichs festgestellt. In Fällen, bei denen LP-Beton notwendig ist, ist zu prüfen, ob nicht alternativ dazu Korngruppen 0/2 und 2/8 aus quarzitischem Gestein und Korngruppen 11/22 aus Hartsteinsplitt eingesetzt werden können. Diese sind besser geeignet (vgl. Beanspruchungsbereich 2 in Tafel 3.7).

Hinweis:
Zu empfehlen ist der Einsatz leichter, handgeführter Glätter für das Abscheiben der Oberfläche, damit möglichst früh mit der Bearbeitung begonnen werden kann. Der Einsatz schwerer Glättmaschinen (Doppelglättmaschinen mit Aufsitz) ist bei LP-Beton und bei Beton mit thixotropem Verhalten (z.B. PCE-Beton) vorab zu klären.

10.4.2 Hartstoffschichten

Hartstoffschichten „frisch auf frisch“

„Frisch auf frisch“ auf die noch frische oder schon erstarrende Betonbodenplatte ohne Haftbrücke aufgebrachte Hartstoffschichten stellen den Normalfall für hoch beanspruchte Betonbodenplatten dar. Bei dieser Herstellart „frisch auf frisch” ergibt sich in der Regel der beste Verbund mit der Betonbodenplatte. Für die Bodenplatte eignen sich Betone mit Fließmittel (Kapitel 10.2.3) und Betone mit Vakuumbehandlung (Kapitel 10.2.5).

Entscheidend für einen guten Verbund sind zwei wesentliche Einflüsse:

- der Beton darf keine Schlämme absondern, daher sollte der Beton beim Einbau keine weichere Konsistenz als F3 aufweisen, das Ausbreitmaß sollte höchstens 480 mm betragen,
- der Zeitpunkt für das Aufbringen der Hartstoffschicht muss passend sein und darf keineswegs zu spät gewählt werden.

Beim Aufbringen der Hartstoffschicht muss der Beton einerseits soweit angesteift sein, dass er begehbar ist, andererseits darf der Beton noch nicht soweit erstarrt sein, dass die Verbindung „frisch auf frisch“ nicht mehr sicher erreicht wird. Die zur Verfügung stehende Zeitspanne kann je nach Art des Betons und den herrschenden Temperaturverhältnissen gering sein. Ein allgemein gültiger Zeitpunkt kann nicht angegeben werden, da das Ansteif- und Erstarrungsverhalten des Betons sehr unterschiedlich ist. Maßgebend hierfür sind u.a. das Verhalten des Zements, der Wasserzementwert, die Konsistenz des Betons, die Verwendung von Betonzusatzmitteln und die Frischbetontemperatur sowie die Umgebungsbedingungen des Betoneinbaus, z.B. Lufttemperatur, relative Luftfeuchte, Sonne, Wind.

Zur Abschätzung des geeigneten Zeitpunkts für das Aufbringen der Hartstoffschicht wurde am Lehrstuhl für Baustofftechnik an der Ruhr-Universität Bochum ein Verfahren entwickelt, mit dem der Eindringwiderstand (Penetrationswiderstand) in den Beton gemessen werden kann [L57]. Die kegelförmige Spitze des Prüfgeräts (Kreiskegel 20°) wird von Hand bis zu einer bestimmten Eindringtiefe in den Beton gedrückt. Die Kraft zur Überwindung des Eindringwiderstands wird am Kraftmessgerät gemessen. Sie soll zwischen 150 N und 250 N (Obergrenze) liegen, dies entspricht etwa 15 kg bis 25 kg.

Die Betonbodenplatte soll mindestens der Betonfestigkeitsklasse C25/30 gemäß DIN 1045-1 entsprechen. Es wird aber eher wegen hoher Belastungen ohnehin ein Beton C30/37 oder C35/45 sein (Tafel 3.7). Die Oberfläche der Betonbodenplatte muss um die Dicke der Hartstoffschicht tiefer liegen. Damit die erforderliche Mindestdicke der Hartstoffschicht eingehalten werden kann, soll schon die Betonbodenplatte die vereinbarte Ebenheit aufweisen, z.B. entsprechend Tafel 6.13 Zeile 3.

Hartstoffschichten sind in DIN 18560-7 geregelt. Je nach Beanspruchung und Material müssen danach bestimmte Nenndicken erzielt werden, z.B. bei schwerer Beanspruchung Hartstoffe der Gruppe A, Nenndicken von mindestens 8 mm bis 15 mm (Tafel 6.5). Die erforderliche Dicke sollte stets in der Leistungsbeschreibung angegeben sein. Die jeweilige Mindestdicke ist einzuhalten.

Die Hartstoffschicht ist in aufziehfähiger plastischer Konsistenz (F2) aufzuziehen, z.B. über Lehren mit Abziehschiene (Richtscheit) oder Rüttelbohle. Die Lehren (Rundstähle oder Rohre) liegen auf der Betonoberfläche. Sie bestimmen die Dicke der Hartstoffschicht und die genaue Höhenlage der späteren Oberfläche.

Das Verdichten erfolgt im Wesentlichen durch das anschließende Abreiben (Abscheiben) mit Tellerglättmaschinen und je nach erforderlicher Oberflächenstruktur durch Glätten mit Flügelglättmaschinen. Das Abreiben (Abscheiben) und Glätten beginnt nach dem Ansteifen. Die Anzahl der Scheib- und Glättvorgänge bestimmen Dichtigkeit und Struktur der Oberfläche. Eine zu weiche Konsistenz begünstigt das Entstehen von Rissen (Krakeleebildung). Zu frühe Glättvorgänge können zur Blasenbildung führen. Um spätere Mängel zu vermeiden, sind in diesen Fällen die Arbeiten zu unterbrechen, bis der geeignete Zeitpunkt erreicht ist.

Fugen in der Hartstoffschicht sind aus der Betonbodenplatte zu übernehmen. Hierbei ist besonders darauf zu achten, dass die genaue Lage der Fugen in der Betonbodenplatte mit der in der Hartstoffschicht übereinstimmt. In der Regel werden Scheinfugen mit Fugenschneidmaschinen eingeschnitten (Kapitel 4.4.4). Der Zeitpunkt für den Fugenschnitt ist so früh wie möglich zu wählen, sobald es das Erhärten des Betons gestattet, spätestens am nächsten Tag.

Für Betonbodenplatten, die in der Nutzung besonders hohen Beanspruchungen z.B. infolge Fahrverkehr ausgesetzt sind, erfordern einen zusätzlichen Schutz der Fugenkanten durch spezielle Fugenprofile oder Winkelprofile aus Metall. Dieser Kantenschutz ist zu planen, auszuschreiben und einzubauen. Diese Profile sind stets in der Betonbodenplatte zu verankern (Bild 4.14).

Hinweis:
Beim Aufbringen der Hartstoffschicht im „frisch auf frisch“-Verfahren ist der Einsatz leichter, handgeführter Glätter für das Abscheiben der Hartstoffschicht zu empfehlen, damit möglichst früh mit der Bearbeitung der Oberfläche begonnen werden kann. Der Einsatz schwerer Glättmaschinen (Doppelglättmaschinen mit Aufsitz) bedarf bei LP-Beton und bei Beton mit thixotropem Verhalten (z.B. PCE-Beton) vorab eine Klärung.

Nachträglich aufzubringende Hartstoffschichten

Wenn der vorgesehene Bauablauf das Aufbringen der Hartstoffschicht „frisch auf frisch“ nicht zulässt, ist auch ein nachträglicher Einbau einer Hartstoffschicht auf der erhärteten Betonbodenplatte möglich. Einschichtige Hartstoffschichten können eingesetzt werden, wenn die Dicke für die Hartstoffschicht nicht zu groß wird und 20 mm kaum überschreitet, höchstens aber 30 mm beträgt. Bei größeren Dicken, bei zu großen Unebenheiten sowie für den nachträglichen Einbau von Gefälle ist eine Übergangsschicht für einen zweischichtigen Hartstoffestrich nötig. Die erforderliche Mindestdicke der Hartstoffschicht ist Tafel 6.5 zu entnehmen.

Anders als bei der direkten Herstellung der Hartstoffschicht „frisch auf frisch" ist für das Aufbringen der Hartstoffschicht auf die erhärtete Betonbodenplatte ein einwandfreier Verbund durch besondere Maßnahmen zwingend notwendig. Bei Schadensfällen ist der unzureichende Verbund eine der häufigsten Ursache für Hohlstellen und Risse in der Hartstoffschicht.

In der Baupraxis wird die Hartstoffschicht häufig von einem anderen Unternehmen eingebaut als die der Betonbodenplatte. Das bedeutet, dass vor dem Aufbringen der Hartstoffschicht die Eignung der Oberflächenqualität von der Betonbodenplatte als Untergrund über Haftzugprüfungen geprüft werden sollte. Erfüllt die vorhandene Betonbodenplatte die Voraussetzungen zur Aufnahme einer Hartstoffschicht nicht, muss der Nachunternehmer für das Aufbringen der Hartstoffschicht vor Beginn der Arbeiten dem Auftraggeber seine Bedenken schriftlich mitteilen (VOB Teil B § 4 Abschn. 1). Nur durch eine geeignete Vorbereitung der Betonbodenplatte können spätere Mängel vermieden werden, die sonst die Nutzung des Betonbodens und den Betriebsablauf beeinträchtigen würden.

Anforderungen an die Betonbodenplatte

- Betonbodenplatte mindestens Festigkeitsklasse C25/30 nach DIN 1045-1 (Tafel 3.7),
- Betonbodenplatte mit geeigneter Oberfläche:
  - ohne Zementschlämme durch Entmischen,
  - nicht verbrannt (verdurstet) durch zu schnelles Austrocknen,
  - frei von losen und mürben Bestandteilen, Verschmutzungen durch Mörtelreste, Öl, Farbresten, Resten von Betonzusatzmitteln oder Nachbehandlungsmitteln u.Ä.,
  - ohne Risse, ansonsten zunächst Risse schließen,
  - mit rauer und griffiger Struktur,
  - erforderliche Haftzugfestigkeit der Betonbodenplatte $\geq$ 1,5 N/mm^2,
  - Ebenheit entsprechend der Vereinbarung, z.B. Zeile 3 Tafel 6.5-1 nach DIN 8202 mit erforderlichem Gefälle.
  - Abweichungen im Fugenverlauf von der Geraden höchstens 3 mm.

Hinweise:

- Klärung der Zuständigkeiten und erforderlichen Leistungen zur Ausführung der Hartstoffschicht in Fällen, bei denen Auftragnehmer für die Ausführung der Betonbodenplatte und der Hartstoffschicht nicht identisch sind. Dabei ist vor allem zu klären, wer für die Herstellung eines geeigneten Haftverbundes auf der Betonbodenplatte verantwortlich ist. Sinnvoll ist in diesen Fällen, dies bereits in der Leistungsbeschreibung als besondere Leistungen zu erfassen.
- Prüfen der Betonbodenplatte zur Aufnahme der Hartstoffschicht und erforderlichenfalls in der jeweils geeigneten Weise vorbereiten, z.B. durch Fräsen und/oder Kugelstrahlen.

Außerdem Schaffung günstiger Herstellbedingungen, die den fachgerechten Einbau und das einwandfreie Erhärten der Hartstoffschicht ermöglichen.

- Prüfung des Fugenverlaufs in der Betonbodenplatte. Nicht gerade verlaufende Fugen können in der Hartstoffschicht nicht aufgenommen werden. Erforderlichenfalls müssen vom ausführenden Unternehmen Bedenken angemeldet werden.

Checkliste der erforderlichen Maßnahmen für die Erzielung eines geeigneten Haftverbunds:

- Prüfen der Haftzugfestigkeit der Betonbodenplatte,
- Entfernen von Verschmutzungen durch Nassreinigen mit Hochdruck-Wasserstrahl und sofortiges Schmutzabsaugen,
- Entfernen von Öl, Fett und Chemikalien durch Reinigungsmaschinen mit geeigneten Reinigungsmitteln
- Vorbereiten der Betonbodenplatte durch Kugelstrahlen, erforderlichenfalls durch vorheriges Fräsen der Oberfläche,
- Schließen von Rissen in der Betonbodenplatte,
- Aufbringen einer Haftbrücke,
- Ausgleich von Unebenheiten bei der Betonbodenplatte, wenn die Toleranzen nach DIN 18202 überschritten werden (Tafel 6.13),
- Schutzmaßnahmen für die Herstellung und Erhärtung der Hartstoffschicht gegen Zugluft innerhalb des Gebäudes bzw. gegen Niederschläge bei Hartstoffarbeiten im Freien (z.B. Zelte, Abdeckungen, gegen niedrigere Temperaturen der Luft und der Betonbodenplatte als +5 °C).

Vorbereiten der Betonbodenplatte

Um eine *Haftbrücke* als Vorbereitung für den Einbau der Hartstoffschicht aufzubringen, sind zunächst ältere, ausgetrocknete Betonbodenplatten möglichst mehrere Tage feucht zu halten. Nachdem die Oberfläche wieder etwas abgetrocknet ist (Aussehen mattfeucht), kann zunächst die Haftbrücke nach Angaben des Hartstoffherstellers aufgebracht werden. Auf wassergesättigtem Beton ist eine Verankerung nicht möglich. Trockener, stark saugender Beton entzieht der Hartstoffschicht das Wasser. Geeignet ist der letztmals am Vortag genässte Beton. Hierbei sind die Herstellerangaben für Dosierung und Mischzeit aller Bestandteile der Haftschlämme zu beachten. Die Haftschlämme darf nicht überwässert sein. Der Auftrag der Haftschlämme darf „nur soweit vorlaufen", wie direkt anschließend daran die Hartstoffmischung frisch aufgebracht werden kann. Die Haftschlämme ist mit hartem Besen gleichmäßig auf die Betonbodenplatte einzubürsten.

Für die *Hartstoffschicht* selbst gelten hinsichtlich der Zusammensetzung, Dicke und dem Aufbringen auch hier die gleichen Aussagen wie beim Arbeiten „frisch auf frisch". Die Hartstoffschicht ist in die noch frische Haftbrücke aufzubringen und abzuziehen, abzureiben und erforderlichenfalls zu glätten.

Fugen in der Betonbodenplatte sind stets auch in die Hartstoffschicht zu übernehmen und zwar an gleicher Stelle und in gleicher Breite. Randfugen und Fugen in Angrenzung an andere Bauteile sind durch Randstreifen herzustellen. Erforderlichenfalls sind bei besonders hohen Beanspruchungen spezielle Fugenprofile oder Winkelprofile aus Metall für den Schutz der Fugenkanten zu planen, auszuschreiben und einzubauen. Wichtig ist hierbei, dass diese Profile in der Betonbodenplatte ausreichend verankert werden.

10.5 Schützen der erhärtenden Betonbodenplatte

Zur vollständigen Leistung der Betonverarbeitung gehört eine wirksame Nachbehandlung der Betonbodenplatte. Ziel dieser Maßnahme ist der Schutz des erhärtenden Betons, um eine möglichst rissarme bzw. rissfreie Betonbodenplatte zu erhalten (besonders bei großen Flächen). Nur mit einem ausreichenden Schutz kann der geforderte Verschleißwiderstand erreicht werden, was eine spätere einwandfreie Nutzung ermöglicht. Voraussetzung dafür ist eine möglichst früh beginnende, genügend wirksame und ausreichend lange Nachbehandlung des eingebauten Betons. Ursache für mehlende und staubende Oberflächen, Netzrissbildung (Krakelee) oder aufwölbende Betonflächen (Schüsseln des Betons) werden häufig durch Nachbehandlungsfehler ausgelöst, zumindest aber mit verursacht.

Für besondere Anforderungen an die Gebrauchstauglichkeit bedürfen Betonbodenplatten zusätzlicher Maßnahmen, die über die übliche Nachbehandlung hinausgehen. Ein sofortiger Schutz des eingebauten Betons soll ein frühzeitiges Austrocknen verhindern. Diese Schutzmaßnahme ist sofort nach dem Betoneinbau und vor dem Glättbeginn durchzuführen, z.B. durch Aufsprühen von geeigneten flüssigen Nachbehandlungsmitteln (Curing als Glätthilfen) oder eines Wassernebels. Bei ungünstigen Witterungsverhältnissen (beispielsweise $T < 10\,°C$ und $T > 25\,°C$) sind Maßnahmen gegen Austrocknen jedoch nicht ausreichend, hierfür sind weitere Schutzmaßnahmen gegen Temperatureinflüsse erforderlich, z.B. durch Abdecken mit Wärmedämmmatten. Gelegentlich wird diese erste Schutzmaßnahme in Leistungsverzeichnissen und Veröffentlichungen als „Zwischen-Nachbehandlung" bezeichnet. Dies ist aus Sicht der Autoren falsch.

Die Nachbehandlung muss einen Schutz der Betonoberfläche gegen zu schnelles Abkühlen und Austrocknen während des Erhärtens bewirken. Hierzu ist DIN 1045-3 [N1] zu beachten. Als Nachbehandlung werden Wasser zuführende und Wasser rückhaltende, erforderlichenfalls auch wärmedämmende Maßnahmen unterschieden. Die üblichen Nachbehandlungsverfahren sind:

- Aufsprühen flüssiger Nachbehandlungsmittel, (Bild 10.17),
- Abdecken mit Folien (Bilder 10.18 und 10.19),
- Aufbringen Wasser haltender Abdeckungen,
- andauerndes Besprühen mit Wasser,
- eine Kombination dieser Verfahren.

Erforderlichenfalls müssen und können die genannten Verfahren mit wärmedämmenden Maßnahmen zum Schutz gegen Abkühlen kombiniert werden, z.B. das Abdecken mit Folien und Wärmedämmmatten.

Die Nachbehandlungsdauer ist im Wesentlichen abhängig von der Oberflächentemperatur, bei der der Beton erhärtet. Die Nachbehandlungsdauer soll so lange andauern, bis etwa 70 % der Druckfestigkeit erreicht sind, bei Beton der Festigkeitsklasse C30/37 beispielsweise $\geq$ 25 N/mm^2. Erhärtungsprüfungen können Aufschluss über die erreichte Druckfestigkeit geben. Die Oberflächenfestigkeit lässt sich auch durch Rückprallprüfungen abschätzen. Ohne Festigkeitsermittlung können Anhaltswerte für die Nachbehandlungsdauer Tafel 10.3 entnommen werden.

Die Einwirkung von Zugluft während des Betoneinbaues und der anfänglichen Erhärtung muss unbedingt vermieden werden. Das bedeutet, dass Fenster, Türen, Tore sowie andere Öffnungen geschlossen bleiben müssen. Weiterhin sind Temperaturen an der Betonoberfläche unter +5 °C durch geeignete Maßnahmen zu verhindern. Auf gefrorene Tragschichten darf nicht betoniert werden.

In [L52] wird der Einfluss der Temperatur während der Nachbehandlung von Betonfahrbahndecken untersucht. Als Ergebnisse lassen sich nachfolgende Punkte für die Herstellung von Betonbodenplatten im Freien zusammenzufassen:

- Neben einem wirksamen Schutz vor dem Austrocknen ist auch ein Schutz vor starker Aufheizung durch Sonneneinstrahlung notwendig.
- Nachbehandlungen mit nassem Jutetuch oder durch Aufsprühen von Wasser sind günstig, da der Aufheizung der Betonoberfläche die Verdunstungskälte entgegen wirkt.

Tafel 10.3: Mindestdauer der Nachbehandlung von Beton in Tagen [1)]
für verschleißbeanspruchte Betonoberflächen der Expositionsklassen XM
(nach DIN 1045-3 [N1])

morgendliche Oberflächen-temperatur des Betons bzw. Lufttemperatur [2)]	Mindestdauer der Nachbehandlungsdauer in Tagen [1)] Festigkeitsentwicklung des Betons $r = f_{cm2} / f_{cm28}$ [3)]			
	schnell $r \geq 0{,}50$	mittel $r \geq 0{,}30$	langsam $r \geq 0{,}15$	sehr langsam $r < 0{,}15$
$\geq$ 25 °C	2	4	4	6
< 25 °C ... $\geq$ 15 °C	2	4	8	10
< 15 °C ... $\geq$ 10 °C	4	8	14	20
< 10 °C ... $\geq$ 5 °C	6	12	20	30

[1)] Die Zeitangaben der Tafel gelten für verschleißbeanspruchte Betonoberflächen. Nach DIN 1045-3 sind bei verschleißbeanspruchten Betonoberflächen der Expositionsklassen XM ohne genaueren Nachweis die doppelten Zeitangeben einzuhalten gegenüber anderen Bauteilen. Temperaturen unter +5 °C müssen vermieden werden.
[2)] Anstelle der Oberflächentemperatur des Betons darf auch die morgendliche Lufttemperatur angesetzt werden.
[3)] Zwischenwerte der r-Werte können linear interpoliert werden.

Bild 10.17:
Nachbehandlung des Betons durch Aufsprühen eines Nachbehandlungsfilms [Foto: Melcher]

Bild 10.18:
Nachbehandlung eines Betonbodens für einen Hallenboden [Werkfoto: GORLO Industrieboden GmbH & Co. KG]

Bild 10.19:
Nachbehandlung eines Betonbodens für eine Freifläche [Werkfoto: GORLO Industrieboden GmbH & Co.KG]

- An heißen Sommertagen überlagern sich Sonneneinstrahlung und Hydratationswärme und können nachts zu Biegerissen (Längsrissen) führen, wenn der Temperaturausgleich entsteht. Alle Fugen (Längs- und Querfugen) sind so früh wie möglich zu schneiden.

- Temperaturänderungen bei zunächst starker Erwärmung einer dünnen Oberflächenschicht und anschließender rascher Abkühlung führen zusammen mit dem Austrocknungsschwinden häufig zu Oberflächenrissen.
- Im Hochsommer wird empfohlen, den Betonierbeginn möglichst erst in die Nachmittagsstunden zu verlegen und rechtzeitig vor Sonnenaufgang aufzuhören, um die starke Sonneneinstrahlung nicht zeitlich mit der starken Entwicklung der Hydratationswärme zusammenfallen zu lassen.

10.5.1 Nachbehandlungsmittel

Kritisch bei erhärtenden Betonbodenplatten sind besonders die ersten Stunden nach der Herstellung. Gerade in dieser Zeit benötigt der Beton einen Schutz, z.B. bei Betonflächen im Freien vor Austrocknung infolge Wind und Sonne. Zum sofortigen Schutz des Betons eignen sich filmbildende Nachbehandlungsmittel, die beim Mattwerden der fertig gestellten Betonoberfläche aufgesprüht werden. Die jeweils erforderliche Auftragsmenge muss in Abhängigkeit vom Material und von der Rauheit der Oberfläche so festgelegt werden, dass ein geschlossener Film mit einem nachgewiesenen Sperrkoeffizienten (S) von mindestens 75 % erreicht wird. Hierzu sind die vom Hersteller angegebenen Verbrauchsmengen unbedingt einzuhalten. Erfahrungen der Baupraxis belegen, dass häufig zu geringe Mengen aufgebracht werden, sodass die erforderliche Schutzwirkung nicht entsteht. Wird eine zu große Menge aufgetragen, kann die Abwitterung des Nachbehandlungsmittels verzögert werden.

Im Freien werden zweckmäßig hell pigmentierte Nachbehandlungsmittel eingesetzt. Dieses wirkt sich günstig auf das Aufheizverhalten der Betonoberfläche infolge der Sonneneinstrahlung aus. Die Technischen Lieferbedingungen für flüssige Nachbehandlungsmittel TL-NBM-StB [R52] regeln den Einsatz im Straßenbau (Tafel 10.4). Die Anwendung kann sinngemäß auch auf Betonbodenplatten übertragen werden.

Als Nachbehandlungsmittel stehen im Wesentlichen drei Arten zur Verfügung (Tafel 10.5).

Tafel 10.4: Bezeichnung für Nachbehandlungsmittel im Straßenbau [R52]

Bezeichnung für Nachbehandlungsmittel abhängig vom Anwendungsbereich [1)]		Zeitpunkt des Aufbringens		
		sofort H	mattfeucht M	nach Entschalen E
Beton für Verkehrsflächen (Straßenbeton mit Griffigkeitsanforderung)	V	VH	VM	-
Beton für nicht befahrene Bauteile (allgemeiner Betonbau, ohne Griffigkeitsanforderung)	B	BH	BM	BE

[1)] Zusätzliche Bezeichnung für Nachbehandlungsmittel mit besonderen Eigenschaften:
W – erhöhter Hellbezugswert (Weißwert); K – kurzfristige Verkehrsfreigabe

Tafel 10.5: Arten von Nachbehandlungsmitteln

Art des Nachbehandlungsmittel	Bemerkungen zu Material, Aufgabe und Anwendungsbereich
übliches Nachbehandlungsmittel	- Material: weiße flüssige Emulsionen - Verbrauchsmenge $\approx$ 150 g/m^2 - Aufgabe: Verstopfen die Betonporen nach dem Aufsprühen (Bild 10.17) dünne Filmbildung, weitgehende Behinderung der Verdunstung aus dem Beton durch Sonne und Wind. - Voraussetzung für die Anwendung: Spätere freie Abwitterungsmöglichkeit muss gegeben sein, um nachfolgende Beschichtungen oder Beläge aufbringen zu können (erforderlicher Abwitterungszeitraum $\approx$ 6 Wochen freie Bewitterung). Eignung für überdachte Flächen nur dann, wenn keine weitere Oberflächenbehandlung vorgenommen wird.
hautbildendes Nachbehandlungsmittel	- Material: Kunstharze in rasch flüchtigen Lösungsmitteln - Verbrauchsmenge $\approx$ 300 g/m^2 - Aufgabe: Bildung einer transparenten, weitgehend wasserdampfdichten Haut als zusätzlicher schneller Schutz des Betons innerhalb weniger Minuten gegen Schlagregen (Nachbehandlungshaut kann im jungen Alter des Betons abgezogen werden). - Anforderung: Entfernung der Nachbehandlungshaut vor einer Folgebeschichtung.
geeignete Epoxidharz-Kombinationen (zweikomponentig)	- Verfahren: Nass-in-Nass-Verfahren, aufgebracht auf den frischen Beton mit anschließender Einglättung („Kunstharzfinish"). - Auftragsart: Spritzen (airless), Bürsten oder Rollen auf frische Betonoberflächen unter der Voraussetzung, dass die Oberfläche frei von sichtbarer Nässe oder Schlämme ist. - Verbrauchsmenge $\approx$ 300 g/m^2 - Aufgabe: • gleichzeitig Grundierung für nachfolgende Beschichtungen, • sofortiger Schutz des Betons gegen Verdunsten des Wassers, • gleichzeitig dauerhafte Versiegelung, • transparente und farbige Schutzüberzüge sind möglich.

10.5.2 Abdeckungen

Um einen ausreichenden Schutz vor Temperaturdifferenzen zu erzielen, sind Betonbodenplatten, die als Freifläche oder bei offenen Hallen hergestellt werden, sobald wie möglich abzudecken. Ein sofortiger Verdunstungsschutz kann z.B. durch das Abdecken mit feuchter Jute oder mit Folie erfolgen. Untersuchungen und Praxiserfahrungen haben gezeigt, dass bei Temperaturdifferenzen $\geq$ 15 Kelvin zwischen Kern und Oberfläche einer erhärtenden Betonbodenplatte zu Rissen führen können. Zwischen Abdeckung und Beton darf keine Luftbewegung stattfinden.

Abdeckungen sind erst dann zu entfernen, wenn die Temperaturdifferenzen zwischen Luft- und Betonoberfläche gering sind, also nicht am frühen Morgen, besser gegen Mittag. Abdeckungen, die für das Schneiden der Fugen beseitigt werden müssen (Kapitel 11), sind möglichst schnell wieder aufzubringen.

10.5.3 Nass-Nachbehandlung

Eine Nass-Nachbehandlung ist für die erforderliche Nachbehandlungsdauer durchzuführen, wenn Abdeckungen bis zu diesem Zeitpunkt nicht liegen bleiben können. Das Nasshalten der Betonoberfläche kann beispielsweise mit Sprühschläuchen oder Rasensprengern (Bild 10.19) erfolgen. Der Einsatz eines Wasserschlauches mit scharfem Strahl „erschreckt" den Beton, d.h., warmer Beton wird schockartig kaltem Wasser ausgesetzt mit der Folge von Rissbildungen. Nass-Nachbehandlungen müssen sicherstellen, dass die Betonoberfläche nicht zwischenzeitlich abtrocknet, da hierdurch die Widerstandsfähigkeit der Oberfläche besonders gegen mechanische Beanspruchung beeinträchtigt wird. Sehr gut bewährt hat sich das Unterwassersetzen von Flächen, bei denen dies baupraktisch möglich ist.

10.5.4 Leistungsbeschreibung für Schutzmaßnahmen

Alle Anstrengungen bei der Planung im Ingenieurbüro und beim Einbau der Betonbodenplatte auf der Baustelle sind nicht ausreichend, wenn der Beton keine geeigneten Schutzmaßnahmen während der Erhärtungsphase erhält. Neben den hohen Anforderungen an die Nachbehandlungszeiten gemäß DIN 1045 für die Expositionsklasse XM sind sofortige Schutzmaßnahmen direkt nach dem Einbau des Betons und vor dem Glättvorgang notwendig. Um dieser Besonderheit gerecht zu werden, wird dringend empfohlen, die sofortigen Schutzmaßnahmen und die abschließende Nachbehandlung nach DIN 1045 als gesonderte Leistungen im Leistungsverzeichnis aufzunehmen.

10.6 Verlegen von Groß- und Kleinflächenplatten

Für die Befestigung von Hallen- und Freiflächen sind auch Fertigteile einsetzbar, z.B. Fertigteilplatten mit besonderen Oberflächen, Gleisplatten, Schächte, Kanäle oder Entwässerungsrinnen.

10.6.1 Fertigteile für die Flächenbefestigung

Großflächenplatten

Fertigteilplatten aus Stahlbeton haben ein Standardmaß von 2 m · 2 m. Sie werden als Großflächenplatten bezeichnet. Eingesetzt werden insbesondere Schwerlastplatten für Schwerverkehr. Die Plattendicke beträgt im Allgemeinen 140 mm bis 180 mm. Die Großflächenplatten werden aus Beton C45/55 hergestellt. Sie können rutschhemmende Oberflächen haben. Die Kanten sind mit 5 mm breiten Fasen oder mit Stahlwinkeln zur Kantenverstärkung ausgebildet (Bild 4.24).

Die Großflächenplatten werden in einem 30 bis 50 mm dicken Feinplanum aus Hartsteinsplitt 2/5 mm auf der Tragschicht verlegt. Die Fugen werden mit Hartsteinsplitt 2/5 mm geschlossen. Im Bereich flüssigkeitsdichter Flächen sind nur Platten mit Allgemeiner bauaufsichtlicher Zulassung zu verwenden. Die Fugen sind bis 45 mm unter Oberkante Platten mit Hartsteinsplitt zu füllen. Auf einem geschlossenen Fugenstützprofil sind die Fugen mit einem den Anforderungen entsprechenden Fugenvergussmaterial zu schließen.

Außer dem Standardmaß von 2,0 m · 2,0 m stehen auch Ergänzungsplatten von 1,5 m, 1,25 m oder 1,0 m Breite zur Verfügung.

Mittelflächenplatten

Das sind Stahlbetonplatten mit einem Standardmaß von 1,0 m · 1,0 m. Sie haben Plattendicken von 120 und 140 mm und bestehen aus Stahlbeton C45/55 für übliche Verkehrsbelastung. Für Schwerlastbeanspruchung oder Befahren durch Kettenfahrzeuge werden 160 mm dicke Platten mit einer verschweißten Ummantelung aus 6 mm starkem Blech hergestellt. Diese Stahlblechmantelplatten oder Panzerplatten sind dort einsetzbar, wo Betonoberflächen den äußerst harten Beanspruchungen nicht widerstehen können. Die Oberflächen können in glatter Ausführung oder für hohe Trittsicherheit mit Tränenblech hergestellt werden. Die Verlegung erfolgt wie bei Großflächenplatten auf einer Tragschicht, die von der Planung vorzugeben ist.

Kleinflächenplatten

Mit einem Standardmaß von 300 · 300 mm werden Kleinflächenplatten in 30 mm Dicke als Hartbetonplatten mit Hartstoffen oder Stahlspänen an der Oberfläche hergestellt. Außerdem sind für besonders harte Beanspruchungen Stahlankerplatten aus 3 mm dickem Stahlblech aus Normalstahl bzw. V2A-Stahl einsetzbar. Die Kanten können rundkantig oder scharfkantig ausgebildet werden.

Die 30 mm dicken Hartbetonplatten und auch die Stahlankerplatten aus 3 mm dickem Blech werden auf einer Tragschicht aus Beton C25/30 mit Haftschlämme in Mörtelbett aus Zementmörtel verlegt. Für Stahlankerplatten muss das Mörtelbett 40 bis 60 mm dick sein. Der Verlegemörtel muss aus sämtlichen Schlitzen der Stahlankerplatten oberflächenbündig herausquellen.

10.6.2 Fertigteile für den Gleisbereich

Für Lager- und Produktionshallen, insbesondere Werkhallen, erfolgt die Anlieferung der Rohstoffe oder Auslieferung der Produkte auch über die Bahn. Die hierzu erforderlichen Gleisanlagen behindern den Betriebsablauf, wenn nicht besonderen Maßnahmen ergriffen würden und die Gleise durch andere Fahrzeuge (Lkw, Gabelstapler) nicht überfahrbar wären.

Gleis-Auskleidungsplatten

Im Gleisbereich ist das Verlegen von Gleis-Auskleidungsplatten eine sichere und wirtschaftliche Maßnahme. Diese Großflächenplatten werden im Rastermaß als Gleismittelplatten und Gleisrandplatten mit oder ohne umlaufenden Stahlwinkel als Kantenschutz hergestellt. Sie sind sowohl für Kopfschienen als auch für Rillenschienen einsetzbar. Die Breite der Gleis-Auskleidungsplatten entspricht der Spurweite des Gleises. Die Platten werden zwischen den Schienen auf der Tragschicht verlegt, damit ein Überfahren von Gleisen im Lagerflächenverkehr möglich ist, z.B. im Bereich der Anlieferung durch die Bahn (Bild 4.27). Die Art der Tragschicht ist vom Planer vorzugeben.

Gleis-Tragplatten

Gleis-Tragplatten bilden die tragende Konstruktion zur Befestigung des Gleisbereichs und dienen gleichzeitig der Befestigung der Schienen (Bild 4.29). Die Schienen werden auf der Gleistragplatte mit Spannklemmenverbindungen befestigt. Der Gleisbereich kann ebenfalls von Fahrzeugen überquert werden.

Gleiswannen

Für den sicheren Umgang mit wassergefährdenden Stoffen im Gleisbereich wie auch für den speziellen Einsatz in Waschanlagen wurden Gleiswannen aus Stahlbeton entwickelt. Diese Gleiswannen können oberflächenbündig mit Betonabdeckplatten oder Gitterrost abgedeckt werden (Bild 4.30). Dadurch ist auch in diesem Bereich ein Querverkehr durch Lkw oder Stapler möglich. Die Gleiswannen liegen auf einer von der Belastung abhängigen Tragschicht.

Gleis-Arbeitsgruben

Für Wartungs- und Reparaturarbeiten von Schienenfahrzeugen des Werkverkehrs sind Arbeitsgruben unter der Gleisanlage erforderlich. Auch hierfür werden werkmäßig Stahlbeton-Fertigteile hergestellt. Die Arbeitsgruben sind auf einer Tragschicht zu versetzen, z.B. auf einer Betontragschicht.

11 Herstellen von Fugen

Die Herstellung der Fugen hat nach dem Fugenplan zu erfolgen. Im Fugenplan, der vom Planer aufgestellt wird, sind die Fugen in Art und Lage darzustellen (Kapitel 4.4.11). Sollten Abweichungen erforderlich werden, dürfen diese vom Unternehmen nicht eigenmächtig vollzogen werden, sondern sind mit dem Planer abzustimmen.

Fugenkonstruktionen und Fugenabstände sind im Einzelnen in Kapitel 4.4 beschrieben. Die Fugenabstände sind in besondere Maße abhängig von den Herstellbedingungen. Hierbei ist zu unterscheiden, ob die Betonbodenplatte in geschlossener Halle, in offener Halle oder im Freien hergestellt wird. Angaben zu den Herstellbedingungen enthalten die Tafeln 4.7 und 4.9.

Auch im Bereich der Fugen muss der Beton die gleichen Anforderungen erfüllen und Eigenschaften aufweisen wie im übrigen Plattenbereich. Hierzu gehört auch die geforderte Ebenheit der Oberfläche im Fugenbereich.

11.1 Scheinfugen und Sollrissquerschnitte

Scheinfugen erhalten einen Kerbschnitt. Dieser kann grundsätzlich durch verschiedene Verfahren erreicht werden:

- nachträgliches Einschneiden der Scheinfuge in den erhärtenden Beton,
- Eindrücken der Scheinfuge in den Frischbeton.

Geschnittene Scheinfugen

Üblicherweise werden die Scheinfugen durch nachträgliches Schneiden des erhärtenden Betons mit einem Schneidgerät hergestellt (Bild 11.1). Beim Schneiden wird Wasser zugeführt, sodass es zu keiner Staubentwicklung kommt, sondern Schneidschlamm entsteht.

Der *Zeitpunkt für das Schneiden* ist passend zu wählen. Bei frühzeitigem Schneiden können wilde Risse vermieden werden. In der Regel ist der Fugenschnitt innerhalb von 24 Stunden erforderlich. Bei ungünstigen Erhärtungsbedingungen, z.B. bei höheren Beton- und Lufttemperaturen, kann das Schneiden bereits nach wenigen Stunden nötig sein. Leicht ausgefranste Fugenkanten lassen sich nicht immer vermeiden, sie sind ein Hinweis auf den richtigen Zeitpunkt des Schneidens. Scharfkantige Fugen können nur entstehen, wenn die Festigkeitsentwicklung des Betons schon weiter fortgeschritten ist.

Kann der Fugenschnitt am Betoniertag nicht mehr durchgeführt werden, soll das Schneiden am nächsten Tag erst dann erfolgen, wenn die Zugspannungen durch Erwärmung im Beton wieder teilweise abgebaut wurden. So kann vermieden werden, dass beim Schneiden der Fugen dem Schnitt vorauslaufende Risse entstehen. Vielfach kommt es zu Rissbildungen, weil das Schneiden der Fugen erst nach einigen Tagen durchgeführt wird. Diese Vorgehensweise ist in jedem Fall zu spät und führt zu wilden Rissen.

Bild 11.1:
Nachträgliches Schneiden einer Scheinfuge mit einem Schneidgerät [Werkfoto: GORLO Industrieboden GmbH & Co. KG]

Der beim Fugenschneiden entstehende Schneidschlamm ist direkt nach dem Schnitt zu beseitigen (Bild 11.2). Anderenfalls verfestigt der Schneidschlamm mit der Folge, dass es zu optischen Beeinträchtigungen der Betonoberfläche kommt.

Das so genannte „Soft-Cut-Verfahren" ist ein Verfahren, bei dem der Schnitt sehr früh und noch vor dem Abfließen der Hydratationswärme hergestellt wird. Durch Einsatz eines Spezialgerätes erhält die fertig gestellte Oberfläche des erstarrenden Betons einen etwa 20 mm tiefen Schnitt. Trotz dieser geringen Tiefe reicht diese Vorgehensweise für eine vollwirksame Scheinfuge aus. Eventuelle Ausrisse an den Fugenflanken können dabei jedoch nicht immer vermieden werden. Daher sind Nachschnitt (Bild 4.10) oder abgefaste Kanten (Bild 4.17) zu empfehlen.

Zum Schneiden der Fugen darf die Abdeckung des Betons erst kurz vor dem Schneiden beiseite genommen werden. Sie ist erforderlichenfalls nach dem Schneiden sofort wieder aufzubringen, um die Nachbehandlung wirkungsvoll fortzusetzen. Der Fugenschnitt in den Beton wird mit einem Schneidgerät (Trennscheibe) durchgeführt. Die Schnittbreite beträgt ungefähr 3 mm bis 4 mm, die Tiefe 1/4 bis 1/3 der Plattendicke, also etwa 60 mm Tiefe.

Ein Schließen der Fugen ist in vielen Fällen nicht unbedingt erforderlich. Wenn die Fugen kurz nach der Herstellung geschlossen werden sollen, führt dies meistens dazu, dass der Fugendichtstoff beim Öffnen der Fugen von den Fugenflanken abreißt. Sinnvoll ist es, abhängig von den Betriebsbedingungen, bereits in der Planung diesen Punkt mit dem Bauherrn zu klären und ein Schließen der Fugen im Leistungsverzeichnis gesondert festzulegen. Untere Fugeneinlagen sind bei Scheinfugen nicht erforderlich.

Scheinfugen mit Fugenprofilen

Für die Ausbildung von Scheinfugen bieten verschiedene Hersteller spezielle Fugenprofile aus Beton, Faserzement oder Kunststoff an. Aufgabe dieser Fugenprofile ist eine Querschnittsschwächung, sodass der Beton an diesen Profilen gezielt reißen kann. Die Profile werden vor dem Betonieren eingebaut und gleichzeitig zum Abziehen des Betons beim Betonieren genutzt, um die höhengerechte Lage der Betonbodenplatte herzustellen. Sehr weiche Betone können sich durch das spätere Setzen des Betons nachteilig auswirken. Weiterhin ist auch ein späteres, beidseitiges Ablösen des Betons möglich. Dadurch entstehen praktisch zwei direkt benachbarte Scheinfugen im oberen Bereich rechts und links des Profils. Diese können bei schwerem und häufigem Staplerverkehr zu Flankenabrissen längs des Profils führen. Bei Einsatz dieser Profile ist dringend zu empfehlen, auf gleich bleibende Einbaukonsistenz zu achten. Es ist daher erforderlich, bei jedem Transportfahrzeug den Beton auf die geeignete Konsistenz zu kontrollieren.

Eingedrückte Scheinfugen

Bei Betonbodenplatten für Freiflächen mit einfachen Anforderungen an die Ebenheit und mit geringerer Verschleißbeanspruchung, die streifenweise betoniert werden, kann das Eindrücken einer Fugeneinlage in den frischen Beton ausreichend sein. Dies ist möglich, wenn weicher Beton mit Fließmittel mit einem Größtkorn $\leq$ 16 mm eingebaut wird. Ein Hartfaserstreifen von etwa 60 mm Höhe und 3 mm Dicke kann hierfür verwendet werden. Das Eindrücken erfolgt zwischen zwei Winkelprofilen mit einem besonderen Schwert.

Bei höheren Anforderungen an die Ebenheit sind Scheinfugen jedoch stets durch Schneiden herzustellen und nicht durch Eindrücken einer Fugeneinlage.

Bild 11.2:
Nachträgliches Schneiden einer Scheinfuge mit einem Schneidgerät [Werkfoto: GORLO Industrieboden GmbH & Co. KG]

11.2 Pressfugen

Arbeitsfugen entstehen beim Herstellen benachbarter Plattenfelder, die in zeitlichem Abstand betoniert werden. Es sind sogenannte Tagesfeldfugen. Zur Ausbildung der Fuge wird die Stirnseite der erstbetonierten Betonbodenplatte lotrecht abgeschalt. Nach dem Entschalen der Stirnseite kann die nachfolgende Betonbodenplatte ohne Fugeneinlage press gegen betoniert werden. Damit entsteht die sogenannte Pressfuge.

Raue Stirnseiten der Betonbodenplatten können eine Querkraftübertragung in der Fuge ermöglichen, wenn sich die Fugen nicht zu weit öffnen und die Radlasten nicht zu groß sind. Diese Querkraftübertragung kann jedoch nur bei kleinen Fugenabständen und genügend großer Rautiefe unter günstigen Herstellbedingungen erzielt werden („Ausführung S speziell" entsprechend Tafel 4.7 Fußnote 2). Eine ausreichende Rautiefe kann z.B. durch Einbau von Rippenstreckmetall an der Stirnseitenschalung erfolgen. Das Rippenstreckmetall ist nicht bis zur Oberkante zu führen. Beim Entschalen der Stirnseite am nächsten Tag ist das Streckmetall zu entfernen.

Fugenausbildungen an der Oberseite der Betonbodenplatten können auf unterschiedliche Weise erfolgen. Die einfachste Ausführungsart ergibt sich dadurch, dass sich die Pressfuge öffnet und sich an der Oberfläche als Riss abzeichnet. Diese Risse sind zwar annähernd „gerade" geführt, denn sie entstehen entlang der Pressfugen, aber sie haben sonst das gleiche Erscheinungsbild wie andere Risse.

Bei anspruchsvolleren Flächen sollten die Pressfugen an der Oberseite nachgeschnitten werden. Meistens gelingt es jedoch nicht, die Rissufer mit dem üblichen Scheinfugenschnitt von 3 bis 4 mm Breite zu erfassen. Nur bei mechanisch nicht stark beanspruchten Flächen sollte ein Nachschnitt von 8 mm Breite eingebracht und mit Fugendichtstoff geschlossen werden, wie dies auch bei Scheinfugen entsprechend Bild 4.9 ausgeführt wird.

Fugenschienen sollten stets bei schwer belasteten Fugen eingebaut werden, z.B. bei Belastungen durch Radlasten $Q_d > 80$ kN oder harte Reifen oder hohe Fahrzeugfrequenzen. Bei diesen Fugen können z.B. spezielle Fugen-Doppelschienen eingebaut werden (Bild 4.11).

Verdübelungen oder Verzahnungen der Pressfugen sind besonders bei größeren Fugenabständen und hohen Radlasten erforderlich. Beim Einbau der Dübel ist besonders darauf zu achten, dass sie parallel zueinander und fluchtrecht in Plattenlängsachse liegen, damit die Dübel erforderliche Längsbewegungen der Betonbodenplatten nicht behindern. Bei Verdübelungen der Fugen in beiden Richtungen können durch die Dübel jedoch Zwangbeanspruchungen im Beton entstehen, besonders bei großen Fugenabständen.

Als Dübel sind glatte Rundstähle zu verwenden, z.B. Ø 25 mm, Länge 500 mm (Bilder 4.11a und 4.15). Der Abstand der äußeren Dübel vom Plattenrand sollte 25 cm betragen, die darauf folgenden 4 oder 5 Dübel sind in 25 cm Abstand einzubauen. Bei häufigen Lastwechseln sind in Hauptfahrspuren ebenfalls Dübel in 25 cm Abstand anzuordnen. Für die anderen Dübel außerhalb von Fahrspuren genügen Abstände von 50 cm (Bild 4.16).

Damit Längsbewegungen der Betonbodenplatten im Fugenbereich möglich sind, ist jeder Dübel mindestens einseitig mit einer Kunststoffbeschichtung zu versehen.

11.3 Randfugen (Raumfugen, Bewegungsfugen, Dehnfugen)

Randfugen (Raumfugen, Bewegungsfugen, Dehnfugen) trennen die Betonbodenplatte in ganzer Dicke. Sie sind dort nötig, wo Betonbodenplatten von anderen Bauteilen und festen Einbauten getrennt werden müssen, z.B. zur Trennung der Betonbodenplatten von Wänden, Stützen, Kanälen, Schächten, Bodeneinläufen (Bilder 4.2, 4.3 und 4.13). Die Lage und Breite dieser Fugen ist vom Planer im Fugenplan anzugeben.

Flächen im Freien sind von Bauwerken stets durch Randfugen zu trennen, insbesondere dann, wenn die Flächen zwischen Gebäuden oder aufgehenden Bauteilen liegen.

Befahrene Bewegungsfugen sollen nicht dort liegen, wo sie häufig durch Längsverkehr direkt beansprucht werden. Sie sind innerhalb von Hallenflächen in der Regel nicht erforderlich, sie könnten durch ihre größere Breite den Betriebsablauf stören. Querverkehr lässt sich häufig nicht vermeiden, dies ist z.B. im Torbereich von Hallen der Fall. Stark belastete, befahrene Bewegungsfugen sollten stets verdübelt werden (Bild 4.15). Durch die größere Breite der Bewegungsfugen werden die Fugenkanten stärker beansprucht. Im Einzelfall ist vom Planer anzugeben, ob Bewegungsfugen verdübelt werden sollen und ob ein besonderer Kantenschutz der Bewegungsfugen erforderlich ist.

Bewegungsfugen (Randfugen) brauchen eine weiche Fugeneinlage, z.B. spezielle Randstreifen oder Mineralfasermatten, keine Hartschaumplatten. Sie sollen mit genügender Breite die Ausdehnung der Betonbodenplatten gestatten, z.B. Fugenbreite $\geq$ 5 mm, möglichst 10 mm, erforderlichenfalls 20 mm. Die Breite der Bewegungsfugen ist vom Planer vorzugeben.

Die Fugeneinlagen sollen auf der Unterlage vollständig aufstehen. Sie sind gegen Kippen und Verschieben zu sichern.

Zur Lastübertragung bei befahrenen Bewegungsfugen sind Rundstahldübel einzubauen. Damit eine Längsbewegung im Fugenbereich möglich ist, soll jeder Dübel mindestens einseitig mit einer Kunststoffbeschichtung versehen sein. Auf das Ende eines jeden Dübels ist eine Blech- oder Kunststoffhülse zu stecken, die genügende Bewegungsmöglichkeit in Längsrichtung zulässt (Bild 4.15).

Für das Verlegen der Dübel sind besondere Dübelkörbe zweckmäßig, welche die richtige Lage der Dübel sichern. Die Dübel sollen parallel zueinander und fluchtrecht in Plattenlängsachse liegen, damit sie die erforderlichen Längenänderungen der Betonbodenplatten nicht behindern.

11.4 Fugenabdichtung

Scheinfugen und Pressfugen benötigen nicht unbedingt eine Abdichtung. Betriebliche Gründe, hygienische Anforderungen oder der Wunsch des Bauherrn können jedoch ein

Schließen dieser Fugen erforderlich machen. Für den Einbau eines Fugendichtstoffes sind folgende Arbeitsgänge erforderlich:

- Reinigung der Fuge,
- Eindrücken eines Hinterfüllprofils, z.B. entsprechend Bild 4.10,
- Einstreichen der Fugenflanken mit einem Primer,
- Einbringen des elastischen Fugendichtstoffs.

Die Fugenflanken müssen trocken sein. Das Reinigen kann durch Ausblasen der Fugen mit Pressluft oder durch eine andere geeignete Maßnahme erfolgen. Die besonderen Anweisungen der Herstellerfirma für den Einbau des Fugendichtstoffs sind zu beachten.

Wenn ein sofortiges Schließen der etwa bis 4 mm breiten Fugen ohne Nachschnitt vorgenommen werden soll, kann der Fugendichtstoff nur relativ kurzfristig wirksam sein. Die Fugen werden sich beim Schwinden des Betons weiter öffnen, der Fugendichtstoff wird überdehnt und löst sich von den Fugenflanken.

Scheinfugen ohne Nachschnitt sollten nur mit speziellem Fugenfüllstoff auf Kunststoff-Basis vergossen werden. Ein entsprechender Nachweis des Herstellers über die Eignung des Fugenfüllstoffs ist notwendig. Das gilt auch für Pressfugen, wenn der obere Bereich den gleichen Kerbschnitt erhielt.

Die Fugenabdichtung mit einem elastischen Fugendichtstoff bietet keinen Schutz der Fugenkanten gegen mechanische Beschädigungen. Das Schließen der Fugen mit einem harten Fugendichtstoff könnte zwar einen gewissen Schutz der Fugenkanten bieten, ist aber nur dort geeignet, wo keine Fugenbewegungen zu erwarten sind.

Randfugen (Bewegungsfugen, Raumfugen) sind im oberen Bereich elastisch abzudichten, nur in Sonderfällen können sie offen bleiben. Damit einwandfreie Fugenflanken zur Aufnahme des Fugendichtstoffs entstehen, ist im oberen Bereich ein Nachschnitt vorteilhaft (Bilder 4.13 und 4.15).

Im unteren Bereich des Fugenspaltes ist ein Hinterfüllprofil einzulegen, sodass sich ein günstiger Querschnitt für den Fugendichtstoff ergibt und dadurch die innere Rückstellkraft des Fugendichtstoffes nicht größer wird als die Haftfähigkeit an den Fugenflanken. Geeignet ist dafür z.B. ein geschlossenzelliges Rundprofil aus Moosgummi (Bild 4.13). Die erforderliche Dehnfähigkeit des Fugendichtstoffes ist vom Planer anzugeben und mit dem Hersteller des Fugendichtstoffes abzuklären.

12 Aufbringen von Oberflächenschutzsystemen

Die Art der Oberflächenbehandlung ist abhängig von der Nutzung des Betonbodens, d.h. von den betrieblichen Anforderungen an die Betonbodenplatte. Oberflächenschutzsystem und Bearbeitung der Oberfläche müssen aufeinander abgestimmt sein.

Im DBV-Merkblatt [R30.1] wird angegeben, dass Oberflächenschutzsysteme nach der DAfStb-Richtlinie „Schutz und Instandsetzung von Betonbauteilen" [R26] zu planen und auszuführen sind. Neben den in dieser Richtlinie aufgeführten Oberflächenschutzsystemen haben sich bei Betonböden auch andere Oberflächenschutzsysteme bewährt. Neue Regelungen enthält die europäische Norm DIN EN 1504-2 [N15].

Je nach Bauaufgabe ist im Einzelfall zu entscheiden, ob für das jeweilige Schutzsystem die DAfStb-Richtlinie zugrunde gelegt wird oder andere Festlegungen getroffen werden. In diesen Fällen ist der Bauherr unbedingt in den Entscheidungsprozess einzubeziehen, aufzuklären und sein Einverständnis dafür einzuholen. Es wird empfohlen, Planung, Ausführung, Überwachung und Dokumentation stets nach der DAfStb-Richtlinie unter Berücksichtigung der Erfordernisse aus der europäischen Normenreihe DIN EN 1504 [N15] durchzuführen.

In verfahrenstechnischen Anlagen mit Produktions- und Lagerräumen, die dem Umgang mit aggressiven und/oder wassergefährdenden Stoffen dienen [R18] bis [R22], können besondere Oberflächenschutzsysteme erforderlich werden. Der Begriff „Umgang" umfasst das Lagern, Abfüllen, Umschlagen, Herstellen, Behandeln oder Verwenden dieser Stoffe. Oberflächenschutzsysteme hierfür sind ist DIN 28052 [N53] geregelt.

Die Festlegung eines geeigneten Oberflächenschutzsystems (OS-Systems) muss stets in Abstimmung mit dem gewählten Konstruktionsprinzip der Betonbodenplatte getroffen werden. Sollen bei Neuplanungen Oberflächenschutzsysteme zum Einsatz kommen, ist erforderlichenfalls die Konstruktionsart der Betonbodenplatte zu berücksichtigen bzw. das Oberflächenschutzsystem daraufhin abzustimmen. Dazu gehören unter anderem:

- Bauteil (Tragwerk) nach DIN 1045,
- unbewehrt bzw. stahlfaserbewehrt mit Fugenraster,
- unbewehrt, gewalzt, fugenlos,
- schlaff bewehrt, fugenlos,
- Stahlfaserbewehrt, fugenlos,
- vorgespannt, fugenlos,
- Lage gegen Erdreich ohne Abdichtung,
- wärmegedämmt,
- mit Fußbodenheizung.

Kriterien als Beispiele für die Auswahl von Beschichtungen enthält Tafel 6.3.4-1.

Besondere Bedeutung kommt auch der Prüfung und Vorbereitung eines geeigneten Untergrundes zu. Die erforderlichen Maßnahmen sind in der DAfStb-Richtlinie [R22] beschrieben.

12.1 Hydrophobierungen

Hydrophobierungen sind entsprechend der DAfStb-Richtlinie die Oberflächenschutzsysteme OS 1 bzw. OS A. Sie werden in der Richtlinie allerdings nur für geneigte und vertikale Flächen genannt. Sie bieten jedoch in der Praxis auch für bestimmte Einsatzgebiete bei befahrenen Flächen Vorteile.

Bei Hydrophobierungen dringt das Hydrophobierungsmittel in den Beton ein, ohne dass eine Filmbildung an der Oberfläche entsteht. Als Bindemittelgruppen sind Silane und Siloxane vorgesehen. Eine Verfestigung der Betonoberfläche ist mit einer Hydrophobierung nicht möglich. Durch diese Hydrophobierungen entsteht in der Regel keine Veränderung des optischen Erscheinungsbildes.

Die hydrophobierende Imprägnierung kann eine zeitlich begrenzte Verbesserung des Frost- und Taumittel-Widerstandes durch Verringerung der kapillaren Wasseraufnahme bewirken. Diese Wirkung ist wichtig für kurz vor der Winterperiode hergestellte Betonbodenflächen, die nach ausreichender Erhärtung vor der ersten Frost-Taumittel-Beanspruchung noch nicht austrocknen konnten, um sie gegen Frostabsprengungen zuschützen (siehe Kapitel. 3.6).

Die hydrophobierende Imprägnierung entsteht bei mindestens zweimaligem Auftrag durch Fluten oder vergleichbare Verfahren.

Eine Alternative zu den vorgenannten Hydrophobierungen bzw. Imprägnierungen kann eine Verkieselung der Betonoberfläche durch Auftrag von modifiziertem Natriumsilikat sein (Kapitel 6.3.3). Natriumsilikat ist eine Wasserglas-Lösung. Diese dringt in den Beton ein und bildet an der Betonoberfläche keinen Film, erzeugt aber dennoch einen Glanz.

Verbesserungen der Betonoberfläche sind durch 50-jährige Erfahrung belegt. Außerdem bestätigt ein Versuchsprogramm des TÜV Nord folgende Verbesserungen: Verringerung der Wasserabgabe des frischen bzw. jungen Betons, Erhöhung des Widerstands gegen Verschleißbeanspruchung sowie des Wassereindringwiderstands und des Frost-Tausalz-Widerstands. Die Gleitreibung wird kaum beeinträchtigt, sodass der Beton weiterhin rutschsicher bleibt [L61].

Die Ausführung dieser Arbeiten sollte nur von Fachfirmen erfolgen, wobei die Anweisungen des Herstellers zu beachten und einzuhalten sind.

12.2 Versiegelungen

In der Praxis wird als Versiegelung häufig eine Hydrophobierung verstanden, wie sie in der DAfStb-Richtlinie „Schutz und Instandsetzung von Betonbauteilen“ [R26] als Oberflächenschutzsysteme OS 1 bzw. OS A geregelt ist. Sie werden auch als *Imprägnierun-*

gen bezeichnet. Auch die Bezeichnung als *Grundierung* ist gebräuchlich, wie sie als Grundlage für eine spätere Beschichtung erforderlich ist.

Versiegelungen waren in der früheren Ausgabe der DAfStb-Richtlinie „Schutz und Instandsetzung von Betonbauteilen" als Oberflächenschutzsystem OS 3 für befahrbare Flächen geregelt. Verwendet werden dünnflüssige Kunstharze, z.B. niedrig viskose Epoxidharze EP-I oder EP-T. Diese Versiegelungen, die vorwiegend in den Beton eindringen, bilden aber auch einen Film an der Oberfläche von 50 µm Mindestdicke.

Durch Glanzbildung an der Betonoberfläche muss mit einer geringen Veränderung des optischen Erscheinungsbildes gerechnet werden. Es entsteht häufig eine farblich ungleichmäßige Oberfläche.

Die Haftzugfestigkeit sollte an der versiegelten Oberfläche einen Mindestwert von 1,0 N/mm^2 im Mittel erreichen.

12.3 Beschichtungen

Beschichtungen von Betonbodenplatten sollten stets nach der DAfStb-Richtlinie „Schutz und Instandsetzung von Betonbauteilen" unter Berücksichtigung der Anforderungen aus der europäischen Normenreihe DIN EN 1504 [N15] ausgeführt werden.

Für Betonbodenplatten sind folgende Oberflächenschutzsysteme einsetzbar:

Beschichtung für mechanisch gering beanspruchte Flächen:

- chemisch widerstandsfähig,
- systemspezifische Mindestschichtdicke: $\geq$ 500 µm = 0,5 mm,
- Bindemittelgruppe: Epoxidharz,
- Mindestwerte der Haftzugfestigkeit: Mittelwert $\geq$ 1,5 N/mm^2,
- kleinster Einzelwert $\geq$ 1,0 N/mm^2.

Hinweis:
In der früheren Ausgabe der DAfStb-Richtlinie „Schutz und Instandsetzung von Betonbauteilen" war diese Beschichtung als Oberflächenschutzsystem OS 6 geregelt.

Beschichtung für befahrbare, mechanisch stark beanspruchte Flächen:

- chemisch widerstandsfähig,
- systemspezifische Mindestschichtdicke: $\geq$ 1,5 mm bzw. 2,5 mm,
- Bindemittelgruppe: Epoxidharz,
- Mindestwerte der Haftzugfestigkeit: Mittelwert $\geq$ 2,0 N/mm^2,
- kleinster Einzelwert $\geq$ 1,5 N/mm^2.

Hinweis:
Diese starre Beschichtung gilt als Standard-Bodenbeschichtung. Sie ist in der DAfStb-Richtlinie „Schutz und Instandsetzung von Betonbauteilen“ [R26, Ber2, 12/2005] als Oberflächenschutzsystem OS 8 geregelt. In der Instandsetzungs-Richtlinie [R26] sind typische Anwendungsbereiche für Instandsetzungssysteme festgelegt. In DIN EN 1504-2 [N15] sind Schutz- bzw. Instandsetzungsprinzipien beschrieben. Daraus können entsprechende Schutz- und Instandsetzungsmethoden abgeleitet und in Leistungsmerkmalen an Produkte festgelegt werden.

Rissüberbrückende Beschichtungen, die in der DAfStb-Richtlinie „Schutz und Instandsetzung von Betonbauteilen“ als Oberflächenschutzsysteme OS 11 und OS 13 für befahrbare, mechanisch belastete Flächen angegeben sind, sollten nicht für Betonbodenplatten in Produktions- und Lagerhallen eingesetzt werden. Dafür ist die mechanische Beanspruchung durch Gabelstapler u.Ä. zu groß und eine ausreichende Dauerhaftigkeit kann nicht erreicht werden.

Beschichtungen im WHG-Bereich, z.B. Ableitflächen, müssen spezielle Anforderungen erfüllen. Die Beständigkeit der Beschichtung gegen die einwirkenden Flüssigkeiten ist nachzuweisen. Diese Beschichtungen bedürfen einer allgemeinen bauaufsichtlichen Zulassung als WHG-Beschichtung.

Beschichtungen für verfahrenstechnische Anlagen müssen den Anforderungen der zuständigen Norm entsprechen: DIN 28052 „Chemischer Apparatebau – Oberflächenschutz mit nichtmetallischen Werkstoffen für Bauteile aus Beton in verfahrenstechnischen Anlagen“ [N53].

Beschichtungen auf LP-Betonen sind nicht unproblematisch. Praxiserfahrungen zeigen, dass dauerhafte Beschichtungen auf LP-Betonen nur mit erhöhtem Aufwand zielsicher herstellbar sind. Insbesondere ist hierbei die Einhaltung der geforderten Haftzugfestigkeiten zu gewährleisten und zu überprüfen.

Wenn eine Beschichtung erforderlich ist, sollte geklärt werden, ob diese Betonflächen auch ohne Luftporenbildner herzustellen sind. Bei flüssigkeitsdichten Beschichtungen sind künstliche Luftporen zur Sicherung des Frost-Taumittel-Widerstandes nicht erforderlich, da Chloride vom Beton ferngehalten werden.

Vorbehandlung der Oberfläche durch Kugelstrahlen ist in der Regel stets erforderlich, anderenfalls ist sie dringend zu empfehlen. Durch Kugelstrahlen können alle Bestandteile entfernt werden, die den Verbund der Beschichtung beeinträchtigen könnten. Dies sind z.B. schlämmereicher Beton und Reste von Nachbehandlungsmitteln und/oder Betonzusatzmitteln an der Oberfläche.

Betone mit Kunststofffasern können beschichtet werden. Bei der Untergrundvorbereitung durch Kugelstrahlen der Oberfläche werden Fasern teilweise freigelegt. In einer dünnflüssigen Grundierung haben diese Fasern das Bestreben sich aufzurichten. Um ein Durchstoßen der Fasern in die nachfolgende Beschichtung zu vermeiden, sind nach dem Aushärten der Grundierung alle Fasern mit einer Gasflamme abzubrennen. Danach ist die Oberfläche leicht anzuschleifen. Erforderlichenfalls ist ein zweites Mal zu grundieren.

13 Qualitätssicherungsmaßnahmen

Die Qualität eines Betonbodens wird vorwiegend durch die Gebrauchstauglichkeit und die Dauerhaftigkeit während der späteren Nutzung bestimmt. Für die Sicherstellung von Gebrauchstauglichkeit und Dauerhaftigkeit eines Betonbodens sind schon bei der Planung bestimmte Maßnahmen erforderlich. Hierzu gehören insbesondere:

- Klären der Nutzungsart,
- Festlegen der Beanspruchungen,
- Erkunden des Baugrunds,
- Festlegen der Maßnahmen zum Erreichen eines tragfähigen Unterbaues,
- Planen der Unterkonstruktion,
- Planen der Konstruktionsart des Betonboden,
- Darstellen der Konstruktion einschl. Fugenplan,
- Festlegen der Expositionsklassen und Feuchtigkeitsklassen des Betons,
- Aufstellen einer Leistungsbeschreibung,
- Auftragsvergabe an geeignetes Unternehmen mit erfahrenen Mitarbeitern.

Während der Ausführung sind die Arbeiten zu überwachen, insbesondere ist eine Koordination der Beteiligten erforderlich. Es ist darauf zu achten, dass an Schnittstellen keine Informationen verloren gehen. Für die Arbeitsbereiche beim Beton gelten beispielsweise folgende Zuständigkeiten:

Planer	Architekturbüro mit Ingenieurbüro	Festlegen der Anforderungen (Expositionsklassen und Feuchtigkeitsklasse)
Ausführender	Bauunternehmen oder Generalübernehmer	Kontrolle und Weitergabe der Anforderungen an das Transportbetonwerk
Betonhersteller	Transportbetonwerk oder Subunternehmer	Wahl der Ausgangsstoffe für geeigneten Beton und Angabe auf den Lieferscheinen
Bodenhersteller	Bauunternehmen oder Subunternehmer	Prüfen der Lieferscheine auf Übereinstimmung mit den festgelegten Anforderungen
Überwacher	Architekturbüro oder Ingenieurbüro	Koordination und Kontrolle der Beteiligten im Rahmen der Objektüberwachung

Die Basis für die Qualitätssicherung bieten DIN EN ISO 9000 „Qualitätsmanagement – Grundlagen und Begriffe. 2000-12", DIN EN ISO 9001 „Qualitätsmanagement – Anforderungen. 2000-12" und die zugehörigen Folgenormen.

Für den Betonbau sind maßgebend:

DIN 1045-2 Tragwerke aus Beton, Stahlbeton und Spannbeton,
Teil 2: Beton – Festlegung, Eigenschaften, Herstellung und Konformität. 2001-07 [N1]

DIN EN 206-1 Festlegung, Eigenschaften, Herstellung und Konformität von Beton. 2001-07 [N4]

Kontrollen und Prüfungen sind vor und während der Bauausführung erforderlich. Sie sollen den gesamten Aufbau umfassen und sich auf Untergrund, Tragschicht, Zwischenschicht, Betonbodenplatte und Nutzschicht erstrecken [R30.1]. Die Kontrollen und Prüfungen erfolgen vom Unternehmen im Rahmen der Eigenüberwachung durch den für das jeweilige Gewerk Verantwortlichen. Der Bauleiter des Bauherrn – oder des Generalunternehmers – hat sicherzustellen, dass die Nachweise durchgeführt werden. Das gilt insbesondere für die Schnittstellen der Teilgewerke mit Benennung der technisch Verantwortlichen. Sinnvoll ist eine Dokumentation der überwachenden Tätigkeiten, die dem Bauherrn auszuhändigen ist. Dieses bedarf jedoch einer besonderen vertraglichen Festlegung.

13.1 Prüfung des Untergrundes und der Tragschicht

Eine dauerhafte Gebrauchsfähigkeit des Betonbodens ist wesentlich abhängig von der Tragfähigkeit der Unterkonstruktion unter der Betonbodenplatte. Die Tragfähigkeit des Untergrundes und der Tragschicht wird bestimmt durch die Art des Untergrundes und der Tragschicht, insbesondere aber auch durch deren Verdichtung. Der Grad der erreichten Verdichtung ist hierbei besonders wichtig (Kapitel 4.2.1 und 4.2.3). Die Anforderungen an die Verdichtung sind in Tafel 13.1 zusammengestellt.

Die Entscheidung, ob die Prüfung der Tragfähigkeit des Untergrundes und der Tragschicht durch ein Institut für Erd- und Grundbau erfolgen soll, muss der Auftraggeber treffen und vertraglich festlegen.

Für die Prüfung des verdichteten Untergrundes und der Tragschicht können nachstehende Verfahren zum Einsatz kommen:

- Durchführung des statischen Lastplattendruckversuchs (Kapitel 13.1.3)
- Durchführung des dynamischen Lastplattendruckversuchs (Kapitel 13.1.3)
- Bestimmung des Verdichtungsgrades (Proctordichte) (Kapitel 13.1.4)

Einfache Baustellenverfahren können eine wertvolle, ergänzende Hilfe zur Feststellung der erreichten Verdichtung sein, z.B. die Feststellung der Verdichtungszunahme durch

Nivellieren (Kapitel 13.1.1) oder der Befahrungsversuch durch das Befahren der Flächen mit einem Lkw (Kapitel 13.1.2).

Tafel 13.1: Erforderlicher Verformungsmodul des Untergrundes und der Tragschicht unter Betonbodenplatten [L20]

Belastung max. Einzellast Q_d [kN (t)]	Verformungsmodul des Untergrundes $E_{V2,U}$ [N/mm²]	Radeinsenkung s eines LKW mit Radlast 50 kN (5t) [mm]
	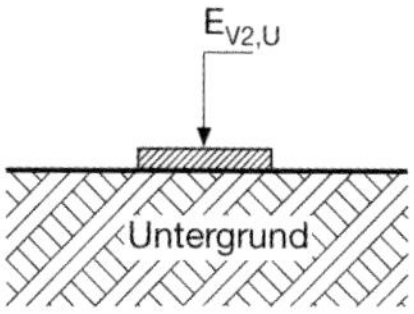 $E_{V2,U}$ Untergrund	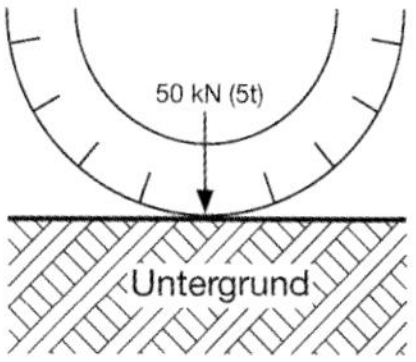 50 kN (5t) Untergrund
$\leq$ 40 ($\leq$ 4,0)	$\geq$ 40	$\leq$ 8
$\leq$ 80 ($\leq$ 8,0)	$\geq$ 50	$\leq$ 6
$\leq$ 100 ($\leq$ 10,0)	$\geq$ 60	$\leq$ 4
$\leq$ 150 ($\leq$ 15,0)	$\geq$ 80	$\leq$ 2
$\leq$ 200 ($\leq$ 20,0)	$\geq$ 100	$\leq$ 1

Belastung max. Einzellast Q_d [kN (t)]	Verformungsmodul der Tragschicht $E_{V2,T}$ [N/mm²]	Radeinsenkung s eines LKW mit Radlast 50 kN (5t) [mm]
	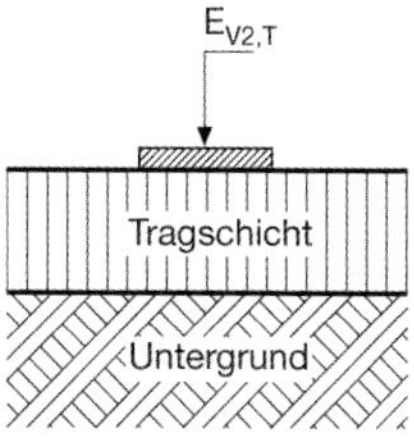 $E_{V2,T}$ Tragschicht Untergrund	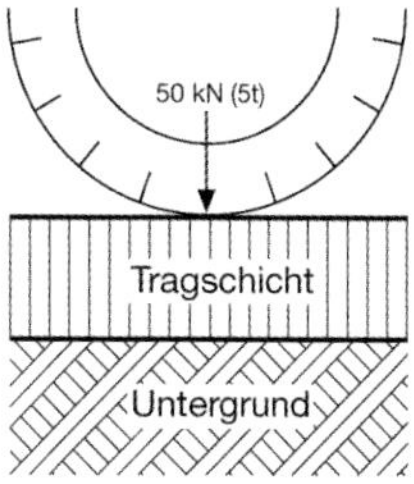 50 kN (5t) Tragschicht Untergrund
$\leq$ 40 ($\leq$ 4,0)	$\geq$ 80	$\leq$ 2
$\leq$ 80 ($\leq$ 8,0)	$\geq$ 100	$\leq$ 1
$\leq$ 100 ($\leq$ 10,0)	$\geq$ 120	-
$\leq$ 150 ($\leq$ 15,0)	$\geq$ 150	-
$\leq$ 200 ($\leq$ 20,0)	$\geq$ 180	-

[1] Bedingung für die Anwendung der E_{V2}-Werte:
Untergrund $E_{V2,U}$ / $E_{V1,U} \leq 2{,}5$
Tragschicht $E_{V2,T}$ / $E_{V1,T} \leq 2{,}2$

Maßgebend für die Beurteilung ausreichender Tragfähigkeit ist der E_{V2}-Wert (Tafel 13.1). Dabei sollte das Verhältnis der Verformungsmoduln E_{v1} (Erstbelastung) und E_{v2} (Wiederbelastung) nachstehende Bedingungen erfüllen:

Bedingungen:	Untergrund	$E_{V2,U} / E_{V1,U} \leq 2,5$
	Tragschicht	$E_{V2,T} / E_{V1,T} \leq 2,2$

Als Nachweis ausreichender Verdichtung des Untergrundes und der Tragschicht sind die Prüfberichte über die durchgeführten Plattendruckversuche der Objektüberwachung vorzulegen. Die Häufigkeiten der Prüfungen werden im Kapitel 13.1.6 dargestellt.

13.1.1 Nivellieren

Bei der Durchführung der einzelnen Verdichtungsvorgänge kann die Setzungszunahme der Schicht nach jedem Verdichtungsübergang durch Nivellieren festgestellt werden, z.B. durch Nivellierlatten mit Auflegeplatten. Ändert sich die Höhenlage der Schichtoberfläche bei wiederholten Verdichtungsübergängen nicht mehr, kann davon ausgegangen werden, dass beim Verdichten des Untergrundes und der Tragschicht jeweils eine ausreichende Verdichtung erreicht wurde. Besondere Aufmerksamkeit gilt dabei jedoch der Verwendung einwandfrei arbeitender Verdichtungsgeräte und vorhandenem Bodenmaterial mit möglichst optimalem Feuchtigkeitsgehalt. Ansonsten sind falsche Ergebnisse die Folge. Diese Fehlerquelle kann durch genauere Prüfung des Verformungsmoduls oder des Verdichtungsgrades vermieden werden.

13.1.2 Befahren mit LKW

Der „Befahrungsversuch“ kann die Gleichmäßigkeit der Verformbarkeit von Untergrund und Tragschicht zeigen. Dieses Schnellprüfverfahren ergibt nach kurzer Vorbereitung und Versuchsdauer einen raschen Überblick über die Verformbarkeit von Untergrund oder Tragschicht. Hierdurch können die Anzahl genauerer Prüfungen verringert und die Prüfbereiche gezielter Untersuchungen ausgewählt werden.

Zur Prüfung wird die Prüffläche durch einen zweiachsigen Lkw befahren:

- Hinterachse mit Zwillingsbereifung
- Reifendruck 6 bar
- zulässiges Gesamtgewicht etwa 14 t
- Radlast 50 kN (5 t)
- Fahrgeschwindigkeit 4 bis 6 km/h (Schritttempo)

An ausgewählten Messpunkten wird mit einer Messlehre die genaue Höhenlage vor und nach dem Befahren durch Nivellieren festgestellt. Geeignet ist ein Nivelliergerät mit mindestens 30-facher Vergrößerung. Die aus den beiden Nivellements zu errechnenden Radeinsenkungen ergeben den Einsenkungswert s. Gleichmäßige Einsenkungswerte lassen eine gleichmäßige Verformung und damit eine gleichmäßige Tragfähigkeit erkennen. Mithilfe des Diagramms in Bild 13.1 kann zu jedem Einsenkungswert s der zugehörige mittle-

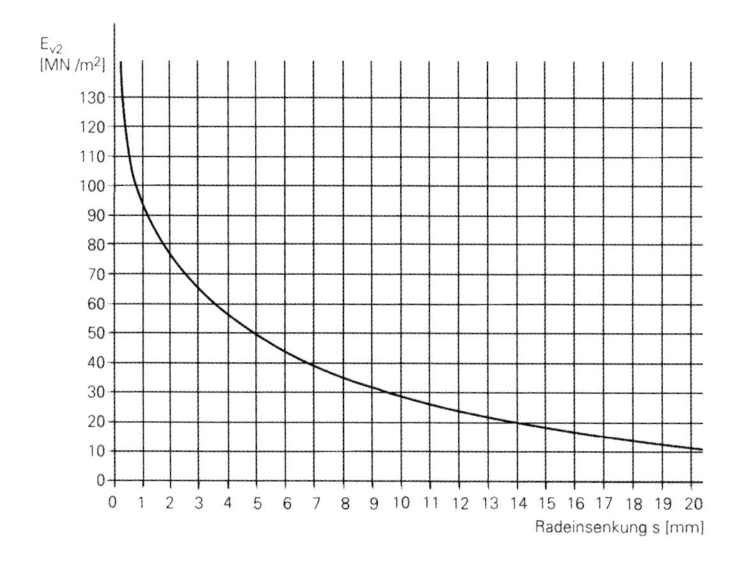

Bild 13.1: Verformungsmodul E_{V2} in Abhängigkeit von der Radeinsenkung s eines Lkw [R53]

re Verformungsmodul E_{V2} überschlägig abgeschätzt werden. Tafel 13.1 zeigt, welcher Verformungsmodul E_{V2} für die maximalen Belastungen des Betonbodens durch Einzellasten erforderlich ist.

Bei federnden Bereichen des Untergrundes ist ein Austausch des Untergrundes vor dem Einbau der Tragschicht erforderlich (Kapitel 4.2.1).

13.1.3 Lastplatten-Druckversuche

Statischer Lastplatten-Druckversuch

Bei höher belasteten Betonböden und größeren Flächen muss immer die Verformbarkeit und die Tragfähigkeit eines Untergrundes oder einer Tragschicht beurteilt werden. Dazu sind die statischen Lastplatten-Druckversuche nach DIN 18134 [N42] durchzuführen. Hierbei erfolgt die Prüfung des Verformungsmoduls vom Untergrund und von der Tragschicht als E_{V2}-Wert.

Der statische Lastplattendruckversuch ist ein Prüfverfahren, bei dem der Untergrund durch eine kreisförmige Lastplatte mithilfe einer Druckvorrichtung wiederholt stufenweise belastet und entlastet wird. Je nach Bodenart werden unterschiedliche Durchmesser für die Lastplatte verwendet, z.B. 300 oder 600 mm. Bei der Prüfung des Untergrunds verteilen sich die Druckspannungen unter der Lastplatte im Untergrund. Dabei werden die Druckspannungen mit größerem Abstand zur Seite und nach unten geringer. Wenn Punkte gleicher Druckspannungen miteinander in Form von Isobaren verbunden werden, wird eine zwiebelartige Verteilung der Druckspannungen deutlich. Dies ist die sogenannte Druckzwiebel, die sich unter belasteten Flächen im Untergrund ausbildet. Sinngemäß gilt das Gleiche bei der Prüfung von Tragschichten.

Die Ergebnisse liefern eine Aussage für die Verdichtungswirkung bis in eine Tiefe, die etwa dem anderthalb- bis zweifachen Plattendurchmesser entspricht. Für die Durchführung sind erforderlich:

- ein Plattendruckgerät,
- ein Belastungswiderlager als Gegengewicht (z.B. beladener Lkw) und
- Einrichtungen für die Kraftmessung und die Messung von Setzungen.

Unter einer Lastplatte mit dem Durchmesser d werden die Druckspannungen $\Delta\sigma$ mit den zugehörigen Setzungen Δs der einzelnen Laststufen in einem Diagramm als Drucksetzungslinie dargestellt. Der E_{V1}-Wert und der E_{V2}-Wert können über die Drucksetzungslinie der Erstbelastung und der Wiederbelastung berechnet werden:

$$E_V = \frac{3}{4} \cdot d \cdot \frac{\Delta\sigma}{\Delta s}$$

Dynamischer Lastplatten-Druckversuch

Die Durchführung des dynamischen Lastplatten-Druckversuchs zur Bestimmung des dynamischen Verformungsmoduls E_{Vd} erfordert einen geringeren Zeitaufwand als für den statischen Lastplatten-Druckversuch. Dieses gilt insbesondere bei Anwendung statistischer Methoden. Vorteilhafter ist diese Prüfmöglichkeit auch bei beengten Verhältnissen, z.B. bei Leitungsgräben oder Hinterfüllungen von Böschungen. Das Prüfverfahren eignet sich besonders für grobkörnige und gemischtkörnige Böden bis 63 mm Größtkorn.

Bei der Prüfung mit dem dynamischen Lastplatten-Druckversuch sind zunächst vor Ort entsprechende Vergleichswerte zum statischen Lastplatten-Druckversuch zu ermitteln (Kommentar zur ZTV E-StB [R7]).

Den Zusammenhang zwischen statischem Verformungsmodul E_{V2} und dynamischem Verformungsmodul E_{Vd} sowie Verdichtungsgrad D_{Pr} nach Proctor zeigt die nachstehende Tafel 13.2.

Tafel 13.2: Zusammenhang zwischen E_{V2}, E_{Vd} und D_{Pr} für grobkörnige Böden [R8] [R30.1]

Bodengruppen (DIN 18196)-			E_{V2} [MN/m]	E_{Vd} [MN/m]	D_{Pr} [%]
GW	Kies	weit gestuft	120-100-80	75-55-45	103-100-97
GE - GI	Kies	eng und intermittierend gestuft	80-60-45	30-20-15	100-97-95
SE - SI - SW	Sand	eng bis weit gestuft			

13.1.4 Verdichtungsgrad

Die Feststellung des Verdichtungsgrades ist ein weiteres Prüfverfahren. Der Verdichtungsgrad D_{Pr} ist nach DIN 18125 Teil 2 zu prüfen [N39]. Dabei wird von der einfachen Proctordichte ausgegangen. Gängige Prüfverfahren für die Dichtemessung sind die Prüfung mit dem Ausstechzylinder, mit der Sandersatzmethode oder der Ballonmethode.

Der Verdichtungsgrad D_{Pr} des Bodens lässt sich errechnen aus der im Feldversuch festgestellten vorhandenen Trockenrohdichte ρ_D im Verhältnis zur beim genormten Proctorversuch im Labor optimal erreichbaren Proctordichte ρ_{Pr}.

$$D_{Pr} = \frac{\rho_D}{\rho_{Pr}} \cdot 100 \quad [\%]$$

Eine näherungsweise Zuordnung des Verdichtungsgrades D_{Pr} zu den Verformungsmoduln E_{V2} oder E_{Vd} ist nach Tafel 13.2 möglich.

Es ist empfehlenswert, mit der Durchführung dieser Prüfung ein Erd- und Grundbau-Institut zu beauftragen. Das Deutsche Institut für Bautechnik Berlin DIBt bzw. die Bundesingenieurkammer veröffentlicht entsprechende Verzeichnisse [R3].

13.1.5 Prüfung der Ebenheit

Die Ebenheit der Oberfläche von Untergrund und Tragschicht und die profilgerechte Lage sind durch Nivellieren oder andere geeignete Maßnahmen zu prüfen. Die erforderliche Dicke der Betonbodenplatte muss dabei an jeder Stelle vorhanden sein muss. Dieses gilt unabhängig von der Einhaltung der zulässigen Ebenheitstoleranzen oder auch bei ungenauer Höhenlage der Tragschicht.

Untergrund

Das Planum des Untergrundes ist höhengerecht und horizontal oder im vorgeschriebenen Längs- und Quergefälle herzustellen. Abweichungen der Oberfläche des Untergrundes von der Sollhöhe dürfen an keiner Stelle mehr als 3 cm betragen, der rechnerische Mittelwert muss der Sollhöhe entsprechen (Kapitel 9.1).

Tragschicht

Die Oberfläche der Tragschicht ist höhengerecht und horizontal oder im vorgeschriebenen Längs- und Quergefälle herzustellen. Abweichungen der Oberfläche von der Sollhöhe dürfen an keiner Stelle mehr als 2 cm betragen. Der rechnerische Mittelwert der Höhenlage muss der Sollhöhe entsprechen. Minderdicken in der Betonbodenplatte durch Abweichungen von der Sollhöhe der Tragschicht müssen vermieden werden (Kapitel 9.3.2).

13.1.6 Häufigkeit der Prüfungen

Zur ausreichenden Qualitätssicherung von Untergrund und Tragschicht ist eine Mindestanzahl von Prüfungen erforderlich. Es wird empfohlen, die in Tafel 13.3 genannten Prüfhäufigkeiten einzuhalten [R30.1].

Tafel 13.3: Anzahl der Prüfhäufigkeiten in Abhängigkeit von der Prüfmethode [nach R30.1]

Flächengröße	Anzahl der Prüfhäufigkeiten in Abhängigkeit von der Prüfmethode in Stück		
	statische Lastplatten-Druckversuche	dynamische Lastplatten-Druckversuche	Messungen der Proctordichte
$\leq$ 1.000 m²	3	6	6
je weitere 1.000 m²	1	2	2
$>$ 10.000 m²	Anzahl der Prüfungen mit dem Baugrund-Gutachter vereinbaren		

13.2 Prüfung der Zwischenschichten

Zwischen der Tragschicht und der Betonbodenplatte liegende Schichten können als Zwischenschichten bezeichnet werden. Dieses sind gegebenenfalls folgende Schichten:

- Sauberkeitsschicht (Kapitel 4.2.4)
- Trennlage (Kapitel 4.2.5)
- Gleitschicht (Kapitel 4.2.6)
- Schutzschicht (Kapitel 4.2.7)

Die Anforderungen des Planers und die Angaben der technischen Merkblätter des Herstellers sind einzuhalten. Die für die Zwischenschichten eingesetzten Baustoffe haben den in der Leistungsbeschreibung vorgegebenen Anforderungen zu entsprechen. Die Kontrolle und das Einhalten dieser Anforderungen erfolgen durch die Prüfung der Lieferscheine oder der Übereinstimmungsnachweise. Verantwortlich ist der Verwender dieser Baustoffe. Die Ergebnisse der Prüfungen sind zu dokumentieren [R30.1].

13.3 Qualitätssicherung des Betons

Betonbodenplatten sind im Regelfall keine tragenden oder aussteifenden Bauteile im Sinne von DIN 1045-1 [N1]. Daher müssen die Anforderungen dieser Norm nicht erfüllt werden. Anders ist es bei tragenden oder aussteifenden Betonbodenplatten, die an der Tragfähigkeit und Standsicherheit der Halle oder seiner Konstruktionsteile beteiligt sind. Dieses kann z.B. der Fall sein bei Hochregalen, die auch die Dachkonstruktion tragen. In derartigen Fällen sind von den Betonbodenplatten die Anforderungen der DIN 1045 und der zugehörigen Normen zu erfüllen.

13.3.1 Erstprüfung

Zum Herstellen von Betonbodenplatten wird im Regelfall stets Transportbeton verwendet. Im Transportbetonwerk ist der Beton bei der Herstellung gemäß DIN EN 206-1 und DIN 1045-2 auf Konformität zu prüfen.

Vor Verwendung des Betons wird bei einer Erstprüfung festgestellt, ob die vorgesehenen Eigenschaften des Frischbetons und des Festbetons mit der vorgesehenen Betonzusammensetzung sicher erreicht werden. Über den Normalfall hinausgehend gehört zu den Frischbetoneigenschaften bei Betonbodenplatten insbesondere ein gutes Zusammenhaltevermögen des Betons. Dieses kann z.B. durch Schlämmebildung und/oder Wasserabsondern (Bluten) beeinträchtigt werden.

Zum Begrenzen der Blutneigung des Frischbetons eignen sich die Anforderungen, die im DBV-Merkblatt [R30-11] festgelegt sind. Betone für befahrene Flächen sind danach in die Betoncharakteristik A einzustufen. Hierfür ist die Blutwassermenge auf maximal 2 kg/m^3 bei der Erstprüfung zu begrenzen. Bei der Ausführung dürfen Einzelwerte eine Blutwassermenge von 3 kg/m^3 nicht überschreiten. Diese besonderen Nachweise sind vom Betonhersteller im Transportbetonwerk zu führen.

In entsprechenden Fällen kann auf vorausgegangene Erstprüfungen bei anderen Bauvorhaben zurückgegriffen werden, wenn sich Art und Eigenschaften der zu verwendenden Baustoffe und des Betons nicht geändert haben. Ergeben sich Änderungen, z.B. auch der Einbaubedingungen, so sind erneut Erstprüfungen durchzuführen. Bei Verwendung von Fließmittel auf PCE-Basis sind in jedem Fall Erstprüfungen durchzuführen.

Die Ergebnisse der Erstprüfungen sind vom Transportbetonwerk bzw. der Prüfstelle in einem Prüfbericht zu dokumentieren und auf Verlangen vorzulegen. Dieser Prüfbericht sollte auch einen Nachweis über die Prüfung des Zusammenhaltevermögens und über die Blutneigung enthalten. Es wird empfohlen, diese besonderen Anforderungen an den Transportbeton bei Auftragsvergabe schriftlich festzulegen.

Tafel 13.4: Betonprüfungen auf der Baustelle [nach R30.1]

Gegenstand	Häufigkeiten
Lieferscheine	jedes Lieferfahrzeug
Lufttemperatur	vor Betonierbeginn
Frischbetontemperatur	beim ersten Einbringen und in angemessenen Abständen
Konsistenz des Betons bei der Anlieferung	beim ersten Einbringen und in angemessenen Abständen
Konsistenz des Betons mit Fließmittel bei Fließmittel-Zugabe auf der Baustelle	Prüfung vor und nach der Fließmittel-Zugabe bei jedem Lieferfahrzeug
Luftgehalt bei hohem Frost-Taumittel-Widerstand	jedes Lieferfahrzeug
Druckfestigkeit	3 Probewürfel je 500 m^3 oder je Betonierabschnitt [1)]

[1)] Maßgebend ist die Würfelanzahl, die die größere Anzahl an Proben ergibt. Die Probewürfel sind auf der Baustelle herzustellen.

13.3.2 Qualitätssicherung auf der Baustelle

Für den Beton von Betonbodenplatten sollten folgende Prüfungen auf der Baustelle durchgeführt werden, die in Tafel 13.4 zusammengestellt sind. Alle Prüfergebnisse sind zu dokumentieren.

Bei tragenden oder aussteifenden Betonbodenplatten, die DIN 1045 entsprechen müssen, ist der in der Norm angegebene Umfang an Betonprüfungen einzuhalten. Dieser weicht in einigen Punkten von den Angaben in Tafel 13.4 ab.

Der bei der Erstprüfung festgelegte Wasserzementwert darf nicht überschritten werden. Eine zusätzliche Wasserzugabe würde eine Qualitätsminderung des Betons bedeuten. Die Rissgefahr würde erhöht, verstärkte Absandungen der Betonoberfläche wären die Folge.

Der Fahrer des Mischfahrzeugs muss eine Anweisung erhalten, dass er ohne vorherige Abstimmung mit dem zuständigen Betontechnologen des Transportbetonwerks die Konsistenz des Betons nicht verändern darf. Wenn die Konsistenz des Betons zu steif ist, kann erforderlichenfalls Fließmittel FM nach Anweisung des Werks zugegeben werden. Dabei sind Angaben über Art des Fließmittels, Zugabemenge, Zugabezeitpunkt sowie Konsistenz vor und nach der Zugabe des Fließmittels schriftlich festzuhalten. Bei Verwendung von Fließmittel auf PCE-Basis wird dringend empfohlen, vor der Ausführung sowohl den Einbau als auch die Verdichtung und insbesondere die Oberflächenbearbeitung an einer Probefläche im Maßstab 1:1 zu testen.

Anstelle des Nachweises der Druckfestigkeit an Probewürfeln kann eine Entnahme von Bohrkernen vereinbart werden. Damit ist gleichzeitig ein Nachweis der Plattendicke möglich. Beim Bewerten der Druckfestigkeit sind die Erhärtungstemperaturen entsprechend DIN 1048-2 zu berücksichtigen. Zeitbeiwerte können nach ZTV Beton-StB ermittelt werden [R6]. Wenn diese Vorgehensweise gewählt wird, sind entsprechende Vereinbarungen in das Leistungsverzeichnis aufzunehmen und die Kostenträger für Entnahme und Prüfung der Bohrkerne zu benennen.

13.3.3 Erhärtungsprüfung

Erhärtungsprüfungen können Anhaltswerte über den jeweiligen Erhärtungszustand des Betons auf der Baustelle zu einem bestimmten Zeitpunkt geben. Die Druckfestigkeit kann über Reifemessungen oder mit Probewürfeln bestimmt werden. Bei Betonbodenplatten, die möglichst schnell in Nutzung gehen sollen sowie bei früh hochfestem Beton oder bei Betonbodenplatten mit Spannlitzen, sind zusätzliche Probewürfel für die Druckfestigkeitsprüfung herzustellen.

Diese Probewürfel sind neben der Betonbodenplatte unter gleichen Temperatur- und Feuchtigkeitsverhältnissen zu lagern wie die Betonbodenplatte selbst. Hierfür eignen sich z.B. Einweg-Würfelformen aus Hartschaum. Ansonsten müssen die Probekörper nach dem Ausschalen seitlich in Hartschaumplatten oder in ein anderes wärmedämmendes Material eingepackt werden, um eine seitliche Wärmeabgabe und damit unzutreffende Ergebnisse zu verhindern. Nach oben sind die Probekörper in gleicher Weise wie die Betonbodenplatte gegen Wärme- und Wasserverlust zu schützen.

Die Prüfung der Probewürfel für den Erhärtungsnachweis erfolgt zu dem Zeitpunkt einer erwarteten ausreichenden Festigkeit, z.B. zur Inbetriebnahme oder zum Vorspannen der Betonbodenplatte. Hierfür ist die Herstellung von drei Probewürfeln je Betoniertag für die Erhärtungsprüfung zweckmäßig.

Erforderlichenfalls sind weitere Prüfungen für die Qualitätssicherung der Betonbodenplatte durchzuführen (Kapitel 13.4).

13.4 Besondere Prüfungen

Abhängig von der Nutzung von Betonbodenplatten und den gestellten Anforderungen können weitere Prüfungen erforderlich oder sinnvoll sein. Dieses können z.B. folgende Prüfungen sein, wenn sie vertraglich festgelegt wurden:

- Druckfestigkeit des eingebauten Betons
- Wasserundurchlässigkeit
- Frost-Taumittel-Widerstand
- Verschleißwiderstand
- Griffigkeit bei Freiflächen
- Haftzugfestigkeit
- Fasergehalt
- Dicke der Betonbodenplatte

- Ebenheit der Oberfläche
- Rutschsicherheit
- Elektrische Ableitfähigkeit
- Reinigungsmöglichkeit

Druckfestigkeit des eingebauten Betons

Diese Prüfung ist zerstörend durch Entnahme von Bohrkernen möglich oder zerstörungsfrei durch Rückprallprüfungen an der Oberfläche. Maßgebend dafür sind die europäischen Normen DIN EN 12504 „Prüfung von Beton in Bauwerken" und DIN EN 13791 „Bewertung der Druckfestigkeit von Beton in Bauwerken oder in Bauwerksteilen". Für Druckfestigkeitsprüfungen muss der Bohrkerndurchmesser mindestens das dreifache des Größtkorns betragen.

Die zerstörungsfreie Prüfung mit dem Rückprallhammer ergibt einen Anhalt für die vorhandene Druckfestigkeit des Betons. Auch dieses Prüfverfahren ist in den Normen DIN EN 12504 und DIN EN 13791 geregelt.

Wasserundurchlässigkeit

Bei Betonen, die einem chemischen Angriff ausgesetzt sind oder die aus anderen Gründen eine Durchfeuchtung verhindern sollen, z.B. bei HBV- oder LAU-Anlagen nach Kapitel 6.4.3, ist der Wassereindringwiderstand nach DIN EN 12390- 8 zu prüfen [N8]. Bisher waren bei diesem Prüfverfahren gemäß DIN 1048-5 festgestellte Wassereindringtiefe e_w einzuhalten, die im Mittel von drei Probeplatten folgende Werte nicht überschreiten durften:

$e_w \leq 50$ mm bei Beton mit hohem Wassereindringwiderstand

$e_w \leq 50$ mm bei Beton mit hohem Widerstand gegen schwachen chemischen Angriff nach DIN 4030

$e_w \leq 30$ mm bei Beton mit hohem Widerstand gegen mäßigen chemischen Angriff nach DIN 4030

Der Nachweis der Wassereindringtiefe ist in DIN 1045 nicht zwingend vorgeschrieben. Wenn ein Nachweis erfolgen soll, sind das Prüfverfahren und die Konformitätskriterien zwischen dem Verfasser der Festlegungen und dem Hersteller zu vereinbaren. Alternativ zur Prüfung können auch Grenzwerte für die Betonzusammensetzung festgelegt werden.

Frost-Taumittel-Widerstand

Bei Flächen im Freien oder solchen Flächen, die ans Freie anschließen, ist der Einsatz eines Betons mit künstlichen Luftporen erforderlich. Hierfür sind Luftporen bildende Zusatzmittel einzusetzen. Einzelheiten sind im Kapitel 5.2.3 genannt. Der Luftporengehalt ist nach DIN EN 12390-9 nachzuweisen [N8].

Für den direkten Nachweis des Frost-Taumittel-Widerstandes ist der CDF-Test in den RILEM-Empfehlungen geeignet, der jedoch einen relativ großen Aufwand erfordert [R55]. Entsprechende vertragliche Vereinbarungen für den Nachweis des Frost-Taumittel-Widerstandes sind erforderlich.

Verschleißwiderstand

Der Verschleißwiderstand ist von besonderer Bedeutung bei Flächen, die nur einen geringen Abrieb haben dürfen, z.B. auch wegen der Staubentwicklung. Der Nachweis kann erfolgen nach DIN 52108 „Prüfung anorganischer nichtmetallischer Werkstoffe, Verschleißprüfung mit der Schleifscheibe nach Böhme" [N57] oder DIN EN 13892-3 „Prüfverfahren für Estrichmörtel und Estrichmassen – Bestimmung des Verschleißwiderstandes nach Böhme" [N37]. Weitere Einzelheiten enthält Kapitel 6.2.3.

Griffigkeit

Eine bestimmte Griffigkeit ist meistens nur für einige Freiflächen erforderlich. Einzelheiten zur Griffigkeit enthalten die Kapitel 6.2.3 und 10.3. Der Nachweis der Griffigkeit größerer Freiflächen kann nach ZTV Beton-StB 01 erfolgen [R6].

Haftzugfestigkeit

Für das Aufbringen weiterer Nutzschichten oder Beschichtungen kann eine bestimmte Haftzugfestigkeit erforderlich sein. Festlegungen hierzu sollen vertraglich geregelt sein. Der Nachweis der Haftzugfestigkeit kann erfolgen nach DIN EN 1542: Produkte und Systeme für den Schutz und die Instandsetzung von Betontragwerken – Prüfverfahren – Messung der Haftzugfestigkeit im Abreißversuch oder nach ZTV-ING. Für Hartstoffschichten, die nicht frisch in frisch aufgebracht werden können, nennt Kapitel 10.4.2 einen erforderlichen Wert von 1,5 N/mm^2. Für Beschichtungen sind entsprechend Kapitel 12.3 Mittelwerte von 1,5 N/mm^2 und kleinste Einzelwerte von 1,0 N/mm^2 einzuhalten.

Fasergehalt

Der Fasergehalt bei Stahlfaserbeton kann für die Tragfähigkeit der Betonbodenplatte von Bedeutung sein. Sofern eine nachträgliche Prüfung erforderlich sein sollte, kann dieses nur zerstörend durch Entnahme von Bohrkernen festgestellt werden [N62] . Nach [R30.6] sollen dafür Bohrkerne mit einem Durchmesser von 100 mm und einer Länge $l \approx 150$ mm verwendet werden. Je Prüfung sind 5 Bohrkerne zu entnehmen. Die Betonproben sind im Mörser so zu zerkleinern, dass alle Fasern Freiliegen. Die Fasern können mit einem Magneten herausgezogen und anschließend gewogen werden. Bezogen auf das Volumen des Bohrkerns kann der Fasergehalt in kg/m^3 errechnet werden. Alternativ zu diesem Prüfverfahren wird in [R30.6] die magnetische Induktion an Bohrkernen ($\varnothing$ 100 mm, $l \approx 150$ mm) angegeben. Hierbei wird ein Bohrkern entnommen und die Induktionsspannung bestimmt. Die Ermittlung des Fasergehaltes erfolgt über eine Eichkurve.

Dicke der Betonbodenplatte

Die Dicke der Betonbodenplatte kann zerstörend durch Entnahme von Bohrkernen nachgewiesen werden, z.B. durch Bohrkerne $\geq$ Ø 50 mm. Diese Prüfung kann mit dem Nachweis der Druckfestigkeit im Rahmen einer Erhärtungsprüfung oder zum Nachweis der Druckfestigkeit kombiniert werden.

Eine zerstörungsfreie Prüfung der im Bauwerk vorhandenen Plattendicke ist mit dem Impact-Echo-Verfahren möglich, wenn die Betonbodenplatte z.B. auf Folie liegt. Dies ist ein zerstörungsfreies, akustisches Verfahren, bei dem die Frequenz von Vielfachechos nach einer Impulsanregung gemessen wird. Ungleichmäßigkeiten des Betongefüges sind ebenfalls bestimmbar. Mit den entsprechenden Geräten sind nur größere Materialprüfanstalten ausgestattet. Das Verfahren ist relativ neu und bisher nicht genormt.

Ebenheit der Oberfläche

Bei bestimmten Nutzungen sind nur geringe Oberflächentoleranzen hinnehmbar, sodass besondere Vereinbarungen der erforderlichen Ebenheit getroffen werden. Maßgebend für die zulässigen Ebenheitstoleranzen und den Nachweis sind DIN 18202 „Toleranzen im Hochbau“ [N45] oder in Hochregallagern DIN 15185-1 „Lagersysteme mit leitliniengeführten Flurförderfahrzeugen“ [N38]. Weitere Einzelheiten enthält Kapitel 6.5.

Rutschsicherheit

Für Betriebe, bei denen die Rutschsicherheit von großer Bedeutung ist, sind besondere Vereinbarungen hinsichtlich der Rutschhemmung zu treffen. Einzelheiten zur Rutschsicherheit nennt Kapitel 6.4.1. Für die Anforderungen und den Nachweis können z.B. folgende Regelwerke vereinbart werden:

- DIN 51130 „Prüfung von Bodenbelägen – Bestimmung der rutschhemmenden Eigenschaft – Arbeitsräume und Arbeitsbereiche mit Rutschgefahr, Begehungsverfahren – Schiefe Ebene“ [N55]
- HVBG-Merkblatt für „Fußboden in Arbeitsräumen und Arbeitsbereichen mit Rutschgefahr (BGR 181)“ vom Hauptverband der gewerblichen Berufsgenossenschaften [R34].
- Merkblatt über den „Rutschwiderstand von Pflaster und Plattenbelägen für den Fußgängerverkehr“ von der Forschungsgesellschaft für Straßen- und Verkehrswesen [R37].

Elektrische Ableitfähigkeit

Elektrostatisch leitende Fußböden (EFC), ableitfähige Böden (DIF) und astatische Böden (ASF) werden in Kapitel 6.4.2 behandelt. Produkte für diese Beschichtungen sind nach der geltenden EU-Richtlinie kennzeichnungspflichtig. Vor der Erstanwendung ist das entsprechende EG-Sicherheitsdatenblatt vorzulegen.

Für elastische Bodenbeläge gilt DIN EN 1081 „Bestimmung des elektrischen Widerstandes“.

Für den Schutz von elektronischen Geräten vor elektrostatischen Phänomenen ist DIN EN 61340-2-1 [N60] maßgebend:

- Anforderungen an den Ableitwiderstand (Erde): $R_E < 1 \cdot 10^9\ \Omega$
- Ableitwiderstand zur Erdung des Personals: $R_G > 7{,}5 \cdot 10^5 < 3{,}5 \cdot 10^7\ \Omega$

Bevor ein elektrostatisch leitfähiger Boden freigegeben werden kann, ist die Eignung dieses Bodens für seine ESD-Tauglichkeit festzustellen. ESD ist die elektrostatische Entladung (ESD = Electrostatical discharge).

Für einen Nachweis, ob die vorstehenden Werte eingehalten sind, ist erforderlichenfalls eine Prüfung durch eine für derartige Messungen anerkannte Prüfstelle durchzuführen.

Die Tauglichkeit eines Bodens kann mithilfe eines ESD-Kontrollprogramms erfolgen. Dies geschieht in der Regel mithilfe eines DIN-geprüften Isolationswiderstandsmessgeräts und/oder eines Walking-Test-Kids.

Das Isolationswiderstandsmessgerät misst den statischen Wert des Ableitwiderstandes, sodass eine Zuordnung zu den vorstehenden Werten der DIN EN 61340-2-1 möglich ist.

Der Walking-Test ist ein dynamisches Verfahren, bei dem mithilfe eines Elektrometers die Aufladung einer Testperson beim Gehen über die Fläche festgestellt wird. Entsprechend der Norm ESD STM 97.2:1999 dürfen sich Personen in ESD-Bereichen nicht über 100 Volt aufladen.

14 Ablauf der Planung für Betonböden

Für die tragenden Bauteile unserer Bauwerke sind statische Berechnungen aufzustellen und Bemessungen durchzuführen. Ohne statischen Nachweis der Tragfähigkeit darf nicht gebaut werden.

Bei Betonböden sieht der Sachverhalt dann etwas anders aus, wenn die Betonböden keine tragenden Bauteile sind und die Betonbodenplatten von anderen Bauteilen durch Fugen getrennt werden. Beim Versagen eines solchen Betonbodens stürzt nichts ein und die Standsicherheit des Bauwerks ist nicht gefährdet. Für den Nutzer einer Halle kann das Versagen eines Betonbodens jedoch verhängnisvoller als ein Mangel an tragenden Bauteilen sein, wie z.B. am Dach oder an Wänden. Durch Versagen eines Betonbodens kann der gesamte Betriebsablauf gestört werden. Daher haben für Betonböden die Gebrauchstauglichkeit und die Dauerhaftigkeit während der späteren Nutzung vorrangige Bedeutung.

Tragende und/oder aussteifende Betonbodenplatten, die an der Tragfähigkeit und Standsicherheit der Halle oder seiner Konstruktionsteile beteiligt sind, müssen selbstverständlich nach DIN 1045 bemessen werden. Dieses gilt insbesondere auch für Hochregale, die die Dachkonstruktion tragen. In derartigen Fällen müssen die Betonbodenplatten in allen ihren Teilen den Anforderungen der DIN 1045 und der zugehörigen Normen entsprechen.

Für Betonbodenplatten, die nicht dem Gültigkeitsbereich der DIN 1045 zugeordnet werden müssen, bedeutet dies jedoch nicht, dass diese Betonbodenplatten nicht zu bemessen wären. Alle Betonbodenplatten müssen die entstehenden Beanspruchungen aufnehmen können, damit die Gebrauchstauglichkeit nicht beeinträchtigt wird und die Nutzungsanforderungen erfüllt werden können. Daher sind alle Betonbodenplatten mit besonderer Sachkunde zu planen und es ist zu klären, ob ein Sonderfachmann hinzugezogen werden soll.

Die Annahmen, die bei der Planung und für den Nachweis der Gebrauchstauglichkeit und der Dauerhaftigkeit zu treffen sind, sollen alle späteren Beanspruchungen erfassen. Als Beanspruchungen sind nicht nur die Lasteinwirkungen, sondern insbesondere auch Zwangbeanspruchungen sowie chemische und mechanische Einwirkungen und ggf. auch Temperatureinwirkungen zu berücksichtigen. Grundlagen für die Planung enthält Kapitel 3. Die unterschiedlichen Konstruktionsarten und die Anforderungen zeigt Kapitel 4. Arten der Nachweisführung sind in Kapitel 7 zusammengestellt. Beispiele in Kapitel 8 verdeutlichen die Nachweise der Gebrauchstauglichkeit und der Dauerhaftigkeit für Betonbodenplatten.

Die Bilder 14.1 und 14.2 zeigen als Ablaufschema, wie die Planung eines Betonbodens mit Untergrund, Tragschicht und Betonbodenplatte durchgeführt werden kann.

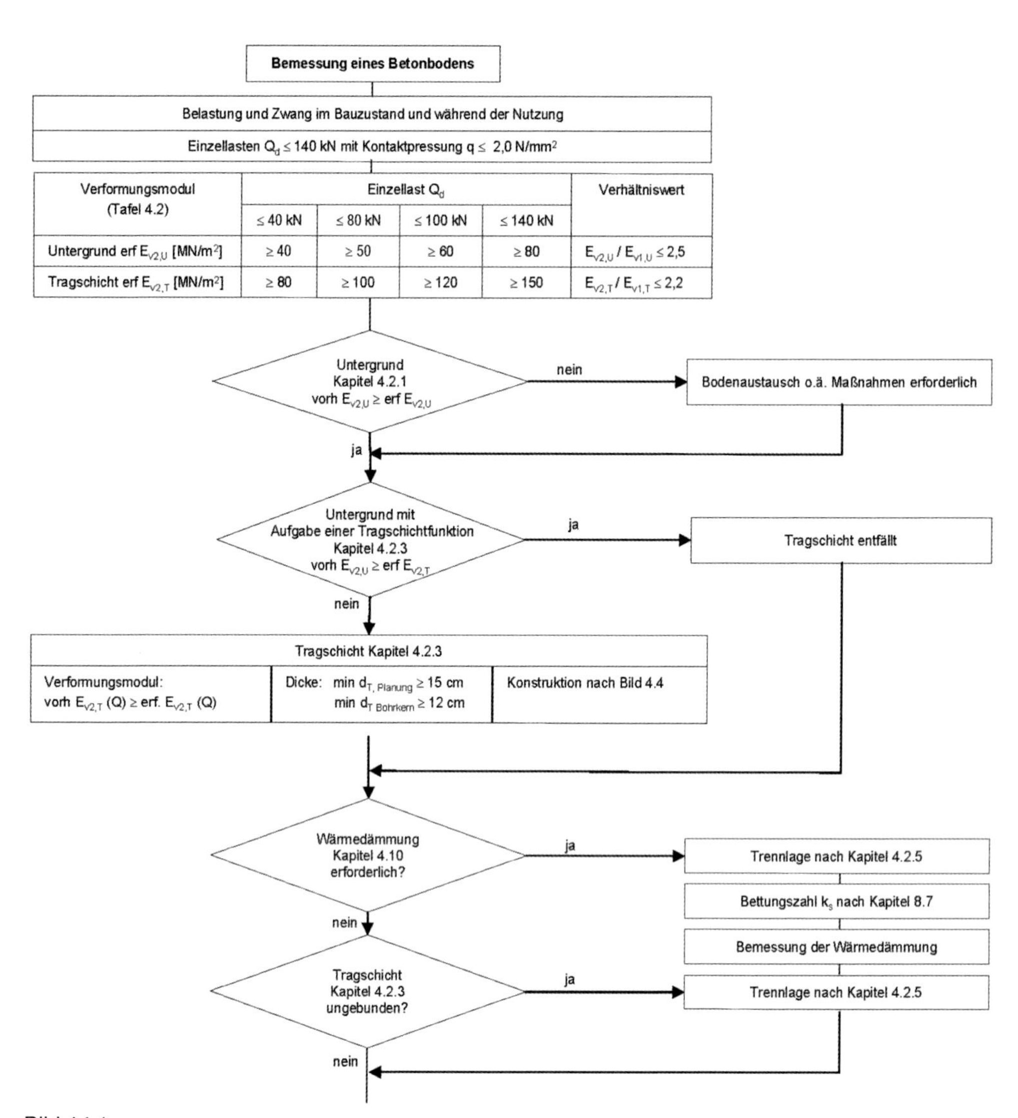

Bild 14.1:
Ablaufschema zur Planung eines Betonbodens (Teil 1)

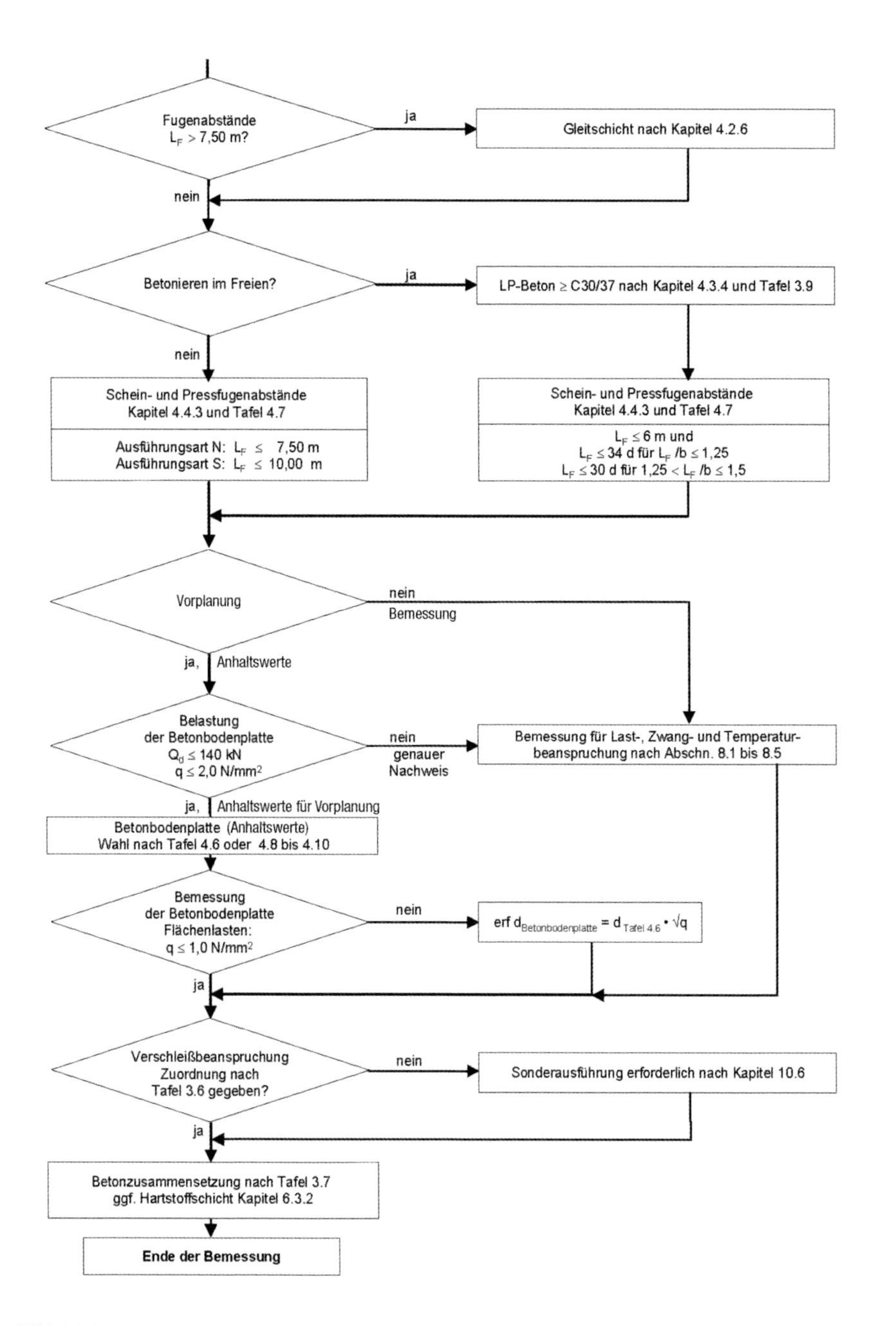

Bild 14.2:
Ablaufschema zur Planung eines Betonbodens (Teil 2, Fortsetzung von Bild 14.1)

15 Instandhaltung während der Nutzung

Die Pflicht zur Instandhaltung folgt aus der Musterbauordnung (MBO) und der Verordnung über die bauliche Nutzung der Grundstücke (BauNVO) des Bundesministeriums für Verkehr, Bau- und Wohnungswesen. Darin wird gefordert, „....dass die öffentliche Sicherheit und Ordnung, insbesondere Leben, Gesundheit oder die natürlichen Lebensgrundlagen, nicht gefährdet werden....".

Eine andere Begründung für erforderliche Instandhaltungsmaßnahmen ergibt sich aus der Anforderung, eine Einschränkung der Gebrauchstauglichkeit während der Nutzungsdauer zu vermeiden. Der Gedanke zur Aufrechterhaltung der Qualität wird auch im DBV-Merkblatt „Bauwerksbuch" [R30-12] behandelt.

15.1 Begriffe zur Instandhaltung

Nach DIN 31051 „Grundlagen der Instandhaltung" [N52] umfasst eine Instandhaltung die Wartung, die Inspektion und die Instandsetzung. Begriffe nach DIN 31051:

Instandhaltung:
Maßnahmen zur Bewahrung und Wiederherstellung des Soll-Zustands sowie zur Feststellung und Beurteilung des Ist-Zustandes von technischen Mitteln eines Systems (Bauwerks). Sie umfasst die Maßnahmen der Wartung, Inspektion und Instandsetzung oder Verbesserung [R30,12].

Wartung:
Maßnahmen zur Bewahrung des Soll-Zustands von technischen Mitteln eines Systems (Bauwerks). Hierzu gehört das Erstellen eines Wartungsplans [R30,12].

Inspektion:
Maßnahmen zur Feststellung und Beurteilung des Ist-Zustandes von technischen Mitteln eines
Systems bzw. des Bauwerks.

Instandsetzung:
Maßnahmen zur Wiederherstellung des Soll-Zustands von technischen Mitteln eines Systems bzw. des Bauwerks.

Verbesserung:
Maßnahmen zur Erhöhung der Funktionssicherheit ohne Änderung der Funktion für Bauwerk, Bau- und Anlageteile.

Zustand:
Der Zustand umfasst die Gesamtheit der Merkmale, die das Maß der Eignung der Betrachtungseinheit für den vorgesehenen Verwendungszweck ausdrücken.

Ist-Zustand:
Der in einem gegebenen Zeitpunkt festgestellte Zustand eines Bauwerks oder einzelner Teile.

Soll-Zustand:
Der für den jeweiligen Fall festgelegte (geforderte) Zustand eines Bauwerks oder einzelner Teile.

Abweichung (Soll-Zustandsabweichung):
Nichtübereinstimmung zwischen dem Ist-Zustand und dem Soll-Zustand einer Betrachtungseinheit zu einem gegebenen Zeitpunkt.

Abnutzung:
Abbau des Abnutzungsvorrats infolge physikalischer und/oder chemischer Einwirkungen, z.B. Verschleiß, Alterung, Korrosion oder auch plötzlich auftretende Ist-Zustandsänderungen wie z.B. Bruch.

Abnutzungsvorrat:
Vorrat der möglichen Funktionserfüllungen unter festgelegten Bedingungen, die einer Betrachtungseinheit aufgrund der Herstellung oder aufgrund der Wiederherstellung durch Instandsetzung innewohnt.

Mangel:
Zustand einer Betrachtungseinheit vor der ersten Funktionserfüllung, bei dem mindestens ein Merkmal fehlt, wodurch der Soll-Zustand nicht erreicht wurde. Unter der ersten Funktionserfüllung ist auch die Funktionserfüllung zu verstehen, die nach einer Instandsetzung erfolgt.

Schaden:
Zustand einer Betrachtungseinheit nach Unterschreiten eines bestimmten (festzulegenden) Grenzwerts des Abnutzungsvorrats, der eine im Hinblick auf die Verwendung unzulässige Beeinträchtigung der Funktionsfähigkeit bedingt.

Ursachen:
Objektive Sachverhalte, die eine Abweichung bewirken.

Aus den vorstehenden Angaben ergeben sich entsprechende Aufgaben- und Verantwortungsbereiche.

15.2 Aufgaben des Bauherrn bzw. Nutzers

Es ist die Aufgabe des Bauherrn bzw. Nutzers, die Bauteile instand zu halten, die für die Aufrechterhaltung der Sicherheit von Bedeutung sind. Mögliche Veränderungen des Bauwerkszustands während der Nutzungsdauer zeigt Bild 15.1.

Zur Instandhaltung gehören Wartung und Inspektion. Eine Instandsetzung ist erforderlich, wenn durch den Betrieb die Abnutzung sehr stark ist und dadurch die Abweichung vom Soll-Zustand so groß wird, dass die Sicherheit nicht mehr zu gewährleisten ist.

Die für die Instandhaltung erforderlichen Maßnahmen liegen im Aufgabenbereich des Nutzers bzw. des Bauherrn. Hierzu gehören auch Instandhaltungsmaßnahmen, die erfor-

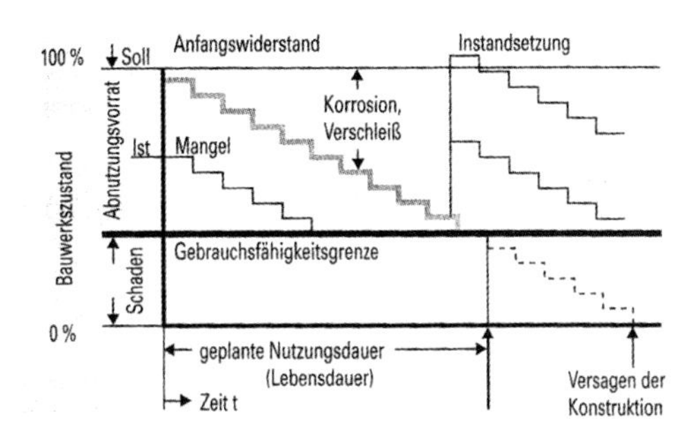

Bild 15.1:
Veränderungen des Bauwerkszustands während der Nutzungsdauer [L46]

derlich sind, um die Gebrauchstauglichkeit während der Nutzungsdauer zu erhalten. In Anlehnung an das DBV-Merkblatt „Bauwerksbuch" [R30-12] sind für befahrene Bodenplatten ständige Wartungsintervalle und Prüfintervalle in Abständen von 5 Jahren zu empfehlen. Für beschichtete Bodenflächen sind Sichtkontrollen (Beschädigungen, Schadstellen, Risse, Blasen) in Abständen von 6 Monaten sinnvoll.

15.3 Anforderungen an den Planer und die Ausführenden

Die Planung der Instandsetzung von Bauwerken und Bauteilen, soweit es die Sicherheit und die Gebrauchstauglichkeit betrifft, ist eine Ingenieuraufgabe. Die Instandsetzung eines Bauwerks oder Bauteils ist so zu planen und auszuführen, dass die verlangten Gebrauchseigenschaften dauerhaft erreicht werden. Dies bedeutet aber auch, dass der Planer den Bauherrn bzw. Nutzer auf erforderliche Instandsetzungsmaßnahmen während der Nutzungsdauer hinzuweisen hat. Es ist Sache des Planers, den Bauherrn bzw. Nutzer auf einen Wartungsvertrag hinzuweisen. Besonders wartungsanfällig sind z.B. die Fugen in Betonbodenplatten.

Beurteilung und Planung von Instandsetzungsarbeiten liegen im Arbeitsbereich eines sachkundigen Planers, der die erforderlichen besonderen Kenntnisse auf dem Gebiet von Schutz und Instandsetzung bei Betonbauwerken hat. Die Ausführung von Instandsetzungsmaßnahmen erfordert vom Unternehmen den Einsatz einer qualifizierten Führungskraft und von Baustellenfachpersonal, das mit ausreichenden Kenntnissen und Erfahrungen die ordnungsgemäße Ausführung, Überwachung und Dokumentation solcher Arbeiten sicherstellt. Maßgebend für die Instandsetzung ist die DAfStb-Richtlinie „Schutz und Instandsetzung von Betonbauteilen" (Instandsetzungsrichtlinie) [R22]. In DIN EN 1504-2 [N15] sind Schutz- bzw. Instandsetzungsprinzipien in Verbindung mit DIN V 18026 beschrieben. Daraus können entsprechende Schutz- und Instandsetzungsmethoden abgeleitet und in Leistungsmerkmalen an Produkte festgelegt werden.

16 Schrifttum

16.1 DIN-Normen [N]

[N1] DIN 1045 Tragwerke aus Beton, Stahlbeton und Spannbeton
Teil 1: Bemessung und Konstruktion; einschl. Berichtigung 2
Teil 2: Beton – Festlegung, Eigenschaften, Herstellung und Konformität; einschl. Änderungen A1 bis A3
Teil 3: Bauausführung; einschl. Änderung A1
Teil 4: Ergänzende Regeln für die Herstellung und die Konformität von Fertigteilen

[N2] Erläuterungen zu DIN 1045
DAfStb Heft 525: Erläuterungen zu DIN 1045-1. 2003-09; einschl. Berichtigung 1
DAfStb Heft 526: Erläuterungen zu DIN EN 206-1, DIN 1045-2, DIN 1045-3, DIN 1045-4 und DIN 4226
DIN-Fachbericht 100: Zusammenstellung von DIN EN 206-1 und DIN 1045-2. 2005

[N3] DIN EN 197-1 Zement
Teil 1: Zusammensetzung, Anforderungen und Konformitätskriterien von Normalzement.

[N4] DIN EN 206-1 Festlegung, Eigenschaften, Herstellung und Konformität von Beton. 2001-07

[N5] DIN 488 Betonstahl
Teil 1: Sorten, Eigenschaften, Kennzeichen
Teil 2: Betonstabstahl; Maße und Gewichte
Teil 4: Betonstahlmatten und Bewehrungsdraht; Aufbau, Maße und Gewichte. 1986-6
Neues Lieferprogramm für Lagermatten; Info: Fachverband Betonstahlmatten

[N6] DIN EN 934 Zusatzmittel für Beton, Mörtel und Einpressmörtel. 2002-02
Teil 2: Betonzusatzmittel: Definition, Anforderungen, Konformität und Beschriftung
Teil 4: Zusatzmittel für Einpressmörtel für Spannglieder

[N7] DIN EN 1008 Zugabewasser für Beton

[N8] DIN 1048 Prüfverfahren für Beton

[N9] DIN 1054 Baugrund. Sicherheitsnachweis im Erd- und Grundbau einschließlich Berichtigung 1

[N10] DIN 1055 Einwirkungen auf Tragwerke.
Teil 1: Wichten und Flächenlasten von Baustoffen, Bauteilen und Lagerstoffen
Teil 3: Eigen- und Nutzlasten für Hochbauten
Teil 10: Einwirkungen infolge Krane und Maschinen
Teil 100: Grundlagen der Tragwerksplanung, Sicherheitskonzept und Bemessungsregeln

[N11] DIN 1072 Straßen- und Wegebrücken; Lastannahmen

[N12] DIN EN 1097 Prüfverfahren für mechanische und physikalische Eigenschaften von Gesteinskörnungen.
Teil 1: Bestimmung des Widerstandes gegen Verschleiß
Teil 2: Bestimmung des Widerstandes gegen Zertrümmerung
Teil 8: Bestimmung des Polierwertes

[N13] DIN 1100 Hartstoffe für zementgebundene Hartstoffestriche

[N14] DIN 1164-10 Zement mit besonderen Eigenschaften

[N15] DIN EN 1504 Produkte und Systeme für den Schutz und die Instandsetzung von Betontragwerken
Teil 2: Oberflächenschutzsysteme für Beton
Teil 4: Kleber für Bauzwecke
Teil 5: Injektionen von Betonbauteilen
Teil 8: Qualitätsüberwachung und Beurteilung der Konformität
Teil 10: Anwendung von Stoffen und Systemen auf der Baustelle, Qualitätsüberwachung der Ausführung mit Berichtigung

[N15a] DIN EN 1542 Messung der Haftfestigkeit im Abreißversuch

[N16] DIN 4020 Geotechnische Untersuchungen für bautechnische Zwecke

[N17] DIN 4030 Beurteilung betonangreifender Wässer, Böden und Gase

[N18] DIN 4095 Baugrund; Dränung zum Schutz baulicher Anlagen

[N19] DIN 4102 Brandverhalten von Baustoffen und Bauteilen

[N20] DIN 4108 Wärmeschutz und Energieeinsparung in Gebäuden,
Teil 2: Mindestanforderungen an den Wärmeschutz

[N21] DIN 4226-1 Gesteinskörnungen für Beton und Mörtel.
Teil 1: Herstellung, Eigenschaften, Übereinstimmungsnachweis

[N22] DIN 4235 Verdichten von Beton durch Rütteln

[N23] DIN 4725 Warmwasser-Fußbodenheizungen – Systeme und Komponenten
Teil 4: Aufbau und Konstruktion
Teil 200: Bestimmung der Wärmeleistung

[N24] DIN EN 12350 Prüfung von Frischbeton

[N25] DIN EN 12390 Prüfung von Festbeton
Teil 1: Form, Maße und andere Anforderungen für Probekörper und Formen
Teil 2: Herstellung und Lagerung von Probekörpern
Teil 3: Druckfestigkeit von Probekörpern
Teil 4: Bestimmung der Druckfestigkeit
Teil 5: Biegezugfestigkeit von Probekörpern
Teil 6: Spaltzugfestigkeit von Probekörpern
Teil 7: Dichte von Festbeton
Teil 8: Wassereindringtiefe
Teil 9: Frost- und Frost-Tausalzwiderstand (Entwurf)

[N26] DIN EN 12504 Prüfung von Beton in Bauwerken.
Teil 1: Bohrkernproben
Teil 2: Zerstörungsfreie Prüfung, Bestimmung der Rückprallzahl
Teil 4: Bestimmung der Ultraschallgeschwindigkeit

[N27] DIN EN 12618-2 Produkte und Systeme für den Schutz und die Instandsetzung von Betontragwerken – Prüfverfahren. Bestimmung der Haftzugfestigkeit von Rissfüllstoffen mit oder ohne thermische Behandlung – Haftzugfestigkeit

[N28] DIN EN 12620 Gesteinskörnungen für Beton, Mörtel und Einpressmörtel

[N29] DIN EN 12637-1 Produkte und Systeme für den Schutz und die Instandsetzung von Betontragwerken – Prüfverfahren. Verträglichkeit von Rissfüllstoffen mit Beton

[N30] DIN EN 13286-2 Ungebundene und hydraulisch gebundene Gemische. Laborprüfverfahren für die Trockendichte und den Wassergehalt – Proctordichte

[N31] DIN EN 13318 Estrichmörtel und Estriche - Begriffe

[N32] DIN EN 13396 Produkte und Systeme für den Schutz und die Instandsetzung von Betontragwerken – Prüfverfahren. Messung des Eindringens von Chloridionen

[N33] DIN EN 13813 Estrichmörtel und Estrichmassen – Eigenschaften und Anforderungen

[N34] DIN EN 13863-3 Fahrbahnbefestigungen aus Beton – Prüfverfahren zur Dickenbestimmung einer Fahrbahnbefestigung aus Beton an Bohrkernen

[N35] DIN EN 13791 Bewertung der Druckfestigkeit von Beton in Bauwerken oder in Bauwerksteilen. Entwurf

[N36] DIN EN 13877 Fahrbahnbefestigungen aus Beton

Teil 1: Baustoffe

Teil 2: Funktionale Anforderungen an Fahrbahnbefestigungen aus Beton

Teil 3: Anforderungen an Dübel für Fahrbahnbefestigungen aus Beton

[N37] DIN EN 13892 Prüfverfahren für Estrichmörtel und Estrichmassen

Teil 1: Probenahme, Herstellung und Lagerung der Prüfkörper

Teil 2: Bestimmung der Biegezug- und Druckfestigkeit

Teil 3: Bestimmung des Verschleißwiderstandes nach Böhme

Teil 5: Bestimmung des Widerstandes gegen Rollbeanspruchung von Estrichen für Nutzschichten

Teil 6: Bestimmung der Oberflächenhärte

Teil 8: Bestimmung der Haftzugfestigkeit

[N38] DIN 15185-1 Lagersysteme mit leitliniengeführten Flurförderfahrzeugen; Anforderungen an Boden, Regal und sonstigen Anforderungen

[N39] DIN 18125 Baugrund, Untersuchung von Bodenproben – Bestimmung der Dichte des Bodens

Teil 1: Laborversuche

Teil 2: Feldversuche

[N40] DIN 18126 Baugrund, Untersuchung von Bodenproben – Bestimmung der Dichte nichtbindiger Böden bei lockerster und dichtester Lagerung

[N41] DIN 18127 Baugrund, Untersuchung von Bodenproben – Proctorversuch

[N42] DIN 18134 Baugrund. Versuche und Versuchsgeräte – Plattendruckversuch

[N43] DIN 18195 Bauwerksabdichtungen. Teil 1 bis 6

[N44] DIN 18200 Übereinstimmungsnachweis für Bauprodukte. Werkseigene Produktionskontrolle, Fremdüberwachung und Zertifizierung von Produkten

[N45] DIN 18202 Toleranzen im Hochbau - Bauwerke

[N46] DIN 18300 Erdarbeiten. VOB Teil C

[N47] DIN 18308 Dränarbeiten. VOB Teil C

[N48] DIN 18315 Verkehrswegebauarbeiten. Oberbauschichten ohne Bindemittel. VOB Teil C

[N49] DIN 18316 Verkehrswegebauarbeiten. Oberbauschichten mit hydraulischen Bindemitteln. VOB Teil C

[N50] DIN 18331 Betonarbeiten, VOB Teil C

[N51] DIN 18349 Betonerhaltungsarbeiten, VOB Teil C

[N52] DIN 18560 Estriche im Bauwesen

Teil 1: Allgemeine Anforderungen, Prüfung und Ausführung.

Teil 7: Hochbeanspruchbare Estriche (Industrieestriche).

[N53] DIN 28052 Oberflächenschutz mit nichtmetallischen Werkstoffen für Bauteile aus Beton in verfahrenstechnischen Anlagen.
Teil 1: Begriffe, Auswahlkriterien
Teil 2: Anforderungen an den Untergrund
Teil 3: Beschichtungen mit organischen Bindemitteln
Teil 4: Auskleidungen

[N54] DIN 31051 Grundlagen der Instandhaltung

[N55] DIN 51130 Prüfung von Bodenbelägen - Bestimmung der rutschhemmenden Eigenschaft – Arbeitsräume und Arbeitsbereiche mit Rutschgefahr, Begehungsverfahren – Schiefe Ebene

[N56] E DIN 51131 Prüfung von Bodenbelägen – Bestimmung der rutschhemmenden Eigenschaft; Verfahren zur Messung des Gleitreibungskoeffizienten

[N57] DIN 52099 Prüfung von Gesteinskörnungen – Prüfung auf Reinheit

[N58] DIN 52100 Naturstein und Gesteinskörnungen – Gesteinskundliche Untersuchungen; Allgemeines und Übersicht

[N59] DIN 52108 Prüfung anorganischer nichtmetallischer Werkstoffe. Verschleißprüfung mit der Schleifscheibe nach Böhme

[N60] DIN EN 61340 Elektrostatik. Teil 2-1: Messverfahren; Fähigkeit von Materialien und Erzeugnissen, elektrostatische Ladungen abzuleiten

[N61] DIN V 20000 Anwendung von Bauprodukten in Bauwerken
Teil 100: Betonzusatzmittel nach DIN EN 934-2
Teil 101: Zusatzmittel für Einpressmörtel für Spannglieder nach DIN EN 934-4
Teil 103: Gesteinskörnungen nach DIN EN 12620

16.2 Regelwerke, Richtlinien, Merkblätter [R]

[R1] MBO Musterbauordnung und BauNVO des Bundesministeriums für Verkehr, Bau und Wohnungswesen

[R2] DIBt Bauregelliste A, Bauregelliste B und C. Deutsches Institut für Bautechnik Berlin

[R3] Bundesingenieurkammer: Verzeichnis der anerkannten Sachverständigen für Erd- und Grundbau nach Bauordnungsrecht

[R4] ZTV-ING: Zusätzliche Technische Vertragsbedingungen und Richtlinien für Ingenieurbauten ZTV-ING. Bundesanstalt für Straßenwesen, Bundesministerium für Verkehr, Bau- und Wohnungswesen, Bonn

[R5] RStO: Richtlinien für die Standardisierung des Oberbaues von Verkehrsflächen. Herausgeber: Forschungsgesellschaft für Straßen- und Verkehrswesen e.V. FGSV

[R6] ZTV Beton-StB: Zusätzliche Technische Vertragsbedingungen und Richtlinien für den Bau von Fahrbahndecken aus Beton. Herausgeber: Forschungsgesellschaft für Straßen- und Verkehrswesen e.V. FGSV (einschließlich Allgemeinem Rundschreiben Straßenbau ARS Nr. 36/2003 mit Übergangsregelungen für die Abschnitte 2.4.1.1, 2.4.2.1 und 2.4.2.2)

[R7] ZTV E-StB: Zusätzliche Technische Vertragsbedingungen und Richtlinien für Erdarbeiten im Straßenbau. Herausgeber: Forschungsgesellschaft für Straßen- und Verkehrswesen e.V. FGSV

[R8] ZTV T-StB: Zusätzliche Technische Vertragsbedingungen und Richtlinien für Tragschichten im Straßenbau. Herausgeber: Forschungsgesellschaft für Straßen- und Verkehrswesen e.V. FGSV

[R9] ZTV-LW: Zusätzliche Technische Vertragsbedingungen und Richtlinien für die Befestigung ländlicher Wege. Herausgeber: Forschungsgesellschaft für Straßen- und Verkehrswesen e.V. FGSV

[R10] ZTV BEB-StB: Zusätzliche Technische Vertragsbedingungen und Richtlinien für die Bauliche Erhaltung von Verkehrsflächen – Betonbauweise. Herausgeber: Forschungsgesellschaft für Straßen- und Verkehrswesen e.V. FGSV

[R11] ZTV Fug-StB: Zusätzliche Technische Vertragsbedingungen und Richtlinien für Fugen in Verkehrsflächen. Herausgeber: Forschungsgesellschaft für Straßen- und Verkehrswesen e.V. FGSV

[R12] TL Fug-StB und TP Fug-StB: Technische Lieferbedingungen für Fugenfüllstoffe in Verkehrsflächen – Technische Prüfvorschriften für Fugenfüllstoffe in Verkehrsflächen. Herausgeber: Forschungsgesellschaft für Straßen- und Verkehrswesen e.V. FGSV

[R13] ZTV-SIB 90 M 02. Zusätzliche Technische Vertragsbedingungen und Richtlinien für Markierungen auf Straßen

[R14] ZTV SoB-StB 04. Zusätzliche Technische Vertragsbedingungen und Richtlinien für den Bau von Schichten ohne Bindemittel im Straßenbau

[R15] TL SoB-StB 04. Technische Lieferbedingungen für Baustoffgemische und Böden zur Herstellung von Schichten ohne Bindemittel im Straßenbau

[R16] TL Beton -StB. Technische Lieferbedingungen für Baustoffe und Baustoffgemische für Fahrbahndecken aus Beton und Tragschichten mit hydraulischen Bindemitteln (Entwurf)

[R17] TL Gestein-StB: Technische Lieferbedingungen für Gesteinskörnungen im Straßenbau

[R18] Gesetz zur Ordnung des Wasserhaushalts (Wasserhaushaltsgesetz – WHG)

[R19] Verordnung über Anlagen zum Lagern, Abfüllen und Umschlagen wassergefährdender Stoffe und Zulassung von Fachbetrieben (Anlagenverordnung VAwS) GVB1 1

[R20] TRwS DWA-A 786: Technische Regel wassergefährdender Stoffe (TRwS) – Ausführung von Dichtflächen, Deutsche Vereinigung für Wasserwirtschaft, Abwasser und Abfall (DWA), 2005-10

[R21] Bauaufsichtliche Verwendbarkeitsnachweise für Beton beim Umgang mit wassergefährdenden Stoffen, Deutsches Institut für Bautechnik Berlin, DIBt

[R22] DAfStb: Richtlinie für Betonbau beim Umgang mit wassergefährdenden Stoffen. Deutscher Ausschuss für Stahlbeton

[R23] DAfStb: Richtlinie Wasserundurchlässige Bauwerke aus Beton (WU-Richtlinie). Deutscher Ausschuss für Stahlbeton

[R24] DAfStb: Richtlinie für die Herstellung von Beton unter Verwendung von Restwasser, Restbeton und Restmörtel. Deutscher Ausschuss für Stahlbeton

[R25] DAfStb: Richtlinie Stahlfaserbeton. Deutscher Ausschuss für Stahlbeton, 22.Entwurf

[R26] DAfStb: Richtlinie Schutz und Instandsetzung von Betonbauteilen (Instandsetzungs-Richtlinie). Deutscher Ausschuss für Stahlbeton, 2001-10; einschl. Berichtigung 1 und Berichtigung 2

[R27] DAfStb: Richtlinie Vorbeugende Maßnahmen gegen schädigende Alkalireaktion im Beton (Alkali-Richtlinie). Deutscher Ausschuss für Stahlbeton

[R28] DAfStb: Richtlinie für Beton mit verlängerter Verarbeitbarkeitszeit (Verzögerter Beton). Deutscher Ausschuss für Stahlbeton

[R29] DAfStb: Empfehlungen für die Schadensdiagnose und die Instandsetzung. Betonbauwerke, die infolge einer Alkali-Kieselsäure-Reaktion geschädigt sind. beton 9/2003, Verlag Bau+Technik GmbH, Düsseldorf

[R30] Merkblatt-Sammlung des DBV Deutscher Beton- und Bautechnik-Verein e.V.:
1 DBV-Merkblatt: Industrieböden aus Beton für Frei- und Hallenflächen
2 DBV-Merkblatt: Nicht geschalte Betonoberflächen
3 DBV-Merkblatt: Betondeckung
4 DBV-Merkblatt: Abstandhalter
5 DBV-Merkblatt: Unterstützungen
6 DBV-Merkblatt: Stahlfaserbeton
7 DBV-Merkblatt: Technologie des Stahlfaserbetons und Stahlfaserspritzbetons.
8 DBV-Merkblatt: Grundlagen zur Bemessung von Industriefußboden aus Stahlfaserbeton
9 DBV-Merkblatt: Fugenausbildung für ausgewählte Baukörper aus Beton
10 DBV-Merkblatt: Begrenzung der Rissbildung im Stahlbeton- und Spannbetonbau
11 DBV-Merkblatt: Besondere Verfahren zur Prüfung von Frischbeton
12 DBV-Merkblatt: Bauwerksbuch – Empfehlungen zur Sicherheit und Erhaltung von Gebäuden

[R31] MEB – Merkblatt für die Erhaltung von Verkehrsflächen aus Beton
Herausgeber: Forschungsgesellschaft für Straßen- und Verkehrswesen e.V. FGSV

[R32] Merkblatt für den Bau von Tragschichten und Tragdeckschichten mit Walzbeton für Verkehrsflächen. Herausgeber: Forschungsgesellschaft für Straßen- und Verkehrswesen e.V. FGSV

[R33] Merkblatt für die Verdichtung des Untergrundes und des Unterbaues im Straßenbau. Herausgeber: Forschungsgesellschaft für Straßen- und Verkehrswesen e.V. FGSV

[R34] HVBG-Merkblatt für Fußboden in Arbeitsräumen und Arbeitsbereichen mit Rutschgefahr (BGR 181). Hauptverband der gewerblichen Berufsgenossenschaften

[R35] Merkblatt M 9. Verbesserung der Rutschhemmung von keramischen und anderen mineralischen Bodenbelägen durch chemische Nachbehandlung. Berufsgenossenschaft für den Einzelhandel (BGE)

[R36] Merkblatt M 10. Fußböden in Arbeitsräumen mit Rutschgefahr. Berufsgenossenschaft für den Einzelhandel (BGE)

[R37] Merkblatt über den Rutschwiderstand von Pflaster und Plattenbelägen für den Fußgängerverkehr. Forschungsgesellschaft für Straßen- und Verkehrswesen; Arbeitsgruppe Fahrzeug und Fahrbahn (FGSV 407)

[R38] WTA-Merkblatt: Durchführung einer Schadensdiagnose an Betonbauwerken. 1990. Wissenschaftlich Technische Arbeitsgemeinschaft für Bauwerkserhaltung und Denkmalpflege

[R39] WTA-Merkblatt: Prüfen und Warten von Betonbauwerken. 1992. Wissenschaftlich Technische Arbeitsgemeinschaft für Bauwerkserhaltung und Denkmalpflege

[R40] ÖVBB-Merkblatt: Herstellung von faserbewehrten monolithischen Betonplatten. Österreichische Vereinigung für Beton- und Bautechnik

[R41] RAL-GZ 519 Güte- und Prüfbestimmungen Instandsetzung von Betonbauteilen. Bundesgütegemeinschaft Instandsetzung von Betonbauwerken

[R42] BEB/DBV-Hinweisblatt: Betonböden für Hallenflächen. Bundesverband Estrich und Belag

[R43] BEB-Hinweisblatt: Risse in zementgebundenen Industrieböden. Bundesverband Estrich und Belag

[R44] IVD-Merkblatt Nr. 6: Abdichten von Bodenbelägen mit elastischen Dichtstoffen im befahrbaren Bereich an Abfüllanlagen von Tankstellen. Industrieverband Dichtstoffe e.V. Düsseldorf.

[R45] Technische Merkblätter: Verband Deutscher Stahlfaserhersteller e.V.

[R46] AGI-Arbeitsblatt A 12-1: Industrieböden-Industrieestriche, Ergänzungen zu DIN 18560. Zementestrich, zementgebundener Hartstoffestrich. Arbeitsgemeinschaft Industriebau

[R47] AGI-Arbeitsblatt S 10: Richtlinie Säureschutzbau. Arbeitsgemeinschaft Industriebau

[R48] BVF: Richtlinie zur Herstellung beheizter Fußbodenkonstruktionen im Gewerbe- und Industriebau. Bundesverband Flächenheizungen e.V., Hagen

[R49] BVF: Heizrohre und elektrische Heizleitungen in Fußbodenheizungen. Bundesverband Flächenheizungen e.V., Hagen

[R50] BAW: Empfehlungen zur Anwendung von Oberflächendichtungen an Sohle und Böschung von Wasserstraßen. Mitteilungsblatt Nr. 85 der Bundesanstalt für Wasserbau Karlsruhe, Geschäftsbereich des BMVBW, Bundesministerium für Verkehr, Bau- und Wohnungswesen

[R51] Arbeitsanweisung für kombinierte Griffigkeits- und Rauheitsmessungen mit dem Pendelgerät und dem Ausflussmesser. Bundesminister für Verkehr

[R52] TL NBM-StB 96. Technische Lieferbedingungen für flüssige Nachbehandlungsmittel

[R53] FGSV-Merkblatt für die Herstellung und Verarbeitung von Luftporenbeton

16.3 Fachliteratur [L]

[L1] Aco Drain PassavantGmbH: Oberflächenentwässerung. www.acodrain.de 2005

[L2] Beton-Kalender 2005. Taschenbuch für Beton-Stahlbeton- und Spannbetonbauwerke. Verlag Ernst & Sohn, Berlin 2005

[L3] Betonwerkstein Handbuch – Hinweise für Planung und Ausführung. Verlag Bau+Technik, Düsseldorf. 2001

[L4] Bercea, G.: Anwendungsmöglichkeiten der Theorie der unendlich ausgedehnten Platte auf elastischer Bettung. Bautechnik Heft 7, 1985

[L5] Birco Baustoffwerk GmbH: Birco-massiv. Das Rinnensystem für Schwerlastbereiche. www.birco.de 2008

[L6] Bösl, B.: Schwer belastete Verkehrsflächen aus Beton am Beispiel der Umschlaganlage im Güterverkehrszentrum Nordwest in Ingolstadt. Straße + Autobahn, Heft 12-1996

[L7] Bügner, B.: Rutschhemmende Böden erhöhen die Sicherheit am Arbeitsplatz. Industriebau, Heft 1-1999

[L8] Deutsche Bauchemie e.V.:
- Ableitfähige Beschichtungen für Industriefußböden, Sachstandsbericht. 06-2003
- Hinweise zur Ausführung von rutschhemmenden Bodenbeschichtungen mit Reaktionsharzen, Merkblatt. 2003-06
- Epoxidharze in der Bauwirtschaft und Umwelt, Sachstandsbericht. 2001-06
- Polyurethane in der Bauwirtschaft und Umwelt, Sachstandsbericht. 2003-06
- Hydrophobierung und Umwelt, Sachstandsbericht. 2001-04.

[L9] Deutscher Beton- und Bautechnik-Verein: Beispiele zur Bemessung nach DIN 1045-1, Band 1: Hochbau. Verlag Ernst & Sohn, Berlin. 2002

[L10] Deutscher Beton- und Bautechnik-Verein: Stahlfaserbeton. Beispielsammlung zur Bemessung nach DBV-Merkblatt. Wiesbaden 2004

[L11] Ebeling, K.: Was bringt die neue Betonnorm für Industriefußböden? Fußbodenbau. Heft V, Nr. 117. Menzel Medien, Offenau 2003.

[L12] Ebeling, K.: Hohe Lebensdauer - Betonböden im Industriebau nach DIN 1045. Deutsche Bauzeitung db. Heft 10. Konradin Medien GmbH, Stuttgart 2003.

[L13] Eisenmann, J., Leykauf, G.: Bau von Verkehrsflächen. Beton-Kalender II 1987. Verlag Ernst & Sohn, Berlin 1987

[L14] Eisenmann, J., Leykauf, G.: Betonfahrbahnen. Handbuch für Beton-, Stahlbeton- und Spannbetonbau. Verlag Ernst & Sohn, Berlin 2003

[L15] Floß, R.: Zusätzliche Vertragsbedingungen und Richtlinien für Erdarbeiten im Straßenbau – Kommentar mit Kompendium Erd- und Felsbau. Kirschbau-Verlag Bonn. 1997

[L16] Foth, J.: Wie eben muss der Lagerboden sein? Hochregale und die DIN 15185. Lagertechnik dhf Intralogistik. Heft 05/2003.

[L17] Heisig, A.: Rutschhemmung von Betonwerkstein und Terrazzo. Mitteilungsblatt der Bundesfachgruppe Betonfertigteile und Betonwerkstein im Zentralverband des Deutschen Baugewerbes. 02/2000.

[L18] Klopfer, H.: Müssen künftig alle neuen Industrieböden wärmegedämmt werden? Internationales Kolloquium Industrieböden '03, Technische Akademie Esslingen 2003

[L19] Kordina, K.; Meyer-Ottens, C.: Beton-Brandschutz-Handbuch. Verlag Bau+Technik Düsseldorf. 1999.

[L20a] Lohmeyer, G.: Betonböden im Industriebau, Hallen- und Freiflächen. Schriftenreihe der Bauberatung Zement. 1. Auflage. Beton-Verlag, Düsseldorf 1978

[L20b] Lohmeyer, G.; Ebeling, K.: Betonböden im Industriebau, Hallen- und Freiflächen. 6. Auflage. Schriftenreihe der Bauberatung Zement. Beton-Verlag, Düsseldorf 1999

[L21] Lohmeyer, G.: Betonböden für Industriehallen. Zement-Mitteilungen der Bauberatung Zement des BDZ. Beton-Verlag, Düsseldorf 1978

[L22] Lohmeyer, G.: Rollschuh- und Kunsteisbahnen aus Beton, Empfehlungen für Konstruktion und Ausführung. beton, Heft 11/1979

[L23] Lohmeyer, G.: Fertigteile unter Verkehr, Flächenbefestigungen mit Betonfertigteilplatten. beton, Heft 2/1989

[L24] Lohmeyer, G.: Der standardisierte Betonboden für „multifunktionale" Nutzung. IndustrieBau, Heft 6/1998

[L25] Lohmeyer, G.: Betonböden mit eingebauten Förderkettensystemen für Lager- und Umschlaghallen. Internationales Kolloquium Industrieböden '99, Technische Akademie Esslingen, 1/1999

[L26] Luz, E.: Wärmedämmung für Industrieböden. Beton-Verlag, Düsseldorf 1990

[L27] Mehl, F.: Die Regelungen zum Brandschutz nach der neuen Industriebaurichtlinie. DIN-Mitteilungen Nr. 9, S. 617-621, 1999

[L28] Meyer, G., Meyer, R.: Rissbreitenbeschränkung nach DIN 1045. Diagramme zur direkten Bemessung. Verlag Bau+Technik, Düsseldorf 2007

[L29] Meyerhof, Losberg: Journal of the soil mechanics and foundations division: Load carrying capacity of concrete pavements. June 1962

[L30] Millcell AG: Einbaurichtlinien lastabtragender Perimeterdämmung unter tragenden Bauteilen. www.sgag.de 2005

[L31] Niemann, P.: Gebrauchsverhalten von Bodenplatten aus Beton unter Einwirkungen infolge Last und Zwang. Deutscher Ausschuss für Stahlbeton. Heft 545, 2004

[L32] Oswald, R., Abel, R.. Hinzunehmende Unregelmäßigkeiten bei Gebäuden. Typische Erscheinungsbilder – Beurteilungskriterien – Grenzwerte. Bauverlag, Wiesbaden 2005

[L33] Rauer, K.: Die Ausgleitsicherheit von Fußböden. Fußbodenbau Magazin 111, Menzel Medien. 2002

[L34] Springenschmid, R.: Zur Ursache von Rissen in jungem Straßenbeton. Straße und Autobahn 1976, Heft 9

[L35] Stelcon AG: Stelcon-Großflächenplatten und Gleis-Tragplatten. www.stelcon.de 2005

[L36] Stiglat, Wippel: Massive Platten - Elastisch gebettete Platten. Beton-Kalender II 2000. Verlag Ernst & Sohn, Berlin 2000

[L37] StoCretec GmbH: Ableitfähige Bodenbeschichtungen. www.sto.de 2005

[L38] Strohhäcker, G.: Aspekte der Griffigkeit und Rutschsicherheit. Industriefußböden mit System. Heft 3/1995.

[L39] TFB Aktuell: Stoffe, die chemisch auf Beton einwirken. Herausgeber: Technische Forschungs- und Beratungsstelle der Schweizerischen Zementindustrie TFB, Cementbulletin Nr. 11, November 1995

[L40] Treml, W.: Rutschhemmende Eigenschaften von Parkhausbeschichtungen aus der Sicht des Planers und des Nutzers. Tagungsband Kolloquium Verkehrsbauten. Technische Akademie Esslingen. 01/2004.

[L41] Treml, W.: Beläge mit erhöhtem Ebenheitsanspruch. Industriefußböden mit System, Heft 3/1995.

[L42] Velta GmbH & Co.KG: Technische Information: Velta Industrie-Flächenheizung. 03/2003

[L43] Weigler, H., Karl, S.: Beton – Herstellung und Eigenschaften. Handbuch für Beton-, Stahlbeton- und Spannbetonbau. Verlag Ernst & Sohn, Berlin 1989

[L44] Weigler, H., Segmüller, E.: Schutz von Beton gegen chemische Angriffe, Bearbeitung eines Berichtes des ACI Committee 515. beton 8/1967. Beton-Verlag, Düsseldorf 1967

[L45] Westergaard, H.M.: Analytical Tools for Judging Results of Structural Tests of Concrete Pavements. Public Roads 14 Nr. 10, 1933

[L46] Zement-Taschenbuch 2002. Herausgeber: Verein Deutscher Zementwerke. Verlag Bau+Technik, Düsseldorf 2002

[L47] Hauptverband der gewerblichen Berufsgenossenschaften (HVBG). Zeitschrift für Sicherheit und Gesundheit. Spezial 01-2003: Rutschhemmung von Bodenbelägen. www.arbeit-und-gesundheit.de

[L48] Timm, M.: Durchstanzen von Bodenplatten unter rotationssymmetrischer Belastung. Deutscher Ausschuss für Stahlbeton. Heft 547, 2004

[L49] Bertrams-Voßkamp, Ihle, Pesch, Pickel: Betonwerkstein Handbuch, Hinweise für Planung und Ausführung. Verlag Bau+Technik, Düsseldorf 2001

[L50] Falkner, Teutsch, Huang: Untersuchung des Trag- und Verformungsverhaltens von Industriefußboden aus Stahlfaserbeton. iBMB TU Braunschweig, Heft 117, 1995

[L51] Falkner, Teutsch, Klinkert: Leistungsklassen von Stahlfaserbeton. iBMB TU Braunschweig, Heft 143, 1999

[L52] Springenschmid, R; Hiller, E.: Einfluss der Nachbehandlung während der Nachbehandlung von Betondecken. Straße und Autobahn. Heft 03/1999.

[L53] Pawel, A.: Abdichtungen für den Gewässerschutz. Beitrag im Tagungsband Abdichtungsprodukte im Kontext europäischer und nationaler Regelungen. Leipziger Abdichtungsseminar 2005.

[L54] Beton-Kalender 2006 Taschenbuch für Beton-Stahlbeton- und Spannbetonbauwerke. Verlag Ernst & Sohn, Berlin 2006

[L55] Foos, S.: Unbewehrte Betonfahrbahnplatten unter witterungsbedingten Beanspruchungen. Dissertation an der Universität Karlsruhe. 2005

[L56] Foos, S., Müller, H.S.: Neues Verfahren zur Bemessung von befahrbaren Betonplatten. 3. Symposium Baustoffe und Bauwerkserhaltung, Universität Karlsruhe, Innovationen in der Betonbautechnik, 15.03.2006

[L57] Breitenbücher, R., Siebert, B.: Zielsichere Herstellung von Industrieböden mit Hartstoffschichten – Entwicklung eines praxisgerechten Prüfverfahrens. beton, Heft 4/2006

[L58] Gnad, H.: Modellversuche an Mehrschichtsystemen und ihre Anwendung auf die Bemessung von Straßenkonstruktionen. Straßenbau und Straßenverkehrstechnik Heft 138, Hrsg.: Bundesminister für Verkehr, Abt. Straßenbau, 1973

[L59] Bügner, B.: Rutschhemmende Böden erhöhen die Sicherheit am Arbeitsplatz. Industriebau, Heft 01/1999

[L60] Zement-Taschenbuch 2002. Verlag Bau+Technik, Düsseldorf 2002

[L61] TÜV Nord: Versuchsprogramm mit Ashford Formula. Prüfbericht Nr. TÜV/M01/1247, Dessau 14.02.2002

[L62] Röhling, S.: Zwangspannungen infolge Hydratationswärme. Verlag Bau+Technik GmbH, Düsseldorf 2005

[L63] Rykarski, F.: Wirksame Betonboden-Veredelung nach den Regeln der Natur. Deutsches Ingenieurblatt, DiB Spezial Beton Heft 04, 2007

17 Stichwortverzeichnis

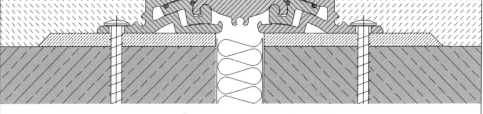

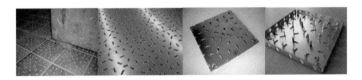

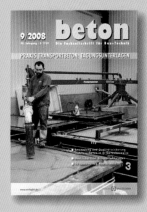